合肥市建筑工程施工图

审查常见问题释疑

（第2版）

合肥市城乡建设委员会　主持编著

合肥工业大学出版社

图书在版编目(CIP)数据

合肥市建筑工程施工图审查常见问题释疑/合肥市城乡建设委员会主持编著.—2版.—合肥:合肥工业大学出版社,2017.8

ISBN 978-7-5650-3385-8

Ⅰ.①合… Ⅱ.①合… Ⅲ.①建筑施工—技术管理—合肥—问题解答 Ⅳ.①TU74-44

中国版本图书馆CIP数据核字(2017)第147000号

合肥市建筑工程施工图审查常见问题释疑(第2版)

合肥市城乡建设委员会 主持编著　　责任编辑 陆向军

出 版	合肥工业大学出版社	版 次	2017年8月第1版
地 址	合肥市屯溪路193号	印 次	2017年8月第1次印刷
邮 编	230009	开 本	787毫米×1092毫米 1/16
电 话	综合编辑部:0551-62903028	印 张	25.75
	市场营销部:0551-62903198	字 数	550千字
网 址	www.hfutpress.com.cn	印 刷	安徽昶颉包装印务有限责任公司
E-mail	hfutpress@163.com	发 行	全国新华书店

ISBN 978-7-5650-3385-8　　定价:58.00元

主编单位： 合肥市城乡建设委员会
安徽省施工图审查有限公司
安徽多维施工图审查有限责任公司
安徽建科施工图审查有限公司
合肥市建筑工程施工图审查中心
安徽省皖江施工图审查有限责任公司
合肥市市政基础设施工程设计施工图审查事务所

参编单位： 安徽省大地建设工程施工图审查有限公司
安徽卓越建筑施工图审查有限公司
安徽维安建筑工程施工图审查有限公司
安徽新纪元建筑工程施工图审查有限公司
合肥科建建筑工程施工图审查有限公司

编写委员会

主任委员： 姚　凯

副主任委员： 马道云　丁学福　戴立群

委　　员： 于　飞　侯学庆　甄茂盛　刘晓虎　章　琛
肖方初　朱兆晴　孙　洁　陈自开　程政贤
李国青　蔡　滨　江叶青　张名媛　徐　星
郑为民　徐良模　孟宪余

编写人：

建　筑： 苏继会　方曙华　唐望松　祁小洁　凌　峰

结　构： 朱兆晴　陈其祖　江泽韦　孙　洁　邵华良　黄正茂
侯业甫　吴利真　徐自力　李　彬　洪承禹　盛文俊

电　气： 章维扬

暖　通： 余　弢

给排水： 蒋建华

岩　土： 姚志钢

市　政： 张乾坤　黄定江　李卫群　高文乔　黄敦旺　王志进
马金柱

装　饰： 张晓波　程道银　张　静　徐永贵

审稿人：

建　筑： 潘少辰　陈自开　金善贞　张一敢　魏　薇

结　构： 胡泓一　徐　勤　林宝新　丁晓红　张晓阳　张晓波
王　珺

电　气： 刘朝永

暖　通： 蒋新颜

给排水： 田卫平

岩　土： 曹先富　毛由田　左丽华　章长义

市　政： 王守军　王　坚　程峻峰　夏　炜　梅应华　桂跃武

装　饰： 王复堂

前　言

为加强建设工程质量管理，《建设工程质量管理条例》（国务院令第279号）规定，实施施工图设计文件审查制度。《建设工程勘察设计管理条例》（国务院令662号）规定，施工图设计文件经审查批准的，不得使用。2013年，《房屋建筑和市政基础设施工程施工图设计文件审查管理办法》（住房城乡建设部令第13号）出台，要求施工图审查机构按照有关法律、法规，对施工图设计文件中涉及公共利益、公共安全和工程建设强制性标准的内容进行审查。

施工图审查制度的实施，强化了工程勘察设计质量监督，提高了工程勘察设计质量水平，从勘察设计源头上保证了工程建设质量安全。但在施工图审查过程中，由于设计和审查人员对部分规范条文的把握不够准确，理解不够深入，在此背景下，为进一步提高设计水平和规范审查行为，统一审查标准，提高审查质量，市城乡建委组织行业权威专家对施工图设计和审查中常见问题进行了梳理与总结，在2011年9月第1版基础上，编制完成了《合肥市建筑工程施工图审查常见问题释疑（第2版）》。

本书依据国家现行标准规范和地方技术管理规定，对建筑、结构、电气、暖通、给排水、岩土、市政、装饰等八个专业的常见技术问题进行了详细解答，并收录了国家、省、市部分政策管理文件和适用于合肥地区的房屋建筑工程和市政基础设施工程技术管理规定，内容具有普遍性和典型性，可作为房屋建筑工程勘察设计人员和施工图审查人员的参考用书。本书在编写过程中，虽经反复推敲，但仍难免存在遗漏和不妥之处，恳请读者提出宝贵意见。最后，向参加本书撰写及对本书出版作出贡献的各位领导、专家学者、一线技术人员表示诚挚的感谢，也衷心希望本书的出版能够为我市勘察设计水平的提高作出相应的贡献。

编委会

2017年06月

目　录

1 建筑专业

1.1 设计说明与总图设计

1. 建筑施工图设计说明一般包括哪些基本内容？哪些内容须有设计说明专篇？设计说明常见各设计单位表达形式不一，包含内容不一，常有缺项或内容不全，审查时如何处理？

答：建筑施工图设计说明应符合《建筑工程设计文件编制深度规定》(2016年版)关于建筑施工图设计说明的要求。基本内容应包括：依据性文件名称和文号，包括批文、建筑专业所执行的主要法规和所采用的主要标准及设计合同；项目概况；设计标高；用料说明和室内外装修；对采用新技术、新材料和新工艺的做法说明及特殊建筑造型和必要建筑构造的说明；门窗表及门窗性能、框料和颜色、玻璃品种和规格、五金件等的设计要求；幕墙工程及特殊屋面的设计和技术要求；电梯（自动扶梯、自动步道）选择及性能要求；防水设计；防火设计；无障碍设计；安全防范和防盗及隔声减震减噪、防污染、防射线等的要求。

涉及人防工程、建筑节能、绿色建筑、装配式建筑的项目，还应包括人防工程设计、建筑节能设计、绿色建筑设计、装配式建筑设计等内容。地方建设主管部门及相关部门有防火设计专篇、人防设计专篇、节能设计专篇、绿色建筑设计专篇及装配式建筑设计专篇要求的，应按要求执行。设计说明内容可根据工程复杂程度和实际情况增减。

各设计单位建筑施工图设计说明表达形式不同，但上述基本内容应齐全。对于影响判定强制性条文和强制性标准执行、影响施工以及地方相关部门要求的内容，说明缺项和内容不全的，必须补全。

2. 设计说明项目概况中项目设计规模和等级如何划分？

答：项目设计规模按照《工程设计资质标准》(2015年版) 附件3-21-1《建筑行业（建筑工程）建设项目设计规模划分表》划分，分为大型、中型和小型；建筑工程设计等级按照《建筑工程设计资质分级标准》附件一《民用建筑工程设计等级分类表》划分，分为特级、一级、二级和三级。专项建筑设计规范有等级划分规定的，按照该规范规定划分。

3. 设计说明中民用建筑使用功能类别如何确定？

答：民用建筑按使用功能可分为居住建筑和公共建筑两大类，具体类别可按《全国民用建筑工程设计技术措施/规划·建筑·景观》（2009版）第二部分表2.3.1《民用建筑分类》确定。

4. 设计说明确定建筑使用功能时如何区别住宅和公寓？公寓是否执行《住宅建筑规范》(GB 50368—2005) 及《住宅设计规范》(GB 50096—2011)？

答：住宅是供家庭居住使用的建筑，必须按套型设计，土地使用年限一般为70年；公寓目前在我国相关标准中尚无明确的定义，一般是指非家庭居住使用的、供特定人群居住使用的建筑，通常以供居住者的性质冠名，如学生公寓、运动员公寓、青年公寓等，不要求必须按套型设计。公寓不执行《住宅建筑规范》（GB 50368—2005）及《住宅设计规范》（GB 50096—2011）。对于项目名称冠以“公寓”，但实际使用功能仍为住宅，土地使用年限为70年的建筑，则应执行住宅相关标准。

5. 设计说明中门窗部分常见内容不全，完整的说明应包含哪些内容？

答：设计说明门窗部分除应列入门窗表中的设计编号、洞口尺寸、数量、采用标准图集代号和编号等内容外，还应说明外门窗的抗风压性能、水密性能、气密性能、保温性能、采光性能、空气声隔声性能等物理性能分级，门窗框料及颜色，玻璃的品种、规格及颜色，玻璃安全要求，五金件的要求，门窗传热系数及保温要求，防火要求，防护要求，门窗的制作和安装要求等。

6. 施工图设计文件缺总平面图，有的是住宅小区中的单体项目，有的是单个建筑项目，审查时如何掌握？

答：施工图设计文件应包含总平面设计。对于住宅小区，如有小区总平面施工图，并同时设计出图、审查，小区中的单体项目设计文件可不含总平面图；如不是同时出图、审查，单体项目设计文件应有含该单体的局部总平面图，也可先出总平面定位图，标注定位坐标或尺寸及标高，其他内容由总平面施工图二次设计完成。对于单个建筑项目的设计文件，不得缺少总平面图。

7. 总平面图设计深度不够、内容不全，常见哪些具体问题？

答：总平面图范围不完整，只有用地范围内的布置图，无场地周边的道路、建筑物、构筑物等，无法了解与周围环境的关系。

总平面图无保留的地形、地物、场地测量坐标网及测量标高。

总平面图仅有定位坐标，无竖向设计或竖向设计不完整。场地内道路、广场、绿地及建筑物出入口等无设计标高。道路未标注坡长、坡向、坡度及转弯半径，广场、绿地未标注坡度、坡向等。

总平面图未反映拟建建筑周边相关情况，未标注建筑物（构筑物）之间、建筑物与道路及各类控制线的距离。

总平面图缺设计说明，缺定位方式的说明，缺总图图例等。

8. 总平面设计说明应在何处表示？应包含哪些内容？

答：总平面设计说明，一般工程分别写在有关图纸上，说明地形图、初步设计批复文件等设计依据、基础资料。

9. 总平面图未按场地测量坐标定位，而以相邻建筑物、构筑物或道路相对尺寸定位是否允许？

答：应优先采用测量坐标定位。对于规模较小项目，或属改、扩建单幢建筑，确无坐标资料，可采用相对尺寸定位，但应以周边永久固定的建筑物、构筑物为基准，并有定位方式的说明。

10. 总平面图建筑物表示方式不一，有以建筑±0.000高度处平面外轮廓表示，有以建筑屋顶平面表示，哪种表示方式正确？构筑物及地下工程如何表示？

答：施工图设计总平面图中建筑物一般以粗实线表示±0.000高度处外墙定位轮廓线，可加图例与其他轮廓线区别，±0.000高度以上外挑建筑用细实线表示；新建构筑物以中粗实线表示；地下建筑物、油库、贮水池等隐蔽工程以粗虚线表示，必要时辅以说明。

11. 总平面图常缺少详图或详图不全，正确的总平面详图应包括哪些内容？

答：总平面施工图设计应包含详图。包括道路横断面、路面结构、挡土墙、护坡、排水沟、水池、花池、广场、运动场地、停车场地面、围墙等详图。如有二次设计的内容，应加以说明。

1.2 建筑防火设计

1. 半跃层式住宅，客厅层高4.5 m，卧室部分的层高为3 m，组合在一起时的客厅层数为8层，卧室部分为12层。建筑防火设计如何执行规范？

答：建筑层数计算规则，按《住宅建筑规范》（GB 50368—2005）第9.1.6条规定：“当建筑中有一层或若干层的层高大于3 m时，应对这些层按其高度总和除以3 m进行层数折算，余数不足1.5 m时，多余部分不计入建筑层数；余数大于或等于1.5 m时，多出部分按一层计算。”本住宅层数应为12层，消防计算建筑高度为36米＋屋面厚度。消防设计按住宅建筑高度执行《建筑设计防火规范》（GB 50016—2014）。

2. 住宅设计时，住户使用的地下储藏室的防火危险性分类如何确定？

答：住户使用的住宅楼地下储藏室存放物品多为固体可燃物，火灾危险性应按照丙2类进行设计。严禁布置存放和使用甲、乙类火灾危险性物品。

3. 高层建筑中裙房防火分区问题如何界定？

答：首先应明确是否为裙房：高度不大于24 m；其次搞清楚裙房和高层主楼之间的平面关系：高层部分投影范围与裙房之间是否设计了防火墙。不满足这两个特征时应按照高层建筑进行防火分区设计，满足这两个特征则按多层裙房进行防火分区设计。

4. 高层建筑底部4层为5 m层高的商场、上部15层为3 m层高的住宅，这种情况建筑消防设计如何定性？

答：首先应确保住宅和商业之间要按规范要求完全“分隔开”，在此前提下按照GB 50016—2014第5.4.10条进行设计。住宅部分和非住宅部分的安全疏散、防火分区和室内消防设施配置，可根据各自的建筑高度分别按照本规范有关住宅建筑和公共建筑的规定执行；该建筑的其他防火设计应根据建筑的总高度和建筑规模按本规范有关公共建筑的规定执行。2014版防火规范没有商住楼概念，注重住宅和其他部分之间的防火分隔。

5. 研发类建筑（包括中试车间）未明确生产火灾危险性类别和爆炸危险类别，这类建筑的施工图设计和审查如何控制？

答：这类建筑包括科研实验室、企业研发中心、孵化器类等等，属于设计、审查中的难点。首先应该了解清楚研发、实验或者试生产的原材料种类和实验（生产）过程及最终产品有没有易燃易爆类物品；其次要了解清楚易燃易爆品的量和单位体积空气浓度。根据了解的情况依据《建筑设计防火规范》（GB 50016—2014）进行建筑生产火灾危险类别界定并进行消防设计。这类问题需要建筑使用单位、设计单位和消防主管部门充分沟通协调，共同做好设计工作。当建筑使用单位不能提供相关信息时，设计单位应根据建筑施工图设计的外门窗和屋顶构造情况提出室内危险品和易燃易爆品总量及浓度限值。

6. 高层单元式住宅消防登高面长边的确定是按照建筑周长1/4计算还是按满足每个单元的登高操作要求设计？

答：根据《建筑设计防火规范》（GB 50016—2014）第7.2.1条规定：“高层建筑应至少沿一个长边或周边长度的1/4且不小于一个长边长度的底边连续布置消防车登高操作场地，该范围内的裙房进深不应大于4 m”。因此，高层住宅消防登高面长度应按照住宅一条长边进行确定。同时应保证每个单元都有登高面。即使个别单元没有登高面也是不符合规范要求的。

7. 多栋高层建筑共用大底盘裙楼，消防车道无法设于裙楼顶。消防登高操作场地如何控制？

答：这类带大底盘裙楼建筑越来越多，给消防车道和消防登高场地的设置带来困难。首先高层建筑必须是沿大底盘裙楼周边布置，其次应保证每栋高层建筑至少有一个长边或不小于周长 1/4 且不小于一个长边长度的底边可以连续布置消防登高场地，在此范围内的裙房进深不应大于 4 m。建筑高度不大于 50 m 的建筑，连续布置消防车登高操作场地确有困难时，可间隔布置，但间隔距离不宜大于 30 m，且消防车登高操作场地的总长度仍应符合上述规定。场地应与消防车道连通，场地靠建筑外墙一侧的边缘距离建筑外墙不宜小于 5 m，且不应大于 10 m，场地的坡度不宜大于 3%。建筑物与消防车登高操作场地相对应的范围内，应设置直通室外的楼梯或直通楼梯间的入口。

8. 临街商业网点将多栋多层住宅楼连成整体时，防火分隔和消防通道如何设置？

答：临街多栋多层住宅被商业网点连成整体时，增加了火灾危险性。应按照《建筑设计防火规范》（GB 50016—2014）第 5. 3. 1 条有关规定划分防火分区：

5. 3. 1　除本规范另有规定外。不同耐火等级建筑的允许建筑高度或层数、防火分区最大允许建筑面积应符合表 5. 3. 1 的规定。

表 5. 3. 1　不同耐火等级建筑的允许建筑高度或层数、防火分区最大允许建筑面积

<table>
<tr><th>名称</th><th>耐火等级</th><th>允许建筑高度或层数</th><th>防火分区的最大允许建筑面积（m²）</th><th>备注</th></tr>
<tr><td>高层民用建筑</td><td>一、二级</td><td>按本规范第 5. 1. 1 条确定</td><td>1500</td><td rowspan="2">对于体育馆、剧场的观众厅，防火分区的最大允许建筑面积可适当增加</td></tr>
<tr><td rowspan="3">单、多层民用建筑</td><td>一、二级</td><td>按本规范第 5. 1. 1 条确定</td><td>2500</td></tr>
<tr><td>三级</td><td>5 层</td><td>1200</td><td rowspan="2"></td></tr>
<tr><td>四级</td><td>2 层</td><td>600</td></tr>
<tr><td>地下或半地下建筑（室）</td><td>一级</td><td>—</td><td>500</td><td>设备用房的防火分区最大允许建筑面积不应大于 1000 m²</td></tr>
</table>

注：1. 表中规定的防火分区最大允许建筑面积，当建筑内设置自动灭火系统时，可按本表的规定增加 1. 0 倍；局部设置时，防火分区的增加面积可按该局部面积的 1. 0 倍计算。2. 裙房与高层建筑主体之间设置防火墙时，裙房的防火分区可按单、多层建筑的要求确定。

关于消防通道设置应执行第 7. 1. 1 条规定："街区内的道路应考虑消防车的通行，道路中心线间的距离不宜大于 160 m。当建筑物沿街道部分的长度大于 150 m 或总长度大于 220 m 时，应设置穿过建筑物的消防车道。确有困难时，应设置环形消防车道。"

9. 高层住宅核心筒部分（通常为楼梯间、电梯厅）通至地下车库，核心筒部分的建筑面积在划分防火分区时能否不划入地下车库的防火分区？

答：如果核心筒部分的楼梯间作为地下车库必需的安全出口，则核心筒部分的面积必然要划到车库防火分区内；反之，如果地下车库已有二个自己的安全出口，满足防火疏散要求，则核心筒部分的面积可以不计入车库防火分区。

10. 地上相邻防火分区能否共用疏散楼梯？若共用，该楼梯应划入其中哪个防火分区？楼梯间的门是否应设计为甲级防火门？

答：(1) 相邻防火分区可以共用疏散楼梯，但是应满足《建筑设计防火规范》(GB 50016—2014) 第5.5.9条规定。

(2) 在满足防火分区建筑面积的前提下，该楼梯划到哪个防火分区均可。

(3) 该楼梯为二个防火分区共用，任意一个防火分区发生火灾时均不能影响楼梯的疏散功能。因此该楼梯间及前室四周的墙应为防火墙，位于防火墙上的门均应设计为甲级防火门。

11. 《住宅建筑规范》第9.1.2条："住宅建筑中相邻套房之间应采取防火分隔措施。"此条如何执行？

答：相邻套房之间的分隔指的是相邻住户间的分户墙，具体执行时应做到：

(1) 首先确定相邻套房的防火分区关系。当相邻套房属于不同防火分区时，其分户墙应为防火墙。墙体要求为不燃烧体（耐火极限≥3 h）；当相邻套房属于同一防火分区时，其分户墙按照《住宅建筑规范》第9.2.1条规定设计，应采用不燃烧体（耐火等级为一二级时，≥2 h）、不燃烧体（耐火等级为三级时，≥1.5 h）和难燃烧体（耐火等级为四级时，≥1 h）。

(2)《建筑设计防火规范》(GB 50016—2014) 第6.2.4条：建筑内的防火隔墙应从楼地面基层隔断至梁、楼板或屋面板的底面基层。住宅分户墙和单元之间的墙应隔断至梁、楼板或屋面板的底面基层，屋面承重构件的耐火极限不应低于0.5 h。

(3)《建筑设计防火规范》(GB 50016—2014) 第6.2.5条：住宅建筑外墙上相邻户开口之间的墙体宽度不应小于1.0 m；小于1.0 m时，应在开口之间设置突出外墙不小于0.6 m的隔板。实体墙、隔板和防火挑檐的耐火极限和燃烧性能均不应低于相应耐火等级建筑外墙的要求。

两部规范要求不一致，应择其严格者执行。

12. 对于单元式住宅建筑，相邻单元之间的窗间墙宽度是否必须不小于2.0 m？

答：相邻单元之间的窗间墙宽度取决于相邻单元是否属于不同防火分区，即取决于之间的分户墙是否为防火墙。当单元式住宅每层面积不超过一个防火分区时，单元之间的分户墙属于防火隔墙，当单元式住宅每层面积超过一个防火分区时，单元之间的分户墙属于防火墙。相邻单元之间的分户墙如果是防火墙，设计应执行《建筑设计防火规范》(GB 50016—2014) 第6.1.3条：建筑外墙为难燃性或可燃性墙体时，防火墙应凸出墙的外表面0.4 m以上，且防火墙两侧的外墙均应为宽度均不小于2.0 m的不燃性墙体，其耐火极限不应低于外墙的耐火极限。

建筑外墙为不燃性墙体时，防火墙可不凸出墙的外表面，紧靠防火墙两侧的门、窗、洞口之间最近边缘的水平距离不应小于 2.0 m；采取设置乙级防火窗等防止火灾水平蔓延的措施时，该距离不限。相邻单元之间的分户墙为防火隔墙时，设计应执行《建筑设计防火规范》（GB 50016—2014）第 6.2.5 条：住宅建筑外墙上相邻户开口之间的墙体宽度不应小于 1.0 m；小于 1.0 m 时，应在开口之间设置突出外墙不小于 0.6 m 的隔板。

实体墙、防火挑檐和隔板的耐火极限和燃烧性能，均不应低于相应耐火等级建筑外墙的要求。

13. 住宅卧室设低窗台、落地窗，层间窗槛墙高度如何满足防火规范要求？

答：窗户尺寸往往是由规划方案确定，层间窗槛墙高度应符合规范规定。

(1)《住宅建筑规范》（GB 50368—2005）第 9.4.1 条规定住宅窗槛墙高度不小于 0.8 m 或设置防火挑檐。

(2)《建筑设计防火规范》（GB 50016—2014）第 6.2.5 条规定：除本规范另有规定外，建筑外墙上下层开口之间应设置高度不小于 1.2 m 的实体墙或挑出宽度不小于 1.0 m、长度不小于开口宽度的防火挑檐；当室内设置自动喷水灭火系统时，上、下层开口之间的实体墙高度不应小于 0.8 m。当上、下层开口之间设置实体墙确有困难时，可设置防火玻璃墙，但高层建筑的防火玻璃墙的耐火完整性不应低于 1.00 h，多层建筑的防火玻璃墙的耐火完整性不应低于 0.50 h。外窗的耐火完整性不应低于防火玻璃墙的耐火完整性要求。《建筑设计防火规范》（GB 50016—2014）编制于 2014 年，层间窗槛墙设计应该执行《建筑设计防火规范》（GB 50016—2014）。

14. 什么情况下需要设置穿过式消防车道？高层公共建筑临街长度大于 150 m 时是否必须设置穿过式消防车道？

答：《建筑设计防火规范》（GB 50016—2014）第 7.1.1 条和 7.1.2 条规定：

7.1.1　街区内的道路应考虑消防车的通行，道路中心线间的距离不宜大于 160 m。当建筑物沿街道部分的长度大于 150 m 或总长度大于 220 m 时，应设置穿过建筑物的消防车道。确有困难时，应设置环形消防车道。

7.1.2　高层民用建筑，超过 3000 个座位的体育馆，超过 2000 个座位的会堂，占地面积大于 3000 m^2 的商店建筑、展览建筑等单、多层公共建筑应设置环形消防车道，确有困难时，可沿建筑的两个长边设置消防车道；对于高层住宅建筑和山坡地或河道边临空建造的高层民用建筑，可沿建筑的一个长边设置消防车道，但该长边所在建筑立面应为消防车登高操作面。

除 7.1.2 条规定外，对于高层公共建筑，可以不设穿过式消防车道，应设置环形消防车道；确有困难时，可沿高层建筑的两个长边设置消防车道。

15. 附设在室内的消防控制室直接通向室外或设在架空层，疏散出口周边开敞，其门窗是否可以不设计为防火门窗?

答:《建筑设计防火规范》(GB 50016—2014) 第 6.2.7 条规定: 附设在建筑内的消防控制室、灭火设备室、消防水泵房和通风空气调节机房、变配电室等，应采用耐火极限不低于 2.00 h 的防火隔墙和 1.50 h 的楼板与其他部位分隔。设置在丁、戊类厂房内的通风机房，应采用耐火极限不低于 1.00 h 的防火隔墙和 0.50 h 的楼板与其他部位分隔。通风、空气调节机房和变配电室开向建筑内的门应采用甲级防火门，消防控制室和其他设备房开向建筑内的门应采用乙级防火门。附设在室内的消防控制室直接通向室外或设在架空层，疏散出口周边开敞，此时等同于开向室外了，不需要设置防火门窗。

16. 地下车库可否与设备用房 (或其他用房) 合并布置在同一个防火分区? 如果合并布置，其防火分区最大面积如何控制?

答:(1) 地下车库的设备用房 (如: 进排风机房、泵房、变配电房、制冷机房等等)，在满足一定条件时可以和车库合并设置到一个防火分区。地下车库部分应执行《汽车库、修车库、停车场设计防火规范》(GB 50067—2014) 第 5.1.1 条规定，设备用房的防火分隔应符合第 5.1.9 条规定。

(2) 非设备用房 (如: 洗衣房、库房) 不可以与汽车库合并在一个防火分区。

17. 防火分区能不能跨越地上、地下? 如果一个防火分区跨越地上、地下，怎么控制防火分区面积?

答:(1) 可以跨越。在工程设计实践中，很多商业建筑底层地面设中庭联通地下一层的商业空间。防火分区应从严划分。

(2) 当中庭地下周边空间和地上空间划分在一个防火分区时，应执行《建筑设计防火规范》(GB 50016—2014) 第 5.3.4/3 条规定: 一、二级耐火等级建筑内的商店营业厅、展览厅，当设置自动灭火系统和火灾自动报警系统并采用不燃或难燃装修材料时，其每个防火分区的最大允许建筑面积应符合下列规定:

a. 设置在高层建筑内时，不应大于 4000 m^2;

b. 设置在单层建筑或仅设置在多层建筑的首层内时，不应大于 10000 m^2;

c. 设置在地下或半地下时，不应大于 2000 m^2。

当中庭地下周边空间和中庭本身采用防火卷帘分隔时，中庭可以与地上合并在一个防火分区; 按照《建筑设计防火规范》(GB 50016—2014) 第 5.3.1 条、5.3.4 规定，地上、地下各自执行自己的防火分区面积标准。

18. 住宅楼经常出现因低窗台或落地窗而导致窗槛墙高度不足 1.2 m 问题，能否采取普通铝合金框+防火玻璃的构造来弥补窗槛墙高度不足的问题?

答: 不行。《建筑设计防火规范》(GB 50016—2014) 第 6.2.5 条规定:

当上、下层开口之间设置实体墙确有困难时，可设置防火玻璃墙，但高层建筑的防火玻璃墙的耐火完整性不应低于 1.00 h，多层建筑的防火玻璃墙的耐火完整性不应低于 0.50 h。外窗的耐火完整性不应低于防火玻璃墙的耐火完整性要求。普通铝合金框和防火玻璃组成的外门窗，其耐火完整性达不到 1.00 h。

19.《住宅建筑规范》（GB 50368—2005）第 9.4.1 条规定，防火挑檐宽度不小于 0.5 m；《建筑设计防火规范》（GB 50016—2014）第 6.2.5 条规定，防火挑檐宽度应不小于 1.0 m。能否统一？以哪个为准？

答：不能统一。《住宅建筑规范》（GB 50368—2005）实施时间在前、《建筑设计防火规范》（GB 50016—2014）实施时间在后。在不同规范之间出现矛盾时，原则上以较近颁布的规范为准。应执行《建筑设计防火规范》（GB 50016—2014）。

20. 关于宿舍建筑设置封闭楼梯间问题，《宿舍建筑设计规范》（JGJ 36—2016）和《建筑设计防火规范》（GB 50016—2014）规定的不一致。按照哪个规范执行？

答：关于该问题，《宿舍建筑设计规范》（JGJ 36—2016）第 5.2.1 条规定：除与敞开式外廊直接相连的楼梯间外，宿舍建筑应采用封闭楼梯间。当建筑高度大于 32 m 时应采用防烟楼梯间。

《建筑设计防火规范》（GB 50016—2014）规定：

表 5.1.1 注 2：除本规范另有规定外，宿舍、公寓等非住宅类居住建筑的防火要求，应符合本规范有关公共建筑的规定。

5.5.12 一类高层公共建筑和建筑高度大于 32 m 的二类高层公共建筑，其疏散楼梯应采用防烟楼梯间。裙房和建筑高度不大于 32 m 的二类高层公共建筑，其疏散楼梯应采用封闭楼梯间。

5.5.13 下列多层公共建筑的疏散楼梯，除与敞开式外廊直接相连的楼梯间外，均应采用封闭楼梯间：6 层及以上的其他建筑。

通过对两部规范条文比较可以看出，《建筑设计防火规范》（GB 50016—2014）规定 6 层及以上时设封闭楼梯间，《宿舍建筑设计规范》（JGJ 36—2016）规定除与敞开式外廊直接连通外均应设封闭楼梯间（高度 32 m 以上设防烟楼梯间）。此外，《宿舍建筑设计规范》第 5.1.1 条已规定“除与敞开式外廊直接连通外，尚应符合本章规定”，因此，关于此条涉及的问题应执行《宿舍建筑设计规范》（JGJ 36—2016）。

21. 高层民用建筑地下汽车库的楼梯间，是采用封闭楼梯间还是防烟楼梯间？

答：（1）根据《汽车库、修车库、停车场设计防火规范》（GB 50067—2014）第 6.0.3 条第一款规定：“除建筑高度超过 32 m 的高层汽车库，室内地面与室外出入口地坪高差大于 10 m 的地下汽车库应采用防烟楼梯间外，汽车库的疏散楼梯间均应设置封闭楼梯间。”

(2)《建筑设计防火规范》(GB 50016—2014) 第6.4.4条：除住宅建筑套内的自用楼梯外，地下或半地下建筑(室)的疏散楼梯间，应符合下列规定：

a. 室内地面与室外出入口地坪高差大于10 m或3层及以上的地下、半地下建筑(室)，其疏散楼梯应采用防烟楼梯间；其他地下或半地下建筑(室)，其疏散楼梯应采用封闭楼梯间。

b. 应在首层采用耐火极限不低于2.00 h的防火隔墙与其他部位分隔并应直通室外，确需在隔墙上开门时，应采用乙级防火门。

c. 建筑的地下或半地下部分与地上部分不应共用楼梯间，确需共用楼梯间时，应在首层采用耐火极限不低于2.00 h的防火隔墙和乙级防火门将地下或半地下部分与地上部分的连通部位完全分隔，并应设置明显的标志。

(3)《建筑设计防火规范》(GB 50016—2014) 第6.4.2条：封闭楼梯间除应符合本规范第6.4.1条的规定外，尚应符合下列规定：

不能自然通风或自然通风不能满足要求时，应设置机械加压送风系统或采用防烟楼梯间。

因此，高层民用建筑地下车库楼梯间的设计应符合上述规定。值得注意的是，地下车库封闭楼梯间一般情况下自然排烟难以满足规范要求。

22. 高层建筑首层疏散楼梯出口在需通过门厅过渡才通至室外时，通常情况下外门宽度大于首层楼梯间门宽。这时的“首层疏散外门”是取“首层外门”还是“首层楼梯间门”?

答：(1)《建筑设计防火规范》(GB 50016—2014) 第5.5.30条规定：住宅建筑的户门、安全出口、疏散走道和疏散楼梯的各自总净宽度应经计算确定，且户门和安全出口的净宽度不应小于0.90 m，疏散走道、疏散楼梯和首层疏散外门的净宽度不应小于1.10 m。建筑高度不大于18 m的住宅中一边设置栏杆的疏散楼梯，其净宽度不应小于1.0 m。

(2)《建筑设计防火规范》(GB 50016—2014) 第5.5.18条规定：高层公共建筑内楼梯间的首层疏散门、首层疏散外门、疏散走道和疏散楼梯的最小净宽度应符合表5.5.18的规定。

表5.5.18　高层公共建筑内楼梯间的首层疏散门、首层疏散外门、疏散走道和疏散楼梯的最小净宽度 (m)

建筑类别	楼梯间的首层疏散门、首层疏散外门	走道		疏散楼梯
		单面布房	双面布房	
高层医疗建筑	1.30	1.40	1.50	1.30
其他高层公共建筑	1.20	1.30	1.40	1.20

条文解释中要求：设计应注意门宽与走道、楼梯宽度的匹配。因此，在首层的楼梯间门、首层外

门均应按照首层外门最小宽度进行控制。

23. 某综合体建筑内的电影院观众厅前后排出口分别位于第五、六层，是否符合规范要求？如何进行防火分区划分？

答：(1) 是否符合规范要求关键看防火分区划分情况、影厅所在的楼层和影厅面积。根据《建筑设计防火规范》(GB 50016—2014) 第5.4.7条规定：

5.4.7 剧场、电影院、礼堂宜设置在独立的建筑内；采用三级耐火等级建筑时，不应超过2层；确需设置在其他民用建筑内时，至少应设置1个独立的安全出口和疏散楼梯，并应符合下列规定：

a. 应采用耐火极限不低于2.00 h的防火隔墙和甲级防火门与其他区域分隔。

b. 设置在一、二级耐火等级的建筑内时，观众厅宜布置在首层、二层或三层；确需布置在四层及以上楼层时，一个厅、室的疏散门不应少于2个，且每个观众厅的建筑面积不宜大于400 m^2。

c. 设置在三级耐火等级的建筑内时，不应布置在三层及以上楼层。

d. 设置在地下或半地下时，宜设置在地下一层，不应设置在地下三层及以下楼层。

e. 设置在高层建筑内时，应设置火灾自动报警系统及自动喷水灭火系统等自动灭火系统。

(2) 只要防火分区总面积在规范允许范围内，放映厅防火分区划分到五或六层均可。此时处于防火分区之间隔墙上的放映厅安全出口应设计为甲级防火门。

24. 高层单元式住宅的户门开在前室时，应朝哪个方向开启？

答：《建筑设计防火规范》(GB 50016—2014) 第6.4.11条规定：

6.4.11 建筑内的疏散门应符合下列规定：

民用建筑和厂房的疏散门，应采用向疏散方向开启的平开门，不应采用推拉门、卷帘门、吊门、转门和折叠门。除甲、乙类生产车间外，人数不超过60人且每樘门的平均疏散人数不超过30人的房间，其疏散门的开启方向不限。

住宅每户的人数少，户门疏散人数远远低于30人。因此，高层单元式住宅户门开在前室时，开启方向不限。

25. 多层商业建筑，其疏散楼梯在底层需穿过一段营业厅才能到达出口，是否符合安全疏散要求？

答：这样设计不符合安全疏散要求。理由如下：

建筑物内的人员在发生火灾时，二层及以上层的人流按疏散路线进入楼梯间，通过楼梯间到达地面层，然后撤离至室外安全区域才真正完成了安全疏散。因此《建筑设计防火规范》(GB 50016—2014) 第5.5.17/2条规定：楼梯间应在首层直通室外，确有困难时，可在首层采用扩大的封闭楼梯间或防烟楼梯间前室。当层数不超过4层且未采用扩大的封闭楼梯间或防烟楼梯间前室时，可将直通室外的门设置在离楼梯间不大于 15 m 处。

多层商业建筑应设封闭（防烟）楼梯间，不符合开敞条件。即使底层楼梯间门到营业厅出口门距离不大于 15 m，仍然不符合防火安全疏散要求。

26.《建筑设计防火规范》(GB 50016—2014) 第 6.4.4 条规定："地下或半地下建筑（室）的疏散楼梯间，应符合下列规定：……2 应在首层采用耐火极限不低于 2.00 h 的防火隔墙与其他部位分隔并应直通室外"；第 5.5.17/2 条也要求楼梯间在首层直通室外。如何理解"直通室外"?

答：直通室外是指该楼梯间直接与室外相通，不需穿越其他功能空间；也可以通过走道通向室外。对于营业性建筑（此处的营业性建筑不包括歌舞娱乐多功能厅），该走道的要求必须满足《建筑设计防火规范》（GB 50016—2014）第 5.5.17/4 条规定："当疏散门不能直通室外地面或疏散楼梯间时，应采用长度不大于 10 m 的疏散走道通至最近的安全出口。当该场所设置自动喷水灭火系统时，室内任一点至最近安全出口的安全疏散距离可分别增加 25%。"对于地下室，第 6.4.4 条条文解释里指出："当地上、地下楼梯间确因条件限制难以直通室外时，可以在首层通过与地上疏散楼梯共用的门厅直通室外。"另外，当走道长度超过规范规定时可以采取设计避难走道的方式解决首层疏散直通室外的问题。

27. 高层建筑屋顶电梯机房的门能不能直接开向楼梯间或者前室?

答：不能。《建筑设计防火规范》(GB 50016—2014) 第 6.4.2/2 条规定"2 除楼梯间的出入口和外窗外，楼梯间的墙上不应开设其他门、窗、洞口。"第 6.4.3/5 条"5 除住宅建筑的楼梯间前室外，防烟楼梯间和前室内的墙上不应开设除疏散门和送风口外的其他门、窗、洞口。"需要通过走道或前室才能进入楼梯间。

28. 高层住宅下部为多层商场，高层住宅内的消防电梯要停靠商业部分吗?

答：《建筑设计防火规范》(GB 50016—2014) 规定：

5.4.10　除商业服务网点外，住宅建筑与其他使用功能的建筑合建时，应符合下列规定：

1. 住宅部分与非住宅部分之间，应采用耐火极限不低于 2.00 h 且无门、窗、洞口的防火隔墙和 1.50 h 的不燃性楼板完全分隔；当为高层建筑时，应采用无门、窗、洞口的防火墙和耐火极限不低于 2.00 h 的不燃性楼板完全分隔。建筑外墙上、下层开口之间的防火措施应符合本规范第 6.2.5 条的规定。

2. 住宅部分与非住宅部分的安全出口和疏散楼梯应分别独立设置；为住宅部分服务的地上车库应设置独立的疏散楼梯或安全出口，地下车库的疏散楼梯应按本规范第 6.4.4 条的规定进行分隔。

3. 住宅部分和非住宅部分的安全疏散、防火分区和室内消防设施配置，可根据各自的建筑高度分别按照本规范有关住宅建筑和公共建筑的规定执行；该建筑的其他防火设计应根据建筑的总高度和建筑规模按本规范有关公共建筑的规定执行。

7.3.2 消防电梯应分别设置在不同防火分区内，且每个防火分区不应少于1台。

7.3.8 消防电梯应符合下列规定：

1. 应能每层停靠；

2. 电梯的载重量不应小于800 kg；

3. 电梯从首层至顶层的运行时间不宜大于60 s；

4. 电梯的动力与控制电缆、电线、控制面板应采取防水措施；

5. 在首层的消防电梯入口处应设置供消防队员专用的操作按钮；

6. 电梯轿厢的内部装修应采用不燃材料；

7. 电梯轿厢内部应设置专用消防对讲电话。

高层住宅与下部商业部分是完全“分隔”开的，消防电梯无法通达商业空间。因此，高层住宅内设的消防电梯可以不在下部商业所在的楼层停靠。商业部分是否需要设置消防电梯可根据商业自身高度确定。但是，《建筑设计防火规范》（GB 50016—2014）第5.4.10/3条及条文解释中对室内消防设施是否包含消防电梯未作明确说明。该问题宜咨询当地消防主管部门。

29.《住宅建筑规范》（GB 50368—2005）第9.8.3条规定：“12层及12层以上的住宅应设置消防电梯。”实际工程中有少数项目为了不设消防电梯，把顶部第11层设计为复式或挑空成2层层高。这样设计符合规范要求吗？

答：不符合规范要求。

《住宅建筑规范》（GB 50368—2005）第9.1.6条规定：住宅建筑的防火与疏散要求应根据建筑层数、建筑面积等因素确定。

注：1. 当住宅和其他功能空间处于同一建筑内时，应将住宅部分的层数与其他功能空间的层数叠加计算建筑层数。

2. 当建筑中有一层或若干层的层高超过3 m时，应对这些层按其高度总和除以3 m进行层数折算，余数不足1.5 m时，多出部分不计入建筑层数；余数大于或等于1.5 m时，多出部分按1层计算。

折算后的层数如果达到12层应设置消防电梯。此外，《建筑设计防火规范》（GB 50016—2014）对住宅是否设置消防电梯是按照建筑高度判定。当住宅楼高度大于33 m时，应设计消防电梯。

30. 某养老建筑位于山区，当地木材、竹材资源丰富，民居多采用木材和竹子建造。设计为了使建筑风格和当地民居相协调也选择竹、木结构。此时防火设计应注意哪些问题？

答：应高度注意建筑层数和建筑构件的耐火极限是否满足规范要求。

《住宅建筑规范》(GB 50368—2005) 第9.2.2条规定：

9.2.2　四级耐火等级的住宅建筑最多允许建造层数为3层，三级耐火等级的住宅建筑最多允许建造层数为9层，二级耐火等级的住宅建筑最多允许建造层数为18层。(耐火极限要求见表9.2.1)

《建筑设计防火规范》(GB 50016—2014) 第5.1.2条也是关于建筑构件耐火极限要求的(具体见表5.1.2)，二者对不同部位建筑构件耐火极限要求不一样。

《建筑设计防火规范》(GB 50016—2014) 表5.1.2附注规定：

注：1. 除本规范另有规定外，以木柱承重且墙体采用不燃材料的建筑，其耐火等级应按四级确定。

2. 住宅建筑构件的耐火极限和燃烧性能可按现行国家标准《住宅建筑规范》(GB 50368—2005) 的规定执行。

因此，居住功能的建筑，其构件耐火极限应执行《住宅建筑规范》(GB 50368—2005)。公共活动、公共服务类的建筑，其构件耐火极限应执行《建筑设计防火规范》(GB 50016—2014)。此外，还需满足《建筑设计防火规范》(GB 50016—2014) 第5.4.4条及老年建筑相关规范要求。

表9.2.1　住宅构件的燃烧性能和耐火极限(h)

构件名称		耐火等级			
		一级	二级	三级	四级
墙	防火墙	不燃性3.00	不燃性3.00	不燃性3.00	不燃性3.00
	非承重外墙、疏散走道两侧的隔墙	不燃性1.00	不燃性1.00	不燃性0.75	不燃性0.75
	楼梯间的墙、电梯井的墙、住宅单元之间的墙、住宅分户墙、承重墙	不燃性2.00	不燃性2.00	不燃性1.50	不燃性1.00
	房间隔墙	不燃性0.75	不燃性0.50	不燃性0.50	不燃性0.25
柱		不燃性3.00	不燃性2.50	不燃性2.00	不燃性1.00
梁		不燃性2.00	不燃性1.50	不燃性1.00	不燃性1.00
楼板		不燃性1.50	不燃性1.00	不燃性0.75	不燃性0.50
屋顶承重构件		不燃性1.50	不燃性1.00	不燃性0.50	不燃性0.25
疏散楼梯		不燃性1.50	不燃性1.00	不燃性0.75	不燃性0.50

注：表中的外墙指除外保温层外的主体构件。

31. 某单独建造的商业门面房设计为三层，每间门面房设计一部疏散楼梯、总面积不大于300 m²。是否符合规范规定？

答：不符合。理由如下：

1. 单独建造的商业门面房设计为三层，不符合商业网点特征；

2. 门面房由多个单元组成一个单体建筑，不适合《建筑设计防火规范》(GB

50016—2014）第5.5.8条。第5.5.8条：公共建筑内每个防火分区或一个防火分区的每个楼层，其安全出口的数量应经计算确定，且不应少于2个。符合下列条件之一的公共建筑，可设置1个安全出口或1部疏散楼梯：

（1）除托儿所、幼儿园外，建筑面积不大于200 m^2且人数不超过50人的单层公共建筑或多层公共建筑的首层；

（2）除医疗建筑，老年人建筑，托儿所、幼儿园的儿童用房，儿童游乐厅等儿童活动场所和歌舞娱乐放映游艺场所等外，符合表5.5.8规定的公共建筑。

表5.5.8 可设置1部疏散楼梯的公共建筑

耐火等级	最多层数	每层最大建筑面积（m^2）	人数
一、二级	3层	200	第二、三层的人数之和不超过50人
三级	3层	200	第二、三层的人数之和不超过25人
四级	2层	200	第二层人数不超过15人

3. 此类设计只能把每个门面房当作一个房间来理解，参考《建筑设计防火规范》（GB 50016—2014）第5.5.17条进行设计。此外应经过当地消防主管部门审查批准。

4. 部分乡镇沿街仍有类似工程，有的还是底层商业、二三层为自用住宅。这样的组合不符合规范规定。

1.3 住宅设计

1. 对于住宅建筑，设置在底部且层高不大于2.2 m的自行车库、储藏室、敞开空间（架空层）、设备层、高出室外地面小于2.2 m的半地下室，是否计入建筑层数？

答：不计入。住宅建筑层数计算按《住宅设计规范》（GB 50096—2011）第4.0.5条以及《建筑设计防火规范》（GB 50016—2014）第A.0.2条执行。

2. 对于住宅建筑，设置在底部且室内高度不大于2.2 m的自行车库、储藏室、敞开空间（架空层）、设备层，室内外高差或建筑的地下、半地下室的顶板面高出室外设计地面的高度不大于1.5 m的部分，是否计入建筑高度？

答：不计入。住宅建筑高度计算按《建筑设计防火规范》（GB 50016—2014）附录第A.0.1条执行。

3. 住宅下部商铺在经营种类方面有哪些规定？商业服务网点与商场的关键区别是什么？

答：住宅建筑内严禁布置经营、存放和使用甲、乙类火灾危险性物品的商店、车间和仓库（储藏间），以及产生噪声、振动和污染环境卫生的商店、车间和娱乐设施，也不应布置易产生油烟的餐饮店。商业服务网点与商场的关键区别是规模，商业服务网点是指设置在住宅建筑的首层或首层及二层，每个分隔单元建筑面积不大于300 m² 的商店、邮政所、储蓄所、理发店等小型营业性用房。

4. 住宅楼底部设二层商业服务网点，局部分隔单元二层室内任一点至最近直通室外的出口的直线距离大于规范规定时，能否将分隔单元内楼梯设置成封闭楼梯间形式，二层室内任一点的疏散距离仅算至封闭楼梯间疏散门?

答：不可以。商业服务网点为二层时，疏散距离为二层任一点到达室内楼梯，经楼梯到达首层，然后再到达室外的距离之和，其中室内楼梯的距离按其水平投影长度的1.50倍计算，跟采用什么形式的楼梯间无关。

5. 住宅套内客厅与无直接采光的餐厅相连，如何判断客厅的窗地比是否符合规范要求?

答：根据《住宅设计规范》(GB 50096—2011) 第5.2.4条规定，无直接采光的餐厅、过厅等，其使用面积不宜大于10 m²，因此住宅套内客厅与无直接采光的餐厅、过厅使用面积之和再减去10 m² 即为客厅地面使用面积。

6.《住宅设计规范》(GB 50096—2011) 第7.1.7条关于采光窗有效采光面积计算规则与《民用建筑设计通则》(GB 50352—2005) 第7.1.2条计算规则不一致，应执行哪个标准?

答：执行《住宅设计规范》(GB 50096—2011) 第7.1.7条，即采光窗下设离楼面或地面高度低于0.5 m的窗洞口面积不应计入采光窗面积内，但采光窗上部如有有效宽度超过1.0 m以上的外廊、阳台、空调室外机搁板等外挑遮挡物时，应执行《民用建筑设计通则》(GB 50352—2005) 第7.1.2条第2款规定，即有效采光面积按采光口面积的70%计算。

7. 厨房排气道面积能否计入厨房使用面积?

答：不能计入。

8. 住宅上层住户卫生间直接布置在下层住户的餐厅上方，但采用下沉式卫生间(同层排水) 设计，是否允许?

答：不允许。卫生间不应直接布置在下层住户的卧室、起居室（厅)、厨房和餐厅的上层。

9. 封闭阳台低窗台防护栏杆高度是否可以按普通低窗台设计不低于0.90 m?

答：不可以。封闭阳台栏板或防护栏杆净高也应满足阳台栏板或栏杆净高要求，六层及六层以下不应低于1.05 m，七层及七层以上不应低于1.10 m。

10. 太阳能集热器设置在阳台或外墙上时，需设置支撑集热器的钢筋混凝土挑板吗?

答：需要。根据合肥市城乡建设委员会文件（合建［2016］89号）规定，为防止太阳能集热器部件坠落伤人，当太阳能集热器设置在阳台和外墙上时，应采取设置支承集热器的钢筋混凝土挑板的安全措施。

11. 通往卧室、起居室（厅）的过道净宽如何控制?

答：通往卧室、起居室（厅）的过道净宽应按两侧墙体找平粉刷后完成面尺寸控制，且净宽不应小于1.0 m。经过卫生间前室到达卧室的过道也应按此控制。

12. 住宅套内设于底层或靠外墙、靠卫生间的壁柜以及卫生间墙面、顶棚、厨房布置在无用水点房间的下层时其顶棚是否需采取防潮措施，可采用哪些防潮材料?

答：上述所有部位均应采取防潮措施。墙面、顶棚宜采用防水砂浆、聚合物水泥防水涂料做防潮层；无地下室的地面可采用聚氨酯防水涂料、聚合物乳胶液防水涂料、水乳型沥青防水涂料和防水卷材做防潮层。不同材料做防潮层时，防潮层厚度可按《住宅室内防水工程技术规范》（JGJ 298—2013）第4.6.2条表4.6.2确定。

13. 住宅厨房楼地面是否可以不设防水层?

答：不可以。根据《住宅室内防水工程技术规范》（JGJ 298—2013）第5.2.2条要求，厨房的楼、地面应设置防水层。厨房、卫生间楼、地面的防水层在门口处应水平延展，且向外延展的长度不应小于500 mm，向两侧延展的宽度不应小于200 mm。

14. 《民用建筑设计通则》（GB 50352—2005）第6.6.3条关于“阳台防护栏杆高度”以及“可踏面”的规定是否适用于住宅设计?

答：不适用。《民用建筑设计通则》（GB 50352—2005）第6.6.3条规定“阳台、外廊、室内回廊、内天井、上人屋面及室外楼梯等临空处应该设置防护栏杆，并应符合下列规定：临空高度在24 m以下时，栏杆高度不应低于1.05 m，临空高度在24 m及24 m以上（包括中高层住宅）时，栏杆高度不应低于1.10 m”。

注：栏杆高度应从楼地面或屋面至栏杆扶手顶面垂直高度计算，如底部有宽度大于或等于0.22 m，且高度低于或等于0.45 m的可踏部位，应从可踏部位顶面起计算。

《住宅设计规范》（GB 50096—2011）这两方面规定要严于《民用建筑设计通则》。在栏杆高度方面，《住宅设计规范》（GB 50096—2011）第5.6.3条、第6.1.3条均规定上述部位防护栏杆六层及六层以下不应低于1.05 m，七层及七层以上不应低于1.10 m；在可踏面方面，《住宅设计规范》（GB 50096—2011）第5.8.1条条文说明“有效的防护高度应保证净高0.90 m，距离楼地面以下的台面、横栏杆等容易造成无意识攀登的可踏面，不应计入窗台净高。”也就是说，对于住宅建筑0.45 m及0.45 m以下的台面，横栏杆等容易造成无意识攀登的部位均视为可踏面。因此在住宅设计方面，应执行《住宅设计规范》(GB 50096—2011) 中的有关规定。

15. 有些设计，将住宅凸窗台防护栏杆设在窗台靠近室内一侧，远离窗台，高度从楼地面算起不小于0.90 m，这种设计是否符合规范要求?

答：不符合。首先，所有低窗台的防护栏杆均应贴窗设置，凸窗也不例外；其次凸窗台面宽度均较大，如窗台高度低于或等于0.45 m时，会形成可踏面，容易造成无意识攀登，带来安全隐患，防护栏杆应从窗台面算起不应低于0.9 m；再次如凸窗可开启窗扇窗洞口底距窗台面的净高低于0.9 m时，窗洞口处应有防护措施，其防护高度也应从窗台面算起不应低于0.90 m。

16. 如何理解《住宅设计规范》(GB 50096—2011) 第5.8.1条："窗外没有阳台或平台的外窗，窗台距楼面、地面的净高低于0.90 m时，应设置防护设施"?

答：(1) 外窗外设有阳台或平台的低窗台 (净高<0.9 m)，可以不设防护设施。条文说明的"平台"应指供居住者进行室外活动的上人屋面或由住宅底层地面伸出室外的部分，不含防护措施不符合要求的设备平台、装饰性阳台等。

(2) 窗台距楼、地面的高度应为净高，如果紧贴墙面有高度低于或等于0.45 m的可踏面时，窗台高度应从可踏面算起。

(3) 首层室外地面标高差异如在正常状态，相当于窗外有阳台或平台，窗台可不受0.90 m净高度的限制，如首层窗外属临空状态则执行此条规定。

(4) 施工图设计中若窗台高标注为从楼地面结构面至窗台结构面0.90 m，因地面铺设面砖或木地板后可能导致完成面之间的净高不足0.90 m，也不满足该强制条文要求，设计或审查均应注意净高的概念。

17. 目前住宅户型设计中相邻外开户门开启后互相干扰以及户门开启后妨碍公共交通的情况时有发生，居户多有不满，投诉户门质量的问题也越来越多，针对这一情况，如何在设计源头把好户门设计质量关?

答：设计和审查应严格执行《民用建筑设计通则》(GB 50352—2005) 第6.10.4条第5款："开向疏散走道及楼梯间的门扇开足时，不应影响走道及楼梯平台的疏散宽度"；《住宅设计规范》(GB 50096—2011) 第5.8.5条："向外开启的户门不应妨碍公共交通及相邻户门开启"；《建筑设计防火规范》(GB 50016—2014) 第6.4.11条："开向疏散楼梯或疏散楼梯间的门，当其完全开启时，不应减少楼梯平台的有效宽度"。设计单位在进行方案设计和施工图设计时，必须充分考虑户型平面布局和公共交通组织，推敲开向公共交通通道的户门以及相邻套型户门的开启方向、开启角度等方面问题，必要时应采取加大楼梯平台、控制相邻户门之间的间距、设大小扇子母门、户门入口处设凹口等措施确保外开户门设计符合相关规范要求。

18. 住宅共用外门、首层楼梯间疏散门、户（套）门宽度如何控制？

答：根据《住宅设计规范》（GB 50096—2011）第5.8.7条规定，住宅共用外门门洞口宽度不应小于1.2 m，户（套）门门洞口宽度不应小于1.0 m；根据《建筑设计防火规范》（GB 50016—2014）第5.5.30条规定，住宅的户门净宽度不应小于0.9 m，疏散楼梯和首层疏散外门的净宽度不应小于1.10 m，对于建筑高度不大于18 m的住宅中一边设置栏杆的疏散楼梯，其净宽度不应小于1.0 m。《建筑设计防火规范》（GB 50016—2014）给出的最小净宽度是强制性条文，必须严格执行，而《住宅设计规范》（GB 50096—2011）给出的洞口尺寸是根据使用要求的最低标准结合普通材料构造而提出的，对于面积较大的套型来说，不一定是合适的标准，设计时应根据使用要求确定合适的尺寸，但至少要满足防火规范提出的最小净宽度尺寸要求。另外设计时应注意门宽和走道楼梯净宽度相匹配的问题。一般当以门宽为计算宽度时，楼梯的净宽度不应小于门的净宽度，当以楼梯的净宽度为计算宽度时，门的净宽度不应小于楼梯的净宽度。根据上述原则住宅首层楼梯间疏散门的净宽度也不应小于楼梯段的净宽度，即不小于1.10 m（建筑高度小于等于18 m的住宅净宽度不小于1.0 m）。综上，对于建筑高度不大于18 m的住宅建筑，共用外门门洞的宽度不应小于1.2 m；对于建筑高度大于18 m的住宅建筑，首层疏散外门、首层楼梯间疏散门净宽均不得小于1.10 m，所有住宅建筑的户（套）门，净宽度均不得小于0.90 m。值得注意的是，门净宽是指土建门洞口宽扣除门框以及门框安装缝隙后的宽度。以净宽1.10 m的防火门为例，要达到净宽不小于1.10 m，门洞口的宽度需做至1.25 m，才基本满足要求（门洞两侧的门框宽度加上门框安装的缝隙宽度之和一般不小于0.15 m），因此设计和审查时均应注意门净宽的概念，不要把门净宽尺寸跟门洞口宽度混淆或等同。

19.《建筑设计防火规范》（GB 50016—2014）很多条款均规定要求住宅户门设置为乙级防火门，有些住宅户型户门直接开向前室，也需要按乙级防火门设计，另外《住宅设计规范》（GB 50096—2011）第6.2.5条也要求楼梯间及前室的门应向疏散方向开启，上述防火门必须向疏散方向开启吗？

答：公共疏散走道开向前室、封闭楼梯间的防火门应向疏散方向开启。户门（具备乙级防火门功能）直接开向前室应符合《建筑设计防火规范》（GB 50016—2014）第6.4.11条规定："民用建筑和厂房的疏散门，应采用向疏散方向开启的平开门，不应采用推拉门、卷帘门、吊门、转门和折叠门。除甲、乙类生产车间外，人数不超过60人且每樘门的平均疏散人数不超过30人的房间，其疏散门的开启方向不限。"因为住宅每户的人数一般很少，其每樘门的疏散人数远远不会超过30人，故住宅的户门直接开向前室且具备乙级防火门功能时，其开启方向不限，采用内开或外开均符合规范要求。

20. 二梯四户高层住宅，全部户门拟分别开在不同的前室，是否允许？

答：允许。根据《建筑设计防火规范》（GB 50016—2014）第5.5.27条第3款规定："建筑高度大于33 m的住宅建筑应采用防烟楼梯间，户门不宜直接开向前室，确有困难时，每层开向同一前室的户门不应大于3樘且应采用乙级防火门。"因此，设置两个前室的每层有四户的住宅单元，采用"1户+3户"或"2户+2户"的户门开向同一前室，就不违反上述规范条款的规定，但要强调的是户门必须使用乙级防火门，不具备防火功能的普通户门是不应直接开向前室的。另外，规范的具体执行过程中，如果地方上消防主管部门有更严格的规定，也必须认真执行。

21. 住宅共用部位的窗台什么情况下应采取安全防护措施?

答：按《住宅设计规范》(GB 50096—2011) 第6.1.1条执行："楼梯间、电梯厅等共用部分的外窗，窗外没有阳台或平台，且窗台距楼面、地面的净高小于0.90 m时，应设置防护设施。"防护栏杆有效的防护高度应从可踏面算起不低于0.90 m。

22. 如何理解《住宅设计规范》(GB 50096—2011) 第6.1.3条规定："外廊、内天井及上人屋面等临空处的栏杆净高，六层及六层以下不应低于1.05 m，七层及七层以上不应低于1.10 m。防护栏杆必须采用防止儿童攀登的构造，栏杆的垂直杆件间净距不应大于0.11 m，放置花盆处必须采取防坠落措施。"

答：外廊、内天井及上人屋面等处一般都是交通和疏散通道，人流较集中，特别在紧急情况下容易出现拥挤现象，因此临空处应设置防护栏杆，且防护栏杆的净高度应有安全保障；距楼、地面0.45 m及以下有容易造成无意识攀登的可踏面(如台面、横杆等)时，净高应从可踏面算起，屋顶变形缝处及其两侧一定范围内的防护栏净高度应从变形缝盖板面层算起；防护栏杆应采用防止攀登的构造，不应做横向花饰、屋顶女儿墙防水材料收头不应采用突出女儿墙小沿砖构造等，若采用与能放置花盆的花台相结合的形式或扶手采用混凝土扶手且宽度足够放置花盆时，应有防坠落措施。

23. 如何理解《住宅设计规范》(GB 50096—2011) 第6.2.7条："十层及十层以上的住宅建筑，每个住宅单元的楼梯均应通至屋顶，且不应穿越其他房间。通向平屋面的门应向屋面方面开启。各住宅单元的楼梯间宜在屋顶相连通。但符合下列条件之一的，楼梯间可不通至屋顶：1. 十八层及十八层以下，每层不超过8户、建筑面积不超过650 m^2，且设有一座共用的防烟楼梯间和消防电梯的住宅；2. 顶层设有外部联系廊的住宅。"

答：此条文编写时，是参照原《高层建筑设计防火规范》第6.2.7条形成的，目前此规范已被废止。现执行《建筑设计防火规范》(GB 50016—2014) 标准，当不同规范之间出现矛盾时，原则上应以较近颁布的规范为准。因此关于住宅楼梯间是否通至屋顶应执行现行防火设计规范。(1) 根据《建筑设计防火规范》(GB 50016—2014) 第5.5.3条规定："建筑楼梯间宜通至屋面，通向屋面的门或窗应向外开启。"将建筑的疏散楼梯通至屋顶，可使人员多一条疏散路径，有利于人员及时避难和逃生，因此有条件时，如屋面为平屋面或具有连通相邻两楼梯间的屋面通道，均要尽量将楼梯间通至屋面。(2) 根据《建筑设计防火规范》(GB 50016—2014) 第5.5.26条规定："建筑高度大于27 m，但不大于54 m的住宅建筑，每个单元设置一座疏散楼梯时，疏散楼梯应通至屋面，且单元之间的疏散楼梯应能通过屋面连通，户门应采用乙级防火门。当不能通至屋面或不能通过屋面连通时，应设置两个安全出口。"此条文的核心意思是：住宅建筑每个单元设置一个安全出口时，可以通过将楼梯间通至屋面并在屋面将各单元连接起来以满足两个不同疏散方向的要求，便于人员能及时疏散和逃生。当此类住宅只有一个单元时，可将疏散楼梯仅通至屋顶，当此类住宅单元有高有低时，低单元住宅楼梯应通至屋面，屋面与高单元外墙交接处应设置外部联系廊或内部通道与高单元楼梯间联通，来满足两个不同疏散方向的要求，具体可参见《建筑设计防火规范》(GB 50016—2014) 图示13J 811—1改 (2015年修改版) 第5.5.26条图示。(3) 对于每个单元均设有两个安全出口的高层住宅，楼梯间也要尽量通至屋面，或遵从地方上消防主管部门更严格的规定。

24. 住宅楼梯梯段净宽在设计和图审时如何控制？

答：(1) 梯段净宽系指墙面装修面层至扶手中心的水平距离。

(2) 梯段净梯宽应以最不利点测算，如有突出的柱子，内收的扶手等均以最窄处测量梯段净宽。

(3) 以剪刀楼梯为例，施工图纸楼梯平面大样中标注梯段结构面尺寸为1200 mm，查阅室内装修表中楼梯间墙体内粉厚度为15 mm，根据所选用的标准图集所示扶手中心线至扶手一侧墙面完成面的距离为80 mm，楼梯净宽计算为1200 mm－(15 mm×2)－80 mm＝1090 mm，则不满足梯段净宽不应小于1.10 m的规范强制标准要求。

(4) 住宅与地下室共用楼梯间时，住宅首层楼梯第一跑在梯井位置要采用耐火极限不低于2.0 h的防火隔墙与地下段楼梯间完全隔开，此时住宅首层第一跑楼梯梯段净宽也要符合上述计算规则。往往标准层梯段净宽满足规范要求，而第一跑梯段净宽则不满足规范要求，设计和图审时均应注意。

25. 住宅电梯采取隔声、减震的构造措施后可以紧邻卧室布置吗？

答：不可以。根据《住宅设计规范》(GB 50096—2011) 第6.4.7条规定："电梯不应紧邻卧室布置。当受条件限制，电梯不得不紧邻兼起居室的卧室布置时，应采取隔声、减震的构造措施。"此条款与《住宅建筑规范》(GB 50368—2005) 第7.1.5条规定："电梯不应与卧室、起居室紧邻布置。受条件限制需要紧邻布置时，必须采取有效的隔音和减震措施。"局部有矛盾，在具体设计与审图时应执行《住宅设计规范》(GB 50096—2011) 第6.4.7条规定。在小套型住宅单元平面设计时，满足这一要求确有一定困难，电梯可以紧邻兼起居室的卧室布置，但应采取隔声、减震的构造措施。

在具体设计时“兼起居室的卧室”实际上有部分起居空间，要尽量安排起居空间部分相邻电梯，并采用双层分户墙或用等隔音效果的构造措施。

26. 住宅设计中，对公共走道净宽或候梯厅深度有哪些规定？设计和审图时应如何执行？

答：(1) 对公共走道及候梯厅深度的规定相关条文有：《住宅建筑规范》(GB 50368—2005) 第5.2.1条：“走廊和公共部位通道的净宽不应小于1.20 m”；《住宅设计规范》(GB 50096—2011) 第6.5.1条：“走廊通道的净宽不应小于1.20 m”；《住宅设计规范》(GB 50096—2011) 第6.4.6条：“电梯厅深度不应小于多台电梯中最大轿厢的深度，且不应小于1.50 m”；《无障碍设计规范》(GB 50763—2012) 第3.7.1条第1款：“候梯厅深度不应小于1.50 m，公共建筑设置病床梯的候梯厅深度不宜小于1.80 m”；《民用建筑设计通则》(GB 50352—2005) 第6.8.1条第4款：“电梯候梯厅的深度应符合表6.8.1的规定，并不得小于1.50 m”；《建筑设计防火规范》(GB 50016—2014) 第5.5.28条第4款规定：“……楼梯间的共用前室与消防电梯的前室合用时，合用前室的使用面积不应小于12 m^2，且短边不应小于2.4 m。”

(2) 上述的“净宽”或“深度”都是指工程施工完毕后所实际测量的建筑完成面之间的净尺寸，设计时应考虑建筑面层的自身厚度对净尺寸的影响，不能以结构面之间的水平距离尺寸代替净尺寸。否则工程施工结束后实际净宽无法满足规范要求，由于违反强条，甚至导致无法验收和使用。值得一提的是有些住宅设计在入户门走道外侧两边均有外墙，形成同室外空气连通的短走道，此时短走道两侧外墙均应做保温层，若设计时没有考虑外墙找平层，保温层、面层等构造层占用的厚度，必然会导致入户公共走道净宽不满足强制性标准要求，会带来严重的设计质量问题，方案和施工图设计时，应避免此类影响净宽的问题出现。

27.《住宅建筑规范》(GB 50368—2005) 第5.3.1条，《住宅设计规范》(GB 50096—2011) 第6.6.1对七层及七层以上的住宅建筑无障碍设计部位进行了规定，其中《住宅建筑规范》包含无障碍住房，《住宅设计规范》不包含无障碍住房，如何执行？另外进行无障碍设计的部位两部规范均不包含无障碍电梯，在具体设计时可否不设无障碍电梯？

答：《住宅建筑规范》(GB 50368—2005)、《住宅设计规范》(GB 50096—2011) 对住宅无障碍设计要求均根据行业标准《城市道路和建筑物无障碍设计规范》(JGJ 50—2001) 第5.2.1条制定。现此标准已废止，目前应执行《无障碍设计规范》(GB 50763—2012) 国家标准。根据《无障碍设计规范》(GB 50763—2012) 第7.4.2条第2款规定：“设置电梯的居住建筑，每居住单元至少应设置1部能直达户门层的无障碍电梯”，因此居住建筑无论多少层，只要设置电梯，每单元至少要设置一部无障碍电梯。

根据《无障碍设计规范》第7.4.3条规定：“居住建筑应按每100套住房设置不少

于2套无障碍住房。”无障碍住房的设置可根据规划方案和居住需要集中设置，或分别设置于不同的住宅建筑中，但不要求居住区中每栋住宅都要做无障碍住房。

28. 某高层住宅设计，将无障碍入口坡道分段设置，其中一段设在一层楼梯梯段的下方，此时梯段下方的坡道净宽如何控制？

答：梯段下方的坡道净宽不应小于1.20 m。需要说明的是，若梯段下面的无障碍坡道高度超过300 mm且坡度大于1∶20时应在坡道两侧设扶手。净宽就需要从扶手中心线算起，因此为了满足规范要求，往往需要增加梯段宽度，这不是经济的设计方案，设计时应尽量避免这种情况。另外设在楼梯梯段下方的供轮椅通行的走道和通道净宽也不应小于1.20 m。

29. 为居住区服务的配套用房如物业管理用房、居委会、卫生站、社区用房等需要进行无障碍设计吗？

答：需要。按《无障碍设计规范》(GB 50763—2012) 第7.3.1条执行。

30. 住宅入户大堂（门厅）供轮椅通行的单元门需要按无障碍用门设计吗？

答：需要。供轮椅通行的推拉门和平开门，在门把手一侧的墙面应留有不小于0.50 m的墙面宽度；供轮椅通过的门扇，应安装视线观察玻璃，横执把手和关门拉手在门扇的下方应安装高0.35 m的护门板。

31. 某沿街高层住宅，立面造型需要按公建化处理，为达到公建化效果，局部封闭阳台采用玻璃幕墙设计是否可行？

答：不行。建标［2015］38号文要求：“新建住宅、党政机关办公楼、医院门诊急诊楼和病房楼、中心学校、托儿所、幼儿园、老年人建筑，不得在二层及以上层采用玻璃幕墙。”

32.《住宅建筑规范》(GB 50368—2005) 第7.1节与《住宅设计规范》(GB 50096—2011) 第7.3节中，对于室内环境的隔音性能要求不一致，应执行哪个标准？

答：应执行《住宅设计规范》(GB 50096—2011) 第7.3节相关规定。

33. 附建在住宅楼中的社区服务用房，如物业管理用房、居委会、老年活动中心、卫生站等，其出入口与疏散楼梯能否与住宅共用？

答：不能。根据《住宅设计规范》(GB 50096—2011) 第6.10.4条规定：“住户的公共出入口与附建公共用房的出入口应分开布置”；根据《建筑设计防火规范》(GB 50016—2014) 第5.4.10条第2款：“住宅部分与非住宅部分的安全出口和疏散楼梯应分别独立设置”。因此住宅和配套公共用房的出入口楼梯、电梯无论配套公共用房的规模与装修如何，均应分开设置。

34.《住宅设计规范》(GB 50096—2011) 第6.5.2条:“位于阳台、外廊及开敞楼梯平台下部的公共出入口，应采取防止物体坠落伤人的安全措施。”“安全措施”具体标准是什么?当首层为架空层时，凡是人员可以通行的部位，是否都要执行上述规定?

答:(1)“安全措施”应保证高空坠落物不会伤及行人，防坠落物构件应有一定的强度和一定的进深，以保证防护效果，如设置足够强度和深度的混凝土雨罩等。安全措施可以采取多种形式，不限定只采取雨罩形式。

(2) 凡是人员可以通行的架空层任何部位上方为阳台、外廊或开敞楼梯平台时，都要执行上述规定。具体设计时，也可以通过设置绿化、灌木、花池等措施，引导人员在规定的安全区域内通行。

1.4　公共建筑设计

1. 对于建筑面积大于5000 m^2的大型商店建筑，总平面布置因用地紧张仅在地下室设置停车位，地面不设停车位，但满足规定的停车泊位数。是否允许?

答:《商店建筑设计规范》(JGJ 48—2014) 第3.2.5条规定:“大型商店建筑应按当地城市规划要求设置停车位。在建筑物内设置停车库时，应同时设置地面临时停车位。”如仅在地下室设置停车位，地面未设停车位，尽管满足规定的停车泊位数，仍然不允许。

2. 托儿所、幼儿园总平面设计容易忽视哪些内容?

答:设计托儿所、幼儿园时，一般建筑内设施较为重视，而容易忽视总平面设计。在商品房住宅小区规划中，往往配套建设的托儿所、幼儿园用地较为紧张。受用地面积限制，总平面设计经常出现不满足室外活动场地要求情况。

现行行业标准《托儿所、幼儿园建筑设计规范》(JGJ 39—2016) 第3.2.2条、3.2.3条规定:托儿所、幼儿园应设独立的室外活动场地;每班应设专用室外活动场地，面积不宜小于60 m^2;应设全园共用活动场地，人均面积不应小于2 m^2;共用活动场地应设置游戏器具、沙坑、30 m跑道、洗手池等，宜设戏水池，储水深度不应超过0.30 m，并要求室外活动场地应有1/2以上的面积在标准建筑日照阴影线之外。

在总平面设计中，除满足一般总图设计深度的要求，应严格按照上述规范要求设置室外活动场地。

3. 中小学校教学建筑内是否必须设置教师专用卫生间?

答:中小学校教学楼等教学用房设计中常出现未设置教师卫生间情况。按照《中小学校设计规范》(GB 50099—2011) 第6.2.5条规定:“教学用建筑每层均应分设男、女学生卫生间及男、女教师卫生间”，教师卫生间应与学生卫生间分开。因此必须设置教师专用卫生间。

4. 办公建筑的人数如何确定？

答：《办公建筑设计规范》（JGJ 67—2006）第 4.2.3 条规定：“普通办公室每人使用面积不应小于 4 m^2，单间办公室净面积不应小于 10 m^2。”第 4.2.4 条规定：专用办公室“设计绘图室，每人使用面积不应小于 6 m^2；研究工作室每人使用面积不应小于 5 m^2。”设计时，先计算办公建筑用于各类办公用房的使用面积，再按上述指标即可计算出办公建筑最多的人数。

5. 《民用建筑设计通则》（GB 50352—2005）第 6.7.10 条楼梯踏步高宽比的楼梯类别划分，其中“专用疏散楼梯”是指什么疏散楼梯？

答：“专用疏散楼梯”现行标准无明确解释。一般认为：专用疏散楼梯是相对于公共疏散楼梯而言的，指为特殊场所或部位的少数人员专用而设置的疏散楼梯。专用疏散楼梯的特征为“非公共使用”或“专人使用”。如为设备用房设置的疏散楼梯，为检修平台设置的供检修人员使用的疏散楼梯等。专用疏散楼梯不得用于公共场所。

6. 《民用建筑设计通则》（GB 50352—2005）第 6.8.2 条有关自动扶梯倾斜角规定“当提升高度不超过 6 m，额定速度不超过 0.50 m/s 时，倾斜角允许增至 35°”，而《商店建筑设计规范》（JGJ 48—2014）第 4.1.8 条规定“自动扶梯倾斜角不应大于 30°”，二者规定不一致，如何执行？

答：关于自动扶梯倾斜角，《商店建筑设计规范》（JGJ 48—2014）有明确规定“自动扶梯倾斜角不应大于 30°”，商店建筑应按此要求执行；除此之外的民用建筑，可执行《民用建筑设计通则》（GB 50352—2005）第 6.8.2 条的规定。

7. 《电影院建筑设计规范》（JGJ 58—2008）规定：“综合建筑内设置的电影院应设置在独立的竖向交通附近。”“独立的竖向交通”如何理解？

答：《电影院建筑设计规范》（JGJ 58—2008）强制性条文第 3.2.7 条规定：“综合建筑内设置的电影院应设置在独立的竖向交通附近，并应有人员集散空间；应有单独出入口通向室外，并应设置明显标示。”“竖向交通”一般包括楼梯、电梯、自动扶梯等设施。“独立”主要指独立于综合建筑内电影院以外的商场、购物中心、餐饮等功能场所，不受这些场所营业时间不一致的影响。设计时，除可利用综合建筑内部商场等部位的竖向交通到达电影院，还必须设置“独立的竖向交通”，确保电影院竖向交通不受影响。电影院防火和安全疏散应满足《电影院建筑设计规范》（JGJ 58—2008）和《建筑设计防火规范》（GB 50016—2014）有关规定。

8. 大型超市设置的倾斜式自动人行道，是否可作为无障碍设施而无须设置无障碍

电梯?

答：不可。超市倾斜式自动人行道只是为了满足购物车的垂直通行要求，对坡道面进行特殊处理，防止购物车滑动。但不能满足轮椅车轮的防滑要求，轮椅使用存在安全隐患，因此不能代替无障碍电梯。

9. 中小学、托儿所、幼儿园等教育建筑什么情况需设无障碍楼梯？什么情况需设无障碍电梯？

答：《无障碍设计规范》(GB 50763—2012) 规定：教育建筑主要教学用房应至少设置1部无障碍楼梯；公共建筑内设有电梯时，至少应设置1部无障碍电梯。

10.《无障碍设计规范》(GB 50763—2012) 仅在第3.5.3条有关门的无障碍设计规定："门槛高度及门内外地面高差不应大于15 mm，并以斜面过渡"，是否其他部位不要求"地面高差不应大于15 mm，并以斜面过渡?"

答：无障碍设计是一个系统设计，虽然《无障碍设计规范》只在第3.5.3条有关门的无障碍设计规定"门槛高度及门内外地面高差不应大于15 mm，并以斜面过渡"，但是只要是无障碍设计的范围内，供轮椅通行的区域均应满足"地面高差不应大于15 mm，并以斜面过渡"。

11. 公共建筑是否每层楼公共厕所都需设置无障碍设施或在其附近设置无障碍厕所?

答：对于为公众服务的办公建筑，病人、康复人员使用的医疗康复建筑，特级、甲级体育场馆的观众区、运动员区，文化建筑、商业服务建筑、汽车客运站旅客用房等公共建筑或公共区域，均应在每层公共厕所的男女厕所设置无障碍设施，或在公共厕所附近设置1个无障碍厕所；其他公共建筑或非公共区域，均应至少有1处公共厕所的男女厕所设置无障碍设施，或在男女公共厕所附近设置1个无障碍厕所，但不要求每层都设。

12.《民用建筑设计通则》(GB 50352—2005) 第6.5.1条第1款规定"建筑物的厕所、盥洗室、浴室不应直接布置在餐厅、食品加工、食品贮存、医药、医疗、变配电等有严格卫生要求或防水、防潮要求用房的上层"，设计中若采取降板同层排水措施，或在上述有水部位楼板下部增设夹层楼板，是否允许?

答：采取降板同层排水措施，实际上只有一层楼板，仍然是"直接布置"在有"严格卫生要求或防水、防潮要求"用房的上层，不符合规范要求，当属不允许；增设夹层楼板，使得不是"直接布置"，但夹层必须满足排水管道布置和防水要求，且满足人员进入检修的要求，方可允许，否则不可取。

13.《民用建筑设计通则》(GB 50352—2005) 对托儿所、幼儿园建筑的阳台、外

廊、室内回廊、内天井、上人屋面及室外楼梯等临空处设置防护栏杆的高度没有特别要求，是否可以按一般建筑要求设计？

答：《民用建筑设计通则》（GB 50352—2005）对托儿所、幼儿园建筑临空处设置防护栏杆的高度没有特别要求，但新版《托儿所、幼儿园建筑设计规范》（JGJ 39—2016）第4.1.9条规定：托儿所、幼儿园的外廊、室内回廊、内天井、阳台、上人屋面、平台、看台及室外楼梯等临空处应设置防护栏杆，栏杆应以坚固、耐久的材料制作，防护栏杆水平承载能力应符合《建筑结构荷载规范》（GB 50009—2012）的规定："防护栏杆的高度应从地面计算，且净高不应小于1.10 m。防护栏杆必须采用防止幼儿攀登和穿过的构造，当采用垂直杆件做栏杆时，其杆件净距离不应大于0.11 m。"因此，托儿所、幼儿园建筑临空处防护栏杆净高应按"不应小于1.10 m"执行。

14. 住宅、托儿所、幼儿园、中小学及少年儿童专用活动场所的临空栏杆底部，若有宽度小于0.22 m或高度大于0.45 m的反沿，尽管不是可踏面，但栏杆属易攀登构造，这种情况栏杆高度应从哪算起？

答：《民用建筑设计通则》（GB 50352—2005）第6.6.3条第4款规定："住宅、托儿所、幼儿园、中小学及少年儿童专用活动场所的栏杆必须采用防止少年儿童攀登的构造，当采用垂直杆件做栏杆时，其杆件净距不应大于0.11 m。"虽然栏杆底部有宽度小于0.22 m或高度大于0.45 m的反沿，不是可踏面，但栏杆属少年儿童可攀登构造，没有满足该条，因此栏杆高度应从反沿上沿算起。

15. 高层建筑是否禁止采用外平开窗？

答：《民用建筑设计通则》（GB 50352—2005）第6.10.3条第2款规定"当采用外开窗时应加强牢固窗扇的措施"，并没有完全禁止采用外平开窗。但《安徽省居住建筑节能设计标准》（DB34/1466—2011）、《安徽省公共建筑节能设计标准》（DB34/1467—2011）以及《全国民用建筑工程设计技术措施》均规定高层建筑不应采用外平开窗。因此，在安徽省内的建筑项目高层建筑应禁止采用外平开窗。禁止采用外平开窗主要是为避免开启窗扇坠落造成人员、财物的严重损害。

16. 公共建筑中庭等空间的透明玻璃屋顶采用的玻璃有哪些特殊规定？一般采用什么玻璃？

答：对于玻璃屋顶，设计人员往往注意到建筑节能的要求，采用低辐射中空玻璃，但易忽视玻璃屋顶的安全要求。《建筑玻璃应用技术规程》（JGJ 113—2015）强制性条文第8.2.2条规定："屋面玻璃或雨篷玻璃必须使用夹层玻璃或夹层中空玻璃，其胶片厚度不应小于0.76 mm。"因此屋顶玻璃一般需采用低辐射中空夹胶玻璃（三层玻璃），才能既满足节能要求，又满足安全要求。

1.5 建筑防水设计

1. 外墙外保温系统的基层墙体外侧是否需做整体防水层设计？防水层可采用哪些防水材料？

答：需要做。防水材料可按下述规定选用：

（1）采用涂料（真石漆）饰面时，防水层宜设在保温层和墙体基层之间。防水层可采用聚合物水泥防水砂浆或普通防水砂浆。基层墙体为蒸压加气混凝土砌块、混凝土小型空心砌块，钢筋混凝土墙体、灰砂砖、蒸压粉煤灰砖等非烧结类墙材时，应先采用专用界面砂浆处理后再做找平层和防水层。找平层具有防水性能时可不另设防水层。

（2）采用幕墙饰面时，设在找平层上的防水层宜采用聚合物水泥防水砂浆、普通防水砂浆、聚合物水泥防水涂料、聚合物乳液防水涂料或聚氨酯防水涂料，当外墙保温层选用矿物棉保温材料时，防水层宜采用防水透气膜。

2. 外墙变形缝部位如何进行防水设计？

答：外墙变形缝部位应增设合成高分子防水卷材附加层，卷材两端应满粘于墙体，满粘的宽度不应小于150 mm并应钉压固定，卷材收头应用防水密封材料密封。

3. 外墙采用岩棉板、匀质防火保温板等板材类外保温系统时，女儿墙部位和勒脚部位如何进行防水设计？

答：（1）涂料饰面的女儿墙部位应采用保温层全包覆做法。女儿墙顶面和内侧面应采用防水防火性能好的保温材料，女儿墙顶面宜设现浇钢筋混凝土压顶或金属压顶，压顶应向内找坡。当采用混凝土压顶时，外墙防水层应伸延至压顶内侧的滴水线部位；当采用金属压顶时，外墙防水层应做到压顶的顶部，金属压顶应采用经防腐处理的专用金属配件固定。

（2）勒脚部位的外墙保温系统底部第一排保温板的下侧板端与散水间600 mm高范围内，应采用EPS板、硬泡聚氨酯板等防水性能好的保温材料进行保温处理，并在其底部第一排保温板的板端下侧设置一道防腐专用托架。外保温系统与室外地面散水间应预留不小于20 mm的缝隙，缝隙内采用建筑耐候密封胶封堵，背衬聚乙烯泡沫棒。

4. 外墙防水层与地下墙体防水层是否需搭接？

答：需要搭接。外墙防水层与地下防水层应形成整体防水设防。

5. 某建筑屋面防水等级为Ⅰ级，采用两道防水设防，其中一道防水设防采用喷涂

硬泡聚氨酯保温层代替防水层，审图时如何把握？

答：根据《屋面工程技术规范》（GB 50345—2012）第4.58条规定，Ⅰ型喷涂硬泡聚氨酯保温层不得作为屋面的一道防水设防；根据《硬泡聚氨酯保温防水工程技术规范》（GB 50404—2007）第3.0.2条规定，Ⅱ型喷涂硬泡聚氨酯保温层可用于屋面复合保温防水层，用于非上人屋面时，必须在Ⅱ型硬泡聚氨酯的表面刮抹抗裂聚合物水泥砂浆，厚度宜为3～5 mm；Ⅲ型喷涂硬泡聚氨酯保温层可用于屋面保温防水层，用于非上人屋面时，应在Ⅲ型硬泡聚氨酯的表面涂刷耐紫外线的防护涂料。

6. 屋面防水等级为Ⅰ级或Ⅱ级时，每道卷材（涂膜）防水层的最小厚度以及复合防水层最小厚度应符合哪些规定？

答：每道卷材防水层最小厚度应符合《屋面工程技术规范》（GB 50345—2012）第4.5.5条规定；每道涂膜防水层最小厚度应符合《屋面工程技术规范》（GB 50345—2012）第4.5.6条规定；复合防水层最小厚度应符合《屋面工程技术规范》（GB 50345—2012）第4.5.7条规定。卷材或涂膜厚度不符合上述规定的防水层不得作为屋面的一道防水设防。

7. 倒置式屋面工程防水等级应如何确定？

答：倒置式屋面工程的防水等级应为Ⅰ级，采用二道防水设防。防水材料应选用耐腐蚀、耐霉烂、适应基层变形能力的防水材料。

8. 种植屋面工程防水等级应如何规定？

答：种植屋面工程的防水等级应为Ⅰ级，采用二道防水设防。其中最上层防水层必须采用耐根穿刺防水材料。

9. 地下室涂料防水层包括哪几类？防水涂料的选用，应符合哪些规定？

答：地下室涂料防水层包括无机防水涂料和有机防水涂料两大类。无机防水涂料一般属刚性材料，主要是水泥类无机活性涂料，可选用掺外加剂、掺和料的水泥基防水涂料、水泥基渗透结晶型防水涂料；有机防水涂料一般属柔性材料，主要是高分子合成橡胶及合成树脂乳液类涂料，可选用反应型（如聚氨酯类防水涂料）、水乳型（如丙烯酸酯胶乳类防水涂料）和聚合物水泥等涂料。防水涂料的选用应符合以下规定：

（1）潮湿基层宜选用与潮湿基面粘结力大的无机防水涂料或有机防水涂料，也可采用先涂无机防水涂料而后涂有机防水涂料构成复合防水涂层。

（2）冬季施工宜选用反应型涂料，而不适宜采用水乳型涂料。

（3）埋置深度较深的重要工程，有振动或较大变形的工程宜选用高弹性防水涂料。

（4）有腐蚀性的地下环境宜采用耐腐蚀性较好的有机防水涂料，并应做好刚性保护层。

（5）聚合物水泥防水涂料应选用以水泥为主要原料的II型产品。

（6）掺外加剂、掺和料的水泥基防水涂料厚度不得小于3.0 mm；水泥基渗透结晶型防水涂料的用量不应小于1.5 kg/m^2，厚度不应小于1.0 mm；有机防水涂料的厚度不得小于1.2 mm。

10. 住宅建筑的室内哪些部位需要进行防水设计？

答：住宅建筑的室内卫生间、厨房、浴室、设有配水点的封闭阳台、独立水容器等部位均应进行防水设计，并符合以下要求：

（1）卫生间、浴室的楼、地面应设置防水层，墙面、顶棚应设置防潮层，门口应有阻止积水外溢的措施。

（2）厨房的楼、地面应设置防水层，墙面宜设置防潮层；厨房布置在无用水点的房间的下层时，顶棚应设置防潮层。

（3）设有配水点的封闭阳台，墙面应设防水层，顶棚宜设防潮，楼、地面应有排水措施，并应设置防水层。

（4）独立水容器应有整体的防水构造，现场浇筑的独立水容器应采用刚柔结合的防水设计。

11. 住宅室内厨房、卫生间、浴室和设有配水点的封闭阳台楼、地面以及墙面防水设计都有哪些主要技术措施？

答：（1）厨房、卫生间、浴室和设有配水点的封闭阳台楼、地面周边除门洞外，应向上设一道高度不小于200 mm，宽度同墙体厚度的混凝土防水反梁，并与楼板一同现浇，楼地面标高应低于相邻房间楼、地面20 mm～30 mm或做挡水门槛。

（2）厨房、卫生间、浴室和设有配水点的封闭阳台楼、地面防水层，应沿墙面上翻，且至少应高出饰面层300 mm。

（3）厨房、卫生间、浴室和设有配水点的封闭阳台等墙面防水层高度宜距楼、地面面层1.2 m；当卫生间有非封闭式洗浴设施时，花洒所在及其邻近墙面防水层高度不应小于1.8 m；当卫生间、厨房采用轻质隔墙时，应做全防水墙面。

12. 穿越住宅室内有防水要求的楼板的管道均应设置防水套管吗？

答：均应设置防水套管，且套管高度应高出装饰层完成面20 mm以上，套管与管道之间应采用防水密封材料嵌填压实。

13. 住宅室内防水工程可采用哪些防水材料？

答：住宅室内防水工程可采用防水涂料、防水卷材和防水砂浆。

（1）防水涂料宜使用聚氨酯防水涂料、聚合物乳液防水涂料、聚合物水泥防水涂料和水乳型沥青防水涂料等水性或反应型防水涂料。住宅室内防水工程，不得使用溶剂型防水涂料。采用防水涂料时，涂膜防水层厚度应符合《住宅室内防水工程技术规程》(JGJ 298—2013) 第4.1.10条规定。

(2) 防水卷材可选用自粘聚合物改性沥青防水卷材和聚乙烯丙纶复合防水卷材，防水卷材宜采用冷粘法施工，胶黏剂应与卷材相容，并应与基层粘结可靠。卷材防水层厚度应符合《住宅室内防水工程技术规程》(JGJ 298—2013) 第4.2.6条规定。

(3) 防水砂浆可采用掺防水剂的防水砂浆和聚合物水泥防水砂浆，防水砂浆厚度应符合《住宅室内防水工程技术规程》(JGJ 298—2013) 第4.3.4条规定。

1.6 建筑节能设计部分

1. 什么样的节能设计文件才是完整的?

答：完整的节能设计文件应包括计算书文件和图纸文件两部分：

(1) 计算书文件应包括：软件自动生成的计算书各项数据、显示计算建筑形状的模型，还应附加节能设计一览表，以及根据各地方行政部门要求应有的建筑节能设计备案表。

(2) 图纸文件应包括：节能设计专篇，节能一览表，各项围护结构保温隔热构造及做法索引，门窗型材和玻璃的品种、厚度及中空尺寸，各特殊墙身节点的构造做法大样等。并且，所有图纸文件的节能做法，必须与计算书文件中出现的用料品质、厚度及热工数据相符合。

2. 节能设计中何处容易出现热桥?

答：(1) 外墙空调机机位处容易出现热桥。因为构造设计考虑不周，空调机位后面的墙体常常被忽略，或不做，或做半砖墙，形成热桥；

(2) 屋面构造中，为做出局部的排水沟而减少保温层，形成热桥。

以上不合理的构造做法，破坏了建筑外围护结构保温系统的整体性、封闭性和完整性，使其他节能措施的效率打折扣。

3. 节能设计中应注意什么问题?

答：(1) 计算书中各种保温材料尤其是新材料导热系数的修正系数要注意正确选用，否则影响计算结果的正确性。

(2) 设计文件要注意满足设计工程所在地的当地节能要求。如安徽省的节能设计，要求做节能设计一览表，把各重要数据都列出来，以便于节能审查，但很多省外设计单位往往不注意这个细节；又比如合肥市的公共建筑节能要求高于安徽省的标准，有些设计单位往往忽略这一点。

(3) 单面敞开外廊式的建筑，设计单位要注意在图纸中标注出外墙位置，否则施工单位会把外廊内的墙认定为内墙而不做保温。外墙中内凹的门斗处也要注意标注外墙位置，此处如果表达不清楚，容易造成施工方漏做外墙保温。

(4) 应注意架空楼板的保温隔热要求。架空楼板的部位宜在图中注明，以确保施工到位。

4. 当建筑图纸修改，或替换任意一种保温节能相关联的材料，是否需要重新进行节能计算?

答：需要。建筑物的节能设计是一项巨大的系统工程，各部分密切相关，局部的变化或者修改往往会影响整体的节能效果，因此，当建筑图修改或替换保温材料时，均需重新进行节能计算，并重新送审。

5. 《公共建筑节能设计规范》(GB 50189—2015) 推行之后应注意什么?

答：应注意安徽省以及合肥市的地方标准低于《公共建筑节能设计规范》(GB 50189—2015) 要求时，应按照《公共建筑节能设计规范》(GB 50189—2015) 执行。当地方标准高于国家标准要求时，应执行地方标准。

1.7 绿色建筑（以下简称“绿建”）设计部分

1. 绿建设计应执行哪些规范标准?

答：执行《绿色建筑评价标准》(GB/T 50378—2014.)。此外，还应执行国家标准中各专项建筑的绿建评价标准，以及合肥市建委、合肥市质监局制定的《绿色建筑设计导则》等各地方规定及标准。

2. 哪一类的建筑项目需要做绿建设计?

答：按照《安徽省民用建筑节能办法》(安徽省人民政府令第243号) 公共机构建筑和政府投资的学校、医院等公益性建筑，单体超过2万平方米的大型公共建筑要全面执行绿色建筑标准。

按照《关于加强新建民用建筑设计方案建筑节能和绿色建筑管理工作的通知》(合规[2014] 129号)，自2014年起，合肥市保障性住房全部按绿色建筑标准设计、建造。

3. 如何在施工图中简明、扼要、全面地表达绿建设计内容?

答：应制作“绿色建筑施工图审查集成表”，可以作为建筑总说明的组成部分，在建筑专业图纸中制作表格，也可分专业制作。“绿色建筑施工图审查集成表”的内容，应包括《绿色建筑评价标准》中的所有控制项和得分项。

4. 绿建设计的送审文件是否需要附送计算书?

答：需要。各专业的各得分项，均需提供相应的计算书。

5. 绿建审查涉及的专业有哪些?

答：建筑、结构、给排水、暖通、电气。各相关专业应按照《绿色建筑一星级施工图审查集成表》中的得分项，逐一核查本专业的绿建措施落实情况。

2 结构专业

2.1 荷载

1.《建筑结构荷载规范》(GB 50009—2012)表5.3.1中第1项不上人的屋面均布活荷载标准值0.5 kN/m²，当此值小于基本雪压值时，设计屋面活荷载标准值该如何取值?

答:《建筑结构荷载规范》(GB 50009—2012)表5.3.1注1:不上人的屋面，当施工或维修荷载较大时，应按实际情况采用。注3:对于因屋面排水不畅，堵塞引起的积水荷载，应采取构造措施加以防止;必要时，应按积水的可能深度确定屋面活荷载(尤其是对檐口和雨棚处的屋面)且应大于雪荷载标准值。

2.《门式刚架轻型房屋钢结构技术规程》(GB 51022—2015)第4.1.3条，当采用压型钢板轻型屋面时，屋面按水平投影面积计算的竖向活荷载的标准值应取0.5 kN/m²，对承受荷载水平投影面积大于60 m²的刚架构件，屋面竖向均布活荷载的标准值可取不小于0.3 kN/m²。

答:根据《建筑结构荷载规范》(GB 50009—2012)附录E.5，如该地区的基本雪压值小于0.3 kN/m²(R=50)时，设计屋面活荷载标准值可以按《门式刚架轻型房屋钢结构技术规范》(GB 51022—2015)第4.1.3条的规定取值。该地区的基本雪压值在0.3～0.5 kN/m²(R=50)时，设计活荷载标准值应按0.5 kN/m²取值。如该地区的基本雪压值大于0.5 kN/m²(R=50)时，活荷载标准值的取值应当大于或等于基本雪压值(R=50)。在合肥地区(除巢湖市)活荷载标准值的取值应当≥0.6 kN/m²。

3.厂房车间楼面荷载、科研孵化楼等的楼面活荷载在建筑结构荷载规范及《全国民用建筑工程技术措施—2009》(结构－结构体系)篇中未列入楼面活荷载，设计应如何计取?

答:一般楼面活荷载标准值应由工艺设计提供，如无工艺设计，则应由建设单位提供，或由设计人员根据《全国民用建筑工程设计技术措施—2009》(结构－结构体系)第1.4.3条中1～7类情况对照选用并应取得业主认可。

4.一般民用建筑的非人防地下室顶板的活荷载标准值应取多少比较合适，地下室室外地面活荷载标准值如何取值?

答:非人防室内地下室顶板，考虑施工时可能会堆放材料或作临时工场使用，活荷载标准值不宜小于 5 kN/m^2；对于非人防室外地下室顶板，当考虑地面覆土施工和使用超载时，一般建议活荷载标准值取值不宜小于 10 kN/m^2，室外地面活荷载标准值取值一般不宜低于 5 kN/m^2（在消防通道及消防登高面上，活荷载标准值取值应满足消防车活荷载标准值取值要求）。

5.《建筑结构荷载规范》(50009—2012) 表 5.1.1 第 11、12 项走廊、门厅、楼梯活荷载取值，应如何理解和确定?

答：走廊、门厅和楼梯的活荷载标准值，一般应按《建筑结构荷载规范》(50009—2012) 表 5.1.1 中规定或按相连通房屋的活荷载标准值采用，但对于公共建筑和高层建筑中可能人员密集情况的走廊、门厅和兼做消防疏散使用的楼梯，活荷载标准值不应低于 3.5 kN/m^2。

6. 当建筑物设计使用年限非 50 年时，活荷载的取值应该怎么定?

答：《建筑结构荷载规范》(GB 50009—2012) 所采用的设计基准期为 50 年，即设计时所考虑荷载、作用、材料强度等的统计参数均是按此基准期确定的。建筑物设计使用年限非 50 年时，《建筑结构荷载规范》(GB 50009—2012) 给出了风荷载、雪荷载 100 年一遇的对应值，其他方面按该规范的原则确定。

7. 对高层建筑的风荷载标准值，应如何取用?

答：根据《高层建筑混凝土结构技术规程》(JGJ 3—2010) 第 4.2.2 条，对风荷载比较敏感的高层建筑，承载力设计时应按基本风压的 1.1 倍采用，不再按 100 年重现期的风压值取用，同时取消了对“特别重要”的高层建筑的风荷载增大的要求。在正常使用极限状态验算时，不需要乘 1.1 的系数，在进行舒适度验算时，按 10 年一遇的风荷载取用。本规定对设计使用年限 50 年、100 年的高层建筑均适用。

8. 目前在大中城市中，群集的高层建筑愈来愈多，如何考虑风荷载的作用?

答：对群集的高层建筑，宜考虑风力互相干扰的群体效应，一般可将单独建筑物的体型系数 us 乘以相互干扰系数，该系数必要时宜由风洞试验确定，也可按《建筑结构荷载规范》(GB 50009—2012) 第 8.3.2 条相关规定取值或类似条件的试验资料确定。

9. 对于重要建筑物，中外合资工程或国外工程，楼面活荷载应如何取值?

答：(1) 可根据业主的要求确定活荷载标准值，但不应小于《建筑结构荷载规范》(GB 50009—2012) 的规定。

(2) 设计时宜考虑建筑设计使用年限内设备更新或用途变更的可能，适当增加楼面活荷载标准值取值。

10.《建筑结构荷载规范》(GB 50009—2012) 第 7.1.2 条条文解释中对雪荷载敏

感的结构主要是指大跨、轻质屋盖结构，而大跨、轻质如何理解？

答：(1) 大跨度屋盖结构一般指跨度等于或大于 60 m 的钢屋盖结构，可采用的有：桁架、刚架或拱等平面结构以及网架、网壳、悬索结构和索膜结构等空间结构；跨度等于或大于 18 m 的钢筋混凝土框架结构。

(2) 轻质屋盖结构一般指采用压型钢板、石棉瓦、瓦楞铁等自重较轻板材或自重与雪荷载较接近的板材通过组合形成的屋盖结构。

2.2 地基与基础

1. 地下室采用独立基础（或条形基础）加防水板，地基承载力的深度修正如何考虑？

答：从地下室室内地面标高算起。详见《建筑地基基础设计规范》(GB 50007—2011) 第 5.2.4 条规定。

2. 高层建筑主楼与裙房地下室连成一体，主楼筏板基础地基承载力的深度修正如何考虑？

答：对主楼地基承载力的修正，可将裙房的恒载折算为土层的厚度作为基础的埋深进行修正。当主楼周边裙房的高度不等时，取小值。详见《建筑地基基础设计规范》(GB 50007—2011) 第 5.2.4 条条文说明。

3. 对建筑场地大面积填方区，地基承载力的深度修正如何考虑？

答：一般可从填土地面算起，但大面积压实填土应符合《建筑地基基础设计规范》(GB 50007—2011) 第 5.2.4 条要求。若填土在上部结构施工后完成，应从天然地面标高算起。

4. 复合地基承载力的深度修正能否考虑？修正系数是多少？

答：复合地基承载力的深度修正可以考虑。深度修正系数为 1.0，宽度修正系数为 0，详见《建筑地基处理技术规范》(JGJ 79—2012) 第 3.0.4－2 条规定。

5. 强风化和全风化的岩石地基承载力可否修正？

答：强风化和全风化的岩石，可参照所风化成的相应土类取值修正。但其他状态下的岩石不修正，详见《建筑地基基础设计规范》(GB 50007—2011) 第 5.2.4 条注 1。

6. 建筑地基基础设计等级与建筑桩基设计等级在同一工程中是否都要注明？

答：地基基础设计等级和桩基设计等级均应注明。

7. 建筑的安全等级、结构设计使用年限、结构的重要性系数，在基础设计时是否

要考虑？

答：要考虑。对于安全等级为一级或结构设计使用年限为100年及其以上的建筑，其基础设计重要性系数为1.1，其余不低于1.0。详见《建筑地基基础设计规范》（GB 50007—2011）第3.0.5条。

8. 采用桩基础或CFG桩、水泥土搅拌桩等措施进行地基处理后是否改变建筑场地类别？

答：采用桩基或CFG桩、水泥土搅拌桩处理地基，只对建筑物持力层起作用，对整个建筑场地的地震特征影响不大，故不能改变建筑场地的类别。

9. 在同一结构单元内，部分地基为复合地基、部分为天然地基，或局部为桩基、部分为天然地基，是否可行？

答：在同一结构单元中，首先宜尽量采用同一地基持力层，同一基础形式。若现场实在无法满足上述要求时，应视工程具体情况，认真分析，认真进行地基变形和承载力验算，加强基础和上部结构连接部位刚度，并采取控制不均匀变形的措施，如设置沉降性后浇带、进行沉降观测等措施。

10. 采用桩基础能否改变场地和地基的复杂程度？能否改变建筑物地基基础的设计等级？

答：地基基础设计等级是根据地基的变形、地基复杂程度、建筑物规模和功能特征以及由于地基基础问题可能造成建筑物破坏或影响正常使用的程度综合确定。采用桩基础不能改变地基的复杂程度，不能改变建筑地基基础设计等级。地基和基础是两个不同的概念，地基基础设计等级与基础形式无关。

11. 高层建筑中主楼10层以上，主楼基础与周边相邻的地下室基础之间连成一体，二者之间未设沉降缝时，主楼地基基础设计等级如何确定？

答：主楼与周边相连的地下室层差>10层，主楼与裙房的地基基础设计等级应为甲级。

12. 高层建筑地下室顶板不作为嵌固端时，基础埋深和建筑高度如何取值？

答：建筑高度和基础埋深与地下室顶板是否作为上部结构的嵌固端并无联系。建筑高度指室外地面至主要屋面高度。基础埋深是指室外地坪至基础底面的深度，基础埋深主要应考虑周边岩土对结构的嵌固作用。

13. 独立基础底板构造配筋是否要执行0.15%最小配筋率要求？

答：基础作为重要的受力构件，应执行0.15%的最小配筋率要求，详见《建筑地基基础设计规范》（GB 50007—2011）第8.2.1条及第8.2.12条。计算最小配筋率时对阶形或锥形基础截面，可将其截面折算成矩形截面，截面的折算宽度和截面的有效高度按附录U计算。当独立基础根部做得过高时，底筋按0.15%配筋很大，应优化基础高度设计。

14. 筏板基础加柱墩与独立基础加防水板的区别?

答：这是两种不同的基础形式，前者为筏板基础，仅柱下板加厚形成柱墩，提高筏板抗冲切和抗弯能力，加厚部分必须扩至柱冲切线外；后者为独立基础承受上部结构荷重，防水板为架空板，应按水浮力与板竖向荷载两种工况进行配筋包络设计。采用独立基础加防水板时，防水板下宜设松散垫层。

15. 筏板基础、条形基础、独立基础等计算易遗漏内容?

答：上述基础除进行地基承载力、变形和配筋计算外，尚应补充柱和墙对基础冲切承载力。受剪承载力以及局部受压承载力计算详见《建筑地基基础设计规范》(GB 50007—2011)第8.2.7条、第8.4.6条、第8.4.9条和第8.4.18条要求。

16. 单排桩条形承台梁配筋和构造是否执行《混凝土结构设计规范》(GB 50010—2010)(2015年版)的构造规定，如承台梁纵向受力钢筋的配筋率和箍筋肢距?

答：单排桩条形承台梁的纵向受力钢筋除满足计算要求外，还需符合《混凝土结构设计规范》(GB 50010—2010)(2015年版)第8.5.1条最小配筋率≥0.2%和45 ft/fy较大值的百分数要求，箍筋应闭合，箍筋肢距应符合规范要求。

17. 如何控制好灌注桩纵向钢筋设计?

答：灌注桩纵向钢筋配置应按计算确定，按《建筑桩基技术规范》(JGJ 94—2008)其最小配筋率不宜小于0.2%～0.65%(小直径取大值)，桩身纵向钢筋的配置长度应满足以下要求：

(1) 端承桩型和抗拔桩及位于坡地、岸边的基桩应通长配筋；

(2) 摩擦桩型不应小于2/3桩长，当受水平荷载时，配筋长度不应小于4.0/α(α为桩的水平变形系数)；

(3) 对于受地震作用的桩基，桩身纵筋应穿过可液化土层和软弱土层，进入稳定土层的深度应计算确定，且对于碎石土，砾、粗、中砂，坚硬黏性土尚不应小于(2～3) d 和0.8 m，对于其他非岩石土尚不宜小于(4～5) d 和1.5 m。

18. 人工挖孔桩的扩头端阻力尺寸效应系数如何考虑?

答：黏土、粉土层中为 $(0.8/D)^{1/4}$，砂土、碎石类土和强风化岩为 $(0.8/D)^{1/3}$，中风化岩可不考虑扩头尺寸效应系数，详见《建筑桩基技术规范》(JGJ 94—2008)第5.3.6条。

19. 人工挖孔桩桩端持力层检验要求?

答：人工挖孔桩终孔时，应进行桩端持力层检验，单柱单桩的大直径嵌岩桩，应视岩性检验孔底下 3 倍桩径或 5 m 深度范围内有无土洞、溶洞、破碎带或软弱夹层等不良地质条件，详见《建筑地基基础设计规范》(GB 50007—2011) 第 10.2.13 条。

20. 复合地基的检验要求?

答：复合地基应进行桩身完整性和单桩竖向承载力检验以及单桩或多桩复合地基载荷试验，施工工艺对桩间土承载力有影响时还应进行桩间土承载力检验。详见《建筑地基基础设计规范》(GB 50007—2011) 第 10.2.10 条和《建筑地基处理技术规范》(JGJ 79—2012) 第 7.1.2 条和第 7.1.3 条。

21. 试桩时压桩力≥2 倍单桩竖向承载力特征值，此时压桩力大于桩身强度设计值时，如何考虑?

答：试桩时压桩力为短时荷载，而且桩身处于三向约束之中，对提高桩身强度有利，同时试桩时可考虑桩身混凝土强度标准值，因此一般均能满足要求，除个别桩身混凝土强度设计过低或桩身施工质量太差例外。

22. 地下室，特别是单建式地下室置于不透水的黏土层中，是否要考虑水浮力?

答：考虑到大面积地下室周边基槽填土的质量难以控制，宜按地质报告提供的地下抗浮设防水位进行抗浮设计，并应遵守《合肥市地下建（构）筑物抗浮设防管理规定》中的相关规定。对地下室底板强度计算，水位变化不大时，水浮力分项系数取 1.0；在对地下室进行整体抗浮稳定验算或确定抗浮桩、抗浮锚杆数量时，抗浮安全系数可取 1.05（地基基础技术措施（2009 年版）第 7.1.2—2 条)。

23. 当裙房基础埋深大于相邻先施工的主楼基础埋深时，如何处理?

答：主楼基础设计时要考虑相邻建筑基础埋深关系，应将与裙房相邻处主楼基础放坡加深，裙房基础开挖时应做基坑支护，裙房的地下室外墙应考虑主楼侧压力。

24. 当主楼与裙房间（或单层地库）设置了沉降后浇带，差异沉降计算结果是否不再需要满足《建筑地基基础设计规范》(GB 50007—2011) 第 5.3.4 条要求? 如果主楼与裙房（或单层地库）相邻跨的差异沉降计算满足《建筑地基基础设计规范》(GB 50007—2011) 第 5.3.4 条要求，是否可不设置沉降后浇带?

答：主楼与裙房间（或单层地库）设置了沉降后浇带，主楼与裙房（或单层地库）相邻跨的差异沉降计算还应满足《建筑地基基础设计规范》(GB 50007—2011) 第 5.3.4 条要求；当主楼与裙房（或单层地库）相邻跨的差异沉降计算满足《建筑地基基础设计规范》(GB 50007—2011) 第 5.3.4 条要求，可不设沉降后浇带，但考虑影响地基最终沉降量因素很多，地基的最终沉降量很难通过公式准确计算，故建议主楼与裙房间（或单层地库）保留沉降性后浇带设置，但当主楼仅带一跨裙房（或单层地库）可不设置（基础采取整体做法)。

25. 地下室长度较大时，地面标高沿纵向有时相差较多，工程勘察报告抗浮水位只提室外地坪下一个数值，抗浮验算如何取值？

答：建议勘察单位提供地下室抗浮设计水位标高，按抗浮设计水位标高分段对地下室进行抗浮计算。

2.3 结构布置

1. 在结构体系设计审查中，如何确定结构体系？

答：结构体系是一个概念，是建筑结构类型的集合。结构设计应根据建筑功能、材料性能、建筑高度、抗震设防类别、抗震设防烈度、场地条件、地基及施工等因素，经技术经济和适用条件综合比较，选择安全可靠、经济合理的结构体系。常用结构体系是标准、规范、规程中推荐的结构体系，如框架结构、框架－剪力墙结构、剪力墙结构、部分框支剪力墙结构、筒体结构、板柱－剪力墙结构、异形柱框架结构等。凡国标、行业标准、标准化协会标准及地方标准未列入的结构体系，属超规范的结构体系，需考虑性能化设计才能确保安全。

2.《建筑抗震设计规范》(GB 50011—2010)(2016年版)第3.5.2条规定如何理解？

答：抗震结构体系要求受力明确，传力合理且传力路线不间断，使结构分析更符合结构在地震时的实际表现，对提高结构的抗震性能十分有利，是结构选型与布置结构抗侧力体系时首先考虑的因素之一。

(1) 多道防线对于结构在强震下的安全是很重要的。所谓多道防线的概念，通常指的是：①整个抗震结构体系由若干个延性较好的分体系组成，并由延性较好的结构构件连接起来协同工作。如框架－抗震墙体系是由延性框架和抗震墙两个系统组成；双肢或多肢抗震墙体系由若干个单肢墙分系统组成；框架－支撑框架体系由延性框架和支撑框架两个系统组成；框架－筒体体系由延性框架和筒体两个系统组成。②抗震结构体系具有最大可能数量的内部、外部赘余度，有意识地建立起一系列分布的塑性屈服区，以使结构能吸收和耗散大量的地震能量，一旦破坏也易于修复。设计计算时，需考虑部分构件出现塑性变形后的内力重分布使各个分体系所承担的地震作用的总和大于不考虑塑性内力重分布时的数值。

(2) 具有合理的刚度和承载力分布，避免因局部削弱或突变成薄弱部位产生过大应力集中或塑性变形集中。有目的地控制薄弱(软弱)层(部位)。

(3) 结构在两个主轴方向的动力特性相近，控制 $T_2/T_1 \geqslant 0.8$。对结构体系来说足够的承载能力和变形能力是两个同时需要满足的条件。

3. 住宅框架柱因功能要求经常出现柱轴线不能对齐，如何处理？

答：为保证框架结构的抗震安全，结构应具有必要的承载力、刚度、延性及稳定性。对结构中含不完整的框架，地震中因扭转效应和传力路径中断等原因可能使结构产生较大损坏，设计应视柱错位情况采用合适计算模型，进行整体分析。对于高层建筑的框架结构除个别部位外，不应采用铰接框架；多层建筑不宜采用单跨框架；乙类建筑、高层建筑不应采用单跨框架；框架一剪力墙结构中，除个别节点外，不应采用铰接。

4.《建筑抗震设计规范》(GB 50011—2010)(2016 年版)第 3.4.1 条中严重不规则如何界定？几条不规则算严重，条文说明中："某一项大大超过规定值"如何界定？

答：地震灾害的经验教训，对建筑规则性要求引起工程界重视，规则与不规则的区分在《建筑抗震设计规范》(GB 50011—2010)(2016 年版)第 3.4.3 条规定了一些定量界限，但实际上引起建筑结构不规则的因素还很多，特别是复杂的建筑体型，很难一一用若干简化的定量指标来划分不规则程度并规定范围。超过个别款且超过不多时为一般不规则；多项均超过或某项超过较多，具有较明显的抗震薄弱部位，并将会引起不良后果即为特别不规则；体型复杂，多项指标均超过指标上限或某项大大超过规定值，具有严重的抗震薄弱环节，为严重不规则。具有现有技术条件和经济条件不能允许的严重抗震薄弱环节，地震时将会导致严重破坏，严重不规则的建筑不应采用。

"某一项大大超过规定值"目前还无定量指标划分，只能按地震作用下预估损伤来判别。对于不规则结构应采取相应的设计措施；采用特别不规则方案的高层建筑工程属于超限高层建筑工程，应按住建部《超限高层建筑工程抗震设防专项审查技术要点》的规定，申报超限高层建筑工程抗震设防专项审查；多层建筑的特别不规则判别可参照高层建筑规定，应进行专门研究和论证，采用特别的加强措施。

5. 超限高层建筑需要进行"建筑抗震性能化设计"。

答：根据住房和城乡建设部建质［2015］67 号《超限高层建筑工程抗震设防专项审查技术要点》，超限高层建筑工程为：

(1) 高度超限高层；

(2) 规则性超限工程；

(3) 屋盖超限工程。

超限高层建筑工程具体范围见附表 1、附表 2、附表 3、附表 4、附表 5。

说明：个别楼层由于开洞、凹凸、偏心、错层、转换、挑高等造成不规则，应视其所占楼层比例和不规则程度综合判定整体规则性。但无论如何，这些楼层或构件应按相应规范正确设计。

超限高层建筑工程主要范围参照简表

附表1 房屋高度(m)超过下列规定的高层建筑工程

结构类型		6度	7度(0.1g)	7度(0.15g)	8度(0.20g)	8度(0.30g)	9度
混凝土结构	框架	60	50	50	40	35	24
	框架－抗震墙	130	120	120	100	80	50
	抗震墙	140	120	120	100	80	60
	部分框支抗震墙	120	100	100	80	50	不应采用
	框架－核心筒	150	130	130	100	90	70
	筒中筒	180	150	150	120	100	80
	板柱－抗震墙	80	70	70	55	40	不应采用
	较多短肢墙	140	100	100	80	60	不应采用
	错层的抗震墙	140	80	80	60	60	不应采用
	错层的框架－抗震墙	130	80	80	60	60	不应采用
混合结构	钢框架－钢筋混凝土筒	200	160	160	120	100	70
	型钢(钢管)混凝土框架－钢筋混凝土筒	220	190	190	150	130	70
	钢外筒－钢筋混凝土内筒	260	210	210	160	140	80
	型钢(钢管)混凝土外筒－钢筋混凝土内筒	280	230	230	170	150	90
钢结构	框架	110	110	110	90	70	50
	框架－中心支撑	220	220	200	180	150	120
	框架－偏心支撑(延性墙板)	240	240	220	200	180	160
	各类筒体和巨型结构	300	300	280	260	240	180

注:平面和竖向均不规则(部分框支结构指框支层以上的楼层不规则),其高度应比表内数值降低至少10%。

附表2 同时具有下列3项及3项以上不规则的高层建筑工程(不论高度是否大于附表1)

序	不规则类型	简要含义	备注
1a	扭转不规则	考虑偶然偏心的扭转位移比大于1.2	参见GB 50011－3.4.3
1b	偏心布置	偏心率大于0.15或相邻层质心相差大于相应边长15%	参见JGJ 99－3.2.2
2a	凹凸不规则	平面凹凸尺寸大于相应边长30%等	参见GB 50011－3.4.3
2b	组合平面	细腰形或角部重叠形	参见JGJ 3－3.4.3

（续表）

序	不规则类型	简要含义	备注
3	楼板不连续	有效宽度小于50%，开洞面积大于30%，错层大于梁高	参见GB 50011—3.4.3
4a	刚度突变	相邻层刚度变化大于70%（按高规考虑层高修正时，数值相应调整）或连续三层变化大于80%	参见GB 50011—3.4.3，JGJ 3—3.5.2
4b	尺寸突变	竖向构件收进位置高于结构高度20%且收进大于25%，或外挑大于10%和4 m，多塔	参见JGJ 3—3.5.5
5	构件间断	上下墙、柱、支撑不连续，含加强层、连体类	参见GB 50011—3.4.3
6	承载力突变	相邻层受剪承载力变化大于80%（B级75%）	参见GB 50011—3.4.3
7	局部不规则	如局部的穿层柱、斜柱、夹层、个别构件错层或转换，或个别楼层扭转位移比略大于1.2等	已计入1～6项者除外

注：深凹进平面在凹口设置连梁，当连梁刚度较小不足以协调两侧的变形时，仍视为凹凸不规则，不按楼板不连续的开洞对待；序号a、b不重复计算不规则项；局部的不规则，视其位置、数量等对整个结构影响的大小判断是否计入不规则的一项。

附表3 具有下列2项或同时具有下表和表2中某项不规则的高层建筑工程（不论高度是否大于附表1）

序	不规则类型	简要含义	备注
1	扭转偏大	裙房以上的较多楼层考虑偶然偏心的扭转位移比大于1.4	附表2之1项不重复计算
2	抗扭刚度弱	扭转周期比大于0.9，超过A级高度的结构扭转周期比大于0.85	
3	层刚度偏小	本层侧向刚度小于相邻上层的50%	附表2之4a项不重复计算
4	塔楼偏置	单塔或多塔与大底盘的质心偏心距大于底盘相应边长20%	附表2之4b项不重复计算

附表4 具有下列某一项不规则的高层建筑工程（不论高度是否大于附表1）

序	不规则类型	简要含义
1	高位转换	框支墙体的转换构件位置：7度超过5层，8度超过3层
2	厚板转换	7～9度设防的厚板转换结构
3	复杂连接	各部分层数、刚度、布置不同的错层，连体两端塔楼高度、体型或沿大底盘某个主轴方向的振动周期显著不同的结构
4	多重复杂	结构同时具有转换层、加强层、错层、连体和多塔等复杂类型的3种

注：仅前后错层或左右错层属于附表2中的一项不规则，多数楼层同时前后、左右错层属于本表的复杂连接。

附表5 其他高层建筑工程

序	简称	简要含义
1	特殊类型高层建筑	抗震规范、高层混凝土结构规程和高层钢结构规程暂未列入的其他高层建筑结构、特殊形式的大型公共建筑及超长悬挑结构、特大跨度的连体结构等
2	大跨屋盖建筑	空间网格结构或索结构的跨度大于120 m或悬挑长度大于40 m，钢筋混凝土薄壳跨度大于60 m，整体张拉式膜结构跨度大于60 m，屋盖结构单元的长度大于300 m，屋盖结构形式为常用空间结构形式的多重组合、杂交组合以及屋盖形体特别复杂的大型公共建筑

注：表中大型公共建筑的范围，可参见《建筑工程抗震设防分类标准》(GB 50223—2008)。

说明：具体工程的界定遇到问题时，可从严考虑或向全国超限高层建筑工程审查专家委员会、工程所在地省超限高层建筑工程审查专家委员会咨询。

6. 地下室顶板作为上部结构的嵌固部位，有哪些要求？

答：满足以下条件，地下室顶板可作为上部结构的嵌固部位：

(1) 地下室的楼层剪切刚度不少于相邻上部结构楼层剪切刚度2倍。计算地下室楼层侧向刚度时，可取地下室有效影响的范围（3跨、20 m）内竖向构件参与计算。

(2) 高层建筑应控制嵌固层层间位移角，使嵌固层与上一层侧向刚度比不小于1.5倍。

(3) 地下室楼板必须具有足够的平面内刚度，厚度不应少于180 mm，混凝土强度等级不应低于C30。采用双向双层配筋，每个方向每层配筋率不宜低于0.25%。

(4) 为避免塑性铰向下转移，地下室顶板部位柱端左右框架梁的约束弯矩设计值之和不宜小于该部位的上柱下端实际嵌固弯矩设计值。

(5) 地下室内柱截面混凝土强度等级及配筋不宜小于上部结构的要求，除满足计算要求外，柱配筋不应少于地上一层对应柱每侧纵向钢筋面积的1.1倍。

(6) 地下室顶板不宜采用无梁楼盖。

(7) 地下室边柱处宜设有钢筋混凝土抗震墙，边梁应采取增加箍筋等抗扭措施。

(8) 对地下室周边的回填土应提出质量要求。

(9) 适用于完整地下室；在山（坡）地建筑中出现地下室各边填、埋深差异较大时，宜单独设置支挡结构，控制墙顶位移趋于“0”。

7. 主楼与裙房间沉降缝、后浇带如何设置？

答：高层建筑的基础与相连的裙房基础，可以通过地基变形计算来确定是否需要设置沉降缝。当建筑物体型复杂，各部分之间高度、荷载差异过大，地基不均匀，地基土压缩性差异较大或基础类型不同时，可能会使基础产生显著沉降差异。通常，解决建筑物各部分过大沉降差主要有以下三种方法：

(1)“放”——设沉降缝，避免由于出现不均匀沉降使结构产生显著的附加内力。沉降缝位置可考虑设置在以下部位：a. 高度差异或荷载差异较大处；b. 地基土的压缩性有显著差异处；c. 基础类型不同处；d. 分期建造房屋的交界处。

(2)“抗”——高层建筑和裙房采用端承桩或采用刚度较大的基础。前者由坚硬的基岩或砂卵石层来承受，尽可能避免显著的沉降差；后者则用基础本身的刚度来抵抗沉降差。

(3)“调”——“放”“抗”结合，在设计与施工中采取措施，调整各部分沉降，减少其差异，降低由沉降产生的内力。采取“调”的办法，具体有如下措施：

a. 调基底压力差。主、裙楼采用不同的基础形式。主楼部分荷载大，采用整体箱形基础或筏形基础，降低基底压力，并加大埋深，减小基础底面处的附加压力；低层部分采用较浅的独立基础加防水（渗）底板或交叉梁基础等，增加基底压力，使高低层沉降尽可能接近。

b. 地质条件较好，主、裙楼沉降差异在可控范围内，主、裙楼之间可设沉降后浇带，待主、裙基础之间沉降基本稳定后再封闭后浇带，使两者最终沉降基本相近。后浇带未闭合时，主楼基础无埋深，没有侧限。暴露时间较长，如等待沉降稳定，是有一定风险。此时应采取确保主楼稳定的有效措施。有条件时应先施工主楼，后施工裙房。在沉降差异稳定后将后浇带闭合，尚应考虑后期沉降差异影响。

c. 调地基刚度。对可能产生较大压缩变形的地基进行处理，提高此部分地基刚度，减小其压缩变形，而对其他部分地基不作处理，使两者最终沉降基本相近。

(4) 当裙房伸出长度不大于底部长度的15%（或10 m左右）时可不设缝。

(5) 高层建筑与裙房的基础埋置深度相同或差别较小时，为保证主楼基础的埋置深度、整体稳定，加强主楼与裙房的侧向约束，不宜在高低层之间设置沉降缝（防震缝）（图 2.3.7（a））。如高层与裙房间必须设缝，则高层建筑基础埋深宜大于裙房基础埋深不少于2 m（图 2.3.7（b）），缝间灌砂密实，并采取措施防止高层基础开挖对裙房地基产生扰动，或对受到扰动的裙房基础进行处理。

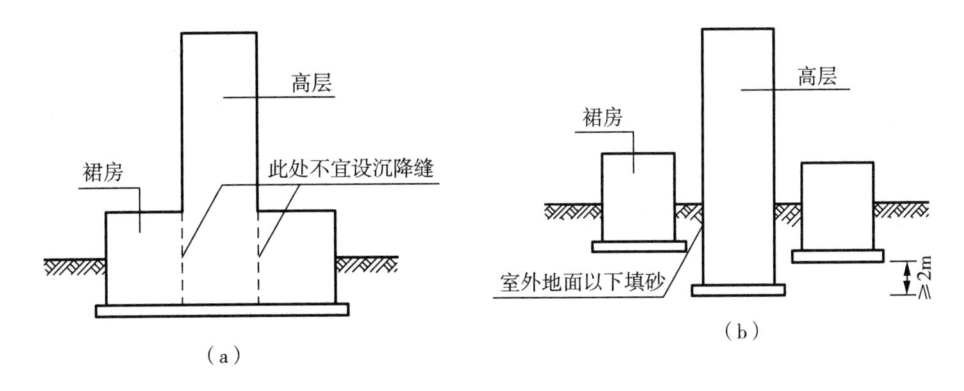

图 2.3.7　主裙楼设缝示意图

8. 建筑物上设转角阳台、转角窗有何规定?

答:(1)砌体结构的建筑物,不允许设转角阳台、转角窗。

(2)B级高度及9度设防A级高度的高层建筑不应在外墙角部的剪力墙上开设转角窗。

(3)6度、7度、8度抗震设计的A级高度高层建筑不宜在外墙角部的剪力墙上开设转角窗。必须设置转角窗时,应符合下列要求:

a. 洞口应上下对齐,洞口宽度不宜过大,连梁高度不宜过小,并应加强转角窗台连梁的配筋构造,转角窗折梁主筋锚入墙内1.5 Lae。

b. 转角窗洞口附近应避免布置短肢剪力墙和单片一字形剪力墙,宜采用"T"、"L"、"[" 形等带翼墙的截面形式的墙体。墙厚宜适当加大,角窗墙肢厚度不应小于200 mm,应沿墙全高设置边缘构件。

c. 转角处楼板应局部加厚,配筋宜适当加大,并配置双向双层的直通受力钢筋,转角处板内设置连接两侧墙体的暗梁。

d. 若内角墙体开洞,楼板凹进尺寸不应过深,否则应在角部设置拉梁。

e. 结构分析时,应考虑扭转的耦联影响,转角折梁的负弯矩调幅系数、扭矩折减系数均应取1.0。

9. 短肢剪力墙结构应用有何限制和要求?

答:短肢剪力墙指截面厚度不大于300 mm,各墙肢截面高度与厚度之比最大值大于4但不大于8的剪力墙,对于采用刚度较大连梁与墙肢形成开洞剪力墙,不宜按单独墙肢判别其是否属短肢剪力墙。短肢剪力墙结构属于抗震性能较差的结构,其受力性能接近异形柱,但又承担较大轴力和剪力,抗震性能比不上一般剪力墙,因而加以限制和加强,应按《建筑抗震设计规范》(GB 50011—2010)(2016年版)和《高层建筑混凝土结构技术规程》(JGJ 3—2010)进行设计,应符合抗震基本要求和抗震构造措施要求。

(1)抗震设计时,高层建筑不应采用全部为短肢剪力墙的剪力墙结构。B级高度和9度抗震设计的A级高度的高层建筑,不宜布置短肢剪力墙,不应采用较多短肢剪力墙的剪力墙结构。

(2)在规定的水平地震作用下,短肢剪力墙承担的底部倾覆力矩不宜大于结构底部总地震倾覆力矩的50%。

(3)短肢剪力墙较多的剪力墙结构的定义:指在规定水平地震作用下,短肢剪力墙承担的底部倾覆力矩不少于结构底部总地震倾覆力矩的30%的剪力墙结构。如果结构中仅有少量的短肢剪力墙,不应判定为短肢剪力墙较多的剪力墙结构。短肢剪力墙较多的剪力墙结构应特别强调短肢剪力墙布置的均匀性,避免将短肢剪力墙集中布置在局部。

(4)短肢剪力墙较多的剪力墙结构,其截面厚度位于底部加强部位不应小于200 mm,其他部位不应小于180 mm,短肢剪力墙的轴压比、加强部位剪力调整、配筋率等均应按要求设计。

(5) 高层建筑采用短肢剪力墙较多的剪力墙结构时，应布置筒体（或一般剪力墙），形成短肢剪力墙与筒体（或一般剪力墙）共同抵抗水平力的剪力墙结构。

10. 裙房和地下室结构抗震等级如何确定？

答：地下室结构的抗震等级：

(1) 地下室顶板作为上部结构的嵌固部位时，地下一层的抗震等级应与上部结构相同，地下一层以下的抗震等级可逐层降低一级，且不应低于四级。地下室中无上部结构的部分，抗震构造措施的抗震等级可根据具体情况采用三级或四级。

(2) 当地下室顶板不能作为上部结构的嵌固部位，需嵌固在地下其他楼层时，实际嵌固部位所在楼层及以上的地下室楼层（与地面以上结构对应的部分）的抗震等级，可取为与地上结构相同。嵌固部位以下各层可按（1）条要求采用。

(3) 当地下室为大底盘，其上有多个独立的塔楼时，若嵌固部位在地下室顶板，地下一层高层部分及受高层部分影响范围以内部分的抗震等级应与高层部分底部结构抗震等级相同（见图 2.3.10 (a)、(b)）。

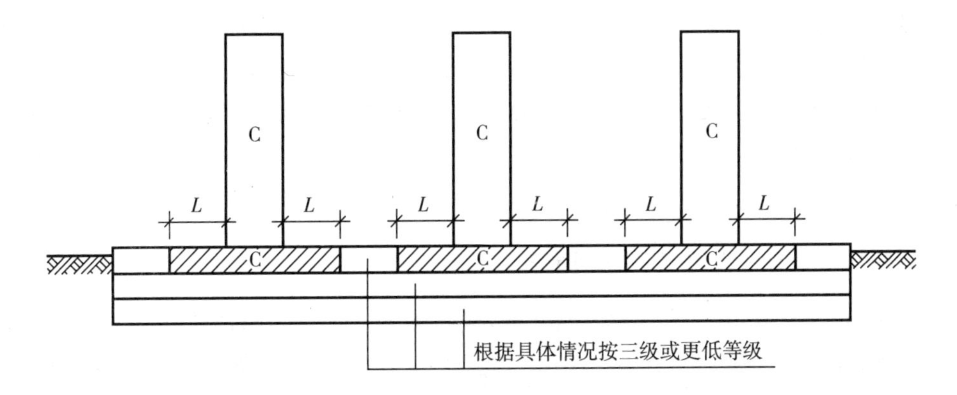

图 2.3.10 (a) 抗震等级的确定

C—表示主楼结构单元抗震等级；L—为受高层部分影响范围不少于 3 跨，$\geqslant$20 m

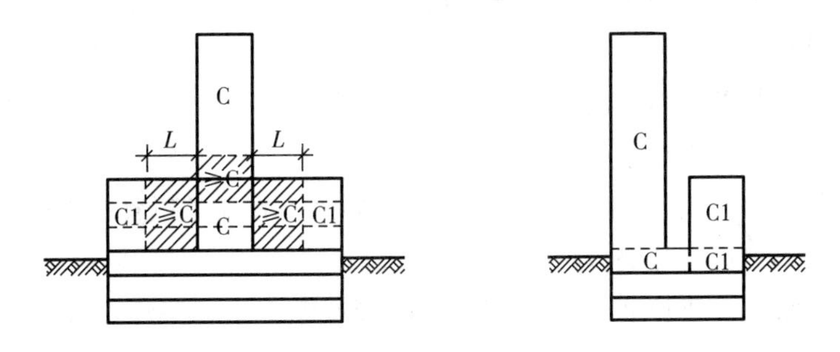

图 2.3.10 (b) 抗震等级的确定

C—表示主楼结构单元抗震等级；C1—表示裙房结构单元抗震等级

地下一层以下根据具体情况采用三级或四级；L 取外延 1～2 跨且不大于 20 m

（4）地下一层其余部分及地下二层以下各层（包括地下二层）的抗震等级可按（1）条的方法确定。裙房与主楼相连，除应按裙房本身确定抗震等级外，相关范围内不应低于按主楼确定的抗震等级；主楼结构在裙房顶板对应的相邻上下各一层应适当加强抗震构造措施。裙房与主楼分离时，应按裙房本身确定抗震等级（见图 2.3.10（a））。

（5）无上部结构的地下室建筑，如地下车库等按《建筑抗震设计规范》（GB 50011—2010）（2016 年版）第 14 章设计，其抗震等级按三级或四级采用。

（6）几点说明：

a. 框架－剪力墙结构，在规定的水平力作用下，底层框架部分所承担的地震倾覆力矩大于结构总地震倾覆力矩的 50％但不大于 80％时，框架部分应按框架结构相应的抗震等级设计。剪力墙部分的抗震等级，宜按框架－剪力墙结构中的剪力墙确定。

b. 部分框支剪力墙结构中，当转换层的位置设置在 3 层及 3 层以上时，其框支柱、剪力墙底部加强部位的抗震等级宜按《高层建筑混凝土结构技术规程》（JGJ 3—2010）表 3.9.3 和表 3.9.4 的规定提高一级采用，已经为特一级时不再提高。

c. 高层建筑主楼与裙房相连为一个结构单元，当主楼偏置时，裙房端部的扭转效应很大，需要加强，建议至少比按裙房自身结构类型确定的抗震等级提高一级。

d. 当甲、乙类建筑按规定提高一度确定其抗震等级，而房屋的高度超过《建筑抗震设计规范》（GB 50011—2010）（2016 年版）表 6.1.2 的上界时，属超限高层建筑，应采取比一级更有效的抗震构造措施。

11. 转换层设计主要考虑哪些因素？

答：（1）当一个楼层有多处转换，形成转换层，是结构的整体转换；当结构中仅有个别构件进行转换，且转换层上、下部结构竖向刚度变化不大时，是结构的局部转换。转换构件可采用转换梁、转换桁架、空腹桁架、箱形结构、斜撑以及厚板等。

（2）对于地下室顶板满足嵌固条件的建筑结构，当地下室仅设有少量转换构件时，也可按结构局部转换进行设计。

（3）个别转换的剪力墙结构：不落地墙体截面面积不大于墙体总面积的 10％（参照《高层建筑混凝土结构技术规程》（JGJ 3—2010），规定水平力作用下框支框架弯矩不大于总弯矩的 10％）。只要框支结构设计合理，且不致加大扭转不规则，仍可视为剪力墙结构，但转换部位本身仍应按转换构件设计。

（4）厚板转换：由于厚板自重大、振动性能复杂、变形集中、震害集中、厚板受力复杂（弯、剪、扭、冲、拱）、施工荷载大、大体积混凝土等因素，厚板转换抗震性能差，一般适用于 6 度抗震设计和 7、8 度地下室的转换构件。

（5）为保证底部带转换层的高层建筑结构有合适的刚度、强度、延性和抗震能力，应尽量强化转换层下部的结构刚度，弱化转换层上部的结构刚度，使转换层上、下部主体结构刚度及变形特征尽量接近。应控制转换层上、下刚度的突变。抗震设计时，转换层上下楼层的侧向刚度比及等效侧向刚度比 γ_{e2} 应满足《高层建筑混凝土结构技术规程》（JGJ 3—2010）附录 E 的规定。

（6）转换层楼板厚度应≥180 mm，双层双向配筋，与转换层相邻楼层的楼板也应适当加强。

（7）框支梁、框支柱宜采用小震弹性、中震弹性（抗剪、抗弯弹性）及大震不屈服（抗剪、抗弯不屈服）的结果进行设计。

12. 错层结构设计时应注意哪些问题？

答：错层高层建筑：

（1）错层结构是指：

a. 楼面错层高度 h_0 大于相邻高侧的梁高 h_1 时（如图 2.3.12（a））。

b. 两侧楼板横向用同一钢筋混凝土梁相连，但楼板间垂直间距 h_2 大于支承梁宽的 1.5 倍时（如图 2.3.12（b））。

c. 当两侧楼板横向用同一根梁相连，虽然 $h_2<1.5b$，但纵向梁净距（h_0-h_1）$>b$ 时，此时仍作为错层；当较大错层面积大于该层总面积的 30%时，应视为楼层错层（如图 2.3.12（c））。

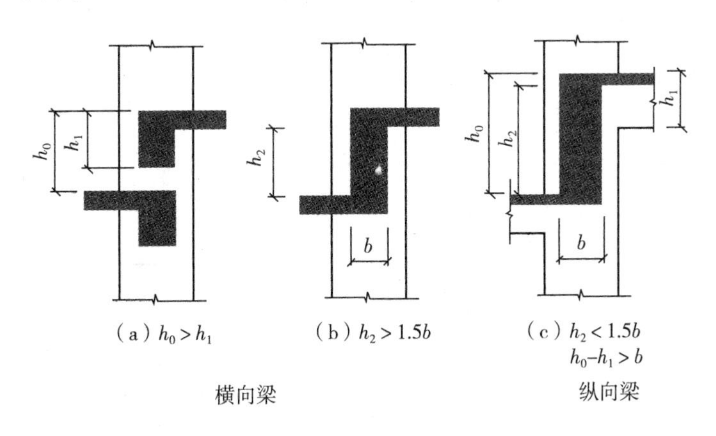

图 2.3.12 （a）（b）（c）错层结构

（2）错层结构属平面不规则结构，错层附近竖向抗侧力构件受力复杂，产生应力集中，产生短柱与长柱混用，对抗震不利，高层建筑宜避免错层结构。当房屋不同部位因功能不同而使楼层错层时，宜采用防震缝划分为独立的结构单元。

（3）抗震设防烈度为 9 度时不应采用错层结构。7 度和 8 度抗震设计时，错层剪力墙结构的高度分别不宜大于 80 m 和 60 m，错层框架一剪力墙结构的高度分别不应大于 80 m 和 60 m。

（4）错层结构的两侧宜采用结构布置和侧向刚度都相近的结构体系，楼板错层处宜用同一钢筋混凝土梁将两侧楼板连成整体，此时梁腹水平截面宜满足因错层产生水平剪力的要求，必要时可将梁截面加腋（如图 2.3.12（d））以传递错层的水平剪力。

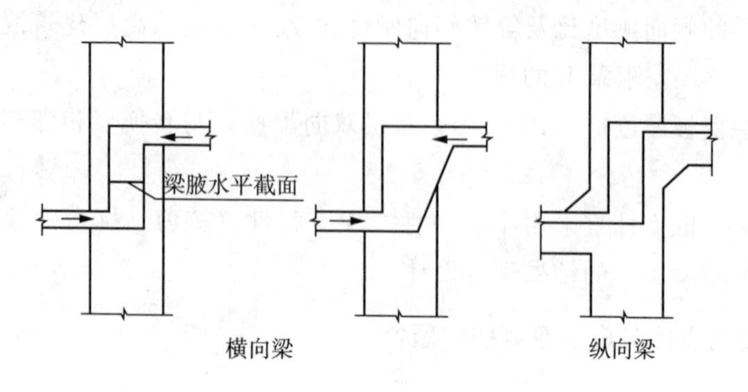

图 2.3.12（d） 错层结构梁加腋

（5）当采用错层结构时，错开的楼层不应归并为一层计算楼层侧向刚度，宜按每个错层作为一个楼层考虑。

（6）错层处框架柱的截面高度不应小于 600 mm，混凝土强度等级不应低于 C30，抗震等级应提高一级采用，箍筋应全柱段加密。

（7）错层处平面外受力的剪力墙，其截面厚度，抗震设计时不应小于 250 mm，并均应设置与之垂直的墙肢或扶壁柱，抗震等级应提高一级采用；错层处剪力墙的混凝土强度等级不应低于 C30，水平和竖向分布钢筋的配筋率，抗震设计时不应小于 0.5%。

（8）错层处混凝土构件（见图 2.3.12（e））应考虑中震不屈服计算，当不能满足设计要求，应采取有效措施，如采用型钢混凝土柱、钢管混凝土柱、剪力墙内设置型钢等。

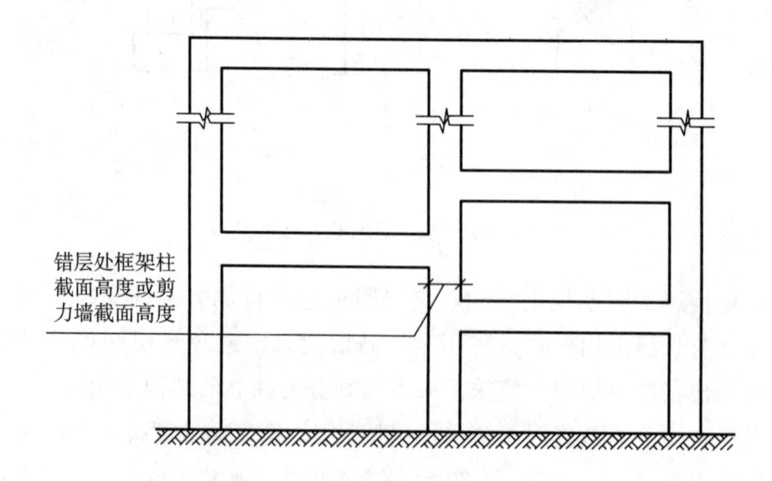

图 2.3.12（e） 错层结构加强部位示意

13. 连体结构设计时应注意哪些问题？

答：(1) 连体结构各独立部分宜有相同或相近的体形和刚度，连体结构的连体部分应考虑竖向地震的影响，尽量减轻连体部分结构自重。

(2) 连体部分的楼、屋面板厚度不宜小于 150 mm，并应采用双层双向配筋，每层每方向的配筋率不宜小于 0.25%。连接体部分的端跨梁截面尺寸宜适当加大。连接体部分屋面上、下层结构的楼板也应加强构造措施。

(3) 当连接体两端与两侧采用滑动支座连接时，支座滑移量应能满足两个方向在罕遇地震作用下的位移要求，并应采取防坠落、防撞击措施。滑动支座应采用由两侧结构伸出悬臂梁的做法，而不应采用连接体结构的梁搁置在两侧结构牛腿上的做法。

(4) 地震设防区连接体结构与主体结构宜采用刚性连接。连接体结构的主要构件应至少伸入主体结构一跨并可靠连接。连接体结构的楼板应与两侧结构的楼板可靠连接，并加强配筋构造。

(5) 连接体及与连接体相连的结构构件在连接体高度范围及其上下层抗震等级应提高一级，箍筋应沿全高加密配置，轴压比限值应减小 0.05 采用；剪力墙应设置约束边缘构件。

14. 高层建筑中设计加强层时应注意哪些问题？

答：加强层是水平伸臂构件和水平环带构件等加强构件所在楼层总称。

(1) 当框架一核心筒结构的侧向刚度不能满足设计要求时，可设置加强层。但在地震作用下，加强层的设置将会引起结构竖向刚度和内力的突变，并易形成薄弱层，结构的损坏机理难以呈现“强柱弱梁”和“强剪弱弯”的延性屈服机制。抗震设计时，框架一核心筒结构采用加强层宜慎重。若采用，则应采取可靠有效的措施。

(2) 加强层的位置和数量是由建筑使用功能和结构的合理有效综合考虑确定。当布置一个加强层时，位置可设在 $0.6H$ 附近；当布置 2 个加强层时，位置可设在顶部和 $0.5H$ 附近，H 为建筑物高度。当布置多个加强层时，加强层宜沿竖向从顶层向下均匀布置，一般加强层的位置宜与设备层、避难层综合考虑。

(3) 加强层宜尽可能少设，刚度不宜太大，只要能使结构在地震作用下满足规范规定的侧移限值即可。

(4) 水平伸臂构件宜满层设置，平面上应对称布置，一般宜在结构平面两个方向同时设置，当需改善剪力滞后影响时可设封闭的腰桁架。设计应保证其与核心筒的刚性连接，使水平伸臂构件贯通核芯筒，其平面布置宜位于核心筒的转角或“T”字形墙肢处。水平伸臂构件与周边框架的连接宜采用铰或半刚接。结构的内力和位移计算中，对设置水平伸臂桁架的楼层应考虑楼板平面内的变形，以便计算上、下弦杆轴力和轴向变形。

(5) 加强层及其相邻层的框架和核心筒剪力墙的抗震等级应提高一级采用，一级提高至特一级，若原抗震等级已为特一级的则不再提高。加强层及其上、下相邻一层的框架柱，箍筋应全柱段加密，轴压比限值减小 0.05。

(6) 加强层及其相邻层核心筒剪力墙应设置约束边缘构件。

15. 多塔结构设计时应注意哪些问题？

答：(1) 多塔楼建筑结构的各塔楼的层数、高度、质量、刚度和平面宜接近，塔楼对底盘宜对称布置。地震扭转效应是一个极其复杂的问题，即使楼层“计算刚心”与质心重合，往往仍然存在明显的扭转效应，结构布置上应减少扭转效应。塔楼结构综合质心与底盘质心的偏心距不大于底盘相应边长的 20%（主要控制裙房顶标高和裙房底标高处的质心偏心率）。剪力墙宜沿大底盘周围布置，以增大大底盘的抗扭刚度。如各塔楼层数和刚度等相差较大时，可将裙房用防震缝自地下室以上分开。地下室顶板应有良好的整体性及刚度。

(2) 抗震设计时，带转换层塔楼的转换层不宜设置在底盘屋面的上层塔楼内（见图 2.3.15 (a)），否则应采取有效的抗震措施，包括提高抗震措施、构件内力乘增大系数等。

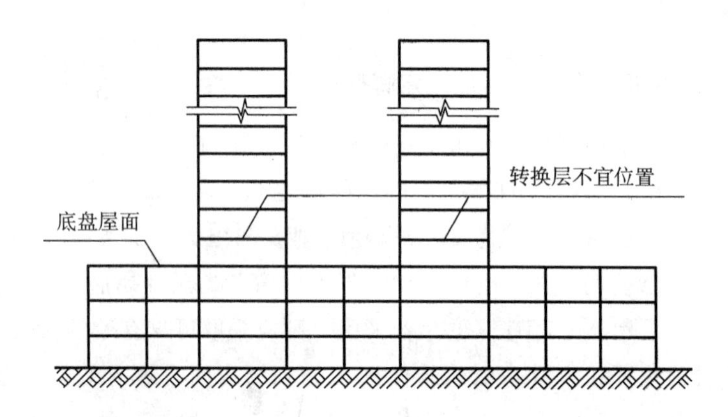

图 2.3.15 (a)　多塔结构不宜设置转换的位置示意

(3) 抗震设计时，应特别加强塔楼之间裙房的屋面梁以及塔楼中与裙房相连的外围柱、墙等部位（见图 2.3.15 (b)）。

(4) 无裙房，仅地下室上同时存在两幢或两幢以上高层建筑，由于地下室嵌固于地基中，四周有土约束，地下室对塔楼的地震影响较小，此时，可不考虑地下室作为大底盘。当地下室顶板满足塔楼嵌固时，按嵌固于地下室顶板的单独塔楼计算。当地下室顶板不满足塔楼嵌固条件时，将地下室有效影响范围（3 跨、≥20 m）与塔楼一起计算。

(5) 竖向体型突变部位楼板应加强，楼板厚度不宜小于 150 mm，双层双向配筋，每层每方向钢筋配筋率不宜小于 0.25%；体型突变部位上下层楼板也应采取加强措施。

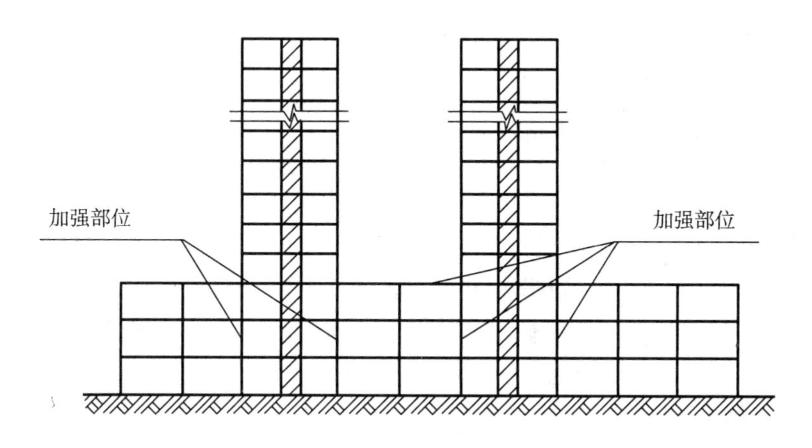

图 2.3.15（b） 多塔建筑结构加强部位示意

（6）多塔结构宜按整体模型和单塔模型分别计算，按包络设计。

16. 房屋高宽比为何不作为超限高层建筑抗震专项审查的依据，如何计算高宽比？

答：根据《高层建筑混凝土结构技术规程》（JGJ 3—2010）第 3.3.2 条的规定，各类混凝土结构的高宽比不宜超过如下表所示。

钢筋混凝土高层建筑结构适用的高宽比

结构类型	非抗震设计	抗震设防烈度		
		6 度、7 度	8 度	9 度
框架	5	4	5	—
板柱一剪力墙	6	5	4	—
框架一剪力墙、剪力墙	7	6	5	4
框架—核心筒	8	7	6	4
筒中筒	8	8	7	5

高层建筑的高宽比规定，是对结构整体刚度、抗倾覆能力、整体稳定、承载能力、变形、舒适度以及经济合理性的宏观控制指标，是工程经验的总结。在《高层建筑混凝土结构技术规程》（JGJ 3—2010）中，对这些性能中的绝大部分已有些专门规定。例如，除了承载力、侧向位移验算外，在第 5.4.3 条规定了考虑重力二阶效应时结构构件弯矩、剪力的增大系数：

一般情况下，结构平面宽度可按该平面各水平方向的加权平均值或等效宽度。大底盘结构的高宽比，可按整体结构和底盘以上的塔楼结构分别进行验算。高宽比较大时，应注意复核地震作用下结构底部剪重比、结构构件承载力、结构的顶点位移，层间位移、舒适度、结构抗震等级及地基基础是否出现零应力区，周边柱、墙是否出现偏拉构件，复核稳定性。

17. 新技术、新结构如何使用?

答：为了加强对建设工程勘察、设计活动的管理，保证建设工程勘察、设计质量，保护人民财产安全，国务院于2000年9月25日发布了《建筑工程勘察设计管理条例》。其中，第29条规定，建设工程勘察、设计文件中规定采用的新技术、新材料，可能影响建设工程质量和安全，又没有国家技术标准的，应当由国家认可的检测机构进行试验、论证，出具检测报告，并经国务院有关部门或者省、自治区、直辖市人民政府有关部门组织的建设工程技术专家委员会审定后，方可使用。因此，凡是现有规范没有包括的新技术、新结构体系，均应照此规定执行。

18. 房屋建筑改造时，是否需要执行抗震设计规范?

答：现行抗震设计规范是针对新建工程的规定。房屋改造时，首先应进行结构安全性检测鉴定和抗震鉴定，依据鉴定结果进行重新设计。当新建部分和原有部分建造年代不同且设置防震缝分开时，可分别执行不同版本的抗震设计规范。当新建部分与原有部分同属于一个结构单元时，原有部分可按现行规范进行复核和处理，也可根据已经使用的年限和改造后的预期（后续）使用年限确定，按《建筑抗震鉴定标准》（GB 50023—2009）执行。

19. 执行GB 50011—2010（2016年版）抗震规范时，若发现某些条款与行业标准规定不一致时如何解决?

答：根据标准化法，工程建设的标准分为国家标准、行业标准和地方标准，国家标准的代号是GB或GB/T；行业标准按行业划分，如JGJ表示建筑工程，YB表示冶金行业，JBJ表示机械行业，FJJ表示纺织行业；地方标准按省级划分，如DBJ01表示北京市，DHJ08表示上海市，DBJ15表示广东省，DBJ34表示安徽省等。当国家标准与行业标准对同一事物的规定不一致时，分下列几种情况分别处理：

（1）当国家标准规定的严格程度为“应”或“必须”时，考虑到国家标准是最低的要求，至少应按国家标准的要求执行。

（2）当国家标准规定的严格程度为“宜”或“可”时，允许按行业标准略低于国家标准的规定执行。

（3）若行业标准的要求高于国家标准，则应按行业标准执行。

（4）若行业标准的要求高于国家标准，但其版本早于国家标准，考虑到国家标准对该行业标准的规定有所调整，仍可按国家标准执行。此时，设计单位可向行业标准的主编单位（管理单位）报备案并征得认可。当不同的国家标准之间的规定不一致时，应向国家主管部门反映，进行协调。一般按新颁布的国家标准执行。

2.4 结构分析

1. 结构分析如何选择相关软件?

答：选择软件然后进行结构计算，结构计算是结构设计的基础，计算结果是设计的依据。

(1) 选择正确、合适的计算软件。设计软件必须符合相关规范、标准要求，经设计人员反复使用，通过设计实践加以验证过的设计软件可靠性较高。对于复杂结构、重要的结构采用两个不同力学模型的软件进行对比分析。

目前常用的商业软件小震分析有：SATWE、PMSAP、TAT、MIDAS (MIDAS/GEN、MIDAS/Building，北京迈达斯技术有限公司)、广厦软件、SAP2000、ETABS (美国 CSJ 公司有限元软件)、ABAQUS (有限元软件)、SAUSAGE (纤维梁模型和分层壳墙模型)、YJK (北京盈建科) 等。

小震弹性时程补充分析有：SATWE、PMSAP、MIDAS、SAP2000、ETABS、ABAQUS、GSSAP、ANSYS、YJK 等。

受力复杂的构件，选用应力分析有限元软件。

(2) 了解软件功能和适用条件。

(3) 利用软件功能正确建模，应尽量符合实际结构状况，正确反映实际受力工况，模拟程度越高，结构分析结果越正确。

2. 中震计算如何进行?

答：当需要进行中震分析，高烈度区对于结构中较重要的抗侧力构件：如框支柱、框支梁和落地剪力墙；连体部分与两侧相连的框架柱、剪力墙；大跨度悬挑支承柱；各种结构中的越层柱；框一筒结构的角柱；板、柱剪力墙结构中，剪力墙构件宜进行中震弹性分析。其他竖向构件应进行中震不屈服计算：中震时不同性能水准下结构构件的验算，可按《高层建筑混凝土结构技术规程》(JGJ 3—2010) 第 3.11.3 条的规定执行。合理选取：地震影响系数、阻尼比、周期折减系数、连梁刚度折减系数、框架梁刚度取值等计算参数。

3. 楼面次梁垂直支承剪力墙或主梁上，支承形式如何取?

答：楼面次梁在抗震设计中是次要构件，垂直支承在剪力墙或主梁上，次梁支座可按铰接简化设计，并在支承主梁内增设抗扭纵筋和箍筋，也可按弹性固接设计，配足次梁支座负筋和主梁抗扭筋。剪力墙在该处增设暗柱。

4. 竖向荷载信息如何确定?

答：SATWE、YJK 软件竖向荷载计算信息 (共有以下几种)：

(1) 一次性加载，通常情况下不选择。

(2) 模拟施工加载

a. 采用整体结构下的分层加载；

b. 模拟 2 同加载 1. 采用整体结构下的分层加载，且将竖向构件的轴向刚度放大 10 倍。

(3) 模拟 3 逐层形成刚度，逐层找平，逐层施工竖向荷载的模型。能更好地模拟结构施工中实际情况，其计算结构与构件实际受力相差较小。

(4) 转换结构、筏板（考虑上部结构时）按设计要求确定竖向荷载。

5. 规范规定了楼层最小地震剪力系数，对采用多质点振型分解反应谱法计算时，其值有时不易满足，该如何对结构进行处理？是否可以仅仅将地震作用按比例放大？

答：(1) 地震剪力是抗震设计的主要指标，是强制性条文，各国抗震规范均有最小基底剪力的规定。我国抗震规范规定，按《建筑抗震设计规范》(GB 50011—2010)(2016 年版）的 5.2.5 条控制。在工程中采用双控：①剪重比不满足要求的层数不应超过总层数的 15%。②最小剪重比不小于规定值的 85%，当不满足时结构应调整。

(2) 对于刚度较弱、周期较长结构为保证长周期足够的抗震承载力和刚度储备是必要的，根据《超限高层建筑工程抗震设防专项审查技术要点》(建质 [2015] 67 号文）要求：①Ⅲ、Ⅳ 类场地楼层最小剪力系数宜适当增加，当结构底部计算的总地震剪力偏小需调整时，其以上各层的地震剪力、位移比均应适当调整。②基本周期大于 6 s 的结构，计算的底部剪力系数比规定值低 20%以内，基本周期 3.5～5 s 的结构比规定值低 15%以内，即可采用规范关于剪力系数最小值的规定进行设计。基本周期在5～6 s 的结构可按插值采用。③6 度 (0.05 g) 设防且基本周期大于 5 s 的结构，当计算的底部剪力系数比规定值低但按底部剪力系数 0.8%换算的层间位移满足规范要求时，即可采用规范关于剪力系数最小值的规定进行抗震承载力验算。

(3) 对高层建筑结构的楼层地震剪力系数小于 0.02 时，应验算稳定性。对于扭转效应明显或基本周期小于 3.5 s 的结构，剪力系数取 0.2α_{max}，保证建筑的抗震安全性。

(4) 对高层建筑的地下室，当嵌固部位在地下室顶板位置时，因为地下室的地震作用是明显衰减的，故一般不要求单独核算地下室部分的楼层最小地震剪力系数。

6. 如何判断计算机计算结果的合理性？

答：《建筑抗震设计规范》(GB 50011—2010)(2016 年版）第 3.6.6 条和《高层建筑混凝土结构技术规程》(JGJ 3—2010) 第 5.1.16 条均明确要求：“计算机计算软件的计算结果，应经分析判断，确认其合理、有效后，方可作为工程设计的依据”。因此，对计算结果的合理性、可靠性进行判断是十分必要的，也是结构设计最主要的任务之一。一般从结构总体和局部构件两个方面考虑。

对结构总体的分析主要判断包括：

（1）所选用的计算软件是否适用以及使用是否恰当？

（2）结构的振型、周期、位移形态和量值是否在合理的范围？

（3）结构地震作用沿高度的分布是否合理？

（4）有效参与质量和楼层地震剪力的大小是否符合最小值的要求？

（5）总体和局部的力学平衡条件是否得到满足？判断力平衡条件时，应针对重力荷载、风荷载作用下的单工况内力进行。

对局部构件的分析主要判断包括：

（1）截面尺寸是否满足剪应力控制要求，配筋是否超筋？

（2）受力复杂的构件（如转换构件等），其内力或应力分布是否与力学概念、工程经验相一致？

7. 时程分析法对输入地震波的要求如何？是否必须采用当地的实际强震记录？

答：对特别不规则、特别重要的较高的高层建筑需要弹性时程补充分析：

（1）采用时程分析法进行多遇地震下的补充分析时，应按建筑场地类别和设计地震分组选用实际强震记录和人工模拟的加速度时程曲线。其中，实际强震记录的数量不应少于总数的2/3，多组时程曲线的平均地震影响系数曲线应与振型分解反应谱法所采用的地震影响系数曲线在统计意义上相符。当取3组时程曲线进行计算时，结构地震作用效应应取时程法包络值和振型分析反应谱法的较大值。当取7组及7组以上的时程曲线时，计算结果可取时程法的平均值和振型分解反应谱法的较大值。

（2）所谓的“实际强震记录”并非一定是当地的强震记录，而在数据库中按上述原则选取强震记录。由于地震是一种小概率的随机事件，在我国和世界上发生过强震地震的地点，已取强震记录的极小，不可能抗震设计时一定要采用当地的记录。

（3）选择输入的地震加速度时程曲线，要满足地震动三要素要求：

① 地震波的幅值是关键，地震波时程幅值可以下表选用：

地震影响	6度	7度	8度
多遇地震	18	35（55）	70（110）
罕遇地震	125	220（310）	400（510）

注：括号内数值分别用于设计基本地震加速度为0.15 g和0.30 g的地区

在实际工程中，拿到的天然波幅值与上表不相符，需要进行地震波调幅。由于地震波的持时保持不变，这样单指标调幅不合理，应采取基于地震学方法，或选择接近上表的幅值，作稍微调幅，误差可以接受。

② 频谱特性：多组时程曲线的平均地震影响系数曲线与振型分解反应谱法所用的地震影响系数曲线相比，在对应于结构主要振型的周期点上相差不大于20%。

③ 有效持续时间为结构基本周期的5～10倍。

④ 场地类别 Tg 值必须相符。

(4) 计算结果在结构主方向的结构底部剪力一般不少于振型分解反应谱法计算结果的80%，每条地震波输入的计算结果不小于65%。从工程角度考虑，计算结果也不能太大，每条地震波输入计算不大于135%，平均不大于120%。

(5) 计算结果的应用：查底部剪力楼层水平地震剪力和层间角位移分布。对于高层建筑由此判别是否存在高振型响应，发现薄弱楼层，采取相应措施。

8. 少柱、少墙，框－剪结构，结构如何设计？

答：框架－剪力墙结构，由框架和剪力墙组成一、二道防线共同承担荷载和作用，构成双重抗侧力体系。

见下表：

框架倾覆力矩比值	受力特性	适用高度	侧移限值	剪力墙抗震措施	框架抗震措施
＜10%	接近剪力墙结构	框－剪结构	剪力墙结构	剪力墙结构	框－剪结构
10%～50%	框－剪结构	框－剪结构	框－剪结构	框－剪结构	框－剪结构
50%～80%	框－剪与框架间	比框架适当提高	框－剪结构	框－剪结构	框架结构
＞80%	接近框架结构	框架结构	框－剪结构	框－剪结构	框架结构

注：如最大层间位移角不能满足框－剪结构限值要求，可进行抗震性能分析论证。

(1) 当在规定水平力作用下，结构底层框架部分承担的倾覆力矩不大于结构总倾覆力矩的10%，意味着结构中框架承担的地震作用较小，绝大部分由剪力墙承担，工作性能接近于纯剪力墙结构，结构中剪力墙抗震等级可按剪力墙结构的规定执行。其适用高度仍按框架－剪力墙结构的要求执行。框架部分的设计按框－剪结构的框架设计。

(2) 当框架部分承担的倾覆力矩大于结构总倾覆力矩的80%，意味着结构中剪力墙的数量较少，其最大适用高度按框架结构采用。这种少墙框－剪结构，由于抗震性能差，不主张采用，以避免剪力墙受力过大，过早破坏。不可避免时，采取地震作用下框架结构和框架－剪力墙结构模型两者计算结果包络设计，不必调整框架部分各层地震剪力。使大震作用下，剪力墙先于框架部分屈服、破坏。将这种剪力墙减弱、开竖缝、开结构洞、配置少量单排钢筋、采用大跨高比连梁等措施，减少剪力墙的作用。

(3) 双重抗侧力体系，需使正交两向振动特性相近，除按倾覆力矩比值判别外，尚应判别两种结构的层剪力比。

2.5 砌体结构

1. 随着墙体材料的改革，合肥市城市规划区自2009年1月1日起，禁止建筑工程使用空心黏土砖等黏土类墙体材料。“禁黏”后，合肥市重点推广的替代产品有哪些材料?

答：合肥市重点推广的替代产品有：

(1) 砖类：煤矸石空心砖、多孔砖，粉煤灰空心砖、多孔砖，混凝土空心砖、多孔砖等。

(2) 块类：蒸压加气混凝土砌块、普通混凝土小型空心砌块、轻集料混凝土小型空心砌块等。

(3) 板类：工业废渣混凝土空心隔墙条板、玻璃纤维增强水泥轻质多孔隔墙条板(GRC板)、金属面聚苯乙烯夹心板等。

2. 墙体材料改革后，±0.000以下部分的砌体有哪些替代材料?

答：对于砌体结构房屋±0.000以下部分的砌体材料，当不采用多孔砖和空心砌块时，可采用烧结页岩砖、烧结煤矸石砖、烧结粉煤灰砖等非黏土烧结砖以及蒸压灰砂砖、蒸压粉煤灰砖等墙体材料，其块材和砌筑砂浆应符合《砌体结构设计规范》(GB 50003—2011)的有关规定。

3. 如何确定砌体结构的安全等级和设计使用年限?

答：(1) 按照《建筑结构可靠度设计统一标准》(GB 50068—2001)的规定，砌体结构可划分为三个安全等级（表一），设计时应根据具体情况适当选用：

表一 建筑结构的安全等级

安全等级	破坏后果	建筑物类型	结构重要性系数
一级	很严重	重要的房屋	1.1
二级	严重	一般的房屋	1.0
三级	不严重	次要的房屋	0.9

(2) 按照《建筑结构可靠度设计统一标准》(GB 50068—2001)的规定，砌体结构和结构构件的设计使用年限应按（表二）采用：

表二 设计使用年限分类

类别	设计使用年限（年）	示 例	结构重要性系数 γ_0
1	5	临时性结构	0.9

（续表）

类别	设计使用年限（年）	示　例	结构重要性系数 γ_0
2	25	易于替换的结构构件	各类材料结构设计规范可根据各自情况确定结构重要性系数 γ_0 的取值
3	50	普通房屋和构筑物	1.0
4	＞50	纪念性建筑和特别重要的建筑结构	1.1

一般砌体结构和构件的设计使用年限为50年，安全等级为二级。

4. 多层砌体房屋中多孔砖和空心砖的定义是什么?

答：多孔砖指国家标准《烧结多孔砖和多孔砌块》（GB 13544—2011）规定的砖，一般孔洞率不小于25%且不大于35%的空心砖，应明确称为“多孔砖”。空心砖指国家产品标准《烧结空心砖和空心砌块》（GB/T 13545—2014）规定的砖，一般孔洞率大于等于40%且小于50%的为非承重空心砖。

5. 多层砌体房屋和底部框架的最小墙体厚度应如何理解? 房屋抗震墙是指什么样的墙体?

答：多层砌体结构是依靠墙体承担地震作用的结构。砌体墙厚度为120 mm，以及用标准砖砌筑而成的厚度180 mm的墙体，其自身的稳定性、受压能力和受剪能力很差，不能作为抗侧力的抗震墙看待。因此，《建筑抗震设计规范》（GB 50011—2010）（2016年版）表7.1.2中专门列出“最小抗震墙厚度（mm）”一栏，小于表中厚度的墙体只能算做非抗震的隔墙，计入荷载而不考虑承担地震作用。墙体厚度小于表中值，如120 mm或180 mm时，不论是否有基础，均只能算做非抗震隔墙。

6. 房屋抗震横墙的含义是什么? 不对齐或不贯通算不算抗震横墙?

答：房屋抗震横墙是指符合最小墙厚度要求的横向墙体，应满足抗侧力计算的要求。《建筑抗震设计规范》（GB 50011—2010）（2016年版）第7.1.7条2款规定“沿平面内宜对齐”用语为“宜”，表示稍有选择，条件许可时应首先这样做。凡符合厚度要求的横墙，即使不对齐或不贯通也属于抗震横墙。横墙在房屋宽度方向若有错位，当为现浇钢筋混凝土楼盖，两段横向墙体相对错位在500 mm以内时，以及当为预制混凝土楼盖，相对错位在300 mm以内时，则可以认为是连续贯通的。应当在稍有错位的两墙体之间的楼板内增设暗梁。

7. 房屋有错层且楼板高差较大时，这里所指的高差多大才算较大? 有哪些具体措施?

答：《建筑抗震设计规范》（GB 50011—2010）（2016年版）和砌体结构设计规范

（GB 50003—2011）第 10.2.4 条规定，房屋有错层，且楼板高差大于层高差的 1/4 时，应设置防震缝，缝两侧均应设置墙体，缝宽应根据烈度和房屋高度确定，可采用 70～120 mm；房屋错层的楼板高差超过 500 mm 时，结构计算时应按两层计算；错层部位的墙体应采用组合配筋砌体，其中构造柱间距不大于 2 m，并加强该墙两侧楼盖的厚度和配筋及加大圈梁的截面和配筋。同时房屋的总层数不得超过《建筑抗震设计规范》（GB 50011—2010）（2016 年版）的强制性规定。

8.《建筑抗震设计规范》(GB 50011—2010)(2016 年版) 第 7.1.2 条 2 款中“横墙较少”和“横墙很少”如何理解?

答：《建筑抗震设计规范》（GB 50011—2010）（2016 年版）第 7.1.2 条 2 款中明确规定：同一楼层内开间大于 4.2 m 的房间占该层总面积的 40%以上时，称为“横墙较少”；开间不大于 4.2 m 的房间占该层总面积不到 20%且开间大于 4.8 m 的房间占该层总面积的 50%以上时，称为“横墙很少”。

9. 砌体结构的高宽比是否一定要满足规范要求?

答：《建筑抗震设计规范》（GB 50011—2010）（2016 年版）表 7.1.4 对多层砌体的高宽比规定限值是为了保证地震作用时不致使房屋产生整体倾覆破坏，否则就应进行地震作用下的整体弯曲验算，做到地震时不发生整体弯曲破坏。

10. 多层砌体房屋的总高度和层数能否突破规范的限值?

答：《建筑抗震设计规范》（GB 50011—2010）（2016 年版）第 7.1.2 条规定，房屋的层数和总高度不应超过表 7.1.2 的规定。房屋的层数和高度作为强制性条文加以限制，突破规范的限值是不允许的。多层砌体房屋对层数和高度的限制是砌体结构主要的抗震措施。超过规范规定的高度和层数限值时，应考虑采用其他结构。

11. 砌体结构中设置半地下室或全地下室时，房屋的总高度和层数如何计算?

答：《建筑抗震设计规范》（GB 50011—2010）（2016 年版）表 7.1.2 的注 1 阐明，房屋的总高度指室外地面到主要屋面板板顶或檐口的高度。半地下室从地下室室内地面算起，全地下室和嵌固条件好的半地下室应允许从室外地面算起；对带阁楼的坡屋面应算到山尖墙的 1/2 高度处。

（1）全地下室：全部地下室埋置在室外地坪下，或有部分结构露于地表而无窗洞口时，可视为全地下室。计算总层数时可以不作为一层考虑，但应保证地下室结构的整体性和与上部结构的连续性。

（2）半地下室分三种情况：

第一种：半地下室作为一层使用，开有门窗洞口采光和通风。半地下室的层高中有大部或部分埋置于室外地面下。此类半地下室应算作一层计算，总高度从地下室室内地坪算起。

第二种：半地下室层高较小，一般在2.2 m左右，地下室外墙无窗洞口或仅有较小通气窗口，对半地下室墙的截面削弱很小。半地下室层高大部埋置于室外地面以下，或高出地面部分为1.0 m左右，此类半地下室可以不算作一层，房屋总高度从室外地面算起。

第三种：嵌固条件好的半地下室。当半地下室开有门窗洞口且作为一层使用时，而且层高亦与上部结构相当时，一般应按一层计算其层数和总高度。为了争取层数和高度，当采取下列措施后，可以认为是嵌固条件好的半地下室而不作为一层对待。具体措施举例：当半地下室外窗设有窗井时，每开间的窗井两侧墙与半地下室的横墙相贯通，并使窗井周边墙体形成封闭空间，由此使外窗井形成扩大半地下室底盘的结构，对半地下室作为上部结构的嵌固端有利。因此，可以认为是嵌固条件好的半地下室而不计作一层。

(3) 不论是全地下室或半地下室，抗震验算时均应当作一层并应满足墙体承载力的要求。

12. 带阁楼的坡屋面房屋总层数和高度如何计算?

答：《建筑抗震设计规范》(GB 50011—2010)(2016年版)表7.1.2注1规定：带阁楼的坡屋面房屋总高度应算到山尖墙的1/2高度处，坡屋面阁楼层一般仍需计入房屋总高度和层数。符合《建筑抗震设计规范》(GB 50011—2010)(2016年版)第5.2.4条文规定的突出屋面小建筑，不计入层数和高度的控制范围。

带阁楼的坡屋面计算层数和高度的规定，大致有三种情况：

第一种：坡屋面有吊顶，但并不利用此空间，吊顶采用轻质材料，水平刚度小。此类坡屋面不作为一层，但总高度应算到山尖墙的1/2高度处。

第二种：坡屋面有阁楼层，阁楼层的地面为钢筋混凝土板或木楼盖，阁楼层作为储物或居住之用，最低处高度在2 m以上，此时阁楼层应作为一层计算，总高度应算到山尖墙的1/2高度处。

第三种：坡屋面的阁楼层面积小于顶层楼面积，应视阁楼层面积所占顶层面积之比确定层数和高度。当阁楼层面积≤1/2顶层楼面积时，且阁楼层最低处高度不超过1.8 m。此时，阁楼层不作为一层计算，高度亦不计入总高度之内。而将此局部阁楼层作为房屋的局部突出构件进行抗震强度验算，按《建筑抗震设计规范》(GB 50011—2010)(2016年版)规范第5.2.4条规定将局部阁楼层作为一个质量，并乘以增大系数3计算地震作用效应，但此增大部分不往下传递。

13. 砌体房屋总高度和层数已达限值的情况下，若上边再加一层轻钢结构房屋，这种结构是否超限?

答：《建筑抗震设计规范》(GB 50011—2010)(2016年版)中无此种结构形式的有关要求。两种结构的阻尼比不同，上下部分刚度存在突变属于超规范、超规程设计。

设计时，应按国务院《建筑工程勘察设计管理条例》第29条的要求执行。需由省级以上有关部门组织的建设工程技术专家委员会审定后方可使用。

14.《建筑抗震设计规范》(GB 50011—2010)(2016年版)第7.1.7条4款规定多层砌体的楼梯间不宜设置在房屋的尽端或转角处，但当建筑布局无法避开时，应有哪些加强措施?

答：除楼梯间应按《建筑抗震设计规范》(GB 50011—2010)(2016年版)第7.3.8条规定和表7.3.1的条款执行外，可参照第7.3.7条的做法对楼梯间各层墙体加强，还可加大楼梯间墙在楼板标高处的圈梁尺寸，同时加大楼梯间墙四角处的构造柱截面，以加强楼梯间的侧向约束，提高楼梯间墙的抗震能力。

15. 多层砌体房屋超过规定的层数和高度，能否用增加构造柱的方法来解决?

答：抗震规范已规定了房屋层数和高度。设置构造柱的目的是约束墙体，使墙体具有较大的变形能力和延性，不是解决房屋超高或超层的手段。

16. 单层砌体房屋的构造柱采用多层房屋最低限的要求来设置是否妥当?

答：单层房屋一般不包括在多层砌体房屋之列，规范对此也无明确规定。一般单层砌体房屋，只要求有顶部圈梁和内外墙的拉结措施。不同设防烈度的单层砌体房屋，可根据房屋的建筑结构情况区别对待。对一些高烈度区的重要建筑，至少应在房屋的四角墙体内设置构造柱，也可以在相隔一定距离的横墙内设置构造柱。

17. 现浇楼盖不单独另设置圈梁时，但沿墙周边是否要设置加强钢筋?

答：现浇楼盖支承在墙体上，仅靠楼板内的一般配筋（包括分布钢筋）是不够的，这些板内钢筋（受力钢筋和分布钢筋）不足形成楼板结构的边框作用。《建筑抗震设计规范》(GB 50011—2010)(2016年版)第7.3.3条第2款规定必须另行设置加强钢筋并应与相应的构造柱钢筋可靠连接。如下图2.5.17(a)、(b)所示。

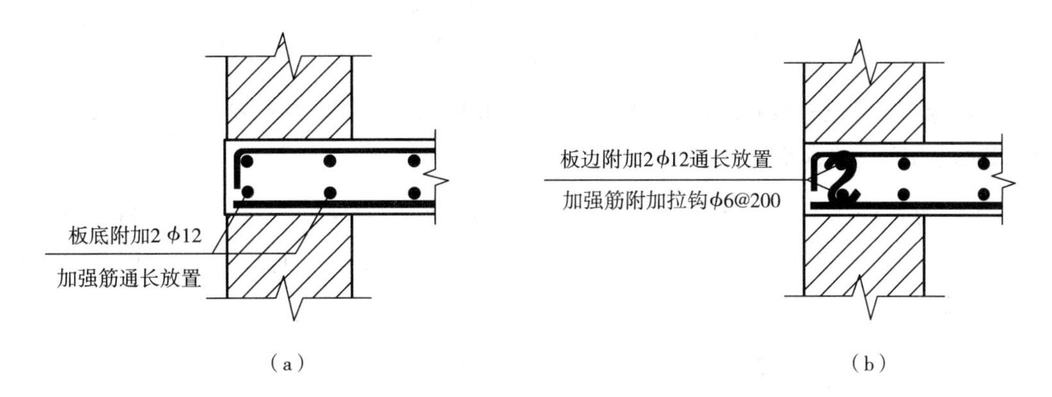

图2.5.17 现浇板边加强钢筋示意图

18. 房屋端部设置大房间时，应该采取哪些加强措施?

答：所谓大房间一般指开间大于 4.2 m 的房间。大房间的内外墙交接处应设置构造柱。如为预制楼板时，按《建筑抗震设计规范》(GB 50011—2010)(2016 年版)第 7.3.5 条 4 款执行；如为现浇楼盖时，应加强现浇板的边缘配筋，与相应墙体或梁的拉结有意识地加强尽端墙体的出平面外的抵抗能力，避免破坏。

19. 地震区的楼屋盖大梁、屋架如何考虑抵抗水平作用力的措施?

答：(1) 大梁、屋架支承在墙或柱上时一般都按简支考虑。但在地震作用下，简支的梁和屋架也承担水平的惯性作用，必须在支座处设置抵抗水平向作用力的措施。如增加屋架支座的螺栓数量和强度，加大大梁的支承长度或采取有效的拉结措施等。

(2) 大梁、屋架支承部位的墙或柱，不论简支与否，都要考虑梁、屋架所可能产生的嵌固弯矩，可适当增大柱内的配筋。

20. 较大洞口两侧设置构造柱加强，一般指多大的洞口算较大洞口?

答：《建筑抗震设计规范》(GB 50011—2010)(2016 年版)第 7.3.1 条表 7.3.1 要求较大洞口两侧设置构造柱，目的是约束墙体。一般说，内纵墙和横墙的较大洞口，指宽度不小于 2100 mm 以上的洞口，如内横墙在内廊的两侧，内纵墙在楼梯间的两侧；外纵墙的较大洞口，则由设计人员根据开间和门窗洞尺寸的具体情况确定，避免在一个不大的窗间墙段内设置三根构造柱。

21.《建筑抗震设计规范》(GB 50011—2010)(2016 年版)第 7.1.3 条规定多层砌体承重房屋的层高，不应超过 3.6 m，而某些工业建筑及附属房屋，如变配电室，虽然总层数未达到规范限值的要求，但因工艺要求需要层高大于 3.6 m 时，如何处理?

答：《建筑抗震设计规范》(GB 50011—2010)(2016 年版)对砌体承重房屋的层高规定主要针对一般多层民用建筑。对于层数远小于规范表 7.1.2 的工业建筑及附属房屋，因工艺要求需要层高大于 3.6 m 时，可以根据具体情况采取：增加墙厚度、增设壁柱、圈梁、提高材料强度等级，或采用约束砌体、配筋砌体等措施。

22. 多层砌体房屋中设置了混凝土构造柱和圈梁时，当构造柱和圈梁边缘对齐时，施工时是否构造柱纵筋放外侧?

答：多层砌体房屋，为了使圈梁充分发挥其对结构构件的约束作用，当构造柱与圈梁边缘对齐时，一般圈梁的纵向钢筋放在最外侧，构造柱主筋从圈梁最外侧纵向钢筋内侧穿过。

23. 底部框架－抗震墙房屋的定义? 这类房屋底部抗震墙应如何布置?

答：多层底部为钢筋混凝土框架与钢筋混凝土抗震墙或砌体抗震组成的结构，上部为砌体结构的房屋称为底部框架－抗震墙房屋。底部框架－抗震墙房屋是一种不利于抗震的结构体系。这种结构上下层是由不同材料组成，且上下层刚度差异较大。底部抗震墙不仅宜对称和均匀布置，还需考虑上面几层的质心位置，使底层纵向和横向的刚心尽可能与整幢房屋的质心相重合，另外，纵向和横向抗震墙的间距除应满足规范规定的间距外，最好布置在外围或靠近外墙处，并宜连为一体，组成 L 形、T 形、Π 形。

24. 底部框架—抗震墙房屋的高度、层数和层高。

答：底部框架—抗震墙房屋的总高度（m）和层数限值如下表：

房屋类别		最小抗震墙厚度（mm）	烈度和设计基本地震加速度											
			6		7				8				9	
			0.05 g		0.10 g		0.15 g		0.20 g		0.30 g		0.40 g	
			高度	层数	高度	层数	高度	层数	高度	层数	高度	层数	高度	层数
底部框架—抗震墙砌体房屋	普通砖多孔砖	240	22	7	22	7	19	6	16	5	—	—	—	—
	多孔砖	190	22	7	19	6	16	5	13	4	—	—	—	—
	小砌块	190	22	7	22	7	19	6	16	5	—	—	—	—

（1）乙类的多层砌体房屋不应采用底部框架—抗震墙砌体房屋。

（2）本表小砌块砌体房屋不包括钢筋混凝土小型空心砌块砌体房屋。

（3）底部框架—剪力墙结构楼层的层高不应超过 4.5 m，上部砌体墙承重楼层的层高不应超过 3.6 m。

（4）表中最小砌体墙厚系指上部砌体房屋部分。

25. 底部框架—抗震墙的房屋“过渡层”应采取哪些加强措施？

答：根据《建筑抗震设计规范》（GB 50011—2010）（2016 年版）第 7.5.2、第 7.5.7、第 7.5.9 条：

（1）过渡层的底板应采用现浇钢筋混凝土板，板厚不应小于 120 mm，并应少开洞、开小洞。当洞口尺寸大于 800 mm 时，洞口周边应设置边梁，以使过渡层的楼盖有较大的水平刚度。

（2）过渡层的构造柱应加强，同时，应使过渡层的构造柱纵筋锚入下部的框架柱，或梁或墙中，锚固长度按柱钢筋受拉考虑。当纵向钢筋锚固在框架梁内时，除满足锚固长度外，还应对框架梁相应位置采取增设吊筋，增设附加箍筋等措施加强，包括设置必要的抗扭箍筋等。

(3) 过渡层的墙体中设置一定数量的水平钢筋，两端应与构造柱相连。墙体砌体块材的强度等级不应低于 Mu10，砖砌体砌筑砂浆强度的等级不应低于 M10，砌块砌体砌筑砂浆强度的等级不应低于 M10。

26. 底框结构总高度和层数接近规范最大限值时，上部砖砌体部分的构造柱是否需要按多层砖房的要求增加构造柱?

答：底框结构属于不规则的结构，《建筑抗震设计规范》(GB 50011—2010)(2016年版)第7.5.1条的规定，体现了构造柱设置要求同多层砖房，而构造柱的截面和配筋要求更严。因此，当底框结构的高度和层数接近规范表7.1.2的限值时，纵、横墙内构造柱间距应遵守规范第7.3.2条5款的规定。

27. 为什么《建筑抗震设计规范》GB 50011—2010(2016年版)第7.1.8条第3和第4款要对底部框架-抗震墙的过渡层和底层的侧向刚度比进行控制，为何不允许底层刚度大于上部砌体的刚度?

答：规范对底层框架和底层的侧向刚度比进行控制，主要是减少底部的薄弱程度，防止底部结构出现过大的侧移而破坏，甚至倒塌。若底层的混凝土墙过多，其刚度可能大于上部砖混结构的刚度，这样，地震下可能使薄弱层转移至过渡层，过渡层是砌体结构而产生脆性破坏，所以要把底部框架—抗震墙的过渡层和底层的侧向刚度比控制在一个合理的范围内。

28. 底部框架-抗震墙房屋中，框架和抗震墙的抗震等级如何确定?

答：由于底部框架—抗震墙房屋的底部框架及其抗震墙承担着上部各层砌体结构的地震作用，所以对于底部框架及抗震墙比一般框架—抗震墙提出了更高的要求。根据《建筑抗震设计规范》(GB 50011—2010)(2016年版)第7.1.9条规定，底部框架—抗震墙房屋的混凝土框架的抗震等级，6、7、8度应分别按三、二、一级采用；混凝土墙体的抗震等级，6、7、8度应分别按三、三、二级采用。

29. 底部框架-抗震墙结构中的托墙梁，其截面和构造上有什么要求?

答：(1)《建筑抗震设计规范》(GB 50011—2010)(2016年版)第7.5.8条指出托墙梁的截面宽度不应小于300 mm，梁的截面高度不应小于跨度的1/10，这是为了保证梁的整体刚度的需要。

(2) 考虑地震作用的反复性，还要求托墙梁的主筋按受拉钢筋长度锚固在柱内，且支座上部的纵向钢筋应按框支梁的要求锚固。

(3) 对托墙梁的箍筋和腰筋提出了要求。《建筑抗震设计规范》(GB 50011—2010)(2016年版)第7.5.8条有详细规定。

30. 底部框架-抗震墙结构的抗震墙，横墙采用砌体抗震墙，纵向采用短肢混凝土墙，不同材料的抗震墙是否可行？

答：按《建筑抗震设计规范》(GB 50011—2010)(2016年版)第7.1.8条2款的规定，抗震设防6度且总层数不超过四层的底层框架一抗震墙砌体房屋，应允许采用嵌砌于框架之间的约束普通砖砌体或小砌块的砌体抗震墙，但应计入砌体墙对框架的附加轴力和附加剪力并进行底层的抗震验算。纵向采用短肢混凝土墙应满足该方向抗侧移刚度比的要求。

31. 底部框架-抗震墙结构中砌体墙作为抗震墙，施工中其构造和施工应符合哪些要求？

答：底框结构的抗震砌体墙应嵌砌于框架内，且必须注明施工方式。《建筑抗震设计规范》(GB 50011—2010)(2016年版)第7.5.4条有详细规定。有条件时，宜在连接的部位砌成马牙槎，这将更有利于整体作用的发挥。

32. 底部框架-抗震墙结构中，横向剪力墙间距有要求，纵向剪力墙是否也有要求？

答：按《建筑抗震设计规范》(GB 50011—2010)(2016年版)第7.1.5条表7.1.5对底部框架一抗震墙结构的房屋抗震横墙间距有规定，纵向剪力墙间距也应有要求。由于底部框架一抗震墙房屋进深一般不大，纵墙一般都能满足间距要求。

33. 底部框架-抗震墙结构的地下室的层数是否计入底部框架-抗震墙允许层数内？

答：若地下室嵌固较好，一般应采用混凝土结构，其地下室的嵌固条件符合《建筑抗震设计规范》(GB 50011—2010)(2016年版)第6.1.14条的有关规定时，则底部框架一抗震墙结构的地下室的层数可不计入房屋允许的层数内。

34. 底部框架-抗震墙结构中，上部砌体结构部分是否可以采用混凝土小型空心砌块？

答：《建筑抗震设计规范》(GB 50011—2010)(2016年版)中第7.1.1条，关于底部框架一抗震墙结构的具体规定适用于砌体房屋的条款，也适用于底部框架上部其他砌体结构的房屋，其中包括采用混凝土小型空心砌块的上部结构。同时还需要按《混凝土小型空心砌块建筑技术规程》(JGJ/T 14—2011)中的有关规定执行。

35. 底部框架-抗震墙结构的计算高度如何取？若计算高度取到基础顶，抗震墙厚度取层高的1/20，是否太大？

答：计算高度和层高是两个不同的概念。计算高度的取值应根据实际情况而定，若地坪嵌固得好(即设有刚性地坪或有连续的地基梁)，或者是地下室顶板满足《建筑抗震设计规范》(GB 50011—2010)(2016年版)第6.1.14条，则其计算高度可从地坪和地下室顶板算起，否则应从基础顶算起。层高是指从一层地坪到一层楼板顶的高度。

2.6　多、高层钢筋混凝土结构

1. 如何界定多、高层钢筋混凝土结构？

答：10层及10层以上或房屋高度超过28 m的住宅建筑和房屋高度大于24 m的其他民用建筑为高层钢筋混凝土结构。房屋高度指室外地面到主要屋面板板顶的高度(不包括局部突出屋顶部分)，半地下室是否作为一层应视具体情况而定。

2. 什么样的结构属于单跨框架结构？

答：(1) 框架结构只要有一个主轴方向框架全部为单跨框架时，即为单跨框架结构；

(2) 某个主轴方向有局部的单跨框架可不作为单跨框架结构对待；

(3) 一、二层的连廊可采用单跨框架结构，但需采取加强措施；

(4) 框一剪结构中的框架可以是单跨，但范围较大的单跨框架且相邻两侧无抗震墙或顶层采用单跨框架，均需采取加强措施。

规范规定，甲、乙类建筑以及高度大于24 m的丙类建筑，不应采用单跨框架结构，高度不大于24 m的丙类建筑不宜采用单跨框架结构。

3. 框架结构为何应设计成双向抗侧力构件？

答：由于水平风荷载和地震作用，可能沿结构的任意方向作用，为提高框架的侧向刚度，特别是要提高框架的抗扭刚度，必须将框架结构设计成双向梁柱刚接的抗侧力体系，并且两个方向框架结构的抗震能力应尽量相接近。当一个方向结构的抗震能力较弱时，则会率先开裂和破坏，将导致结构丧失空间协同工作的能力，从而使另一个方向的结构也会发生破坏。

4. 框架结构中一些楼面梁、大开间剪力墙结构中的一些进深梁等是否有抗震等级或者抗震构造的要求？

答：在框架结构中一些楼面梁、大开间剪力墙结构中的一些进深梁，以及框架一抗震墙结构中一端与框架柱连接的梁，按其受力特征分为两类：

(1) 作为抗侧力构件承担或传递其从属部分结构的地震剪力时，需考虑地震作用的影响，则有抗震等级和构造的要求。

(2) 若仅承受楼面荷载，不承担、不传递地震剪力，则无抗震等级的要求，可按一般混凝土构件的计算和构造要求。

5. 框架结构设计时，若在平面内和竖向许多框架柱不对齐、不贯通，设计中应注

意哪些事项?

答：震害表明，若设计许多框架柱在平面内或沿高度方向不对齐，形不成一榀完整的框架，使传力路线发生变化，地震中因扭转效应和传力路径中断等原因可能造成结构的较大损坏，设计时应视抽柱或柱错位的情况，按《建筑抗震设计规范》（GB 50011—2010）（2016 年版）第 3.4.4 条进行不规则结构的设计计算。为减少地震作用下扭转效应，避免传力路线发生变化，提高框架结构的抗震性能，设计中应合理布置抗侧力构件。

6.《高层建筑混凝土结构技术规程》（JGJ 3—2010）第 6.1.1 条规定框架结构除个别外，不应采用铰结，如何理解与执行?

答：由于建筑使用功能的需要或环境条件限制，在框架结构设计时，有时出现框架柱错位布置，框架梁一端有柱，另一端与其他梁相连的情况，连接处若采用固结，支承梁将会产生较大扭矩，扭曲破坏属脆性破坏，故一般常采用铰接节点，这种情况应尽量避免，其数量宜控制在框架节点总数的 5%以内。

7. 钢筋混凝土超短柱有何受力特点，设计时应该如何处理?

答：超短柱指剪跨比小于 1.5 的柱，其破坏形式为剪切斜拉破坏，属于脆性破坏。规范规定，设计时轴压比限值要进行专门研究，一般可按规定降低 0.1 采用，并采取特殊构造措施。如：采取增设交叉斜筋，外包钢板箍，设置型钢或将抗震薄弱层转移到相邻的一般楼层。或对超短柱采用中震弹性设计，并加强构造措施等方法。

8. 柱净高与截面高度之比≤4 是否为短柱?

答：不一定，规范定义当剪跨比 $\lambda \leqslant 2$ 时，属于短柱。当柱反弯点在柱高中点时，$\lambda \leqslant 2$ 与 $H_0/h \leqslant 4$ 是等效的（H_0 — 柱净高，h — 柱截面高度）。当填充墙或楼梯平台梁的设置等导致柱净高与柱截面高度之比≤4 的为短，柱应按规定全高加密箍筋。

9. 抗震设计时，要求框架梁顶面沿梁全长配置一定数量的钢筋，是否一定要是“贯通梁全长”的钢筋?

答：沿梁全长顶面的钢筋，不一定是“贯通梁全长”的钢筋，可以是梁端面角部纵向受力钢筋的延伸，也可以是另外配置的钢筋；当为另外配置时，钢筋应与梁端支座负弯矩钢筋机械连接、焊接或受拉绑扎搭接；当为受拉绑扎搭接时，在搭接长度范围内，梁箍筋间距不应大于搭接钢筋较小直径的 5 倍，且不应大于 100 mm；当为梁截面角部纵向受拉钢筋延伸时，被延伸的钢筋可以没有接头，也可以有接头；当有接头时，其接头构造要求与另外配置的钢筋相同。

10. 剪力墙边缘构件的箍筋型式有哪些规定?

答：约束边缘构件阴影区采用封闭箍筋，部分可为拉筋；非阴影区外围为封闭箍筋，其余部位可为拉筋。箍筋长边不大于短边3倍，相邻箍筋至少应相互搭接1/3长边。

11. 短肢墙结构对短肢墙的布置有何要求?

答：规范中并无明确规定，但若集中布置在平面的一边或建筑物周边，则短肢墙一旦出现破坏后，楼层可能出现倒塌，故尽量避免上述布置方式。

12. 含有短肢墙的剪力墙结构，其中短肢墙是否需要执行《高层建筑混凝土结构技术规程》(JGJ 3—2010) 第7.2.2条的规定?

答：一般情况，在规定的水平地震作用下，短肢墙承受的底部倾覆力矩不小于结构底部总倾覆力矩的30%时，属于短肢墙较多的剪力墙结构，应执行《高层建筑混凝土结构技术规程》(JGJ 3—2010) 第7.1.8条和7.2.2条的有关要求和规定，对于含有短肢剪力墙的结构，不论是否属于短肢剪力墙较多，所有短肢剪力墙都要满足《高层建筑混凝土结构技术规程》(JGJ 3—2010) 第7.2.2条的要求。

13. 剪力墙边缘构件纵向钢筋配筋数量有无规定?

答：剪力墙边缘构件纵向钢筋配筋最小限值，规范中已有明确规定，但约束边缘构件和构造边缘构件阴影区内纵向钢筋最大配筋率，相关规范中无明确规定，可参考《高层建筑混凝土结构技术规程》(JGJ 3—2010) 第6.4.4条第3款关于框架柱的规定，以保证钢筋混凝土构件的基本性能。当钢筋直径较大，配筋率较高时，约束箍筋的配置应与之相配套。

14. 剪力墙墙肢为一字形，该墙肢是否作为一字形墙肢对待?

答：当剪力墙墙肢两端均为跨高比 (Ln/h) 小于5的连梁或一端为 $Ln/h<5$ 的连梁而另一端为 $Ln/h\geqslant5$ 的非连梁时，此墙不作为一字墙；当墙肢两端均为 $Ln/h\geqslant5$ 非连梁或一端连梁而另一端无翼墙或端柱时，此墙肢作为一字墙（如下图2.6.14)。

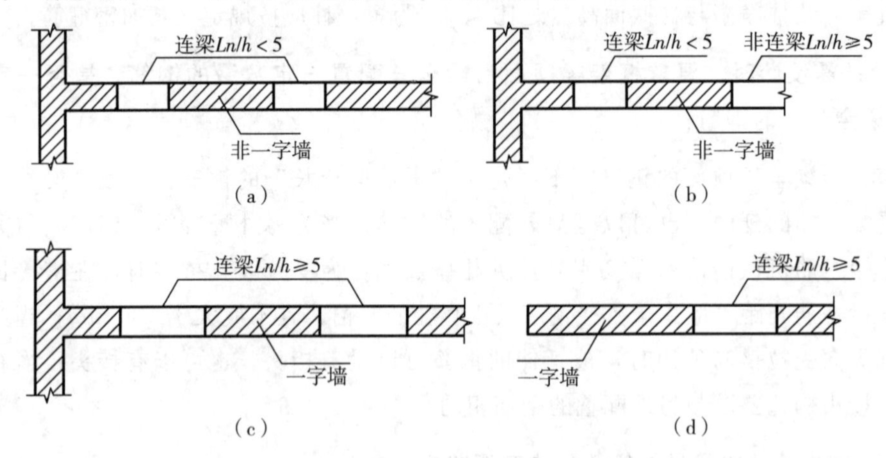

图2.6.14 非一字墙和一字墙示意图

15. 屋面采用刚架梁、网架等结构，跨度＞18 m 时，抗震等级是否执行《建筑抗震设计规范》(GB 50011—2010) 表第 6.1.2 条关于大跨度框架的规定？

答：《建筑抗震设计规范》（GB 50011—2010）表 6.1.2 结构类型为钢筋混凝土结构，对于钢架梁、网架等屋盖结构属于大跨度屋盖建筑范畴，应按《建筑抗震设计规范》（GB 50011—2010）第 10.2 节相关要求进行设计。

16. 连梁受弯纵向钢筋构造配筋率 ρ 有无规定？

答：(1) 连梁最小配筋率：对于跨高比（L/h_b）不大于 1.5 的连梁，非抗震设计时，可取 $\rho=0.2\%$。抗震设计时，$L/h_b\leqslant0.5$ 时，宜取 0.2%及 45 f_t/f_y 的较大值；当 $0.5<L/h_b\leqslant1.5$ 时，宜取 0.25%及 55 f_t/f_y 的较大值；$L/h_b>1.5$ 时，可按框架梁要求采用。

(2) 连梁最大配筋率（顶面及底面单面纵向钢筋最大配筋率）：非抗震设计时，不宜大于 2.5%。抗震设计时宜符合下列要求，$L/h_b\leqslant1.0$ 时，宜为 0.6%；$1.0<L/h_b\leqslant2.0$ 时，宜取 1.2%；$2.0<L/h_b\leqslant2.5$ 时，宜取 1.5%；如不满足，应按实际配筋进行强剪弱弯验算。

17. 在剪力墙平面内一端与框架柱刚接另一端与剪力墙连接的梁是否是连梁？

答：两端与剪力墙在平面内相连的梁，无论跨高比多大，均为连梁。跨高比＜5 时，按连梁有关规定设计；跨高比≥5 时宜按框架梁设计。抗震等级与所连接的剪力墙抗震等级相同，一端与框架柱相连，一端与墙在平面内相连时，按上述规定设计，但连梁抗震等级应按剪力墙抗震等级采用。

18. 一端与框架柱刚接，另一端在剪力墙平面外与剪力墙连接的梁是否是连梁？

答：这种梁可不作为连梁对待，其与剪力墙相连处宜按铰接或按半刚接设计，刚接端宜设箍筋加密区。

19. 楼面梁与墙平面外相连，钢筋锚固要求如何？

答：此时可能为半刚接，《高层建筑混凝土结构技术规程》（JGJ 3—2010）第 7.1.6 条规定，梁筋锚固长度应符合要求，当墙厚较小时，与剪力墙连接处纵向钢筋宜用较小直径钢筋；当锚固段水平投影长度不满足要求时，可将楼面梁伸出墙面形成梁头，纵筋伸入后弯折锚固，也可采取其他可靠的锚固措施。

20. 框架－抗震墙结构如何计算“地震倾覆力矩比”？

答：由于计算框架部分承受的地震倾覆力矩比较便于操作，《建筑抗震设计规范》（GB 50011—2010）（2016 年版）第 6.1.3 条 1 款规定，按在规定的水平力作用下，底层（指计算嵌固端所在层）框架部分承受的地震倾覆力矩比决定框架部分的抗震等级。框架部分承受的地震倾覆力矩按下式计算：

$$Mc=\sum_{i-1}^{n}\sum_{i-1}^{m}V_{ij}h_i,$$

其中符号的含义见《建筑抗震设计规范》(GB 50011—2010)(2016年版)第6.1.3条条文说明。该式说明，地震倾覆力矩的比例不是各个楼层计算，而是整个结构计算。带有裙房的单塔或多塔结构，塔楼为框架－抗震墙结构时，确定塔楼框架部分的抗震等级时，可按裙房顶标高处的倾覆力矩判断。

21. 什么是规定的水平力?

答："规定的水平力"一般可采用振型组合后的楼层地震剪力换算成层水平作用力。

22. 框架－剪力墙结构当墙体较少时，其最大适用高度如何决定?

答：《高层建筑混凝土结构技术规程》(JGJ 3—2010)第8.1.3条第3款规定，在规定水平力作用下，当框架部分承受的地震倾覆力矩(M_f)大于结构总地震倾覆力矩(Mc)的50%，但不大于80%，其最大适用高度([H])，可比框架结构适当增加。设计时可按"倾覆力矩比(M_f/Mc)"在框架结构及框－剪结构最大适用高度之间内插确定。

23. 框－剪结构，剪力墙的边框柱是否按框架柱考虑?

答：带边框剪力墙，剪力墙嵌入框架内，边框与嵌入的剪力墙共同承担对其的作用力，因此《建筑抗震设计规范》(GB 50011—2010)(2016年版)规定，边框柱宜与同层其他框架柱截面尺寸相同，并应满足《建筑抗震设计规范》(GB 50011—2010)(2016年版)第6.3节对框架柱的要求；抗震墙底部加强部位的边框柱以及紧靠洞口的端柱宜按柱箍筋加密区的要求沿全高加密箍筋。

24. 框架－剪力墙结构中含有部分短肢墙，是否有数量限制?

答：此类结构不宜采用、不应全部采用短肢墙，设计可仍按框架－剪力墙结构的有关规定设计，对于短肢墙应按《高层建筑混凝土结构技术规程》(JGJ 3—2010)有关要求设计。

25. 转换梁上混凝土墙、柱偏置时，设计中如何处理?

答：当转换梁上混凝土墙、柱偏置时，宜考虑竖向荷载对梁轴线偏心影响，可近似将偏心产生的扭矩作用在梁上加以考虑，同时可考虑转换层楼板、梁的有利约束作用。由于偏置布置对结构受力不利，尽量避免。

26. 梁上托柱的梁是否属于框支梁?

答：框支梁一般指部分框支剪力墙结构中支承上部不落地剪力墙的梁，梁上托柱的梁和框支梁统称为转换梁。有关托柱梁和框支梁的设计，在《高层建筑混凝土结构技术规程》(JGJ 3—2010) 第10.2节中均有规定，托柱梁一般受力是比较大的，采用框支梁的某些构造要求是必要的。在《高层建筑混凝土结构技术规程》(JGJ 3—2010) 第10.2节中已有反映。

27. 当框支层同时含有框支柱和框架柱时，如何执行《高层建筑混凝土结构技术规程》(JGJ 3—2010) 第10.2.17条的框架剪力调整要求？

答：首先按《高层建筑混凝土结构技术规程》(JGJ 3—2010) 第8.1.4条框架－剪力墙结构的要求进行地震剪力调整，然后再按第10.2.17条的规定复核框支柱的剪力要求。

28. 地下室顶板作为上部结构嵌固部位时，是否可以采用无梁楼盖的结构形式？

答：采用无梁楼盖（含无梁空心楼盖），将难以满足《建筑抗震设计规范》(GB 50011—2010)(2016年版) 第6.1.14条柱端塑性铰位置在顶板（±0.000）的要求，故不能采用无梁楼盖的结构形式，应采用现浇梁板结构。

29. 有地下室时，剪力墙底部加强部位高度如何确定？

答：有地下室时，剪力墙底部加强部位高度应从地下室顶板起算，当结构计算嵌固端位于地下一层或以下时，底部加强部位宜延伸到计算嵌固端。

30. 带裙房的高层建筑，剪力墙底部加强部位的范围如何确定？

答：有裙房时，主楼剪力墙底部加强部位高度至少延伸至裙房上一层，主楼结构在裙房顶板对应的相邻上下各一层需要加强。

31. 在计算房屋高度时，突出屋面的房间是否计入？

答：一般认为该房间面积小于楼层面积的30%时，可不算一层，按局部突出屋面的房间对待。

32. 超过房屋最大适用高度时如何设计？不规则结构的最大适用高度有无专门规定？

答：最大适用高度并不是建筑最大高度限制，当超过最大适用高度时结构设计应有可靠依据和有效的技术措施，并应按有关规定进行专项审查。平面和竖向均为不规则结构，最大适用高度一般降低10%左右；对于部分框支剪力墙结构，最大适用高度仍按规范规定。当框支层以上结构同时存在竖向和平面不规则情况，应按上述规定将最大适用高度适当降低。

33. 裙房与主楼相连，如何确定抗震等级？

答：除应按裙房本身确定抗震等级外，相关范围不应低于主楼的抗震等级，主楼在裙房顶及对应的相邻上下各一层应适当加强抗震构造措施。裙房偏置时，其端部有较大的扭转效应，也需采取加强措施。

34. 上述问题中提及的相关范围是如何确定的？

答：裙房与主楼相连的相关范围，一般可从主楼周边外延三跨且不小于20 m。在计算地上一层与相关范围地下一层侧向刚度比时，相关范围是指从地上结构（主楼、有裙房时含裙房）周边外延不大于20 m。

35. 何谓基本振型？

答：基本振型一般指每个主轴方向以平动为主的第一振型。

36. 楼、电梯间及设备管井洞口是否计入楼板开洞面积？

答：如果楼、电梯间及设备管井设置钢筋混凝土墙体，由于井筒的存在，具有较强的空间作用，一般不计入楼板开洞面积。

37. 在现有钢筋混凝土结构房屋上采用钢结构加层是否可行？

答：在现有钢筋混凝土结构房屋上加层采用钢结构（含轻钢结构）分为以下两种情况：

（1）若加层的结构体系为钢结构，下部为钢筋混凝土结构，两种结构的阻尼比不同，上下两部分刚度存在突变，抗震规范不包括此类结构型式，故属超规范、超规程设计，需要由省级以上有关部门组织建设工程技术专家委员会进行审定。

（2）若仅屋盖部分采用钢结构，整个结构抗侧力构件仍为钢筋混凝土，则按照《建筑抗震设计规范》（GB 50011—2010）（2016年版）第6章有关规定进行抗震设计，此时尚应注意因加层带来结构刚度突变等不利影响，进行验算，必要时对原结构采取加固措施。

2.7　门式刚架

1. 门式刚架轻型房屋钢结构是否需要满足《建筑抗震设计规范》（GB 50011—2010）（2016年版）中单层钢结构厂房的有关规定？

答：（1）《建筑抗震设计规范》（GB 50011—2010）（2016年版）第9.2.1条条文说明指出：单层的轻型钢结构厂房的抗震设计，应符合专门的规定。

（2）《门式刚架轻型房屋钢结构技术规范》（GB 51022—2015）第3.1.4条条文说明指出：当为7度（0.15 g）及以上时，横向刚架和纵向框架均需进行抗震验算，当设有夹层或有与门式刚架相连接的附属房屋时，应进行抗震验算。

2. 门式刚架轻型房屋钢结构施工图审查的要点有哪些？

答：要点有：是否符合门式刚架轻型房屋钢结构的应用范围，必须具有足够的强度、刚度和稳定性；挠度变形、支撑体系、荷载取值、钢材的性能指标、节点构造和柱脚的连接形式以及是否需要进行抗震验算等应符合《门式刚架轻型房屋钢结构技术规范》(GB 51022—2015) 要求。

3. 门式刚架柱脚下的混凝土短柱中纵向钢筋设计有什么要求?

答：门式刚架柱脚下的钢筋混凝土短柱是门式刚架柱的延伸，通过柱脚予埋件和螺栓传递垂直力、水平剪力和弯矩（刚接柱脚）。因此钢柱脚下的混凝土短柱应具有框架柱的相关特征，同时应满足《建筑抗震设计规范》(GB 50011—2010) (2016 年版) 和《混凝土结构设计规范》(GB 50010—2010) (2015 年版) 的构造规定。值得注意的是：门式刚架柱脚下的混凝土短柱较长及刚接情况下承受弯矩较大（两对铰接螺栓连接时，实际上也有弯矩)，而门式刚架方向没有梁板可供混凝土短柱竖向钢筋锚固，因此宜将门式刚架方向的混凝土柱中竖筋相对弯入对边竖筋内侧或搭接焊。钢筋锚固长度要满足《混凝土结构设计规范》(GB 50010—2010) (2015 年版) 第 8.3.2 条规定。

4. 门式刚架轻型房屋钢结构设计中易出现的几个问题?

答：(1) 钢材的性能指标未说明。钢材的屈服强度实测值与抗拉强度实测值的比值不应大于 0.85；钢材应有明显的屈服台阶，且伸长率不应小于 20%；钢材应有良好的焊接性和合格的冲击韧性。

(2) 图纸中未按《钢结构设计规范》(GB 50017—2003) 第 3.3.3 条注明钢材性能的要求。

(3) 钢柱脚在地面以下的部分应采用强度等级较低的混凝土包裹（保护层厚度不应小于 50 mm)，并应使包裹的混凝土高出地面不小于 150 mm，当柱脚底面在地面以上时，柱脚底面应高出地面不小于 100 mm。

(4) 风荷载标准值中的风压高度变化系统、风荷载系数和 β 系数应按《门式刚架轻型房屋钢结构技术规范》(GB 51022—2015) 第 4.2.1 条规定选用。

(5) 基本雪压选用按现行《建筑结构荷载规范》(GB 50009—2012) 规定的 100 年重现期的数值，屋面积雪分布系数应按《门式刚架轻型房屋钢结构技术规范》(GB 51022—2015) 第 4.3.2 条规定选用，并应考虑雪堆积和漂移的不利影响。

(6) 设计时应按下列规定采用积雪的分布情况：

a. 刚架柱可按全跨积雪的均匀分布情况采用；

b. 刚架斜梁按全跨积雪的均匀分布、不均匀分布和半跨积雪的均匀分布，按最不利情况采用；

c. 屋面板和檩条按积雪不均匀分布的最不利情况采用。

(7) 檩条和墙梁计算中基本风压没有乘以 1.05 的增大系数，并且应分别计算中间区域和端部及边缘带。

5. 门式刚架轻型房屋钢结构用地梁托窗台下 1.2 m 高度的墙体，地梁和砌体结构

设置伸缩缝间距的限值如何确定?

答：原则上取《砌体结构设计规范》(GB 50003—2011) 表6.5.1中100 m限值。当超过时可结合工程功能需要，利用门洞截断长度大于100 m的墙体。

6. 单层钢筋混凝土柱轻钢屋面中钢梁的挠度限值执行《钢结构设计规范》(GB 50017—2003)，还是执行《门式刚架轻型房屋钢结构技术规范》(GB 51022—2015)?

答：单层钢筋混凝土柱轻钢屋面结构不属于《门式刚架轻型房屋钢结构技术规范》(GB 51022—2015) 的范畴，钢梁的挠度限值执行《钢结构设计规范》(GB 50017—2003)。

7. 门式刚架轻型房屋钢结构的山墙柱是否设柱间支撑? 是否可以按门式刚架标准图集规定来做?

答：(1) 一般情况下山墙柱为抗风柱，不设柱间支撑。

(2) 可按门式刚架标准图集规定设计。

8. 钢筋混凝土柱轻钢屋面中是否需要设置隅撑?

答：《门式刚架轻型房屋钢结构技术规范》(GB 51022—2015) 第8.4.1条指出：当实腹式门式刚架的梁翼缘受压时，应在钢梁受压翼缘侧布置隅撑与檩条或墙梁相连接。

9. 如何理解《门式刚架轻型房屋钢结构技术规范》(GB 51022—2015) 与《钢结构设计规范》(GB 50017—2003)、《冷弯薄壁型钢结构技术规范》(GB 50018—2002) 的关系?

答：《钢结构设计规范》(GB 50017—2003)、《门式刚架轻型房屋钢结构技术规范》(GB 51022—2015)、《冷弯薄壁型钢结构技术规范》(GB 50018—2002) 都是国家建设工程强制标准，也是钢结构的基础标准，区别在于适用范围和材料性能要求。

10. 轻型钢结构门式刚架单层厂房，当无吊车时，柱间支撑能否采用圆钢?

答：非抗震设计且又无吊车时可以采用圆钢作柱间支撑。同样仅作为拉杆设计，且必须设张紧装置。否则，应满足《钢结构设计规范》(GB 50017—2003) 第5.3.9条规定的长细比。圆钢支撑与刚架连接节点设计详见《门式刚架轻型房屋钢结构技术规范》(GB 51022—2015) 第8.5.1和8.5.2条，从图集《04SG518－1门式刚架轻房屋钢结构》的柱间支撑选用表可知，6度、7度区地震作用不起控制作用，仍可用圆钢。设防烈度8度时，柱间支撑应采用角钢、槽钢。

11. 隅撑是否可作为梁、柱的侧向支撑。平面外计算长度是否可取隅撑的间距?

答：刚架梁柱受压翼缘通过隅撑与檩条和墙梁连接，可以对钢架构件支撑，有关构件的平面外长度可取隅撑的间距，详见《门式刚架轻型房屋钢结构技术规范》（GB 51022—2015）第8.4.1条及其条文说明。

12. 屋面支撑采用圆钢时，支撑与屋面钢架连接是否可以不设刚性支撑杆？

答：必须设置刚性系杆。刚性系杆的作用，在水平支撑内平衡圆钢拉杆的张紧力，在风载、地震等水平荷载作用时传递水平力。

13.《门式刚架轻型房屋钢结构技术规范》（GB 51022—2015）第10.2.15条与第14.2.4条有人认为有矛盾？

答：《门式刚架轻型房屋钢结构技术规范》（GB 51022—2015）第10.2.15条是钢结构平板式柱脚铰接与刚接的规定，第14.2.4条是柱脚安装大样。前者是锚栓平面布置规定，后者是平板式柱脚、锚栓与基础的连接要求，图中的调节螺母是施工中调节柱垂直度用，这与施工习惯有关，构造是正确的。国标图集《04SG518－3门式刚架轻型房屋钢结构（有吊车）》安装节点图（四）与该构造基本相同。

14. 门式刚架轻型房屋钢结构建筑物中部分开间内设夹层建筑（如办公室、仓库），是否仍可按《门式刚架轻型房屋钢结构技术规程》（CECS 102：2002）进行设计？

答：（1）《门式刚架轻型房屋钢结构技术规程》（CECS 102：2002）第1.0.2条明确指出：本规程适用于主要承重结构为单跨或多跨实腹门式刚架、具有轻型屋盖和轻型外墙的单层房屋结构的设计、制作和安装。因此带有夹层建筑的门式刚架轻型房屋钢结构，不适用于《门式刚架轻型房屋钢结构技术规程》（CECS 102：2002）。部分开间的夹层建筑可与门式刚架完全脱开。

（2）门式刚架轻型房屋钢结构建筑物中部分开间内设夹层建筑可按《门式刚架轻型房屋钢结构技术规范》（GB 51022—2015）进行设计。

15. 如何执行《门式刚架轻型房屋钢结构技术规程》（CECS 102：2002）与《门式刚架轻型房屋钢结构技术规范》（GB 51022—2015）中的相关条款？

答：《门式刚架轻型房屋钢结构技术规范》（GB 51022—2015）是国家建设工程强制标准，《门式刚架轻型房屋钢结构技术规程》（CECS 102：2002）是工程建设标准化协会标准，当《门式刚架轻型房屋钢结构技术规范》（GB 51022—2015）有具体规定时，应按《门式刚架轻型房屋钢结构技术规范》（GB 51022—2015）执行，而当《门式刚架轻型房屋钢结构技术规范》（GB 51022—2015）中没有规定时，可按《门式刚架轻型房屋钢结构技术规程》（CECS 102：2002）执行。

2.8 单层工业厂房

1. 单层钢筋混凝土柱上的钢梁可否按《门式刚架轻型房屋钢结构技术规范》（GB

51022—2015)进行设计?

答:不可以。《门式刚架轻型房屋钢结构技术规范》(GB 51022—2015)第1.0.2条指明:本规程适用于承重结构为单跨或多跨实腹门式刚架。单层钢筋混凝土柱上的钢梁不属于实腹门式刚架。对于较小跨次要结构轻质屋面钢梁可适当参照《门式刚架轻型房屋钢结构技术规范》(GB 51022—2015)要求。

2. 单层钢筋混凝土柱轻钢屋面厂房,是否按《建筑抗震设计规范》(GB 50011—2010)(2016年版)中单层钢筋混凝土柱厂房进行审查?

答:可以。按《建筑抗震设计规范》(GB 50011—2010)(2016年版)第9.1节单层钢筋混凝土柱厂房进行审查。轻钢屋面除钢梁外可按《门式刚架轻型房屋钢结构技术规范》(GB 51022—2015)中相关规定进行审查。

3. (1) 单层钢筋混凝土柱钢梁屋面厂房,两端和纵向为现浇梁柱,其他横向轴线是单层钢筋混凝土柱上设钢梁,此结构方案是否可行?

(2) 单层轻钢厂房如果两端山墙采用框架结构承重,端跨钢梁直接搁置在山墙框架梁上是否合适?

(3) 单层排架结构厂房中,纵向可否做框架结构?

答:(1) 可以。《建筑抗震设计规范》(GB 50011—2010)(2016年版)第9.1.1条附注及附录H.1.4条规定:属框排架结构,可行,但不能采用砌体山墙承重,宜采用空间结构分析。

(2) 不合理。此种情况端跨应由框架梁直接承重(框架梁起坡或设计为斜梁)。

(3) 可以。

4. 纵向为现浇钢筋混凝土框架的单层钢结构屋面厂房,伸缩缝的最大间距是否要满足《混凝土结构设计规范》(GB 50010—2010)(2015年版)表8.1.1中55 m的要求?

答:根据《混凝土结构设计规范》(GB 50010—2010)(2015年版)第8.1.3条规定:(1) 采取减少混凝土收缩或温度变化的措施;(2) 采取专门的预加应力或增配构造钢筋的措施;(3) 采用低收缩混凝土材料、采取跳仓浇筑、后浇带、控制缝等施工方法,并加强施工养护。采取上述措施的纵向现浇钢筋混凝土框架的单层钢结构屋面厂房,伸缩缝最大间距可适当增大。如未采取有充分依据的措施,伸缩缝的最大间距可取55 m。

5. (1)《建筑抗震设计规范》(GB 50011—2010)(2016年版)第9.1节中单层钢筋混凝土柱排架厂房的围护墙是否一定要做外贴式,外围护墙下是否一定要设基础梁把围护墙托起使其荷载完全传到柱下独基上?

(2)《建筑抗震设计规范》(GB 50011—2010)(2016年版)第9.1.7条第2款轻型

屋盖厂房，柱距相等时，可按平面排架计算，当受工艺要求影响，柱距不能相等时，应如何计算？

答：（1）砌体围护墙应采用外贴式并与柱可靠拉结，围护墙应满足《建筑抗震设计规范》（GB 50011—2010）（2016 年版）第 13.3 节的有关规定。外围护墙下可单独设置条形基础。

（2）轻型屋盖厂房柱距不等时，有两种情形：

a. 仅纵向柱距不等，各榀仍是对齐布置，这时仍可用排架分析。

b. 横向柱列不对齐，间距也不等，采用多质点空间结构分析方法，还需考虑厂房扭转的影响等，详见《建筑抗震设计规范》（GB 50011—2010）（2016 年版）第 9.1.7 和 9.1.8 条。

6. 组合砖柱厂房的高度是否要符合《建筑抗震设计规范》（GB 50011—2010）（2016 年版）第 9.3 节要求？

答：应符合。组合砖柱属于砖柱的一种类型，抗震设计时应符合《建筑抗震设计规范》（GB 50011—2010）（2016 年版）第 9.3 节的要求。

7. 单层砖柱厂房能否采用承重烧结多孔砖和蒸压灰砂砖及蒸压粉煤灰砖？

答：不可以。《建筑抗震设计规范》（GB 50011—2010）（2016 年版）第 9.3.1 条明确单层砖柱厂房只适用于烧结普通砖（黏土砖、页岩砖）、混凝土普通砖。

8. 单层钢筋混凝土柱结构厂房，局部有二层与柱形成框架结构，上部为铰接钢结构，与其他无平台跨的排架结构能否归为排架结构，不设抗震缝？

答：一般宜用抗震缝分开，不能归为排架结构。具体工程具体分析，如果类似《建筑抗震设计规范》（GB 50011—2010）（2016 年版）第 10.1 节单层空旷房屋时，可以不分开，审查以计算书为准。

9. 无吊车的单层混凝土厂房，对跨度小于 18 m，柱高小于 8 m，纵向柱多于 7 根时，是否仍应按《建筑抗震设计规范》（GB 50011—2010）（2016 年版）第 9.1.23 条规定设置柱间支撑？

答：纵向如为排架，柱则应设柱间支撑；纵向若是现浇混凝土框架，则可以不设柱间支撑。

10. 混凝土屋架上弦水平支撑设在山墙边间，可承担山墙传来风载，而另端间为伸缩缝，无山墙风荷载，是否也必须设上弦水平支撑，还是“宜”设上弦水平支撑？

答：独立结构单元，应在两端设置上弦水平支撑。

11. 排架厂房，现浇混凝土柱上面为钢梁轻钢屋面，纵向柱之间为内嵌式墙体，墙体上每隔一定距离设圈梁，先砌墙后浇柱，圈梁与柱同时整浇，有吊车是否还要另设

柱间支撑？无吊车是否可不设柱间支撑？

答：应视其结构情况，如纵向形成框架可以不设柱间支撑，否则应设柱间支撑。纵向排架间不应设内嵌式砌体作为抗侧力体系。

12. 钢筋混凝土柱两跨以上排架结构（无吊车），中间柱顶纵向仅设钢管支撑，是否可行？

答：中柱列是否设柱间支撑应具体工程具体分析，抗震设计应按《建筑抗震设计规范》（GB 50011—2010）（2016年版）第9.1.23条规定设置柱间支撑，且柱顶设通长系杆。

13. 单层钢梁支承在框架柱上时，其挠跨比、宽厚比等如何控制？

答：具体工程具体分析，应视其结构型式、钢梁所处使用功能及结构作用而定。

14. 单层厂房结构设计未注明吊车型号和工作级别，是否判为违反强制性条文？

答：不按违反强制性条文，应要求设计文件注明吊车型号和工作级别，否则，设计依据不足。

2.9　非结构构件

1. 非结构构件是否要进行抗震设计、如何进行抗震设计？

答：非结构构件应根据《建筑抗震设计规范》（GB 50011—2010）（2016年版）、《非结构构件抗震设计规范》（JGJ 339—2015）及其他相关规范进行抗震设计。非结构构件抗震设计时应注意以下问题：

（1）非结构构件包括建筑非结构构件和建筑附属设备。由于非结构构件不属于主体结构的一部分，往往容易被设计人员忽略。历次震害表明，非结构构件破坏，是引起人员伤亡的重要原因之一。同时，随着社会的发展，建筑装饰装修、机电设备等在工程造价中占的比例越来越大，因此，非结构构件的抗震设计应引起设计人员的高度重视。

（2）非结构构件的抗震设计包括非结构构件及其与建筑结构连接两部分。一般可不进行抗震验算，通过构造措施达到规定的非结构构件的抗震设防目标。非结构构件需要进行抗震验算的情况，见《非结构构件抗震设计规范》（JGJ 339—2015）第3.1.1条的规定。

（3）非结构构件的抗震设计应由相关专业的设计人员完成，而不一定是由主体结构设计人员完成。比如：仅用于幕墙支承的骨架，需要幕墙设计单位对其本身进行抗震设计，主体结构设计单位仅对其与主体结构的连接和锚固进行复核。但主体结构设计时，应充分考虑非结构构件对主体结构的影响。

2. 钢筋混凝土框架结构，柱间设通长窗，窗台墙宜如何处理？

答：可参照女儿墙的要求设置构造柱和压顶，必要时可按《建筑抗震设计规范》（GB 50011—2010）（2016 年版）第 13.2.2、第 13.2.3 的规定进行非结构构件计算。

3. 框架砌体填充墙与柱柔性连接，该如何执行？

答：砌体填充墙与框架柱之间采用拉接钢筋的连接方案，并先浇柱后砌墙，符合规范要求。结构计算时，可不考虑其对结构刚度的影响，可不对结构周期进行折减。

4. 一些设计中为适应建筑立面造型的需要，将构造柱的截面做得较大，是否对抗震设计会有影响？

答：构造柱主要是对砌体起约束作用，使之有较高的变形能力。规范规定构造柱的最小截面可采用 240 mm×180 mm，如截面过大会改变构造柱设计性能。

5. 钢筋混凝土结构中的砌体填充墙，设计时应注意哪些问题？

答：钢筋混凝土结构中的砌体填充墙设计时，应注意以下问题：

（1）刚性非承重墙体的布置，应避免导致结构刚度和强度分布上的突变；当围护墙非对称均匀布置时，应考虑质量和刚度的差异对主体结构抗震不利的影响。

（2）砌体女儿墙在人流出入口和通道处应与主体结构锚固；非出入口无锚固的女儿墙高度，6～8 度时不宜超过 0.5 m，9 度时应有锚固。防震缝处女儿墙应留有足够的宽度，缝两侧的自由端应予以加强。

（3）填充墙在平面和竖向的布置，宜均匀对称，避免形成薄弱层和短柱。在钢筋混凝土结构中，由于砌筑砌体填充墙常使得框架柱形成短柱，结构设计时应采用相应的加强措施，箍筋应按短柱要求全高加密。

（4）砌体的砂浆强度等级不应低于 M5；实心块体的强度等级不宜低于 MU2.5，空心块体的强度等级不宜低于 MU3.5；墙顶应与框架梁密切结合。

（5）填充墙应沿框架柱全高每隔 500 mm～600 mm 设 2ϕ6 拉筋，拉筋伸入墙内的长度，6、7 度时宜全长贯通，8、9 度时应全长贯通。

（6）墙长大于 5 m 时，墙顶与梁宜有拉结；墙长超过 8 m 或层高的 2 倍时，宜设置钢筋混凝土构造柱，构造柱间距不宜大于 4 m；填充墙开有宽度大于 2 m 的门洞或窗洞时，洞边宜设置钢筋混凝土构造柱；墙高超过 4 m 时，墙体半高宜设置与柱连接且沿墙长全长贯通的钢筋混凝土水平系梁。

（7）楼梯间和人流通道的填充墙，应采用钢筋网砂浆面层加强。一般情况下，疏散楼梯的填充墙位置明确，而疏散通道的填充墙只在建筑图上有表示，结构设计难以把握，因此，设计时应对照建筑图实施并宜要求建筑施工图中予以明确。

（8）单层钢筋混凝土柱厂房的砌体填充墙，尚应符合《建筑抗震设计规范》（GB 50011—2010）（2016 年版）第 13.3.5 条的要求。

6. 填充墙的构造柱与多层砌体房屋的构造柱有何不同?

答：填充墙设构造柱，属于非结构构件的连接，与多层砌体房屋设置的钢筋混凝土构造柱有一定差异，应结合具体情况分析确定。如挑梁端部设置填充墙构造柱，挑梁在设计时应考虑构造柱是否传递荷载，并采用相应的构造措施，使计算模型与实际受力相符。

7. 女儿墙的布置与构造，应注意哪些问题?

答：根据《非结构构件抗震设计规范》(JGJ 339—2015) 第4.4.2条，女儿墙的布置和构造应符合下列要求：

(1) 不应采用无锚固的砖砌漏空女儿墙。

(2) 非出入口无锚固砌体女儿墙最大高度，6～8度时不宜超过0.5 m；超过0.5 m时，人流出入口、通道处或9度时，出屋面砌体女儿墙应设置构造柱与主体结构锚固，构造柱间距宜取2.0～2.5 m。

(3) 砌体女儿墙内不宜埋设灯杆、旗杆、大型广告牌等构件，设置罗马瓶等小型装饰构件时，应与压顶、构造柱等钢筋混凝土构件有可靠的连接。

(4) 因屋面板插入墙内而削弱女儿墙根部时应加强女儿墙与主体结构的连接。

(5) 砌体女儿墙顶部，应采用现浇的通长钢筋混凝土压顶。

(6) 女儿墙在变形缝处应留有足够的宽度，缝两侧的女儿墙自由端应予以加强。

(7) 高层建筑的女儿墙，不得采用砌体女儿墙。

8. 什么情况下非结构构件的地震作用计算宜采用楼面谱方法?

答：见《建筑抗震设计规范》(GB 50011—2010) 第13.2.2条3款规定。要求进行楼面谱计算的非结构构件，主要是建筑附属设备，如巨大的高位水箱、出屋面的大型塔架等。一些建筑结构在其局部采用钢结构加层，上下不同材料的阻尼比不同，地震作用下的受力状态类似于出屋面的钢结构塔架，也需要采用楼面谱方法或其他可靠的方法计算。

2.10 其 他

1. 如何根据抗震规范和中国地震动参数区划图确定某一地区的抗震设防烈度?

答：《建筑抗震设计规范》(GB 50011—2010) 附录A给出了我国各县级及县级以上城镇中心地区建筑工程抗震设计时所采用的抗震设防烈度、设计基本地震加速度值和所属的地震分组。当在各县级及县级以上城镇中心以外的行政区域从事建筑工程建设活动时，应根据工程场地的地理坐标查询《中国地震动参数区划图》(GB 18306—2015)，以确定工程场地的地震动峰值加速度和特征周期。

2. 敬老院、福利院等弱势群体建筑的抗震设防类别如何确定？

答：很多地方在设计时把大学类似工程列入重点设防类，却把老年大学、敬老院、福利院、残疾人康复中心等弱势群体密集的建筑，划分为标准设防类，是很不合理的。尽管《房屋建筑的抗震设防分类标准》（GB 50233—2008）未作具体规定，但该标准和抗震规范的主编王亚勇、戴国莹、黄世敏等多次在会议、报告和著作中说明，标准采用的是类比法，而不是穷举法，工程建设中应更多地体现对弱势群体的人文关怀这一原则。老年人、残疾人等在地震灾害来临时自救能力较差，这类建筑也应按重点设防类的要求进行抗震设计。

根据 2014 年 5 月 1 日施行的国家标准《养老设施建筑设计规范》（GB 50867—2013）第 3.0.10 条的规定，“养老设施建筑中老年人用房建筑耐火等级不应低于二级，且建筑设防标准应按重点设防类建筑进行抗震设计”。

至于近两年兴起的以“养老社区”等名义建设的房地产开发项目，情况比较复杂，应根据项目的具体情况确定，但其中单独设置的老年养护院、老年日间照料中心等老年人用房，应按重点设防类建筑进行抗震设计。

按照此原则，对于社会上一些以未成年人为招生对象的职业学校，也应按重点设防类的要求进行抗震设计。

3. 《中国地震动参数区划图》(GB 18306—2015) 的“附录 E”是否要执行？

答：GB 18306—2015 标准的附录分两类，附录 A、附录 B、附录 C 属于规范性附录，与工程建设标准（如抗震规范等）的附录一样，与正文有同等的法律效率。该标准的附录 E（包括附录 D、附录 F、附录 G）均为资料性附录，主要是介绍与正文相关的背景资料，供参考。因此，工程设计时，可不根据附录 E 对各场地地震动峰值加速度进行调整。

需要说明的是，虽然不同场地地震动峰值加速度会略显不同，同样或相近的建筑，建造于Ⅰ类场地时震害较轻，建造于Ⅲ类、Ⅳ类场地震害较重，但如何根据场地类别对场地地震动峰值加速度进行调整，尚未达成一致性的意见。工程建设标准是通过抗震设防分类、概念设计、抗震措施和抗震计算配套使用，共同保证建筑物的抗震安全。

4. 多层建筑超限是否需要抗震超限审查？

答：所谓的“超限审查”，是“超限高层建筑工程抗震设防专项审查”的简称。超限审查是根据国务院第 412 号令确定的行政许可事项，并由建设部令第 111 号以及住建部“建质［2015］67 号”文对超限审查的范围作出了明确的规定，项目通过超限审查后，由省级建设行政主管部门发放行政许可的文件，任何部门和单位都不应扩大或减少行政许可的范围。因此，超限审查仅仅针对高层建筑。对于特别不规则的多层建筑或规范中规定需要专门论证的内容，可以由建设、设计或审图等单位邀请专家进行论证或咨询。

5. 超限审查需要提供哪些图纸和计算书？

答：设计单位提供的超限审查资料，除《超限高层建筑抗震设计可行性论证报告》的格式和内容应参考《超限高层建筑工程抗震设防专项审查技术要点》附件6外，提供的图纸和计算书一般应满足以下要求：

（1）建筑图纸

建筑图纸至少包括平面布置、地下一层、首层、标准层、错层平面、大洞口楼层平面、转换层上下层平面、加强层平面，必要的典型立面和剖面图。

（2）结构图纸

基础（含桩位）平面布置，楼层结构平面布置图、尚应标出梁柱截面尺寸和墙体厚度、转换层平面，应给出竖向构件上下转换的位置；加强层、连体给出支撑布置的立面图；型钢混凝土柱给出截面形式，混合结构中给出典型梁一柱、梁一墙和支撑节点；特殊节点的做法。

（3）结构设计计算书：

① 反应谱法计算分析

每个反应谱法计算分析均应包括（下列要求不适用大跨空间结构）：电算的原始参数（楼盖刚性、地震作用方向、扭转偏心、周期折减系数、地震作用修正系数、内力调整、抗震等级、阻尼比等）；结构计算的全部自振周期、必要的振型（复杂振型给出各个振型归一化数据）、位移、扭转位移比、总重力和地震剪力分布；楼层刚度比；框架（短肢墙）和墙体（或筒体）承担的地震剪力和倾覆力矩分布等整体计算结果。

主要楼层墙、柱的轴压比和主要楼层钢构件应力比统计，必要的连体和悬挑构件竖向地震计算结果与静载下计算结果的比较。

不需要提供一般楼层的构件和荷载简图，相邻层承载力比。

② 弹性时程分析

包括输入地震波、峰值加速度和调整系数，同时作用的地震波方向（单、双、三向），各条波作用方向的楼层位移、剪力反应和多条波的平均值。

竖向时程分析，应给出整个结构底部、水平构件的跨中和支座等位置的位移，加速度和内力反应。

③ 弹塑性分析

给出原始计算参数，恢复力模型和关键部位梁、柱、墙肢、支撑等构件的恢复力参数，构件实际配筋、计算结果列出周期变化、总地震作用，弹塑性顶点位移和层间变形，塑性铰位置和分布，以及弹塑性计算与弹性计算结果对比。

6. 装配式建筑的深化设计图纸包括哪些内容？是否需进行施工图审查？

答：预制构件的专项设计和构件制作详图的设计在装配式混凝土结构中具有重要的作用，此项工作在装配式建筑的工程实践中做法尚不统一。一般来说，设计单位应完成预制构件的专项设计，专项设计应包括预制构件的尺寸、配筋、连接构造等内容，应满足有关设计规范、标准的要求，应便于制作和安装。专项设计作为设计单位提交的设计文件的一部分，应通过施工图审查机构的审查。预制构件制作详图设计，也称深化设计，一般由生产制作及施工单位或具备深化设计能力的单位完成，应考虑构件生产、堆放、运输、安装等各种工况，并结合生产、安装单位的生产、安装工艺、技术条件以及施工顺序及支撑拆除顺序等因素的影响。深化设计分为验算和构件详图两部分，一般包括以下内容：

（1）构件模板图、构件配筋图、预埋件详图、机电设备专业管线及预留孔图、夹心保温墙板的拉结件布置图及保温板排板图、带饰面砖或饰面板构件的排砖图或排板图、现场装配图等。

（2）预制构件脱模、翻转过程中混凝土强度、构件承载力、构件变形、裂缝以及吊具、预埋吊件的承载力验算等；吊装、运输、堆放、后浇筑混凝土等工况下预制构件的验算；预制构件安装过程中各种施工临时荷载作用下的构件支架系统和临时固定支撑的承载力及变形验算。

（3）施工工艺要求。施工验算应符合《混凝土结构工程施工规范》（GB 50666—2011）的有关规定。

深化设计的目的是在设计单位专项设计的基础上，对生产、安装阶段的要求进行细化，因此一般可不经过施工图审查机构的审查，但设计单位宜对深化设计的内容是否满足原设计的要求进行复核。

7. 关于建设工程场地地震安全性评价和抗震设防要求，有什么新规定？

答：根据《国务院关于第一批清理规范 89 项国务院部门行政审批中介服务事项的决定》（国发［2015］58 号），原依据《地震安全性评价管理条例》、《建设工程抗震设防要求管理规定》等法规、规定设立的“建设工程地震安全性评价结果的审定及抗震设防要求的确定”审批事项，不再要求申请人提供地震安全性评价报告，改由审批部门委托有关机构进行地震安全性评价。

3 给排水专业

3.1 建筑给排水设计

1. 高层建筑阳台雨水单独设置，多层建筑阳台雨水按规范为宜单独设置，如有困难时，多层居住建筑阳台雨水可以与屋面雨水管道合并设置吗?

答：根据《合肥市排水设计导则》（DBHJ/012—2014）第5.1.4条“居住小区阳台排水与屋面排水应分开设排水管”的要求，合肥地区多层居住建筑阳台雨水不可以与屋面雨水管道合并，应单独设置。

2. 阳台排水立管底部采用间接方式接入污水管网，采用排出管上设置小型雨水口的方式属于间接方式吗? 明确布置有洗衣机的阳台排水管道也要间接方式接入污水管网吗?

答：因排出管上设置小型雨水口的方式也可能造成室外排水管道内气味回溢和雨水口处气味扩散，根据《合肥市排水设计导则》（DBHJ/012—2014）第5.1.4条“排水立管底部应采用水封井等方式间接接入污水管网”。

当阳台布置有洗衣机时，其排水管道属于生活污废水管道，不需要按间接方式接入污水管网。

3. 封闭阳台内可以布置屋面雨水立管吗?

答：不可以。由建设单位进行阳台封闭交付业主的封闭阳台应都属于业主户内空间，根据《住宅设计规范》(GB 50096—2011）第8.1.7条屋面雨水立管应设置在共用空间内。

4. 建筑面积较小的露台设置一根雨水排水立管可以吗?

答：不可以。为避免排水管道堵塞，雨水倒溢影响户内，建筑面积较小的露台也应布置不少于2根雨水立管及雨水斗。《建筑给水排水设计规范》（GB 50015—2003）(2009年版）第4.9.27条也要求“建筑屋面各汇水范围内，雨水排水立管不宜少于2根”。如两户露台相邻，也可以采用预留过水孔洞的方式使露台排水连通，以减少雨水排水立管的数量。

5. 室外沿墙敷设的雨水立管和空调凝结水立管一定要采用插入式连接吗?

答：应根据具体实际情况确定。一般情况下敷设于建筑外墙的塑料雨水排水立管及空调凝结水排水立管采用插入式连接，如受后期装饰幕墙或装饰石材限制需要敷设在外墙与幕墙或石材之间时，为避免雨水、冷凝水从插入口缝隙间溢出，则连接方式应采用粘结或胶圈连接等其他可靠方式，且排水管材应采用承压型管材。

6. 塑料材质排水立管穿楼板处一定需要预留套管吗？

答：塑料材质排水立管穿楼板处可以预留套管，也可以按《建筑排水塑料管道工程技术规程》（CJJ/T 29—2010）第5.1.10条采用不低于C20的细石混凝土分两次捣实并砌筑阻水圈的方式敷设，但穿越屋面时应预埋防水套管。

7. 建筑机电工程抗震的设计是施工图审查的主要内容之一吗？

答：根据《建筑机电工程抗震设计规范》（GB 50981—2014）第1.0.4条“抗震设防烈度为6度及6度以上地区的建筑机电工程必须进行抗震设计”的要求，建筑机电工程抗震的设计是施工图设计文件中的重要内容之一。

8. 太阳能热水系统与建筑一体化给排水施工图审查要点有哪些？

答：(1) 给排水施工图设计说明应有太阳能热水系统与建筑一体化设计专篇内容。

(2) 给排水太阳能热水系统与建筑一体化设计内容应齐全。

(3) 设计参数确定应满足使用要求。

(4) 太阳能热水系统设计应满足国家规范、标准和地方法规要求。

(5) 辅助加热装置热水供应系统应合理。

(6) 设计图纸（平面图、系统图）深度应满足施工图要求。

(7) 设计图纸不允许注明二次设计。

9. 单座生活贮水池（箱）容积一定不能大于50 m^3 吗？

答：是的。根据《合肥市二次供水工程技术导则》第2.3.2条，生活贮水池（箱）容积大于50 m^3 的水箱必须分为两格，并能独立工作。

10. 地下室内部集水坑泵排系统应排入室外雨水管道还是污水管道？

答：根据《合肥市排水设计导则》（DBHJ/T 012—2014）第6.1.5条，地下室内部集水坑泵排系统应排入室外污水系统，地下室出入口处的雨水泵排系统排入室外雨水系统。

11. 单元之间采用敞开走道相连的住宅，给水管道井仅其中一个单元布置时，通向另一个单元户内的给水入户支管经过走道处如何考虑防冻？

答：此种情况时，最好采用给水入户支管顶部穿梁敷设的方式并对管道进行保温，如确有困难或不允许，必须在地坪内敷设时，则应适当加厚地坪找平层，并采用保温混凝土。

12. 根据《住宅设计规范》(GB 50096—2011) 第8.2.4条“住宅应设置热水供应设施或预留安装热水供应设施的条件。”是否可以理解为无须设计、施工户内热水管道，仅针对热水供应设施(燃气热水器、电热水器等)预留冷水管道接口即可?

答：住宅设置热水供应设施，以满足居住者洗浴的需要，是提高生活水平的必要措施，也是居住者的普遍要求，考虑合肥地区的技术经济条件及居住者的实际需求，住宅户内应同步设计热水管道至各热水用水点，并应同步施工。

13. 设有三个或三个以上卫生间的住宅、别墅的局部热水供应系统当采用共用水加热设备时，需设热水回水管及循环泵吗?

答：《建筑给水排水设计规范》(GB 50015—2003)(2009年版)第5.2.10A条“设有三个或三个以上卫生间的住宅、别墅的局部热水供应系统当采用共用水加热设备时，宜设热水回水管及循环泵。”没有要求在上述情况下一定要设热水回水管及循环泵，但根据《民用建筑节水设计标准》(GB 50555—2010)第4.2.4条“设有3个以上卫生间的公寓、住宅、别墅共用水加热设备的局部热水供应系统，应设回水配件自然循环或设循环泵机械循环”。从节约水资源的角度考虑，在满足上述情况时需要设热水回水管及循环泵。

14. 公共建筑特别是学校类公建内公共卫生间小便槽、大便槽采用自动水箱冲洗，审查时提出“不节水，不满足节水器具要求”怎么办?

答：应与建筑专业协商，改变卫生器具布置形式，采用感应式或自闭冲洗阀式小便斗和蹲便器。

15. 高层建筑太阳能集中分散供热水系统(热媒循环，与户内水箱间接换热)中，热媒循环立管需要根据高度或层数分区吗?

答：考虑到热媒循环立管供给高度较高或层数较多时，其立管底部几层压力较大，间接换热管道发生渗漏、破损时可能对用户财产和安全产生影响。为安全起见，一般热媒循环立管高度大于50 m或供给层数多于18层时，需要分区，同时底部几层用户换热水箱及管道配件承压能力应大于此处热媒压力的1.2倍。

16. 太阳能集中供热水系统(开式单水箱或双水箱)中，采用温控阀或电磁阀探知管道末端水温自动循环时，需要设膨胀罐吗?

答：在此系统中，温控阀或电磁阀未开启时即管道中热水未循环时，整个热水管道属于闭式系统，应根据《建筑给水排水设计规范》(GB 50015—2003)(2009年版)第5.4.21条设置压力式膨胀罐或泄压阀。

17. 合肥地区公共建筑中只要有热水需求的一定要设太阳能热水系统吗?

答：根据《关于加强新建民用建筑设计方案建筑节能和绿色建筑管理工作的通知》

(合规［2014］129号文）第三（三）3条："新建、改建、扩建宾馆、酒店、医院等有生活热水需求的公共建筑，应当安装太阳能热水系统"的要求，明确宾馆、酒店、医院类有生活热水需求的公共建筑应安装太阳能热水系统；类似于宾馆、酒店的如公寓式办公、酒店式公寓、独立卫生间的学生公寓等和公共浴室、车间淋浴间、超过一定淋浴器数（8只）的办公淋浴间也应安装太阳能热水系统；对于仅在公共卫生间设洗手盆热水的办公楼、数量较少的含卫生间淋浴器的办公楼、幼儿园、单位厨房等热水用量较少的公共建筑，应根据经济对比、使用安全、水质卫生等实际情况安装太阳能热水系统。

18. 空气源热泵热水系统属于可再生能源利用的一种吗？

答：不属于。根据《关于加强新建民用建筑设计方案建筑节能和绿色建筑管理工作的通知》（合规［2014］129号文）第三（二）条：可再生能源主要形式是指太阳能光热、太阳能光伏和地源热泵等形式。

3.2　消火栓系统设计

1. 地下车库内较长的汽车坡道，是否一定需要设置室内消火栓保护？建筑单体底层单独对外的仅有数平方的电梯门厅，设置两支消火栓似有不妥，但不设置又如何保证两股水柱同时到达？

答：根据《汽车库、修车库、停车场设计防火规范》（GB 50067—2014）第7.1.8条"汽车库、修车库应设室内消火栓给水系统，其消防用水量应符合下列规定：1）Ⅰ、Ⅱ、Ⅲ类汽车库及Ⅰ、Ⅱ类修车库的用水量不应小于10 L/s，且应保证相邻两个消火栓的水枪充实水柱同时到达室内任何部位；2）Ⅳ类汽车库及Ⅲ、Ⅳ类修车库的用水量不应小于5 L/s，且应保证一个消火栓的水枪充实水柱到达室内任何部位。"除规范第7.1.2条规定可不设消防给水系统的车库外，其他地下车库内的汽车坡道是一定要设置室内消火栓保护的。

建筑单体底层单独对外的仅有数平方米的电梯门厅，如该单体室内消火栓用水量≥10 L/s时，是需要布置两只消火栓保证两股水柱同时到达室内任一点。

2. 室内消火栓的室外埋地管道采用钢管材质，卡箍或者法兰连接时，是否需要在连接处设阀门井？

答：《消防给水及消火栓系统技术规范》（GB 50974—2014）第8.2.5条指出：埋地管道采用钢管连接时宜采用沟槽连接件（卡箍）和法兰；根据《建筑给水排水及采暖工程施工质量验收规范》（GB 50242—2002）第9.2.3条"管道接口法兰、卡扣、卡箍等应安装在检查井或地沟内，不应埋在土壤中"，因此室内消火栓的室外埋地管道采用钢管材质，卡箍或者法兰连接时，在连接处需设检查井，检查井的大小根据管件规格确定，满足检修方便即可，其井盖建议采用隐形井盖。

3. 地下室中大部分面积为地下车库，仅有一个防火分区是地下超市，其整个地下室的消防用水量如何确定？是将整个地下室的体积均按地下建筑计还是超市部分单独的体积按地下建筑计？

答：地下车库和地下超市分别按《汽车库、修车库、停车场设计防火规范》（GB 50067—2014）和《消防给水及消火栓系统技术规范》（GB 50974—2014）中的地下建筑确定室内外消防用水量，取其中较大值作为整个地下室的消防用水量。

4. 钢结构的厂房或者仓库，其结构形式无法设置消防水箱时，消防水箱如何设计或者该用哪种设备替代？

答：可根据《消防给水及消火栓系统技术规范》（GB 50974—2014）第6.1.9.2条"其他建筑应设置高位消防水箱，但当设置高位消防水箱确有困难，且采用安全可靠的消防给水形式时，可不设高位消防水箱，但应设稳压泵"。在不符合第6.1.9.1条的情况下，设有消防水池、消防泵组、稳压泵设备时，可以不设高位消防水箱，但需征得当地消防部门同意。

5. 设计单位如何确认市政给水管网是否符合两路消防供水的要求？

答：设计单位应根据建设单位提供的书面材料，按照《消防给水及消火栓系统技术规范》（GB 50974—2014）第4.2.2条复核是否满足两路消防供水的要求，否则只能按照不符合两路消防供水的要求进行相关设计。

6. 消防水箱最低报警水位应设置在正常水位处还是下方？

答：根据《消防给水及消火栓系统技术规范》（GB 50974—2014）第4.3.9.2条文解释"消防水池设置各种水位的目的是保证消防水池不因放空或各种因素漏水而造成有效灭火水源不足的技术措施"，设置最低报警水位的目的是保证有效灭火水源的技术措施，如设在正常水位处会持续报警，因此应该设置略低于正常水位处，一般为50～100 mm。

7. 当消火栓系统设有稳压泵时，流量开关是否直接启动消防泵？

答：按15S509《消防给水及消火栓系统技术规范图示》11.0.4图示提示第2、5条：消火栓系统有稳压泵时，由消防泵出水干管上设置的压力开关自动启动消防泵，流量开关只作为报警信号。

8. 超高层建筑的转输水箱兼做消防水箱时是否需按整个建筑的消防水箱容积考虑？

答：根据《消防给水及消火栓系统技术规范》（GB 50974—2014）第6.2.3.1条"当采用消防水泵转输水箱串联时，转输水箱的有效储水容积不应小60 m^3，转输水箱可作为高位消防水箱"。因整个建筑物仅考虑一处火灾，当转输水箱作为高位消防水箱时，其有效容积应按其负荷的楼层高度执行《消防给水及消火栓系统技术规范》（GB 50974—2014）第5.2.1条规定，不满足时应额外增加容积，满足时则可以作为高位消防水箱。

9. 超高层建筑系统如采用消防泵直接加压，出口压力不大于2.4 MPa，此时是否仍需采用转输水箱分区的供水方式？

答：根据《消防给水及消火栓系统技术规范》（GB 50974—2014）第6.2.2条："分区供水形式应根据系统压力、建筑特征，经技术经济和安全可靠性等综合因素确定，可采用消防水泵并行或串联、减压水箱和减压阀减压的形式，但当系统的工作压力大于2.40 MPa时，应采用消防水泵串联或减压水箱分区供水形式"。当系统工作压力不大于2.40 MPa时，可根据工程实际情况，采用减压阀减压、转输水箱等分区供水形式。

10. 建筑高度小于等于54米且每单元设置1部疏散楼梯的住宅，根据规范可设置1支消火栓，若仅为一个单元该如何保证消火栓环状供水？

答：建筑高度小于等于54米且每单元设置一部疏散楼梯的住宅，根据规范是可以采用1支消防水枪的1股充实水柱到达室内任何部位的。若仅为一个单元时，按照《消防给水及消火栓系统技术规范》（GB 50974—2014）第8.1.5.1条（当室外消火栓设计流量不大于20 L/s，且室内消火栓不超过10个时，可布置成枝状）来复核，当室内消火栓超过10个时可采用单独增设1根消防立管与另1根接消火栓立管形成环状供水的方式满足规范要求。

11. 不在住宅投影面积之内，却与住宅或住宅下方商业服务网点外墙相邻的、独立的一至二层，每个分隔单元建筑面积不大于300 m^{2}的小型营业性用房可以按照商业服务网点进行消防设计吗？

答：《建筑设计防火规范》（GB 50016—2014）中商业服务网点的定义为：设置在住宅建筑的首层或首层及二层，每个分隔单元建筑面积不大于300 m^{2}的商店、邮政所、储蓄所、理发店等小型营业性用房。因此问题中所提的建筑不属于商业服务网点。

12. 独立的一至二层商业建筑，每个分隔单元为建筑面积不大于300 m^{2}的营业性用房，其二层建筑面积较小时，消火栓布置是否应满足同一平面有2支消防水枪的2股充实水柱同时达到任何部位？

答：此类建筑因不在住宅建筑下方，不属于商业服务网点，但其建筑特点与商业服务网点基本相同，考虑到住宅下方的商业服务网点发生火灾的危险性要大于单栋一至二层的分隔单元较小的商业建筑，因此在征得当地消防部门的同意后可以按室内任何部位应满足有2支消防水枪的2股充实水柱同时到达的原则布置室内消火栓。

13. 消防水泵接合器需要每栋楼均设吗？可以区域共用吗？

答：需要设置消防水泵接合器的单体施工图报审文件中应明确消防水泵接合器的型号、个数及平面示意位置，消防总体设计图纸中可按15S509《消防给水及消火栓系统技术规范图示》5.4.4图示复核优化消防水泵接合器的布置，但需满足《消防给水及消火栓系统技术规范》（GB 50974—2014）第5.4.5条“消防水泵接合器的供水范围，应根据当地消防车的供水流量和压力确定”的要求。

14. 消防水池最低有效水位是以消防水泵吸水喇叭口以上0.6 m或防止旋流器顶部以上0.20 m计起还是以离心水泵出水管中心线处计起？

答：以消防水泵吸水喇叭口以上0.6 m或防止旋流器顶部以上0.20 m计起。

15. 消防电梯集水坑的有效容积如何界定？报警水位以下的，停泵水位以上的容积是有效容积吗？

答：消防电梯集水坑的有效容积是指启泵水位以下、停泵水位以上的容积，其数值不得小于2 m^3。

16. 按《消防给水及消火栓系统技术规范》(GB 50974—2014)第11.0.2要求“消防水泵不应设置自动停泵的控制功能，停泵应由具有管理权限的工作人员根据火灾扑救情况确定。”消防转输水泵也不能根据转输水箱水位自动停泵吗？溢流管道水如何排放？

答：消防发生后，消防转输水泵一旦启动就不应自动停泵，转输水箱内也不应设置转输水泵停泵水位，应由具有管理权限的工作人员确定是否停止运转，同时考虑到此时消防水泵不一定达到设计流量，就会产生溢流水量，为避免消防水量流失，溢流管道应回流至消防水池。

17. 减压阀组在消火栓系统和喷淋系统中设置时一定需要设备用减压阀组吗？

答：根据《消防给水及消火栓系统技术规范》（GB 50974—2014）第6.2.4.3条：消防给水“每一供水分区应设不少于两组减压阀组，每组减压阀组宜设置备用减压阀”和第8.3.4.1条“减压阀应设置在报警阀组入口前，当连接两个及以上报警阀组时，应设置备用减压阀”，可以看出在消火栓系统中不一定需要设备用减压阀，是考虑到供水的可靠性，推荐采用备用减压阀；在喷淋系统中，连接两个及以上的报警阀组时才需设备用减压阀。

18. 消火栓系统采用减压阀进行消防分区时，能否从1.6 MPa直接经可调式减压组减压到0.7 MPa或更低吗？

答：一般情况下不可以，应执行《消防给水及消火栓系统技术规范》（GB 50974—2014）第6.2.4条：采用减压阀减压分区供水时宜采用比例式减压阀，阀前阀后压力比值不宜大于3∶1，当一级减压阀减压不能满足要求时，可采用减压阀串联减压，但串联减压不应大于两级，第二级减压阀宜采用先导式减压阀，阀前后压力差不宜超过0.40 MPa的规定。

19. 屋面消防水箱水位至系统最低点消火栓栓口几何高差不大于100 m，系统增加了稳压泵后，系统最低点消火栓栓口压力大于1.0 MPa，此时消火栓系统应分区吗？

答：是的。增加了稳压泵后，系统长时间保持在稳高压状态，当系统最低点消火栓栓口压力大1.0 MPa时，应进行消防分区。

3.3 自喷系统设计

1. 高层住宅的商业网点是否设置喷淋？

答：可以参照《建筑设计防火规范》（GB 50016—2014）第5.4.10.3条，在设计喷淋设置时把住宅部分和商业服务网店区别开，再参照第8.3.4.2条按“任一层建筑面积大于1500 m^2 或总建筑面积大于3000 m^2 的商店”来确定是否设置喷淋，也可与当地消防部门沟通确定。

2. 建筑下部为大型商业时，上部为住宅，设置喷淋系统时，上部住宅公共部位是否设置喷淋系统？

答：应执行《建筑设计防火规范》（GB 50016—2014）第5.4.10.3条“住宅部分和非住宅部分的安全疏散、防火分区和室内消防设施配置，可根据各自的建筑高度分别按照本规范有关住宅建筑和公共建筑的规定执行；该建筑的其他防火设计应根据建筑的总高度和建筑规模按本规范有关公共建筑的规定执行。”

3. 当各单体湿式报警阀集中设置时，水泵接合器如何设置？

答：布置于湿式报警阀前。

4. 防火卷帘建筑图中仅标明耐火极限不低于3.0 h的特级防火卷帘时，需设喷淋保护吗？

答：执行《建筑设计防火规范》（GB 50016—2014）第6.5.3.3条：“当防火卷帘的耐火极限符合现行国家标准《门和卷帘的耐火试验方法》（GB/T 7633—2008）有关耐火完整性和耐火隔热性的判定条件时，可不设置自动喷水灭火系统保护。当防火卷帘的耐火极限仅符合现行国家标准《门和卷帘的耐火试验方法》（GB/T 7633—2008）有关耐火完整性的判定条件时，应设置自动喷水灭火系统保护。”

5. 设有高低铺的学生宿舍或公寓内可以设置边墙扩展型侧喷头保护吗？

答：为避免设有高低铺的学生宿舍或公寓内设置边墙型喷头时喷洒效果可能受铺

位影响，因此不可以采用此种布置方式。

6. 消防水箱喷淋出水管上需要设流量开关吗？

答：根据《消防给水及消火栓系统技术规范》（GB 50974—2014）第11.0.4条：“消防水泵应由消防水泵出水干管上设置的压力开关、高位消防水箱出水管上的流量开关，或报警阀压力开关等开关信号应能直接自动启动消防水泵。消防水泵房内的压力开关宜引入消防水泵控制柜内。”喷淋系统消防水泵的启动是由报警阀压力开关提供信号，并不是由消防水箱喷淋出水管上的流量开关启动，因此可以不设。

7. 按《建筑设计防火规范》(GB 50016—2014)，大、中型幼儿园喷淋危险等级如何选择？

答：可以按中危Ⅰ级设计。

8. 装设网格、栅板类通透性吊顶的场所，系统的喷水强度按《自动喷水灭火系统设计规范》(GB 50084—2001)(2005年版）规定值的1.3倍确定，其余位置或其他场所的喷水强度也需要按1.3倍确定吗？

答：不需要按1.3倍确定。

9. 若某建筑的中庭为高大净空场所，且面积为150 m^2，计算喷淋流量时，作用面积按150 m^2 还是260 m^2 计算？

答：按实际面积计算喷淋流量。

10. 商业楼按规范整栋楼需要设置喷淋保护，其部分过道为敞开式走廊，此位置喷淋需要设置吗？

答：如果此过道具有疏散功能，则需设置喷头保护，否则不需设置。

11. 某停车库，三面有围护墙体，一面敞开，如何设计喷淋？

答：应视环境温度确定，如环境温度可能低于4 ℃，则需按干式系统或预作用系统进行喷淋系统选择。

12. 喷淋系统湿式报警阀后的喷淋管道系统中可以设置减压阀组进行系统分区吗？

答：不可以。喷淋系统减压阀仅可设置于湿式报警阀前、喷淋水泵出水管后的管道上，喷淋支管的减压措施可以采用减压孔板。

13. 地下车库喷头布置中常常在间距不超过4×4（m）的十字梁间布置1只喷头，其他层的不吊顶场所中也可以按这种方式布置吗？

答：可以。在净空高度不超过8 m的场所中可以布置，但喷水强度应符合规范规定。

14. 在轻危险级、中危险级场所中配水支管、配水管的管径直接按《自动喷水灭火系统设计规范》(GB 50084—2001)(2005 年版)中表 8.0.7 选定可以吗?

答：不可以直接选定，应根据作用面积内喷头的设计流量逐段计算确定。

15.《自动喷水灭火系统设计规范》(GB 50084—2001)(2005 年版)第 9.2.1 条规定"管道内的水流速度宜采用经济流速，必要时可超过 5 m/s，但不应大于 10 m/s"，《消防给水及消火栓系统技术规范》(GB 50974—2014)第 8.1.8 条规定"消防给水管道的设计流速不宜大于 2.5 m/s，自动水灭火系统管道设计流速，应符合……的有关规定，但任何消防管道的给水流速不应大于 7 m/s"，那么喷淋管道的最大流速可以大于 7 m/s吗?

答：执行《消防给水及消火栓系统技术规范》(GB 50974—2014)第 8.1.8 条规定，喷淋管道的最大流速不应大于 7 m/s。

16. 喷淋系统减压阀设计时经常违反规范甚至是强条要求，主要是什么原因?

答：喷淋系统减压阀设计时应注意：

(1) 减压阀应设置在报警阀组入口前，当连接两个及以上报警阀组时，应设置备用减压阀；

(2) 减压阀的进口处应设置过滤器；

(3) 过滤器和减压阀前后应设压力表，压力表的表盘直径不应小于 100 mm，最大量程宜为设计压力的 2 倍；

(4) 过滤器前和减压阀后应设置控制阀门；

(5) 减压阀后应设置压力试验排水阀；

(6) 减压阀应设置流量检测测试接口或流量计。

同时设计时应注意执行强制性条文"减压阀处的压力试验排水管道直径应根据减压阀流量确定，但不应小于 DN 100"的要求。

3.4 室外总图设计

1. 在市政只有一路供水管道接入的情况下，室外消火栓管网采用室外消火栓泵+稳压泵的独立系统时，还需要市政一路供水与该管网进行连接吗?

答：采用独立的室外临时高压消防给水系统，设有室外消火栓泵及稳压泵，系统的压力、水量可以满足规范要求时，不需要市政供水管道与其连通，因稳压泵维持的系统压力通常大于市政供水压力，长时间运行可能会造成水量回流影响市政水质(即使设置了倒流防止设施)。

2. 根据合建设［2011］5号文，道路工程中已淘汰砖砌式检查井，建筑小区内还可以选用砖砌式检查井吗?

答：建筑小区内淘汰砖砌式检查井的选用。

3. 新建、改建、扩建的建筑是否都可以选用室外地埋式一体化消防泵房?

答：改建、扩建的建筑如受条件限制，在当地消防部门允许的情况下是可以选用室外地埋式一体化消防泵房的；新建的建筑是有条件进行室内消防水池及泵房的设计的，此时一般不建议选用室外地埋式一体化消防泵房。

4. 建筑小区内检查井盖设计时需标注承载等级吗?

答：建筑小区内的检查井盖应根据《合肥市城镇检查井盖技术导则》（合建［2010］94号）按使用场所确定最低选用等级，并注明承载能力级别，不可仅以轻重型井盖进行区分。

5. 合肥地区新建小区内均需设雨水回用设施吗?单栋建筑需要设吗?

答：新建小区内是否设雨水回用设施应根据《合肥市控制性详细规划通则（试行)》(合肥市人民政府令第167号）第5.7.4条“新建、改建、扩建的建设项目应设计雨水利用措施。建设项目符合下列条件的，应配套建设雨水利用工程：

（1）总建筑面积（地上）达到10万平方米以上或有景观水池的新建住宅小区。

（2）单体建筑屋顶面积达到3000平方米以上的新建公共建筑、工业建筑，有污染源的化工企业、制药厂、医院、金属冶炼和加工企业等屋顶面积达到3000平方米以上的新建建筑，应专题论证后确定雨水利用方式。

（3）新建、改建、扩建城市广场、公园、人行道、绿地项目。”及《合肥市排水设计导则》(DBHJ/T 012—2014）第5.1.6条“人行道、停车场和广场等宜采用渗透性铺面；超过2万平方米以上的建设用地，应设置雨水收集利用设施”确定。

另外，可根据绿色建筑标准要求确定是否需设雨水回用设施。

6. 合肥市雨水暴雨设计重现期如何选取?

答：按《合肥市排水设计导则》(DBHJ/T 012—2014）第2.2.3条“雨水管设计重现期采用以下标准：一般地区P=2～5年；重要地区P=5～10年（重要地区主要指快速路、高架、轨道交通、行政中心、学校、医院和低洼易淹区等)；山洪P=20年”。其中居住小区室外一般取P不小于3年，行政中心、学校、医院一般取P不小于6年。

7. 《合肥市排水设计导则》要求市政道路雨污水管径应不小于DN 500 mm，小区内的室外雨污水排水干管径也要满足此项要求吗?

答：建筑小区内排水接户管、支管、干管最小管径应满足《合肥市排水设计导则》(DBHJ/T 012—2014）第5.1.5条“室外排水管管径应不小于DN 300 mm”的要求，其余管道直径的取值应通过计算确定。

8. 雨水收集利用设施的出水加压喷灌管网可以采用市政供水管道加防倒流设施与其连接作为补充水源吗?

答：市政供水管道不可以与雨水收集利用加压出水管相连，但可以间接接入出水加压集水井作为补充水源。

4 电气专业

4.1 供配电系统

1. 采用PC级ATSE时，ATSE前不设保护电器（SCPD），由始端短路保护电器提供，是否可以？

答：如果采用PC级ATSE，ATSE前不设保护电器，在符合下列条件时，可以由上一级的保护电器保护：

（1）保护电器和ATSE需满足配合要求，即ATSE的额定限制短路电流值应大于保护电器短路保护的整定值，后者还要大于ATSE处的预期短路电流；

（2）ATSE的I_q^2t应大于保护电器的I_n^2t。

上述两条可以用下列公式表示：

$$Icw（或Iq）\geqslant Id \quad (1)$$

$$(I_q^2 t)\ pc \geqslant (I_n^2 t)_{SCPD} \quad (2)$$

式中，Icw——PC级ATSE的短时耐受电流，单位：kA；

I_q——PC级ATSE的额定限制短路电流，单位：kA；

I_d——ATSE所在处的预期短路电流，单位：kA；

$(I_q^2 t)_{pc}$——PC级ATSE的热效应能量，单位：kA^2t；

$(I_n^2 t)_{SCPD}$——与PC级ATSE相配合的保护电器的热效应能量，单位：kA^2t。

由于PC级不具有保护功能，这两条要求ATSE要有足够的能力抵抗故障电流，直到保护电器动作、切断故障回路。

一般来说，如果上一级的保护电器距离ATSE不远，且能满足上述两条的要求，可以采用上级的保护电器保护，否则要在本地设置保护电器。

上一级的保护电器主要用于线路保护，也可兼有PC级短路保护。

2. 消防用电设备的专用供电回路如何设置？

答：《建筑防火设计规范》（GB 50016—2014）第10.1.6条规定，消防用电设备应采用专用的供电回路，当建筑内的生产、生活用电被切断时，应仍能保证消防用电。本条是强条，其条文说明中有进一步解释，专用的供电回路系指不与其他负荷共用回路且直接从配电室低压母线取电。条文说明还说明了灭火的实战流程，消防员到达火场先切断正常电源，只保留消防用电，然后再灭火。因此，消防用电与非消防用电分开系统是十分必要的。

3. 电梯机房总开关是否必须由工程设计选定？还是由厂家配套供应？

答：电梯机房的配电箱总开关应由工程设计单位负责设计，电梯控制箱由电梯厂家提供。

4.《供配电系统设计规范》（GB 50052—2009）第7.0.10条规定，由建筑物外引入的低压配电线路，应在室内分界点便于操作维护的地方装设隔离电器。而在住宅设计中，部分地区供电公司目前又不允许高层住宅入户单元设置总隔离电器（用户表箱以前均为供电部门管理），单元入户处不设隔离电器是否满足规范要求？

答：为了方便住宅内部电气维修或发生电气火灾时切断电源，保证人身安全，应在建筑物进户处设置隔离电器。在室内分界点便于操作维护的地方装设隔离电器，是为了便于检修室内线路或设备时可明显表达电源的切断。

5. 同一泵房内消防泵、喷淋泵如何采用双电源供电，是否一定要分别采用双电源供电？

答：依据《建筑设计防火规范》（GB 50016—2014）第10.1.8条：消防控制室、消防水泵房、防烟和排烟风机房的消防用电设备及消防电梯等的供电，应在其配电线路的最末一级配电箱处设置自动切换装置。本条规定的最末一级配电箱：对于消防控制室、消防水泵房、防烟和排烟风机房的消防用电设备及消防电梯等，为上述消防设备或消防设备室处的最末级配电箱。

6. 消防稳压泵、正压风机等一些消防设备与普通电梯在同一楼层，且距离很近，设计采用一个双电源切换装置，然后放射供至电梯、稳压泵、正压风机等设备，这样做是否违反在末端切换的要求？

答：根据《民用建筑电气设计规范》（JGJ 16—2008）第13.9.9条：除消防水泵、消防电梯、防烟及排烟风机等消防设备外，各防火分区的消防用电设备，应由消防电源中的双电源或双回线路电源供电，并应满足下列要求：

（1）末端配电箱应设置双电源自动切换装置，该箱应安装于所在防火分区内。

（2）由末端配电箱配出引至相应设备，宜采用放射式供电。对于作用相同、性质相同且容量较小的消防设备，可视为一组设备并采用一个分支回路供电。每个分支回路所供设备不宜超过5台，总计容量不宜超过10kW。

《民用建筑电气设计规范》（JGJ 16—2008）第13.9.10条规定：公共建筑物顶层，除消防电梯外的其他消防设备，可采用一组消防双电源供电。由末端配电箱引至设备控制箱，应采用放射式供电。

7. 双电源切换开关前面的开关如何选择？

答：双电源切换开关当选用CB级ATSE时，因断路器具有短路保护功能，前端只需配隔离功能的电器，或选用具有隔离功能的断路器；当选用PC级ATSE时，因它不具有短路保护功能，其前端保护电器应采取隔离措施。

8. 高层建筑地下室的排污泵，是否应在最末一级配电箱处设置双电源自动切换装置？

答：按照《民用建筑电气设计规范》（JGJ 16—2008）附录A，一、二类高层的非消防排污泵为一、二级负荷，应按一、二级负荷要求供电，具体供电方式可以考虑在同一防火分区内设置集中双电源切换后，以放射式或链式配出。消防排污泵应由本防火分区内消防电源单独引至。

9. 屋顶消防稳压泵的负荷等级如何确定？如果确定为三级负荷后消防稳压泵的电源能否在非消防电源箱的总开关上桩头引出？

答：屋顶消防稳压泵的用电负荷级别应按照《建筑设计防火规范》（GB 50016—2014）第10.1.1条和第10.1.2条的要求分级。

屋顶消防稳压泵属消防用电设备，如果确定为三级负荷，宜采用专用的供电回路。

10. 总、分配电箱的负荷计算，分配电箱出线的用途、容量在图纸设计时是否一定要注明？

答：按《建筑工程设计文件编制深度规定》（2008年版）和《施工图设计文件审查要点》规定，末端系统应注明用途和容量。

11. 《低压配电设计规范》（GB 50054—2011）第5.2.7条规定在建筑物的顶棚内，必须采用金属管、金属线槽布线，请问吊顶内采用难燃塑料管是否可以？

答：依据《建筑设计防火规范》（GB 50016—2014）第10.2.3条：配电线路敷设在有可燃物的闷顶、吊顶内时，应采取穿金属导管、采用封闭式金属槽盒等防火保护措施，故吊顶内不能采用难燃塑料管。

12. 消防电梯底坑排水泵与地下室内集水坑潜水泵能否共用供电回路和双电源切换装置？

答：依据《建筑设计防火规范》（GB 50016—2014）第10.1.6条，消防用电设备应采用专用的供电回路，当建筑内的生产、生活用电被切断时，应仍能保证消防用电。消防电梯底坑排水泵为消防用电设备，应按消防设备的要求供电，不应与非消防负荷共用供电回路。当容量较小，采用链式供电时可与其他消防负荷共用供电回路，也可与其他消防设备共用双电源切换装置，但应采用放射式配电至水泵控制箱。

13. 设计中是否一定要将照明、电力分别设置为单独的系统？

答：《民用建筑电气设计规范》（JGJ 16—2008）第7.2.1条1款和7.2.2条1款，对多层及高层公共建筑和住宅的低压配电系统，其照明、电力、消防及其他防灾用电负荷应分别自成系统。

14.《住宅设计规范》（GB 50096—2011）第8.7.3条、《住宅建筑规范》（GB 50368—2005）第8.5.4条都规定每套住宅电源应设能同时断开相线和中性线的总断路器。当住宅总表箱中每户出线回路已装设断路器的情况下，每户套内配电箱进线处是否还要求设断开相线和中性线的断路器？

答：《住宅设计规范》（GB 50096—2011）和《住宅建筑规范》（GB 50368—2005）都强调了每套住宅应设总断路器（且不是双极隔离开关），这是强制性条文，应该严格执行。

15. 住宅楼及商住楼设计时，是否楼内所有照明、动力、消防等电源进线处均应设置剩余电流动作保护或剩余电流动作报警？

答：《住宅设计规范》（GB 50096—2011）第8.7.2条第6款规定：每幢住宅的总电源进线应设剩余电流动作保护或剩余电流动作报警。

按《火灾自动报警系统设计规范》（GB 50116—2013）第9.2.2条和第10.1.4条的要求，剩余电流式电气火灾监控探测器不宜设置在IT系统的配电线路和消防配电线路中，火灾自动报警系统主电源不应设置剩余电流动作保护。

16. 集体宿舍、公寓楼等建筑电源进线处是否应按住宅设计规范要求设置漏电保护开关？

答：集体宿舍、公寓楼等也是居住建筑，可按住宅设计标准、规范的相关规定执行。

17. 四极开关的应用场合，有哪些明确的规定？

答：《民用建筑电气设计规范》（JGJ 16—2008）第7.5.3条：三相四线制系统中四极开关的选用，应符合下列规定：

（1）保证电源转换的功能性开关电器应作用于所有带电导体，且不得使这些电源并联；

（2）TN－C－S、TN－S系统中的电源转换开关，应采用切断相导体和中性导体的四极开关；

（3）正常供电电源与备用发电机之间，其电源转换开关应采用四极开关；

（4）TT系统的电源进线开关应采用四极开关；

（5）IT系统中当有中性导体时应采用四极开关。

18. 同一双电源末端切换后再加一只断路器可行？

答：两路电源末端切换后再加一只断路器的做法使得该断路器一旦故障跳闸，将同时失去两路电源，使供电可靠性降低，不符合规范对设备供电电源切换的要求。双电源切换装置后宜直接连接输出回路，而不宜加装断路器。

19. 转换开关电器（TSE）如何选择和使用？

答：TSE应具有“自投自复”、“自投不自复”、“互为备用”和“手动”四种可选工作模式。TSE可以同时具有这四种模式，也可以是其中的一部分，但手动必须要有。用户可以根据具体情况选择使用这四种模式。一般情况设在“自投自复”模式，重大活动时建议设在“自投不自复”模式。“手动”用于应急、检修等情况。

20. 潜水泵用电回路开关是否需要设置剩余电流动作保护？

答：依据《剩余电流动作保护装置安装和运行》（GB 13955—2005）第4.5.1条第g款：安装在水中的供电线路和设备在末端保护必须安装剩余电流保护装置，故潜水泵配电回路开关应设置。

21. 低压配电线路的供电半径如何确定？

答：低压侧线路的供电半径指从配电变压器低压侧出线到其供电的建筑物配电柜（盘、箱）之间的线路长度。变电所低压配出干线的供电半径不宜超过250 m，从配电小间引至用电设备的供电半径宜为30～50 m。在实际设计中，若长度超过此值，或用电设备容量较大时应验算电压损失。

22. 对一类高层建筑以及重要的公共场所等防火要求高的建筑物，线缆应如何选择？

答：按照《民用建筑电气设计规范》（JGJ 16—2008）第7.4.1.2条：对一类高层建筑以及重要的公共场所等防火要求高的建筑物，应采用阻燃低烟无卤交联聚乙烯绝缘电力电缆、电线或无烟无卤电力电缆、电线。

按照《建筑设计防火规范》（GB 50016—2014）第10.1.10条消防配电线路应满足火灾时连续供电的需要，其敷设应符合下列规定：

（1）明敷时（包括敷设在吊顶内），应穿金属导管或采用封闭式金属槽盒保护，金属导管或封闭式金属槽盒应采取防火保护措施；当采用阻燃或耐火电缆并敷设在电缆井、沟内时，可不穿金属导管或采用封闭式金属槽盒保护；当采用矿物绝缘类不燃性电缆时，可直接明敷。

（2）暗敷时，应穿管并应敷设在不燃性结构内且保护层厚度不应小于30 mm。

（3）消防配电线路宜与其他配电线路分开敷设在不同的电缆井、沟内；确有困难需敷设在同一电缆井、沟内时，应分别布置在电缆井、沟的两侧，且消防配电线路应采用矿物绝缘类不燃性电缆。

超高层建筑，其消防设备供电干线及分支干线，应采用矿物绝缘电缆；一类高层建筑，其消防设备供电干线及分支干线，宜采用矿物绝缘电缆；当线路的敷设保护措施符合防火要求时，可采用有机绝缘耐火类电缆；二类高层建筑，其消防设备供电干线及分支干线，应采用有机绝缘耐火类电缆；消防设备的分支线路和控制线路，宜选用与消防供电干线或分支干线耐火等级降一类的电线或电缆。

23. 竖向配电系统图是否均要画出？

答：按照《建筑工程设计文件编制深度规定》（2008 年版）第 4.5.6.4 条的要求，有变配电站设计内容的建筑物应画出竖向配电系统图。而对于没有变配电站设计内容的建筑，为便于审查及施工，除多层住宅及 II 类及以下的地下车库外，均宜画出竖向配电系统图。

4.2　配变电所

1. 配电室长度超 7 米，设两个出口，一个开向室外，另一个开往相邻配电室，是否违规？

答：民用建筑内配变电所的门应为防火门，防火门的防火等级及开启方向应根据《民用建筑电气设计规范》（JGJ 16—2008）第 4.9.2 条及第 4.9.8 条规定确定，相邻配电室如有通往室外的出口，设计可行。

2. 高低压配电屏上方距建筑物顶板垂直距离应为多少？

答：依据《民用建筑电气设计规范》（JGJ 16—2008）第 4.6.3 条："屋内配电装置距顶板的距离不小于 0.8 m，当有梁时，距梁底不宜小于 0.6 m。"

3. 配电（柜）屏后方通道出口如何确定？

答：依据《20 kV 及以下变电所设计规范》（GB 50053—2013）第 4.2.6 条："配电装置的长度大于 6 m 时，其柜（屏）后通道应设两个出口，当低压配电装置两个出口间的距离超过 15 m 时应增加出口。"

4. 配变电所内的高低压电缆沟深度应如何确定？

答：依据《民用建筑电气设计规范》（JGJ 16—2008）第 8.7.1 条第 5 款：电缆敷设时，任何弯曲部位都应满足允许弯曲半径的要求。电缆的最小允许弯曲半径，不应小于表 8.7.1 的规定。

表 8.7.1 电缆最小允许弯曲半径

电缆种类	最小允许弯曲半径
无铅包和钢铠护套的橡皮绝缘电力电缆	10d
有钢铠护套的橡皮绝缘电力电缆	20d
聚氯乙烯绝缘电力电缆	10d
交联聚乙烯绝缘电力电缆	15d
控制电缆	10d

注：d 为电缆外径。

实际工程中，电缆沟设计深度可依据电缆的最小允许弯曲半径计算后合理确定取值。

4.3 照　明

1. 建筑电气照明设计中，对建筑物内部的照度值及功率密度值是否一定要做出明确要求？

答：照度的设计是衡量照明设计的主要技术指标之一，照度标准是照明设计的依据和设计深度要求，不注明照度值及功率密度值，不符合《建筑照明设计标准》（GB 50034—2013）第5.1.1条规定。对于需要照明二次装修的场所还宜注明二次装修后的照度值及功率密度值。

2. 带有蓄电池的应急灯，其蓄电池可否看作应急电源？

答：根据《建筑照明设计标准》（GB 50034—2013）第7.2.2条及其条文说明，对于应急疏散照明，由于设备用电量较小、电源转换时间要求较高，特别是在消防疏散过程中要保证持续供电，因此用蓄电池或干电池作应急电源，能保证其可靠性。

3. 高层建筑配电室、电气竖井是否应设应急照明？

答：按照《建筑设计防火规范》（GB 50016—2014）第10.3.3条以及《民用建筑设计通则》（GB 50352—2005）第8.3.5条第3款：电气竖井、智能化系统竖井内宜预留电源插座，应设应急照明灯。高层建筑配电室、电气竖井应设应急照明。

4. 当设计采用蓄电池作为火灾应急照明和疏散指示标志的备用电源时，其连续供电时间是否一定注明？

答：应按规范要求的供电时间注明不同场所的持续工作时间。可参考《民用建筑电气设计规范》（JGJ 16—2008）第13.8.6条：备用照明及疏散照明的最少持续供电时间及最低照度，应符合表13.8.6的规定；同时应满足《建筑设计防火规范》（GB

50016—2014）第10.1.5条，建筑内消防应急照明和灯光疏散指示标志的备用电源的连续供电时间应符合下列规定：

（1）建筑高度大于100 m的民用建筑，不应小于1.5 h；

（2）医疗建筑、老年人建筑、总建筑面积大于100000 m^2的公共建筑和总建筑面积大于20000 m^2的地下、半地下建筑，不应少于1.0 h；

（3）其他建筑，不应少于0.5 h。

5.《住宅建筑电气设计规范》（JGJ 242—2011）第9.2.4条：住宅建筑的门厅应设置便于残疾人使用的照明开关，开关处宜有标识。如何设置残疾人开关，高度为多少？

答：可依据《老年人居住建筑设计标准》（GB/T 50340—2003）中第5.3.3条老年人居住建筑中宜采用带指示灯的宽板开关，长过道宜安装多点控制的照明开关，卧室宜采用多点控制照明开关，浴室、厕所可采用延时开关。开关离地高度宜为1.10 m。住宅的门厅残疾人使用的开关宜距地1.1 m，设置夜显示宽板开关，控制至少一处门厅灯具，如采用红外感应类灯具，亦可满足规范要求。

4.4 消防系统

1. 对《建筑设计防火规范》（GB 50016—2014）第8.4.1条第9款规定，如何理解可燃物较多？

答：《火灾自动报警系统设计规范》（GB 50116—2013）附录D第D.0.1中的11、23、27、28、32条都有“可燃物较多”的定语，规范未作出定量解释，当设计人难以定夺时，应与当地消防部门协商确定，或按消防部门意见执行。

2. 二类高层住宅为联动正压风机和常开防火门而设的火灾报警系统，是否必须设警报装置、消防电话、消防广播、手动报警按钮等？

答：根据《建筑设计防火规范》（GB 50016—2014）第8.4.2条：高层住宅建筑的公共部位应设置具有语音功能的火灾声警报装置或应急广播。对于二类高层住宅凡是有为联动正压风机和防排烟风机而设置的火灾自动报警系统，公共部位应设置完整的火灾报警及联动控制系统。

3. 室外消防系统布线，可否采用多芯电缆，如系统总线、直流电源线、电话等采用一根多芯电缆布线？

答：《火灾自动报警系统施工及验收规范》（GB 50166—2007）第3.2.4条规定系统内不同电压等级、不同电流类别的线路，不应布在同一管内或线槽的同一槽孔内，是为了确保系统的正常运行。消防报警控制系统的广播、电话、信号总线、直流电源线及联动控制线路室外布线，应分别采用电缆布线。

4.《建筑设计防火规范》(GB 50016—2014) 第8.4.3条：建筑内可能散发可燃气体、可燃蒸气的场所应设置可燃气体报警装置。条文解释进一步说明是可能散发并存在火灾爆炸危险的场所与部位，不包括住宅建筑内的厨房。(除老年人专用厨房外) 住宅厨房是否要设可燃气体报警装置？如何设置？

答：可燃气体泄漏报警装置不应接入火灾自动报警系统同一总线中。住宅厨房是否装设可燃气体泄漏报警系统由当地行业主管部门确定，规范并无要求。

5. 消防水泵房、消防电梯机房、排烟机房等设计有带电话插孔的手动报警按钮，是否应设置消防专用电话分机？

答：消防水泵房、消防电梯机房、排烟机房等，未要求设手动报警按钮，只要求设“专用电话分机”。

6. 弱电设计的深度有什么要求？

答：按照《建筑工程设计文件编制深度规定》(2008年版) 第4.5.11规定及其条文解释：“其他系统”是指除火灾自动报警系统以外的弱电及建筑智能化系统，这些系统以往的施工图设计文件的内容，各地情况差异较大，有的设计文件包含大量图纸，有的设计文件几乎没有图纸。而根据国际惯例，设计院在施工图设计阶段这部分的设计文件深度，以能满足编制投标书和审核承包商深化设计文件为原则。按照当前工程建设现状，设计院所出弱电及建筑智能化系统施工图设计文件的内容，还应满足结构施工预留、预埋的要求。故对于弱电设计，设计院应：

(1) 画出各系统的系统框图；

(2) 说明各设备定位安装、线路型号规格及敷设要求；

(3) 配合系统承包方了解相应系统的情况及要求，对承包方提供的深化设计图纸审查其内容。

4.5 防雷与接地

1. 两个邻近独立建筑物，一个已设接地装置和MEB，另一个单体是否可不设MEB及接地装置，而直接从邻近单体的MEB引来联结线做总等电位联结？

答：各单体均应设等电位联结MEB箱。当大型建筑物有多个电源进线时，每个电源进线都需按要求实施总等电位联结。各个总等电位联结系统应就近通过连接线互相导通，使整个建筑物处于同一电位水平上。

2. 道路照明配电系统的接地形式如何认定？

答：道路照明配电系统的接地形式宜采用TN－S系统或TT系统，金属灯杆及构件、灯具外壳、配电及控制箱屏等的外露可导电部分应进行可靠的保护接地。并应注明工频接地电阻、冲击接地电阻值。

3. 二类防雷要求高于 60 m 的建筑物，其上部占高度 20% 并超过 60 m 的部位应防侧击？

答：《建筑物防雷设计规范》（GB 50057—2010）第 4.3.1 条，应在防雷图上增加防侧击雷的做法说明。

4. 消防控制室是否一定要做接地设计？

答：《火灾自动报警系统设计规范》（GB 50116—2013）第 10.2.2～10.2.4 条：消防控制室内的电气和电子设备的金属外壳、机柜、机架和金属管、槽等，应采用等电位连接；由消防控制室接地板引至各消防电子设备的专用接地线应选用铜芯绝缘导线，其线芯截面面积不应小于 4 mm^2；消防控制室接地板与建筑接地体之间，应采用线芯截面面积不小于 25 mm^2 的铜芯绝缘导线连接。其他弱电机房也应按照《民用建筑电气设计规范》（JGJ 16—2008）相关条文的要求设置接地系统。

5. 彩钢板屋面的车间利用彩钢板作接闪器，是否还要考虑 20 m×20 m 或 24 m×16 m 的避雷带网络？

答：除第一类防雷建筑物外，利用彩钢板屋面作避雷接闪器时，屋面上不必再作避雷网格，但应符合《建筑物防雷设计规范》（GB 50057—2010）第 5.2.7 条的要求。

6. 按《建筑物防雷设计规范》（GB 50057—2010）第 3.0.3 条，幼儿园及学校建筑算不算人员密集场所？

答：幼儿园及学校建筑（包括学生公寓、集体宿舍）应确定为人员密集的公共建筑物，并依据《教育建筑电气设计规范》（JGJ 310—2013）第 9.2 条确定建筑物防雷类别。

7. 人防地下室的接地宜采用 TN－S 接地保护系统，目前采用 TN－C－S 或 TT 的较多，是否可行？

答：《建筑物防雷设计规范》（GB 50057—2010）第 6.1.2 条是强制性条文，当电源采用 TN 系统时，从建筑物总配电箱起供电给本建筑物内的配电线路和分支线路必须采用 TN－S 系统。当以 TN 系统供电时，从建筑物总配电盘开始，必须采用 TN－S 系统，N 线和 PE 线必须分开，如果变压器位于室内，则应从变压器开始，采用 TN－S 系统，若变电所在室外，则应采用 TN－C－S 系统。

《人民防空地下室设计规范》（GB 50038—2005）第 7.6.1 条规定："防空地下室接地形式宜采用 TN－S、TN－C－S 接地保护系统。"与《建筑物防雷设计规范》（GB 50057—2010）的要求是一致的。

8. 从变配电室低压柜引出3+N线至电井内楼层配电箱，然后电井内通长敷设一根40×4的镀锌扁钢作主接地干线，配电箱内作接地端子排，并用镀锌扁钢将接地端子排与主接地干线连接，是否可行？

答：依据《低压配电设计规范》（GB 50054—2011）第3.2.12条要求当从电气系统的某一点起，由保护接地中性导体改变为单独的中性导体和保护导体时，应符合下列规定：

（1）保护导体和中性导体应分别设置单独的端子或母线；

（2）保护接地中性导体应首先接到为保护导体设置的端子或母线上；

（3）中性导体不应连接到电气系统的任何其他的接地部分。

依据《民用建筑电气设计规范》（JGJ 16—2008）第12.5.6条水平或竖直井道内的接地与保护干线应符合下列要求：

（1）电缆井道内的接地干线可选用镀锌扁钢或铜排。

（2）电缆井道内的接地干线截面应按下列要求之一进行确定：

a. 宜满足最大的预期故障电流及热稳定；

b. 宜根据井道内最大相导体，并按本规范表7.4.5-2选择导体的截面。

表7.4.5-2　保护导体的最小截面（mm^2）

相导体的截面 S	相应保护导体的最小截面 S
$S \leqslant 16$	S
$16 < S \leqslant 35$	16
$S > 35$	$S/2$

（3）电缆井道内的接地干线可兼作等电位联结干线。

（4）高层建筑竖向电缆井道内的接地干线，应不大于20 m与相近楼板钢筋作等电位联结。

故满足上述条件时，电缆井道内的接地干线可兼作保护干线。

4.6　其　他

1.《住宅性能评定技术标准》及《全国民用建筑工程设计技术措施》能否作为施工图审查依据？

答：施工图审查应以国家及行业规范为依据，《住宅性能评定技术标准》及《全国民用建筑工程设计技术措施》可作为施工图审查时的参考，而不作为审查依据。

2. 对于厨房等需专项设计的场所，设计的内容及深度如何掌握？

答：按照《建筑工程设计文件编制深度规定》（2008年版）第4.5.7.2条：凡需专项设计场所，具体配电和控制设计图随专项设计，但配电平面图上应相应标注预留的配电箱，并标注预留容量；图纸应有比例。根据其条文解释："专项设计指的是洗衣机房的洗衣工艺设计、厨房的厨房工艺设计等专项设计内容，其一般不包含在建筑设计单位的设计内容中，而是另外委托专业公司进行设计，因此这方面的电气设计内容，也应由专业设计公司负责。"

5 暖通专业

5.1 暖通设计

1.《民用建筑供暖通风与空气调节设计规范》（CB 50736—2012）第5.9.8条规定：“当供暖管道必须穿越防火墙时，应预埋钢套管，并在穿墙处一侧设置固定支架，管道与套管之间的空隙应采用耐火材料封堵。”空调冷冻水管道是否包括在内？

答：因空调水管的热胀冷缩，空调冷冻水管应包括在内。按《民用建筑供暖通风与空气调节设计规范》（CB 50736—2012）规定的目的，是为了保持防火墙体的完整性，以防发生火灾时，烟气或火焰通过，管道穿墙处波及其他房间。空调冷冻水管穿过防火墙，同样存在此问题，因此空调冷冻水管应按此条执行。

2.《民用建筑供暖通风与空气调节设计规范》（CB 50736—2012）第7.2.1条：“除在方案设计或初步设计阶段可使用冷负荷指标进行必要的估算外，施工图设计阶段应对空调区的冬季热负荷和夏季逐时冷负荷进行计算。”如何实施对该条文的审查，暖通计算书是否要一并送审？（除结构专业外其他专业很少将计算书一并送审）

答：按《建筑工程设计文件编制深度规定》第4.7.1条规定，计算书为暖通空调施工图设计文件的一部分，应送审。空调冷负荷计算，应按《民用建筑供暖通风与空气调节设计规范》（CB 50736—2012）第7.2.1条、第7.2.10条计算，且这两条是强制性条文，应执行。

3. VRV系统、分体式柜机、吊顶式风管机等空调系统是否需要空调负荷计算书？

答：应按《民用建筑供暖通风与空气调节设计规范》（CB 50736—2012）和《公共建筑节能设计标准》（GB 50189—2015）的要求进行空调负荷计算。

4. 空调采用VRV系统无专门新风系统，审图时如何处理？

答：应按《民用建筑供暖通风与空气调节设计规范》（CB 50736—2012）第3.0.6条规定处理，一般应有新风系统。个别如有的住宅建筑等，可借助卫生间、厨房排风或风压（热压）作用，通过门窗缝隙渗透的无组织通风，也是可以的。但新风量能否满足卫生要求应考虑（注：住宅一般能满足要求）。

5.《民用建筑供暖通风与空气调节设计规范》(CB 50736—2012) 第 3.0.6 条如何掌握，采用局部排风系统靠缝隙渗透新风或采用开启门窗通风换气方式是否可行?

答：应按《民用建筑供暖通风与空气调节设计规范》(CB 50736—2012) 第 3.0.6 条的规定处理。采取有组织的新风系统可以节约空调能耗，无组织的新风方式既不节能，也不能保证室内空气品质。采用局部排风系统靠缝隙渗透新风或采用开启门窗通风换气方式需根据具体工程而定，如排风量大，一则仅通过门窗缝隙满足不了风量要求；二则采用开启门窗又改变了房间所需维持的设计参数，均不能采用此方式。

6. 公共场所（如餐厅、KTV 包房等）按室内空气品质要求，需设独立的排风系统及增加新风量，但规范未作明确交代，如何处理?

答：公共场所（如餐厅、KTV 包房等）应设新风和排风系统以通风换气，改善室内空气品质，可参见《民用建筑供暖通风与空气调节设计规范》(CB 50736—2012) 第 3.0.6 条及条文说明和其他有关规范、标准的规定处置。

7. 空调冷热水系统的压差旁通管管径偏大（冷冻水系统总管管径 DN450，旁通管径选了 DN300)，如何选取?

答：在冷冻水循环系统设计中，为方便控制、节约能量，常使用变流量控制。因为冷水机组为运行稳定、防止结冻，一般要求冷冻水流量不变，为了协调这一对矛盾，工程上常使用冷冻水压差旁通系统以保证在末端变流量的情况下，冷水机组侧流量不变。旁通阀口径的选择计算，在许多文章均有论及，此处简述如下：

$$G = Kv \times \Delta P$$

G——流量。m^3/h

Kv——流通能力，与所选择的阀门有关。

$\triangle P$——阻力损失。Bar

总之，在压差旁通系统的选型中，要认真考虑各种因素，阀门特性、压差、流通能力、执行器等都需考量。在有的工程中，只是简单地按冷水机组口径选择旁通阀径，往往会造成浪费。

8. 酒店或宾馆排风竖井是否不宜选用无动力排风装置?

答：无动力排风装置的压头过小。

在《全国民用建筑工程设计技术措施》“暖通一动力”中，对于风量规定要求如下：

4.5.2-4：设置竖向集中排风系统时，宜在上部集中安装排风机；当在每层或每个卫生间（或开水房）设置排气扇时，集中排风机的风量确定应考虑一定的同时使用系数（如果各个房间的排风扇都是 24 小时开启的话就取 1.0)。

(1) 竖井风量的确定是按系统满负荷运行考虑的。风量应为所有卫生间排风量的总和，即吊顶下房间体积×换气次数＝排风量。

（2）在有排气扇时，屋顶风机的排风量按措施可以适当考虑在总风量的基础上乘一定的同时使用系数。

（3）关于土建混凝土竖井的风速，由于土建竖井质量得不到保证（不光滑且易漏风），风速越高阻力越大，一般不建议超过5 m/s。

5.2　节　能

1. 按公建节能设计标准有关条文要求，宜增设热回收装置。考虑到新风质量及节能效果，新风是否有必要做排风热回收（或新风量超过多少时可考虑热回收机组）？

答：（1）送风量不小于3000 m^3/h直流式空调系统，经技术经济比较合理时，应设置排风能量回收装置；

（2）新风量不小于5000 m^3/h，且新风与排风的温度差不小于8℃的空调系统，宜设置排风能量回收装置；

（3）有人员长期停留，且不能设置集中新风、排风系统的空调房间，宜在各空调区（房间）分别安装带热回收功能的双向换气装置。

空气—空气能量回收装置的设计应满足下列要求：

（1）排风量/新风量比值（R）宜在0.75～1.33以内；

（2）排风热回收装置的交换效率（在标准规定的装置性能测试工况下，$R=1$）应达到下表的规定。

排风热回收装置的交换效率

类型	交换效率（%）	
	制冷	制热
焓效率	＞50	＞55
温度效率	＞60	＞65

（3）需全年使用的热回收装置，应设旁通风管。

2. 如多个建筑物合用一个冷、热源机房，可否在机房内对每个建筑物进行参数监测与计量，而不必每个建筑物入口分别设置？

答：参见《公共建筑节能设计标准》（GB 50189—2015）第4.5.3条，采用区域性冷源和热源时，在每栋公共建筑的冷源和热源入口处，应设置冷量和热量计量装置。采用集中供暖空调系统时，不同使用单位或区域宜分别设置冷量和热量计量装置。（如果每栋楼供的回水总管在机房里的集分水器分别设时，可以在机房里设计量表）

3. 风冷热泵空调机组增设辅助电加热装置，是否违反《公共建筑节能设计标准》(GB 50189—2015) 第 4.2.2 条?

答：此不属违反《公共建筑节能设计标准》（GB 50189—2015）第 4.2.2 条之例，但尚应满足《公共建筑节能设计标准》（GB 50189—2015）第 4.2.15 条。

4. 空调循环水泵应计算耗电输冷（热）比，计算值是否仍旧按就规范给的限定值作为参考值?

答：空调循环水泵应计算耗电输冷（热）比的计算值，按《民用建筑供暖通风与空气调节设计规范》（CB 50736—2012）第 8.5.12 条计算具体值，且应不大于本工程空调水系统的所规定的限值。

5.3　建筑防火及防排烟设计

1. 地下室防烟楼梯间应设机械正压送风系统。地下前室已经做正压送风，出一层后直接对外，该种情况，楼梯间是否仍需设置正压送风?

答：应按规范执行，楼梯间如不满足自然排烟条件，出一层后直接对外仅指对外开疏散门，则楼梯间仍需设置正压送风（地下一层的封闭楼梯间类似此情况也需设正压送风）。

2. 机械车库排烟风机的排烟量应按 6 次换气次数 X 实际层高还是按《汽车库、修车库、停车场设计防火规范》(GB 50067—2014) 第 8.2.5 条表格选取?

答：按《汽车库、修车库、停车场设计防火规范》（GB 50067—2014）第 8.2.5 条表格选取，且应按表格下的注解修正。

3. 防烟楼梯间机械正压送风系统是否应设减压阀?

答：不宜采用。以系统的最远的楼层为最不利点，而土建风道中的漏风情况难以掌控；风道的沿程与局部阻力十分复杂难以精确计算，所以很难保证地下风量满足要求。如果将每个风口加设调节阀，逐个调节，以求达到要求，不但增加造价也增加了系统难度，而且由于调节阀的调节能力有限，调节平衡并不易实现，出于安全的考虑，不宜采用此法。

4. 多层建筑，如大面积的商场或厂房，没有空气调节系统时，是否需要排烟? 若需要，则排烟量如何确定?

答：商店建筑：应按《商店建筑设计规范》（JGJ 48－88）第 4.1.6 条执行；商场由于商品安全和业主的需求，一般外窗不能开启，应设机械通风和排烟；地下商场必须设防烟排烟设施，详见《建筑设计防火规范》（GB 50016—2014）第 8.5.2 条、第

8.5.3 条，并应满足当地消防主管部门的审查要求。

厂房：

（1）以工厂生产的火灾危险性分类和生产工艺要求或消防主管部门审查意见办理；

（2）洁净厂房、炸药厂（库）、花炮厂（库）和无窗厂房等则应遵守相应的设计规范或按消防主管部门审查意见办理。

5. 大型商场内设中庭，土建专业为美观考虑中庭的防火卷帘在底层不落地，将底层和中庭视为一个防火分区，中庭的排烟量体积如何计算？若将商场部分一并计入中庭，则商场离中庭排烟口距离会超过 30 m，若用挡烟垂壁分开，则似乎中庭的换气次数计算法与商场的面积指标计算法有不一致之处。

答：参照自然排烟和机械排烟两种方式来设计，中庭区与商场区域应分别按规范设计各自的排烟系统。

6. 高层建筑的内走道，总长度超过 60 m，在走道中间部位有一个开窗部位，其走道是否需要机械排烟？

答：总长度超过 60 米的高层建筑内走道，仅在走道中间部位有一个开窗部位。

（1）不满足排烟口＜30 要求；（2）不足以使该内走道形成直接自然排烟。该内走道仍需按《建筑设计防火规范》（GB 50016—2014）第 8.5.3 条规定设计机械排烟系统。

7. 《汽车库、修车库、停车场防火设计规范》（GB 50067—2014）第 8.2.1 条规定大于 2000 平方米的地下汽车库才要考虑机械排烟，《建筑设计防火规范》（GB 50016—2014）则对自然排烟有了明确规定（排烟口的位置、高度、大小、开启方式等）。当地下汽车库面积小于 2000 m² 但不满足《建筑设计防火规范》（GB 50016—2014）所规定的自然排烟要求时（如最远点大于 30 m 或自然排烟口面积小于 2%），是否应设计机械排烟系统？

答：《汽车库、修车库、停车场防火设计规范》（GB 50067—2014）第 8.2.5 条或者《建筑设计防火规范》（GB 50016—2014），相关条款规定了排烟口距该防烟分区内最远点的距离不应超过 30 m，故所提及的汽车库通风设计仍需设置机械排烟系统或者其他措施满足该规定，应请示当地消防部门。

8. 《汽车库、修车库、停车场防火设计规范》（GB 50067—2014）规定 6 次换气次数的计算中，汽车库层高按 3 m 还是实际层高？

答：排烟按实际层高，排风按 3 m。

9. 20 层以下高层或超过 32 层后正压送风系统被分为两个 20 层以下的系统，正压送风口打开几层？哪几层？

答：应为两层，着火层及其上一层。

10. 地下办公区域，每间办公室面积小于 50 m²，总面积大于 200 m²。办公室不设计机械排烟，走道设计机械排烟，火灾时，排烟风量的计算面积如何确定？

答：(1) 走道面积＋最大一个办公室面积之和；

(2) 走道面积＋所有办公室面积之和。

答：按照《高层民用建筑设计防火规范》(GB 50045—95)(2005 年版)第 8.4.2 条第 2 款规定，方案一是正确的，具体设计时，应请示当地消防部门。

5.4 其 他

1. 空调冷凝水系统的审查未明确专业，是给排水还是暖通？

答：空调冷凝水系统的审查，应是由哪个专业设计，则由那个专业审查。

2. 锅炉房布置在建筑内，按《建筑设计防火规范》(GB 50016—2014)、《蒸汽锅炉安全技术监察规程》均要求：不应布置在人员密集场所的上面、下面或贴邻。某建筑一层设锅炉房其正上方第三层为人员密集场所，可否？

答：应按有关规范规定，如《建筑设计防火规范》(GB 50016—2014)第 5.4.2 条、《高层民用建筑设计防火规范》(GB 50045—95)第 4.1.2.1 条、《锅炉房设计规范》(GB 50041—2008)第 5.1.4 条，只要不是贴邻，可以，但相隔间距为多少，应征得主管部门认可。至于本题中的情况，锅炉房正上方第三层为人员密集场所，就安全性而言，这种布置是不可取的。

6 勘察专业

6.1 勘探工作量布置

1.《岩土工程勘察规范》(GB 50021—2001)(2009年版)第4.1.11条第1款中规定的需搜集的资料，勘察报告中一般叙述不全（搜集不全），这一问题怎么把握？

答：为了使勘察工作具有明确的针对性，搜集规范要求的资料是十分重要的。由于现在大部分工程勘察时设计还处于方案阶段，受设计深度的影响，一般情况是很难将规范要求或勘察所需的工程概况都搜集齐全（如基础形式、埋置深度，荷载等）。虽然如此，但一些基本资料必须具备，如带有坐标或地物的建筑总平面图，建筑物性质、结构特点、层数（高度），地下室层数、范围，当场地地形起伏较大时应搜集场地地面整平标高或建筑物±0.00标高等。

规范列出的需搜集的资料是综合考虑了不同工程的要求，并不是所有工程都需将列出的资料搜集齐全，不同性质和规模的工程应有不同的要求，原则上搜集到的资料应不影响勘察工作量的布置并能满足拟建场地的岩土工程评价要求。

2. 什么具体情况下需加密勘探点？

答：原则上当相邻勘探点揭示的地层变化较大，影响到基础设计、施工方案的选择和不均匀地基变形计算时，应补充勘探点数量。尤其是在场地分布有古河道，不同地貌单元，填塞的沟、塘、取土坑、井等地段以及基岩面局部变化较大和桩端持力层层面坡度超过10%地段，应加密勘探孔详细查明地层分布，最小加孔间距应以是否详细查明了地层（沟、塘等）分布来确定。

3. 如何判断勘察手段是否满足要求？

答：勘察手段包括钻探、井探、静力触探、动力触探等。勘察手段的选择首先应满足《岩土工程勘察规范》(GB 50021—2001)(2009年版)第4.1.20条第1款的规定（即钻探取土试样孔数量不少于总孔数的1/3；取土试样孔加上原位测试孔的数量不少于总孔数的1/2)，在此基础上，应根据地层情况选择合适的勘察手段（软土地层应布置有适量的静力触探孔，砂性土和碎石土、混合土地层应有数量满足规范要求的标贯试验和圆锥动力触探试验）。钻探和触探具有各自特点，宜配合应用。

当采用钻探难以准确分层或评价时（如：软土、砂性土、碎石土、混合土等地层和地基等级为中等复杂以上的场地），一般不宜单纯采用钻探；同样单纯采用原位测试手段时，除了不能满足规范要求外，大部分情况也不能满足土层定名、地基土分层及评价要求。

4. 高层建筑与多层建筑在勘探点间距上是否有不同的要求？

答：不管什么建筑在勘探点间距上均应满足《岩土工程勘察规范》（GB 50021—2001）（2009年版）第4.1.15条、4.9.2条（桩基）及《高层建筑岩土工程勘察规程》（JGJ 72—2004）第4.4.3条（基坑）的要求。

高层建筑勘探点间距宜取幅度值中较小值，且一般不应超过35 m（《高层建筑岩土工程勘察规程》（JGJ 72—2004）第4.1.3条规定了高层建筑勘探点间距应控制在15～35 m）。

5. 纯地下室工程应如何布置勘探工作量？

答：由于大部分纯地下室工程涉及基坑支护和地下室抗浮问题，因此纯地下室工程在勘探工作量布置时，除了要满足地下室基础设计要求外还应满足基坑支护和地下室抗浮桩、锚设计要求。

纯地下室工程的勘探孔间距应满足《岩土工程勘察规范》（GB 50021—2001）（2009年版）第4.1.15条的要求。地下室周边勘探孔间距还应满足《高层建筑岩土工程勘察规程》（JGJ 72—2004）第4.4.3条（基坑）的要求；纯地下室工程的勘探孔深度应满足《岩土工程勘察规范》（GB 50021—2001）（2009年版）第4.1.18条的要求，地下室周边勘探孔深度还应满足《高层建筑岩土工程勘察规程》（JGJ 72—2004）第4.4.4条（基坑）的要求。

6. 什么情况下需逐桩布置勘探点？

答：是否需逐桩布置勘探点主要取决于桩型和场地地质条件。桩型一般为一柱一桩的大直径桩，地质条件一般是针对桩端持力层起伏较大且规律性较差场地，如类似岩溶发育场地的地质条件。

7. 《岩土工程勘察规范》（GB 50021—2001）（2009年版）第4.8.3条规定了基坑工程的勘察平面范围为超出开挖边界外开挖深度的2～3倍，当超出开挖边界外无法钻探时，该如何处理？

答：规范规定了基坑开挖边界外勘察手段可以调查研究、搜集已有资料为主，但对复杂场地和斜坡场地应布置适量勘探孔。通过调查研究、搜集已有资料并结合场地内的勘察资料进行综合分析基础上取得的相关资料，一般情况下能满足大部分基坑工程的设计要求。

对于搜集到的基坑边界外相关资料（地形和地层资料等），勘察报告中宜通过图表或文字反映在勘察报告中。当边界外地质、地形条件复杂，搜集到的相关资料不能满足基坑工程的设计要求而边界外又不具备勘探条件时，报告中应明确在具备勘探条件时需进行补勘。

6.2 地下水

1. 遇多层含水层是否一定要分层量测?

答：规范强调的是对工程有影响的多层含水层需分层量测，对工程无影响时一般可不要求分层量测。

合肥地区的多层地下水主要是赋存在一、二级阶地中的上层滞水和承压水。当开挖深度达到或接近承压含水层的人工挖孔桩和深基坑工程，一般应量测承压水水位。

2. 如何评价地下水对钢结构的腐蚀性？水对钢结构是否可能具微腐蚀性?

答：由于一般建筑的基础很少涉及钢结构问题，水对钢结构的腐蚀性评价应根据任务要求进行，需要评价时一般应通过试验确定。

现行的《岩土工程勘察规范》已取消了水对钢结构的腐蚀性评价内容（只保留土对钢结构的腐蚀性评价)，根据94版规范（已废止）要求，水对钢结构的腐蚀性均在弱腐蚀性以上，在日常生活中不管在水中还是在空气中的钢结构一般都需进行防腐（锈）处理，因此水对钢结构具微腐蚀性的可能性较小。

3. 合肥地区怎么确定场地的抗浮设防水位？斜坡地段又该如何确定?

答：由于合肥地区缺乏地下水水位的长期观察资料，在一些认为没有地下水赋存的地区也频繁出现地下室上浮事故，合肥市在2011年出台了《合肥市地下建（构）筑物抗浮设防管理规定》(合建（2011）18号文件)，在无可靠的水位资料时，不管场地有无地下水，合肥地区的抗浮设防水位均宜按该文件第六条的规定确定。

斜坡地段抗浮设防水位确定较为复杂，在基坑已回填的情况下，地下水从高处流向低处时，由于回填土的阻碍会形成水力坡度，水力坡度的大小取决于回填土的密实度，因此一般情况下斜坡地段抗浮设防水位还是应随地形变化而变化（即取设计外地坪下0.5～1.0 m)。如以斜坡的低点作为基准来取斜坡场地的抗浮设防水位，一般应采取有效的排水措施确保场地地下水位满足设计要求（采用盲沟排水时，在易发生内涝地段应考虑地表水的回灌问题)。

当纯地下室范围内（顶板上）覆土后地面标高高于地下室周边地面标高时，抗浮设防水位可按地下室周边地面标高确定。

6.3 场地和地基的地震效应

1.《中国地震动参数区划图》(GB 18306—2015) 和《建筑抗震设计规范》(GB 50011—2010)(2016局部修订）均为新版国家标准，但在内容上不完全一致，这一问题该如何把握?

答：这两部规范均为国家标准，其主要差别在场地类别非Ⅱ类时的地震动峰值加速度取值和部分地震动参数表述上。另外《建筑抗震设计规范》附录A仅列出了县级及县级以上城镇的中心地区（不含县级以下的乡镇区域）的抗震设防烈度、设计基本地震加速度和设计地震分组；《中国地震动参数区划图》附录C列出了乡镇政府所在地、县级以上城市的Ⅱ类场地基本地震动峰值加速度和基本地震动加速度反应谱特征周期值。

以《中国地震动参数区划图》作为依据时，在场地类别为非Ⅱ类时，基本地震动峰值加速度和基本地震动加速度反应谱特征周期值应按该标准的第8.1、8.2条确定。

为了避免混乱，勘察报告在提供地震动参数时，宜明确所依据的规范，不宜将两部规范内容混在一起而不加说明，在没有明确以哪部规范为主时，提供地震动参数宜同时满足两部规范的要求。

2. 有软弱土分布的场地如何判定抗震地段？

答：在分布有软土的场地，抗震地段的划分主要取决于软弱土的厚度和该地段土层均匀性。一般情况下场地土类型判定为软弱土的地段或因软弱土分布使地层明显不均匀的地段（如故河道、填埋的塘沟谷等）可判定为抗震不利地段，其他有软弱土分布的地段可判为一般地段。

《软土地区岩土工程勘察规程》(JGJ 83—2011)：

6.2.1 ……对软土，当设防烈度为7度、8度、9度，等效剪切波速值分别小于90 m/s、140 m/s、200 m/s时，可划分为不利地段。

注：此规定与现行的《建筑抗震设计规范》不完全吻合，供评价时参考。

6.4 特殊性岩土

1. 什么样的填土可作为天然地基？

答：利用填土作为天然地基时，应满足《岩土工程勘察规范》(GB 50021—2001)(2009年版)第6.5.5条要求，原则上只有自重压力下的固结已完成且较均匀的填土才可作为天然地基，填土自重压力下的固结是否已完成、能否利用，一般可通过调查、检测等手段（了解其堆积年限、填土来源、物质成分、密实度、均匀性等）来确定。

由于填土的成分较复杂，均匀性差，也较难详细查明其工程性能，因此利用填土作为天然地基应慎重。

2. 仅根据自由膨胀率就能判断地基土是否为膨胀土吗？

答：自由膨胀率是判断是否为膨胀土的一个重要的指标，但不是唯一的判别依据，否则容易造成误判。是否为膨胀土应依据《膨胀土地区建筑技术规范》(GB 50112—2013)第4.3.3条（附后）要求综合判断。

4.3.3 场地具有下列工程地质特征及建筑物破坏形态，且土的自由膨胀率大于等于40%的黏性土，应判定为膨胀土：

（1）土的裂隙发育，常有光滑面和擦痕，有的裂隙中充填有灰白、灰绿等杂色黏土。自然条件下呈坚硬或硬塑状态；

（2）多出露于二级或二级以上的阶地、山前和盆地边缘的丘陵地带，地形较平缓，无明显自然陡坎；

（3）常见有浅层滑坡、地裂，新开挖坑（槽）壁易发生坍塌等现象；

（4）建筑物多呈“倒八字”、“×”或水平裂缝，裂缝随气候变化而张开和闭合。

3.《膨胀土地区建筑技术规范》（GB 50112—2013）第4.1.5条规定的膨胀土地区的勘察工作量布置，大部分工程的勘察无法满足此条要求，对此该如何把握？

答：合肥地区膨胀土的地质条件普遍较简单、均匀，土的状态较好，大部分为弱膨胀潜势。通过以往大量的工程实践，合肥地区在膨胀土的评价及处理措施上积累了丰富经验，因此，原则上在膨胀土场地可根据膨胀土对工程的危害程度来判断布置的工作量是否合适。在合肥地区，一般工程可按正常情况布置工作量，对膨胀土评价有特殊要求的工程（如类似机场跑道工程）应严格遵循规范规定。

4.强风化、全风化岩石和残积土是否应按土性作进一步划分？

答：强风化、全风化岩和残积土很多时候其性能更接近土类，在不同的场地和深度其工程性能差异很大，单纯根据风化岩的定名有时很难判断其工程性能，为了更准确评价这类地层，在描述和定名时按《岩土工程勘察规范》（GB 50021—2001）（2009年版）第6.9.6条（附后）要求作进一步划分是很有必要的。残积土一般宜按土性定名。

6.9.6　风化岩和残积土的岩土工程评价应符合下列要求：

对于厚层的强风化和全风化岩石，宜结合当地经验进一步划分为碎块状、碎屑状和土状；厚层残积土可进一步划分为硬塑残积土和可塑残积土，也可根据含砾或含砂量划分为黏性土、砂质黏性土和砾质黏性土。

6.5　岩土参数

1.岩土参数在统计时需提供哪些统计指标？哪些岩土参数需提供标准值？

答：一般情况下应提供统计个数、平均值、最小值、最大值、标准差、变异系数等，对于涉及承载能力极限状态计算的岩土参数（如抗剪强度 C、Φ 值、岩石的单轴抗压强度 fr 以及用于计算地基强度的原位测试试验值等）应提供统计的标准值。

2.什么情况下需提供地基土的压缩曲线？

答：《建筑地基基础设计规范》（GB 50007—2011）第5.3.5条规定了用于变形计

算的压缩模量，应取土的自重压力至自重压力与附加压力之和的压力段进行计算。根据此规定，原则上需要进行变形验算的工程均需提供压缩曲线，但考虑到此条规定主要是针对高层建筑（一般多层建筑多使用100～200 kPa压力段的压缩模量），因此实际操作时，对于采用天然地基的高层建筑应要求提供压缩曲线，压缩曲线的最大压力值应大于土的有效自重压力与附加压力之和。

3. 什么基础形式需提供地基土的基床系数?

答：基床系数是反映地基土刚度的重要指标，对基础的内力计算（配筋量大小）影响较大。对于基础形式为筏基、柱下条基的工程一般应提供地基土的基床系数值。一般工程可根据地区经验提供经验值，有特殊要求的可由试验确定。

为了方便判断提供的基床系数经验值是否合理，附上《城市轨道交通岩土工程勘察规范》(GB 50307—2012）附录H基床系数经验值表供参考。该表中土类的幅度值的幅度较大，土类一般可根据土层试验指标的大小取幅度值的中值偏高数值；根据地区经验，表中软岩的幅度值幅度偏小且与合肥地区基岩的岩性不完全相符，软岩的基床系数宜根据其承载力和地区经验确定。

附录H 基床系数经验值（节选）

岩土类别	状态/密实度	基床系数 K（MPa/m）	
		水平基床系数 K_h	垂直基床系数 K_v
软土（淤泥、淤泥质土、泥炭、泥炭质土等）		1～12	1～10
黏性土	流塑	3～15	4～10
	软塑	10～25	8～22
	可塑	20～45	20～45
	硬塑	30～65	30～70
	坚硬	60～100	55～90
粉土	稍密	10～25	11～20
	中密	15～40	15～35
	密实	20～70	25～70
砂类土	松散	3～15	5～15
	稍密	10～30	12～30
	中密	20～45	20～40
	密实	25～60	25～65

（续表）

岩土类别	状态/密实度	基床系数 K（MPa/m）	
		水平基床系数 K_h	垂直基床系数 K_v
圆砾、角砾	稍密	15～40	15～40
	中密	25～55	25～60
	密实	55～90	60～80
卵石、碎石	稍密	17～50	20～60
	中密	25～85	35～100
	密实	50～120	50～120
软质岩石	全风化	35～39	41～45
	强风化	135～160	160～180
	中风化	200	220～250
硬质岩石	强风化或中等风化	200～1000	
	未风化	1000～15000	

注：基床系数宜采用K30试验结合原位测试和室内试验以及当地经验综合确定。

4. 长螺旋压灌混凝土桩（CFG桩）和旋挖桩应按什么成桩工艺提供桩基设计参数?

答：根据《建筑桩基技术规范》（JGJ 94—2008）附录A“桩型与成桩工艺选择”中的内容，以长螺旋压灌混凝土工艺施工的CFG桩和灌注桩在该表中定义为干作业法，该桩型可按干作业钻孔桩提供桩基设计参数；旋挖桩在该表中定义为泥浆护壁法，该桩型一般情况可依据该表按泥浆护壁桩提供桩基设计参数，但旋挖桩在实际施工时其工艺可分为泥浆护壁和干作业两种形式，因此，也可根据其施工工艺提供桩基设计参数，在不能确定旋挖桩施工工艺或有争议时，可同时提供泥浆护壁和干作业钻孔桩的桩基设计参数。

5. 如何确定提供的基坑工程设计参数是否满足要求?

答：基坑工程需提供什么设计参数一般是根据工程或设计要求确定的，规范并没有明确规定。一般情况下，所有基坑工程均需提供的岩土指标为抗剪强度和重度值，根据工程或设计要求，有时还需提供静止侧压力系数、土对挡墙底的摩擦系数、地基土水平抗力系数的比例系数、锚杆的极限粘结强度标准值、渗透系数等。

抗剪强度和重度指标一般由试验确定，重度值应提供统计的平均值，抗剪强度一般提供统计的标准值。由于基坑工程较复杂，在开挖施工过程中对土的抗剪强度可能产生不利影响，因此抗剪强度标准值在使用时，应根据工程和当地经验作适当折减（宜在基坑支护设计参数表的备注栏中予以明确）。其他指标一般可提供经验值（有特殊要求时，静止侧压力系数和渗透系数可通过试验确定）。

基坑工程除了开挖深度内的地层需提供设计参数外，开挖深度以下1～2倍开挖深度或支护桩嵌固深度内的地层也需提供设计参数。

6.6 岩土工程分析评价和成果报告

1. 如何评价地基的均匀性？

答：《岩土工程勘察规范》(GB 50021—2001)(2009年版)第4.1.11条规定应分析和评价地基的均匀性。地基均匀性评价虽然不是很精确的定量分析，但对提供基础设计方案建议和判断分层是否合理具有一定的指导意义。均匀性评价除了要分析场地地层分布是否均匀外，还应考虑同一层土的均匀性，同一层土的均匀性一般可通过该层土试验指标的离散性（变异系数）来判断该层土的均匀性和分层是否合理。

地基均匀性评价可按《高层建筑岩土工程勘察规程》(JGJ 72—2004)第8.2.4条要求进行评价。均匀性评价一般可通过地层分布来判断地基均匀性（8.2.4条1、2款)，也可通过计算确定地基均匀性（8.2.4条3款）。对于不均匀地基的场地，还宜对单幢建筑的地基均匀性进行评价。对判定为不均匀的地基应提出相应处理建议。

2. 如何论证桩基施工对环境的影响？

答：《岩土工程勘察规范》(GB 50021—2001)(2009年版)第4.9.1条规定了桩基工程应论证桩的施工条件及其对环境的影响。桩基施工对周围环境的影响主要为打入预制桩和挤土成孔的灌注桩的振动、挤土以及人工挖孔桩的降水、塌孔等对周围既有建筑物、道路、地下管线设施和附近精密仪器设备基础等带来的危害以及噪声等公害。

勘察报告除了要评价桩的施工对周围环境的影响，还应提出减少对周围环境危害程度的对策以及对设计、施工应注意事项的建议；桩的施工对周围环境没有明显不利影响时，一般情况下报告中也应加以说明。

3. 对可能产生负摩阻力的桩基工程应如何分析、评价？

答：因欠固结土在自重压力下的变形和场地大面积堆载或降水等因素引起的地面沉降，使得桩周土层沉降超过桩基沉降时，需考虑桩的负摩阻力，具体可按《建筑桩基技术规范》(JGJ 94—2008)第5.4.2条进行判定。

对于欠固结的深厚软土、松散填土、液化土层以及场地有大面积堆载（包括降水）的工程应分析桩侧产生负摩阻力的可能性。对于可能产生负摩阻力的桩基工程，应提供负摩阻力系数和相应的防治措施建议。主要防治措施可通过地基处理（如预压地基）来减少桩周土层沉降，也可考虑在桩身中性点以上部分刷涂料等来降低桩的负摩阻力。

4. 报告书的签章有什么具体要求？

答：规范勘察报告签章是落实勘察质量责任制的重要内容。勘察报告签章应满足

《房屋建筑和市政基础设施工程勘察文件编制深度规定》（2010年版）第2.0.5条（附后）要求。目前在签章环节存在的主要问题有漏签（签章不全）、代签、签章不易辨识、加盖不是本单位员工或未在本单位注册人员的注册章等。

2.0.5　勘察报告签章应符合下列要求：

1. 勘察报告应有完成单位公章，法定代表人、单位技术负责人签章，项目负责人、审核人等相关责任人姓名（打印）及签章，并根据注册执行规定加盖注册章；

2. 图表应有完成人、检查人或审核人签字；

3. 各种室内试验和原位测试，其成果应有试验人、检查人或审核人签字；

4. 当测试、试验项目委托其他单位完成时，受托单位提交的成果还应有该单位印章及责任人签章；

5. 其他签章管理要求。

7 市政工程

7.1 道路专业

7.1.1 文件要求

1. 道路工程施工图设计文件总要求有哪些?

答：道路工程施工图设计文件总要求主要有：

（1）是否与审查批准的初步设计一致。如有重大更改，是否有相应的批准文件（设计说明中对初步设计批复的执行情况进行说明）。

（2）施工图是否达到建设部规定的深度要求。

（3）设计图纸是否完整齐全。

（4）主要设备材料及主要工程量是否齐全。

（5）经复核过的结构计算书是否完整正确。

（6）引用标准图、大样图图纸目录是否齐全。

（7）图纸签署是否符合规定。

7.1.2 设计说明

1. 道路工程施工图设计说明各设计机构表达形式不一，包含内容不一，常有缺项或内容不全，审查时如何掌握?

答：道路工程施工图设计说明应符合《市政公用工程设计文件编制深度规定》（2013 年版修订版）关于道路工程施工图设计说明的要求，基本内容包括：

工程概况，初步设计批复及执行情况，采用的规范、规程和工程验收标准，平、纵线形设计，横断面设计，路基路面工程设计，材料技术要求，附属工程设计，交通安全设施设计，施工注意事项及其他需特殊说明的情况等，内容可根据工程复杂程度和实际情况增减。

设计总说明中所列遵循的规范、规程、标准中，不仅包括设计应遵循的规范、规程、标准，也应包括施工、验收应遵循的规范、规程、标准。

2. 路面结构设计说明应包含哪些内容？

答：路面结构设计包括设计标准、设计弯沉值、结构组合形式、结构材料技术要求及采取的技术措施（含机动车道、非机动车道、人行道）。机动车道的设计应明确验收标准，如各层次的设计弯沉、面层抗滑指标等。

3. 设计说明中“施工注意事项”一般包含哪些内容？

答：设计说明中“施工注意事项”基本内容包括：

施工前准备工作，包括拆迁、征地、迁移障碍物等；管线升降、挪移、加固、预埋与其他市政管线的协调配合；经建设主管部门鉴定认可的新技术、新材料的施工方法及特殊路段或构筑物的做法和要求；重要或有危险性的现状地下管线，施工时应注意的事项；对施工的特殊要求；环境保护方面的要求。

4. 设计说明中对地质情况的描述需包括哪些主要内容？

答：市政道路工程设计应由具备相应资质要求的勘察单位进行地质勘察并编制地质报告。总说明中应有地形、地貌、地质构造、地下水情况等的描述。各层土的层厚、分布、特征描述、承载力特征值、压缩模量等指标宜列表标注。总说明中应明确本次道路路基持力层情况。

5. 如何确定道路工程的抗震设防要求？

答：道路工程应按国家规定工程所在地区的抗震标准进行设防。

6. 设计说明中的单位有何要求？

答：设计说明及图纸中所采用的单位应采用标准化形式，如地基承载力16吨，应为160 kPa，混凝土标号30号应为C30。字母的大小写也应注意采用标准化形式。

7.1.3 平面设计

1. 道路平面设计图应包括哪些内容？

答：(1) 道路平面设计图包括道路中线位置、红线宽度、规划道路宽度、道路施工中线及主要部位的平面布置和尺寸。

(2) 桥梁、立交平面布置，相交的主要道路规划中线、红线宽度、道路宽度、过街设施（含天桥和地道）及公交车站等设施。

(3) 道路平面设计采用的坐标系统、高程系统、图例、比例尺、指北针，匝道、辅道、沿线道口的定位关系。

(4) 道路边坡坡顶、坡脚线及挡墙、护坡等附属构筑物的平面布置及起终点桩号。

(5) 所采用的地形图应能够准确反映现状。

2. 当人行横道长度大于 16 m 时，应设置行人二次过街安全岛吗？岛头如何设置？

答：《城市道路工程设计规范》（CJJ 37—2012）、《城市道路交叉口设计规程》（CJJ 152—2010）均规定：当人行横道长度大于 16 m 时，新建道路应在分隔带或道路中心线附近的人行横道处设置二次过街安全岛，安全岛宽不应小于 2.0 m，困难情况下不应小于 1.5 m。宜设置岛头，岛头长度不宜小于 0.5 m，高度 0.15～0.2 m。岛头应设置安全警示设施。岛头若设置绿化，绿化高度不宜大于 0.5 m。

3. 城市道路沿线单位道口众多，合肥地区对其宽度及与公交站台、桥隧的距离有哪些规定？

答：根据《合肥市控制性详细规划通则（试行）》规定：

（1）建设项目（城市公共交通设施场站除外）在城市道路上开设的机动车出入口，单车道宽度应不大于 5 m，双车道宽度应不大于 7 m，出入口宽度最大值应不大于 12 m，工业园区范围内项目应不大于 20 m。

（2）地块出入口距离公交站台边缘不应小于 10 m，距桥梁、隧道、立体交叉口起坡点不宜小于 50 m。

4. 非机动车道设计有哪些要求？

答：非机动车道是市政道路的重要组成部分，可与机动车道同板设置或隔离设置，一般情况下不宜与人行道同板设置。设计车速大于 40 km/h 时，非机动车道宜与机动车道进行分隔。非机动车道的宽度、纵坡应满足规范要求，应保持连续、安全，不得有路缘石、障碍物等安全隐患，应设置相应的交通安全、排水、照明、绿化等设施。

5. 城市道路是不是可以不进行超高设计？

答：道路平面设计时，应结合道路等级及设计时速选用合适的平曲线半径，尽量满足不设超高的要求。快速路、主干路、立交匝道等应按照规范要求设置超高，当圆曲线位于交叉口范围时，由于交叉口行车速度低于道路设计车速，且要考虑交叉口竖向设计，可不严格设置超高。设置超高的路段应合理进行排水设计。

6. 人行过街设施的设置有哪些规定？

答：（1）人行过街设施间距一般为 150～500 m，最大不宜超过 600 m。

（2）当学校、幼儿园、少年宫的开口处距相邻道路平面交叉口或路段中设置的横道线间距大于 100 m、小于等于 300 m 的，应当在开口处设置人行横道线。

（3）当学校、幼儿园、少年宫的开口处距相邻道路平面交叉口或路段中设置的横道线间距大于 300 m 时，应当在人行横道线的两端设置人行信号灯和在道路上设置车行信号灯。

7. 受拆迁、用地等条件限制，人行道局部存在宽度压缩的情况，极限最小值应满足什么标准？

答：根据《城市道路交通规划设计规范》第5.2.3条，人行道最小宽度不得小于1.5 m。此宽度不包含树池及杆柱等其他设施所需宽度。

建议一般情况下，人行道的有效通行宽度不宜小于2 m。

7.1.4 纵断面设计

1. 高程系统的选用

答：设计中应明确各个控制点的高程系统，同一套设计图纸中宜采用一种高程系统，设计时如有不同高程系统，应明确不同高程系间换算关系。

2. 道路纵断面设计图应包括哪些内容？

答：道路纵断面设计图基本内容包含：

(1) 设计路面高程、原地面高程，纵断面设计线、原地面线。

(2) 地下水位线。

(3) 坡度及变坡点高程，平、竖曲线及其参数。

(4) 相交管线位置、尺寸及高程。

(5) 新建桥梁、隧道、主要附属构筑物、相交道路的位置及标高。

(6) 立交设计应绘制匝道纵断设计图，如有辅路或非机动车道，应一并考虑，并应标示出各匝道、辅道的接入位置关系。

(7) 纵断面设计应考虑道路后期延长段及规划相交道路穿越河流、铁路等的纵断面控制标高。

(8) 地质剖面图及清表线；软弱地基处理设计应绘制软弱地基处理纵剖面图。

(9) 表述出最大、最小坡度、坡长及最小竖曲线半径。

3. 道路纵断面设计的常见问题有哪些？

答：道路纵断面设计应综合考虑控制点标高、防洪排涝水位标高、地块竖向设计、土方平衡等，不可忽略某一方面。

道路纵坡设计较平缓，且竖曲线半径太大时，易导致较长的竖曲线而引起纵向排水纵坡过小，引起路面积水，既影响沥青路面使用寿命，又影响安全行车，应尽量避免采用此种组合形式。

纵坡设计不能满足规范规定的最小纵坡要求时应补充锯齿形街沟设计图，以解决排水困难的问题。

有非机动车通行的道路的纵断面设计应满足非机动车通行的规范要求。

立交纵断面设计应进行最不利点净空验算。

应结合防洪标准、排水出口位置及水力坡降综合确定纵断面标高设计。

4. 机动车道的最小坡长规定在哪些情况下可适当放宽？

答：根据《城市道路工程设计规范》（CJJ 37—2012）第 6.3.3 条、《城市道路路线设计规范》（CJJ 193—2012）第 7.3.1 条：

（1）老路、老桥利用接坡段，最小坡长的规定可适当放宽。

（2）当主干路与支路相交时，支路纵断面在相交范围内可视为分段处理，不受最小坡长限制；尽端道路起（讫）点一端可不受最小坡长限制。

5. 机动车道的竖曲线最小半径、最小长度的“一般值”与“极限值”如何选取？

答：（1）竖曲线最小长度“一般值”主要考虑行车安全与舒适，一般不应小于“一般值”，当地形条件特别困难时，可采用极限值。

（2）平原地区由于纵坡缓，若采用较长的竖曲线而引起纵向排水纵坡过小时，可以采用竖曲线最小长度的“极限值”。

6. 道路纵断面设计应以土方填挖量最小为优吗？

答：纵断面设计不能仅仅按照土方量最小作为原则，而应该综合考虑片区竖向设计、片区土方平衡、沿线建筑标高、工程地质情况、道路防洪标准、道路排水需要、相交道路等因素综合确定。如设计标高与现状地形标高差别较大，应按照现场条件及减少工程废弃的原则设置合适的边坡防护设施。

7. 道路纵断面设计需要显示地质信息吗？

答：纵断面设计图应结合地质剖面示出清表线、换填深度线，以更好地指导施工。

7.1.5 横断面设计

1. 道路横断面设计图应包括哪些内容？

答：道路横断面设计图基本内容包含：

（1）机动车道、非机动车道、人行道、分隔带、绿化带等布置、相应宽度及相对标高，建筑限界，设计道路中心线，规划中心线，设计标高位置等。

（2）分期施工的道路断面，要分别绘制近期及远期横断面；地上杆线、行道树、地下管线的位置。

（3）特殊横断面及边沟、路拱大样图等。

2. 道路横断面设计有哪些注意事项？

答：（1）横断面分幅应按照规划条件确定，交口渠化段可根据现状条件等适当调整。

（2）桥梁与隧道横断面形式、车行道及路缘带宽度应与路段相同，应确保侧向净宽满足要求。横断面变化时应设置过渡段。

3. 路基土方工程量计算有哪些注意事项？

答：路基土方工程量一般应包含清表清淤工程数量、土石类别、松方系数、沟塘清淤换填数量等工程量。

7.1.6 交叉口设计

1. 交叉口渠化设计有哪些要求？

答：交叉口渠化设计应按现行设计规范及设计导则要求设置进出口道展宽渠化设计，渠化段长度应根据交通预测结果确定。采用导流岛进行渠化设计需同时考虑非机动车的交通量大小及实际通行习惯。

2. 交叉口竖向设计有哪些要求？

答：交叉口竖向设计图中除设计道路本身应标注纵、横坡外，相交道路的纵、横坡度也应该标注。竖向设计应考虑到合成坡度、排水等因素，转弯路缘石处的道路最低点应设置雨水口且宜与人行道无障碍坡道错开设置。水泥混凝土路面交叉口范围内混凝土路面应进行板块划分设计。沥青混凝土路面大交口（主干道和双向六车道及以上）的路拱方式宜用抛物线或半立方抛物线方程（路中央部分）＋直线方程（路边部分），既美观，行车方便又有利排水。

3. 交叉口范围内人行道设计有哪些要求？

答：应尽量避免采用交叉口缘石转弯曲线段全矮化设计，防止机动车上人行道，导致交通秩序混乱。宜合理设置绿化带或隔离栏杆规范行人轨迹，条件许可时应首选绿化带隔离。无障碍可采用三面坡缘石坡道，其正面坡道口宽≥1.2 m，其坡度≤1∶12，缘石高出路面0～1 cm。

4. 交叉口（道口、岛头）路缘石设计有哪些要求？

答：当曲线半径小于10 m时宜设计为曲线型路缘石，曲线半径大于10 m时可用直线型路缘石拟合为曲线使用，当使用直线型路缘石拟合曲线时，路缘石长度可以以“曲线圆顺”为原则做调整。

5. 交叉口视距三角形范围是否应采用人行道铺装以确保视距？

答：交叉口视距三角形范围内需确保视距能满足要求，但是不一定都要采用人行道铺装确保视距，也可以采用绿化等景观方式。采用绿化时在视距三角形范围内不得存在任何妨碍驾驶员视线的障碍物。

6. 交叉口渠化岛设计应注意哪些事项？

答：根据《城市道路交叉口设计规程》（《CJJ 152—2010》）第4.5.4条，第4.7.4条实体渠化岛兼做行人过街安全岛时，面积不宜小于20 m^2，如岛上设置绿化，应矮化处理，避免形成视线盲区。另建议行人二次过街安全岛最小宽度不应小于1.5米，最小长度不应小于15 m。

7.1.7 路基路面设计

1. 沥青路面结构设计时可否仅采用路表弯沉值为设计指标？

答：沥青路面结构设计应满足结构整体刚度、沥青层或半刚性基层抗疲劳开裂和沥青层抗变形的要求。应根据道路等级与类型选择路表弯沉值、柔性基层沥青层层底拉应变、半刚性材料基层层底拉应力和沥青层剪应力作为沥青路面结构设计指标：快速路、主干路、次干路应采用路表弯沉值、半刚性材料基层层底拉应力、沥青层剪应力或柔性基层沥青层层底拉应变作为设计指标；支路可仅采用路表弯沉值作为设计指标。

2. 机动车道范围内是否不能设置管道检查井？

答：由于检查井周边是施工控制的薄弱地带，且检查井设置在机动车道上也会影响机动车道的施工周期，故尽量不将检查井设置在机动车道范围内。快速路主路范围内严禁设置检查井

3. 悬浮密实型混合料可否用作半刚性基层上基层材料？

答：用作上基层的半刚性材料宜选用骨架密实型混合料，应具有一定的强度、抗疲劳开裂性能与抗冲刷能力。

4. 水泥混凝土路面结构设计时以什么强度指标控制？

答：水泥混凝土路面结构设计应以28 d龄期的弯拉强度控制。水泥混凝土弯拉强度是衡量水泥混凝土强度的重要指标，也是设计中必须满足的技术指标。

5. 水泥混凝土路面面层哪些特殊部位需配筋加强？

答：水泥混凝土路面面层下述特殊部位需配筋加强：

（1）混凝土面层自由边缘下基础薄弱或接缝为未设传力杆的平缝时，可在面层边缘的下部配置钢筋。

（2）承受特重交通的胀缝、施工缝和自由边的面层角隅及锐角面层角隅，宜配置

角隅钢筋。

（3）当混凝土面层下有圆形构造物横向穿越，其顶面至面层底面的距离 H＜1200 mm 时，在构造物顶两侧各 1.5（H＋1）m 且≮4 m 的范围内，混凝土面层内应布设单层钢筋网，钢筋网设在距面层顶面 1/4～1/3 厚度处。当混凝土面层下有箱形构造物穿越，其顶面至面层底面的距离 H＜400 mm 或嵌入基层时，在构造物顶宽及两侧各（H＋1）m 且≮4 m 的范围内，混凝土面层内应布设双层钢筋网，上下层钢筋网各距面层顶面和底面 1/4～1/3 厚度处。当构造物顶面至面层底面的距离在 400～1200 mm 时，则在上述长度范围内的混凝土面层中应布设单层钢筋网，设在距面层顶面 1/4～1/3 厚度处。钢筋直径 12 mm，纵向间距 100 mm，横向间距 200 mm。

（4）雨水口和检查井周围应设置工作缝与混凝土板完全分开，并应在 1.0 m 范围内，距混凝土板顶面和底面 50 mm 处布设双层防裂钢筋网。

6. 城市高架桥梁承台周边的路基填筑与压实应符合哪些规定？

答：（1）承台在平面布置时不宜伸入地面道路的机动车道范围。当条件限制时，承台应埋深，埋深不宜小于 1.5 m。

（2）在机动车道范围内的承台基坑回填应采用渗水性好、易密实的填料，并应符合路基压实度要求。

7. 在设计城市支路沥青路面时，不提路面的抗滑性能要求是否可行？

答：《城镇道路路面设计规范》（CJJ 169—2012）第 3.2.8 条规定，快速路、主干路沥青路面抗滑性能（横向力系数 SFC 60、构造深度 TD）应达到规定的指标值，次干路、支路、非机动车道、人行道及步行街可按该规定值执行。

8. 膨胀土路基设计中，对边坡防护及路基换填有哪些要求？

答：《城市道路路基设计规范》（CJJ 194—2013）第 7.4.5 条规定：

（1）边坡设计应放缓坡率、设置平台。根据膨胀性强弱及边坡高度情况，边坡坡率 1∶1.5～1∶2.5。边坡应设完善的排水系统，及时引排地面水和地下水。挖方边坡应依据工程地质条件、环境因素和边坡高度情况设置坡脚墙、护墙、挡土墙等加固措施。

（2）应对路床 0.80 m 范围内的膨胀土进行超挖换填，或采取土质改良等措施。对强膨胀土，地下水发育、运营中处理困难的挖方路基，换填深度应加深至 1.0～1.5 m，并应采取地下防排水措施。

9. 设计采用粉喷桩加固软土地基时，有哪些要求？

答：《城市道路路基设计规范》（CJJ 194—2013）第 7.2.1 条规定：

（1）加固土桩的直径、深度和间距应经验算确定，并应满足工后沉降要求。

（2）深度不应超过 14 m，当地基天然含水率小于 30％、大于 70％或地下水的 pH

值小于4时不宜采用。

10. 道路结构设计中哪些指标是需要明确的?

答：交通等级、设计年限、主要材料指标、验收标准。

11. 管涵顶面填土厚度达到多少才能上压路机?

答：管涵顶面填土厚度必须大于50 cm，方能上压路机。

12. 半填半挖路基设计有哪些注意事项?

答：半填半挖路基的设计要注意避免路基位于填挖交界处发生不均匀沉降，设计时存在缺少有针对性地进行专项设计的情况。应按现行规范要求，补充在填挖交界处纵、横向既要设置土质台阶（需明确具体的宽度与高度），又要铺设土工格栅（需明确设计指标）路基处理的设计图。

13. “白加黑”道路设计有哪些注意事项?

答：(1) 调查原路面现状，分析破坏原因，对路面破损程度进行评价。通过钻芯取样，测定原结构层强度、模量等指标。

(2) 进行弯沉测定，评价原道路结构的承载能力及面板接缝传荷能力等。

(3) 局部帮宽路段结构设计应考虑施工作业面特点。

(4) 需增加或完善排水系统设计。

14. 人行道板应明确哪些设计指标?

答：人行道板应根据其功能类型明确抗压强度、抗折强度和防滑指标。

15. 路基处理设计的一般要求?

答：路基处理设计图应结合地勘报告及道路纵断面设计，根据不同地质情况进行细化设计，提出分段处理方案。路基处理要考虑到管道的埋设情况。

16. 透水路面需要考虑排水问题吗?

答：透水路面和透水人行道需要考虑排水问题，应按相关技术规范（CJJ /T188—2012、CJJ /T135—2009 和 CJJ /T190—2012）采取相应技术措施。

7.1.8 附属构筑物设计

1. 路缘石设计有哪些主要要求?

答：路缘石有标定车行道范围和纵向引导排除路面水的作用，其外露高度是考虑满足行人上下及车门开启的要求确定的，一般高出路面10～20 cm。

路缘石高度的选择应以能够与路面结构共用基层结构为宜，不应破除道路基层结构设置缘石垫层座浆基础。

水泥混凝土路缘石强度等级不应小于 C35。

2. 车止石间距应符合什么要求？

答：车止石间距不宜过小，以减少对非机动车和行人的影响。车止石净间距宜采用 1.5 米左右。

3. 城市道路中无障碍设施实施范围有哪些？

答：（1）城市道路、桥梁、隧道、立体交叉中人行系统均应进行无障碍设计，无障碍设施应沿行人通行路径布置。

（2）人行系统中的无障碍设计主要包括人行道、人行横道、人行天桥及地道、公交车站。

4. 无障碍缘石坡道坡口与车行道之间高差有无明确规定？

答：《无障碍设计规范》（GB 50763—2012）第 3.1.1 条规定：无障碍缘石坡道坡口与车行道之间宜没有高差，当有高差时，高出车行道地面不应大于 1 cm。

5. 城市快速路主线整体式断面一般均设有中央分隔带，考虑到美观因素，可否不设置防撞护栏？

答：《城市快速路设计规程》（CJJ 129—2009）第 9.3.4 条规定：当城市快速路主线整体式断面的中间带宽度小于 12 m 时，必须在中间带两侧设置防撞护栏或防撞墩。

6. 城市人行天桥桥下的三角区有些做成绿化，有些做成铺装路面，当做成绿化时，是否不需要安装防护设施？

答：《无障碍设计规范》（GB 50763—2012）第 4.4.5 条规定：人行天桥桥下的三角区净空高度小于 2.0 m 时，应安装防护设施，并应在防护设施外设置提示盲道。

7. 道路附属设施的设置应注意哪些要求？

答：道路的各种箱柜设施应设置在绿化带或设施带范围内，不得设置在人行道通行空间范围内和对应过街斑马线的位置，不得侵入道路限界。

交叉口范围内的各种杆件设置应考虑并杆设置，如路灯杆、交通信号杆、路名牌杆等可以进行并杆设置，避免造成杆件林立的现象。

8. 路侧安全设施的设置有哪些规定？

答：路侧安全设施指的是人行道为路堤情况下的安全设施，是人行道安全的一个重要设施保障，需根据跌落的危险程度设置相应的防护设施。在以下情况下应采取相对应的安全设施：

（1）填方路段与邻侧地面存在高差，有行人跌落危险，$K>1:0.5$（含挡墙支护），

且 $H \geqslant 0.5$ m；1∶1.5<$K \leqslant$1∶0.5，且 $H \geqslant 1$ m 的情况下应设置护栏。

（2）填方路段与邻侧地面存在高差，有行人跌落危险，1∶1.5$\leqslant K<$1∶2，且 $H \geqslant 1.5$ m；1∶2$\leqslant K<$1∶3，且 $H \geqslant 3$ m 的情况下应在人行道外侧设置护栏、隔离栏或种植灌木的连续绿化带。

注：K 为边坡坡度，H 为路堤高度。

（3）人行道路侧有河、湖等水域的临水路段。

人行安全护栏的净高不应低于 110 cm。有跌落危险处的栏杆的垂直杆件间净距不应大于 11 cm，护栏不宜采用有蹬踏面的结构形式。安全护栏应进行结构受力验算，基础应采用埋入式基础。

9. 挡土墙有重力式毛石挡土墙、重力式毛石混凝土挡土墙、悬臂式钢筋混凝土挡土墙和扶壁式钢筋混凝土挡土墙等，请问工程中如何选用？

答：挡土墙选型，首先要结合工程项目所在地区，优先考虑就地取材的原则，按照各类挡土墙使用范围确定挡土墙形式。如当地有大量的石材可供采伐，则应选用毛石挡土墙或毛石混凝土挡土墙；如石材矿产资源严加保护，特别是在城市建成区则应选用钢筋混凝土悬臂式或扶壁式挡土墙。

挡墙体型选择：重力式挡墙按墙背形式分为仰斜、直立、俯斜三种。在开挖地段，仰斜墙背与开挖边坡较贴合，开挖量和回填量较合理；在填方地段，直立和俯斜的墙背填土易于夯实。

一般在墙高较小时，钢筋混凝土挡墙选用悬臂式结构；当墙高较大时，选用扶壁式挡墙一般比悬臂式经济。

挡土墙应合理设置泄水孔、与土接触面应设置虑水层，以保证挡土墙背面不形成地下水侧压力。挡土墙应合理设置伸缩缝和混凝土压顶。挡土墙基础埋深应超过路肩线以下 1 m 且不应高于侧沟砌体底面并超过冻结深度以下不小于 0.25 m。钢筋混凝土挡土墙应对裂缝提出具体要求。

10. 挡土墙设计应注意哪些要求？

答：挡土墙设计应注意以下要求：

（1）具有整体式墙面的挡土墙应设置伸缩缝和沉降缝，伸缩缝和沉降缝可合并设置。

（2）挡土墙泄水孔位于人行道处时应进行排水设计，避免水流无组织排放在人行道上。

（3）如用地条件许可，应尽量考虑结合景观设计生态护坡或采用缓坡绿化，避免使用生硬的浆砌护坡或挡土墙。

11. 作为道路工程中零星、辅助项目的箱涵、挡土墙结构，其结构设计说明往往在道路设计总说明中轻描淡写、一带而过，应如何编写其结构设计说明？

答：箱涵、挡土墙是道路工程中两个重要的构筑物结构，其结构设计说明无论是单列成章还是与总说明合并成册，均应按照《建筑工程设计文件编制深度规定》分类分项编制结构专业设计说明。应包括以下几方面内容：工程概况，设计依据，图纸说明，各种分类等级，主要荷载取值，设计计算程序，主要结构材料，基础、钢筋混凝土、砌体等分部结构，基底设计承载力要求、检测验收标准及注意事项等。

12. 箱涵、地下通道包括下穿城市道路、公路、铁路的涵洞，如何确定各项设计参数？

答：箱涵、地下通道包括下穿城市道路、公路、铁路的涵洞，应根据涵洞类别确定其结构的安全等级并宜与整体结构的安全等级相同。参照《公路桥涵设计通用规范》、《城市桥梁设计规范》合理确定结构设计基准期。涵洞应按照上部不同使用功能如城市道路、公路、铁路等，确定设计荷载标准及挠度、裂缝宽度的允许值，结构承载力、抗震验算、结构耐久性等应符合国家有关设计规范的要求。对地下水位较高的涵洞，进行抗浮计算，不能满足要求时应采取相应的抗浮措施。

13. 城市道路路侧台阶设计需要注意哪些问题？

答：室外台阶的坡率一般不宜过陡或者过缓，坡率一般为1∶2.5～1∶3，踏步宽度宜取0.35～0.40 m，以便于行人舒适通行。

14. 道路设计时对现状围墙的拆除与恢复需要注意哪些问题？

答：对因道路施工需要拆除恢复的围墙，应与周边环境相协调，需要注意以下问题：

对于小区围墙，目前最常用的是透空围墙，设计时尽量与现状围墙和周边环境保持风格统一。

对于临时围墙，可采用砖砌＋抹面的形式。

围墙设计时需要考虑基础埋深、稳定性、抗压和抗剪强度要满足规范要求。围墙用砖不得使用黏土砖等。

7.2 排水专业

7.2.1 排水管渠及附属构筑物

1. 道路排水工程施工图设计说明主要应包括哪些内容？

答：道路排水工程施工图应有详细的设计说明，主要内容应包括工程概况、设计依据、初步设计批复执行情况、设计标准及参数、计算公式、材料选用、施工方法、选用图集、注意事项等。

2. 雨水设计流量计算什么情况下可采用推理公式法进行？

答：当雨水系统汇水面积不超过 2 km^2 时，采用推理公式法计算雨水设计流量；汇水面积超过 2 km^2 时，应采用数学模型法对推理公式法进行校核、调整。

合肥市暴雨强度公式为

$$q=4850\ (1+0.846\lg P)\ /\ (t+19.1)\ 0.896$$

式中：q——暴雨强度（L/s・ha）；

P——设计重现期（年）；

t——降雨历时（min），$t=t_1+t_2$；

t_1——地面集水时间（min）；

t_2——管道内雨水流行时间（min）。

3. 某项目雨水设计主管直接接入水系，未注明水系的最高设计水位，且未复核水系最高水位对雨水排放的影响，该设计是否正确？

答：该设计不正确。应补充明确水系的最高设计水位，结合雨水管道设计流量、管径及坡度复核雨水管道水力坡度线，应满足《合肥市排水设计导则》（DBHJ/T 012—2014）第 2.1.5 条雨水管水力坡度线应低于地面标高 0.5m 的要求，并充分考虑道路横坡的影响。

4. 合肥市的城市内涝防治标准如何确定？

答：合肥市城区范围应按《合肥市排水设计导则》（DBHJ/T 012—2014）第 2.2.4 条城市内涝防治标准为：通过采取综合措施，有效应对 50 年一遇 24 h 设计暴雨，居民住宅和工商业建筑物的底层不进水；保证道路中单向至少一条车道的积水深度不超过 15 cm 的要求确定，其他县（市）城区应按国家相关规范标准执行。

5. 某项目雨、污水管道均按双排管设计，是否应设置联通管？

答：应按《合肥市排水设计导则》（DBHJ/T 012—2014）第 2.3.2 条长距离双侧平行布设雨、污水主管，管道之间应设置连通管，连通管管径按双侧主管中的小管确定，间距宜采用 1 km 的要求进行设计。

6. 某项目重力流污水管道过河设计未设置备用管，且未采用套管防护，该设计是否正确？

答：该设计不正确。应按《合肥市排水设计导则》（DBHJ/T 012—2014）第 2.3.3 条过河污水管设计应采用套管形式按备用布置，两端设闸门或闸槽井等控制装置；检查井设置应避免河水渗漏、倒灌的要求进行设计。

7. 雨、污水管道穿越铁路、高速公路、轨道交通有何要求？

答：穿越铁路、高速公路和轨道交通的雨、污水管应采用套管形式，并满足相关部门的要求。

8. 雨、污水管道顶管设计应注意哪些问题？

答：采用顶管施工方式的雨、污水管宜采用机械顶管工艺，应根据地质情况，合理选择顶管工艺；同时应按有关规范及规程要求明确防渗、防沉降、防管壁外空洞的具体措施；结合规范要求及现场情况合理确定顶管工作坑及接收井的位置及尺寸；顶管间距应符合《给水排水工程顶管技术规程》（CECS 246.2008）第5.3条的相关规定。

9. 某项目雨、污水管道设计采用塑料类管材，但未明确管道的具体材质、型号，具体管材材质及型号由业主确定，该设计是否满足设计深度要求？

答：该设计不满足设计深度要求。雨、污水管设计应标明规格、型号和材质等具体参数，接口应采用柔性接口。

10. 某项目雨、污水管道设计埋深较大，检查井超过国标图集适用范围，但未进行超深检查井专项设计，是否满足设计深度要求？

答：不满足设计深度要求。当管道埋深超过国标图集适用范围时，检查井应进行专项结构设计。

11. 道路改、扩建工程排水设计应注重哪些问题？

答：改建和扩建项目，设计单位应结合对现状雨水管（涵）、污水管（涵）（以下简称雨、污水管）检测的结果，确定保留利用、加固维修或废除方案，并征求管养单位意见。废除的雨、污水管，应标明拆除；不易拆除的雨、污水管，应采取封堵、填实等处理措施。结合沿线单位排水规划和现状，合理设置支管及检查井，将道路沿线居住小区及单位雨水、污水分别接入道路新建、改建的雨、污水管。

12. 非市政道路下的雨、污水管，是否应设置管养通道？

答：位于非市政道路下的雨、污水管，应同步设计养护通道，并在沿线地面上设置标识。

13. 雨、污水检查井设计有何规定？

答：雨、污水检查井设计应严格执行《室外排水设计规范》（GB 50014—2006，2016年版）第4.4.6条强制性条文规定“位于车行道的检查井，应采用具有足够承载力和稳定性良好的井盖与井座”及其他相关规定；同时应按《合肥市排水设计导则》（DBHJ/T 012—2014）第2.3.10条检查井宜设置在绿化带、人行道及非机动车道范围内，不宜设置在机动车道范围内，严禁设置在城市快速路车行道；机动车道下雨、污水检查井应设置在车轮不易碾压位置，采用现浇钢筋混凝土结构；第 2.3.11 条地下水位较高的检查井，应采用现浇钢筋混凝土结构；第 2.3.12 条检查井盖座设计应符合《合肥市城镇检查井盖技术导则》等相关要求。检查井盖应易开启，具有防盗、防位移、防响和防滑等功能；金属检查井盖座材质应采用球墨铸铁；检查井内应设计防坠落装置的要求进行设计。排水检查井位于车行道下应采取加固措施。跌水井及水封井设计应严格按照《室外排水设计规范》（GB 50014—2006，2016 年版）相关规定执行。

14. 雨水口设计应遵循哪些规定？

答：雨水口设计应遵循以下规定：

（1）雨水口宜采用偏沟式、平箅式或联合式，广场或平坦区域排水雨水口宜采用平箅式。平箅式雨水口的箅面标高应比附近路面标高低 3～5 cm。

（2）雨水口的形式、数量和布置，应按汇水面积所产生的流量、雨水口的泄水能力和道路形式确定，与雨水管渠设计重现期标准相匹配。

（3）雨水口及其连接管流量应采用按设计重现期计算流量的 1.5～3 倍。

（4）雨水口间距应结合道路设计坡度、红线宽度和雨水口形式等因素综合确定，大于 40 m 红线宽度的道路雨水口间距不宜大于 35 m；当道路纵坡大于 0.02，雨水口间距可大于 50 m。

（5）雨水口连接管串联雨水口个数不宜超过 3 个，雨水口连接管长度不宜超过 25 m。

（6）道路低点应设置多箅雨水口，连接管管径不宜小于 DN400 mm。

（7）道路交口雨水口宜沿侧石边缘布置，设计应有交口雨水口布置详图。

（8）车行道下雨水口连接管宜采用Ⅱ级钢筋混凝土承插口管，并宜采用混凝土满包加固。

（9）位于交通繁忙、人口稠密区域及道路低点等位置的雨水口，宜设置沉泥槽。

（10）雨水口只宜横向串联，不应横、纵向一起串联。

（11）雨水口位于车行道下应采取加固措施。

（12）严格按《室外排水设计规范》（GB 50014—2006，2016 年版）相关规定设计。

15. 排水出水口设计应遵循哪些规定？

答：排水出水口设计应遵循这些规定：

（1）道路排水出口应与主体工程同步设计、同步实施。

（2）下游雨水管未建或尚未贯通，临时出口应随主体工程设计、施工，排水标准与主体工程相同，雨水排出口必须保证畅通。

（3）下游污水管未建或尚未贯通，污水管道不得启用，不得采用溢流等方式与雨水系统临时沟通。

（4）雨水排出口接入水体，若上游管道底标高低于常水位，宜设置闸门，以便于上游管道管养。

(5) 按照“城市黑臭水体整治——排水口、管道及检查井治理技术指南（试行）”的有关规定进行。

16. 如何保证立体交叉道路排水出口的安全性？

答：立体交叉道路应设独立排水系统，出水口必须可靠；立体交叉道路在确保安全的前提下，优先采用重力流自排方式排水。

17. 下穿段道路除雨水收集管外，是否可以布置其他雨、污水管？

答：下穿段道路除雨水收集管外，不得布置其他雨、污水管；下穿段道路原有排水管应迁移改建，沿下穿段外侧布置。

18. 如何进行防止外水进入下穿通道的设计？

答：下穿道路引道两端应尽可能设计驼峰路面，道路两侧砌筑挡墙、设置排水边沟等措施，防止立交范围外水进入下穿道路排水系统。

19. 如何合理设计下穿段道路雨水收集设施？

答：应结合下穿通道结构形式，合理设置雨水口、边沟、沉泥井和雨水管等，保证雨水收集输送能力；边沟盖板应便于收水和开启。

20. 下穿通道是否可以设计雨水横向截水沟？

答：应结合道路横坡、纵坡，合理确定雨水截水沟的位置。如采用横向截水沟设计，应采取减震及防噪音措施，满足环评有关要求。

21. 雨水明渠接入管涵前为何要求设置格栅？

答：为防止较大尺寸的垃圾及漂浮物进入，减少后期雨水管涵系统管养难度，降低汛期雨水管涵阻塞风险，在雨水明渠接入管涵前设置格栅是非常必要的。

22. 雨水箱涵设计结构形式有何要求？

答：应按《合肥市排水设计导则》（DBHJ/T 012—2014）第2.8.2条排水箱涵应采用钢筋混凝土结构形式的要求执行。

23. 沉井设计应注意哪几个方面的问题？

答：沉井设计是指给水排水工程中各类钢筋混凝土沉井结构的设计。沉井结构应按承载能力极限状态和正常使用极限状态设计。各类形式的沉井均应进行沉井下沉、下沉稳定性及抗浮稳定性验算，必要时尚应进行沉井结构的倾覆和滑移验算，同时还应复核在顶管力作用下，壁板后背土压力及其土体的稳定性验算。沉井结构设计中：混凝土强度等级、混凝土抗渗等级、混凝土含碱量、裂缝最大限值、钢筋保护层厚度均为强制性条文，设计文件中应明确标注。沉井设计文件中还必须明确沉井的设计使用年限、结构安全等级及是否考虑抗震设计及其有关参数等。

24. 关于封底混凝土设计应注意哪几个方面的问题？

答：沉井封底混凝土强度等级不低于C20，不应采用抛石混凝土。水下封底混凝土的厚度应根据计算确定，其边缘厚度应满足冲切要求并在图中明确标注。当封底混凝土与底板间有拉结钢筋等可靠连接时，封底混凝土的自重可作为沉井抗浮重量的一部分参与使用阶段的抗浮验算。

25. 关于给水排水工程钢筋混凝土贮水和水处理构筑物设计应注意哪几个方面的问题？

答：给水排水工程钢筋混凝土水池结构应按承载能力极限状态和正常使用极限状态设计。承载力极限状态是对结构构件的承载力（包括压曲失稳）计算、结构整体失稳（滑移、倾覆、上浮）验算。结构构件的变形、抗裂度和裂缝宽度计算值应满足相应的规定限值，钢筋最小配筋率应满足有关规范要求。混凝土强度等级、混凝土抗渗等级、混凝土抗冻等级（月平均气温－3℃～－10℃及－10℃以下的外露水池）、钢筋保护层厚度、防腐措施（水池中介质酸碱度低于6时）均为强制性条文，设计文件中应明确标注。设计文件中还必须明确贮水和水处理构筑物的设计使用年限、结构安全等级及是否考虑抗震设计及其有关参数等。

7.2.2 排水泵站

1. 排涝泵站室外地坪标高如何确定？

答：根据《室外排水设计规范》(GB 50014—2006)（2016年版）第5.1.6条的规定，泵站室外地坪标高应按城镇防洪标准确定。

2. 某位于中心城区居民区的污水泵站，未设臭气收集处理设施，设计是否合理？

答：该设计应判定为不合理。根据《室外排水设计规范》(GB 50014—2006)（2016年版）第5.1.10条的规定，位于居民区和重要地段的污水、合流污水泵站，应设置除臭装置。

3. 某自然通风条件较差的地下式泵房，按自然进风、机械排风进行通风设计，是否合理？

答：该设计应判定为不合理。根据《室外排水设计规范》(GB 50014—2006)（2016年版）第5.1.11条的规定，自然通风条件差的地下式水泵间应设机械送排风综合系统。

4. 某排水泵站正向进水的前池，扩散角为50°，设计是否合理？

答：该设计应判定为不合理。根据《泵站设计规范》（GB 50265—2010）第7.2.1条的规定，正向进水的前池，扩散角应小于40°。

5. 某大型排涝泵站，前池采用侧向进水，设计是否合理？

答：该设计可判定为不合理。根据《泵站设计规范》（GB 50265—2010）第7.2.2条的规定，侧向进水的前池，宜设分水导流设施。

6. 某排涝泵站进水池的水下容积按最大一台水泵的30倍设计流量确定，设计是否正确。

答：该设计不正确。根据《泵站设计规范》（GB 50265—2010）第7.2.7条的规定，进水池的水下容积可按共用该进水池的水泵30～50倍设计流量确定。

7. 某污水泵站集水池设计最高水位按进水管管顶确定，设计是否正确？

答：该设计不正确。根据《室外排水设计规范》（GB 50014—2006）（2016年版）第5.3.5条的规定，污水泵站集水池的设计最高水位，应按进水管充满度计算。

8. 根据《合肥市排水设计导则》（DBHJ/T 012—2014）的规定，排水泵站水泵需标注哪些设计参数？

答：水泵选型应大小型号搭配，并明确水泵在最低、正常、最高扬程时对应的流量和效率参数，水泵蜗壳、叶轮等主件的材质；潜水泵电机外壳、蜗壳、叶轮等主件的材质宜选用ASTMA－48 35B（DIN 1691，GG25）灰口铸铁或更高级别材质，泵和电机的轴应为连续无间断形式。

9. 根据《合肥市排水设计导则》（DBHJ/T 012—2014）的规定，排水泵站备用泵如何设置？

答：排水泵站应设置备用泵，备用泵流量取最大一台水泵的流量，按热备泵设计。

10. 根据《合肥市排水设计导则》（DBHJ/T 012—2014）的规定，泵站前池容积及清淤孔设计需要考虑哪些因素？

答：泵池容积、池底标高应满足排水及水泵运行要求，并设置事故溢流系统；前池应设计清淤孔，孔口尺寸、间距应满足通风、人员通行及淤泥吊运要求。

11. 根据《合肥市排水设计导则》（DBHJ/T 012—2014）的规定，汇水范围内有明渠的排涝泵站格栅如何选型？

答：汇水范围内有明渠的排涝泵站，应设抓斗式格栅，并设置人工清捞平台及垃圾运输通道。

12. 根据《合肥市排水设计导则》(DBHJ/T 012—2014)的规定，格栅清污机、进水闸门顶部空间及冲洗有何要求?

答：格栅清污机、进水闸门顶部雨棚设计应满足设备起吊检修空间要求，格栅平台上应装置给水栓，用于冲洗。

13. 根据《合肥市排水设计导则》(DBHJ/T 012—2014)的规定，泵房设计如何考虑水泵设备的吊运?

答：泵房地坪设计荷载应满足水泵及运输车辆重量承载要求，大门宽度及高度满足运输车辆进出；起吊行车能够将水泵直接起吊至运输车辆上。

14. 根据《合肥市排水设计导则》(DBHJ/T 012—2014)的规定，泵站内部道路需满足哪些要求?

答：内部道路应满足设备检修及车辆运输要求。

15. 根据《合肥市排水设计导则》(DBHJ/T 012—2014)的规定，无人值守泵站设计有哪些规定?

答：无人值守泵站设计应遵守下列规定：

(1) 泵站红线范围设安全围栏；泵池四周通道应布置汽车起吊位置，以便安装维修水泵。

(2) 地下泵池应设置人员进出维修通道(类似地下人行通道出入口)，上下楼梯应采用钢筋混凝土等耐腐蚀强的结构，坡度满足规范要求；泵池设备吊装孔盖板应采用轻便、耐用、结实和防盗材质。

(3) 配电房空间应满足检修、温度调节要求。

(4) 泵池排空潜污泵冷备放置在泵池内平台处，潜污泵出水管平台上部采用钢管引入泵站出水井(同时设置截止阀)、平台下部采用软管。

(5) 设置泵池清淤上下通道及机械通风设施，通风设备应有定时开启、关闭功能。

(6) 设置值班岗亭，供应急值守和检修使用。

16. 根据《合肥市排水设计导则》(DBHJ/T 012—2014)的规定，雨水泵站进水总管上需要设置闸阀吗?

答：雨水泵站进水总管上需要设置闸阀。

17. 根据《合肥市排水设计导则》(DBHJ/T 012—2014)的规定，雨水泵站出水管可与其他管道共用通道吗?

答：雨水泵站出水管应为单独出水通道。

18. 根据《合肥市排水设计导则》（DBHJ/T 012—2014）的规定，合肥市雨水泵站启排水位如何确定？

答：设计启排水位宜不高于泵站进水管渠底标高400 mm，并不高于管中心标高（不包括道路立交泵站）。

19. 根据《合肥市排水设计导则》（DBHJ/T 012—2014）的规定，如何保证污水泵站格栅检修时切断水流？

答：在进水管接入泵站处及格栅前各设置一道闸门，闸门选用双向止水形式。

20. 根据《合肥市排水设计导则》（DBHJ/T 012—2014）的规定，污水泵站是否需要设置除臭系统？

答：污水泵站需要设置臭气处理系统。

21. 根据《合肥市排水设计导则》（DBHJ/T 012—2014）的规定，如何保证前池清洗时污水泵站的正常运行？

答：泵池系统不宜少于2组，每组应能独立运行。

22. 根据《合肥市排水设计导则》（DBHJ/T 012—2014）的规定，污水泵站如何监测有害气体？

答：污水泵站泵池应设置有害气体在线监测仪。

7.3 照明专业

1. 城市道路照明相关最新的设计标准有哪些？

答：（1）照明专业的

《城市道路照明设计标准》（CJJ 45—2015）；

《城市夜景照明设计规范》（JGJ/T 163—2008）；

《城市道路照明工程施工及验收规程》（CJJ 89—2012）；

《高杆灯照明设施技术条件》（CJ/T 457—2014）。

（2）相关专业的

《低压配电设计规范》（GB 50054—2011）；

《供配电系统设计规范》（GB 50052—2009）；

《系统接地形式及安全技术要求》（GB 14050—2008）；

《建筑照明设计标准》（GB 50034—2013）。

2. 为什么要求明确验收标准？

答：照明设计是为工程施工服务的，施工后必须进行验收，如果不注明标准，对于业主和管理单位在验收的时候就没有标准去参照，所以设计说明中应明确验收标准。目前的道路照明验收标准是：城市道路照明工程施工及验收规程 CJJ 89—2012。

3. 设计计算中主要应该包括哪些计算参数？

答：平均照度（平均亮度）、照度均匀度（亮度均匀度）、LPD、环境比、电缆线经、变压器容量等。

4. 设计图纸应包含哪些基本选项？

答：(1) 根据道路等级选择照明水平，包括平均照度、均匀度、眩光、环境比、功率密度等技术参数。

(2) 照明器具的布置，包括连续照明、特殊段、缓冲区、高架照明等。

(3) 布灯方式（单挑悬索、交错、对称、中心布置）、灯具配置（单灯双灯、多灯组合、庭院灯）等。

(4) 选择光源电器及器具，进行布灯，包括仰角、高度、臂长、灯间距。

(5) 进行照明计算，验证照明设计是否达标，找到最佳方案。

(6) 电源位置。

(7) 进行线路、负荷、电压损失、功率因数补偿和接地故障保护等计算，确定导线型号、规格、电源容量等等。

(8) 绘制、灯具、配电控制平面图、管线断面图、灯杆大样图、接线图、断面图。

(9) 配电系统图（一次、二次、负荷）。

(10) 灯杆、基础、沟槽、手井、配电柜、变电站图。

(11) 设计说明、预算。

5. 什么图纸被判为不合格？

答：(1) 违反强条的；

(2) 图纸严重不完整的；

(3) 字体太小、模糊，图面凌乱的；

(4) 没有安全设置的；

(5) 没有技术参数设计的。

6. LPD 中有效面积的认定？

答：LPD 计算中的 *P* 应该是全部功率，包括整流器功耗；*W* 为道路宽度，但是不包括绿化带的面积；*S* 为灯间距，为连续照明的多数灯间距。

7. 高杆灯设置应该包括哪些图纸？

答：灯杆图、基础图、抗风计算、配电图。

8. 接地系统采用哪种方式？

答：目前道路照明中常规的接地方式为TT制和TN－S制。合肥目前推荐采用TN－S制，即“N线”和PE线严格分开，并在每盏路灯基础上增加一个接地极，并和PE线连接。

9. 布灯方式应该怎么采用？

答：主要的布灯方式有：常规照明灯具的布置可分为单侧布置、双侧交错布置、双侧对称布置、中心对称布置和横向悬索布置五种基本方式。道路横断面快车道不超过12米的建议采用单侧布灯，12米以上宜采用双侧布灯，没有慢车道的不需要采用双挑灯杆，灯杆高度不宜超过12米，超过12米的灯杆需要考虑抗风及维修便利。

10. 如何节能？

答：(1) 设计中LPD不超标；

(2) 采用节能产品；

(3) 选择防尘防水灯具；

(4) 降低无功损耗，缩小供电半径；

(5) 采用变功率整流器；

(6) 设计节能器。

11. 配电系统需要注意的事项？

答：(1) 正常运行情况下，照明灯具端电压应为额定电压的90%～105%。

(2) 城市道路照明电力负荷应为三级负荷，城市中的重要道路、交通枢纽及人流集中的广场等区段的照明可为二级负荷。不同等级负荷的供电要求应符合现行国家标准《供配电系统设计规范》(GB 50052—2009) 的规定。

(3) 供电网络设计应符合规划的要求。宜采用路灯专用变压器供电。变压器和照明配电箱宜设置在靠近照明负荷中心并便于操作维护的位置。

(4) 道路照明配电系统宜采用地下电缆线路供电，当采用架空线路时，宜采用架空绝缘配电线路。中性线的截面不应小于相线的导线截面，且应满足不平衡电流及谐波电流的要求。

(5) 道路照明供电线路的人孔井盖及手孔井盖、照明灯杆的检修门及路灯户外配电箱，均应设置需使用专用工具开启的闭锁装置。

12. 防雷需要吗？

答：对安装高度在15m以上或其他安装在高耸构筑物上的照明装置，应按现行国家标准《建筑物防雷设计规范》(GB 50057) 的规定配置避雷装置。配电柜里应该设置防雷装置。

13. 接地电阻应该怎么明确？

答：一般不高于10欧姆，配电柜接地电阻不高于4欧姆，在人流量大的广场、公园、车站接地电阻不高于4欧姆。

14. 控制系统怎么去明确？

答：控制系统应该满足管理单位要求。

15. 小区、公园照明应该注意哪些事项？

答：不光需要满足设计标准，还需要满足市民需要，灯杆布灯位置，不能影响居民生活，防止炫光。

16. 照明光源如何去选择？

答：(1) 快速路、主干路宜采用高压钠灯，也可选择发光二极管或陶瓷金属卤化物灯；

(2) 次干路和支路可选择高压钠灯、发光二极管或陶瓷金属卤化物灯；

(3) 居住区机动车和行人混合交通道路宜采用发光二极管或金属卤化物灯；

(4) 市中心、商业中心等对颜色识别要求较高的机动车交通道路可采用二级发光管或金属卤化物灯；

(5) 商业区步行街、居住区人行道路、机动车交通道路两侧人行道或非机动车道可采用发光二极管、小功率金属卤化物灯或细管径荧光灯、紧凑型荧光灯；

(6) 道路照明不应采用高压汞灯和白炽灯。

合肥市主干道一般采用高压钠灯，支路和小街巷可以采用LED光源。

17. 照明灯具如何去选择？

答：一般选择半截光型灯具，截光型灯具可以在机场附近等要求较高的道路上选用，LED灯具需要明确配光曲线等技术参数。

18. 半夜灯如何控制？

答：在人流稀少、偏远的路段在不影响安全的情况下可以采用半夜灯控制。合肥地区可以统一在夜间12点以后，对于闹市区后半夜电压升高的区域可以采用降功率运行。

19. 城市下穿桥和人行通道照明如何设计

答：城市下穿桥长度大于60 m及地下人行通道，可以按照隧道照明标准进行设计。

8 建筑装饰

1. 幕墙的钢材设计强度取值规范规定不一致，如何取用？

答：《金属与石材幕墙工程技术规范》（JGJ 133—2001）和《玻璃幕墙工程技术规范》（JGJ 102—2003）以及《钢结构设计规范》（GB 50017—2003）对幕墙钢材设计强度的取值差异，可以总结如下：

表 8-1 钢材的强度设计值

材料	受力状态	JGJ 133—2001	JGJ 102—2003	GB 50017—2003
Q235 钢材（$d\leqslant 40$）	抗拉、压、弯（MPa）	215	205	205
	抗剪（MPa）	125	120	120
Q345 钢材（$d\leqslant 16$）	抗拉、压、弯（MPa）	315	310	310
	抗剪（MPa）	185	180	180
	端面承压（MPa）	445	400	400

可见，《玻璃幕墙工程技术规范》（JGJ 102—2003）完全按现行《钢结构设计规范》（GB 50017—2003）对钢材取值。鉴于钢结构使用广泛，理论成熟，而且《金属与石材幕墙工程技术规范》（JGJ 133—2001）和《玻璃幕墙工程技术规范》（JGJ 102—2003）均规定钢材强度按现行国家标准《钢结构设计规范》取用，幕墙设计时钢材强度可以直接按现行《钢结构设计规范》（GB 50017—2003）取用。

2. 幕墙的铝合金材料设计强度取值规范规定不一致，如何取用？

答：《金属与石材幕墙工程技术规范》（JGJ 133—2011）和《玻璃幕墙工程技术规范》（JGJ 102—2003）以及《铝合金结构设计规范》（GB 50429—2007）对幕墙建筑铝合金材料的设计强度规定如下：

表 8-2 铝合金材料的强度设计值

材料	受力状态	JGJ 133—2001	JGJ 102—2003	GB 50429—2007
6061T4	抗拉、压、弯（MPa）	85.5	85.5	90
	抗剪（MPa）	49.6	49.6	55
	端面承压（MPa）		133.0	

（续表）

材料	受力状态	JGJ 133—2001	JGJ 102—2003	GB 50429—2007
6061T6	抗拉、压、弯（MPa）	190.5	190.5	200
	抗剪（MPa）	110.5	110.5	115
	端面承压（MPa）		199.0	
6063T5	抗拉、压、弯（MPa）	85.5	85.5	90
	抗剪（MPa）	49.6	49.6	55
	端面承压（MPa）		120.0	
6063T6	抗拉、压、弯（MPa）	140.0	140.0	150
	抗剪（MPa）	81.2	81.2	85
	端面承压（MPa）		161.0	
6063AT5 壁厚≤10 mm	抗拉、压、弯（MPa）	124.4	124.4	135
	抗剪（MPa）	72.2	72.2	75
	端面承压（MPa）		150	
6063AT6 壁厚≤10 mm	抗拉、压、弯（MPa）	147.7	147.7	160
	抗剪（MPa）	85.7	85.7	90
	端面承压（MPa）		172.0	

《金属与石材幕墙工程技术规范》（JGJ 133—2001）和《玻璃幕墙工程技术规范》（JGJ 102—2003）对铝合金的设计强度取值一致，《铝合金结构设计规范》（GB 50429—2007）取值偏大约 10%。实际上，上述各规范对铝合金材料的强度标准值 f_{ak} 取值是一致的，均取 $f0.2$。我们知道强度设计值 $fa=f_{ak}/k$，k 是材料分项系数，k 实际上是对材料设计强度保证率的要求。k 越大，材料设计强度保证率越高，反之亦然。《金属与石材幕墙工程技术规范》（JGJ 133—2001）和《玻璃幕墙工程技术规范》（JGJ 102—2003）对铝合金的 k 取 1.286，《铝合金结构设计规范》（GB 50429—2007）的 k 取 1.2，这就是铝合金设计强度差异的原因。例如：6061T4 $f_{0.2}=f_{ak}=110$。$k=1.286$，$f_a=110/1.286=85.5$；$k=1.2$，$f_a=110/1.2\approx90$（按 GB 50429—2007 要求取 5 的整数倍）。因此，铝合金材料设计强度取值的不同反映了规范对材料强度设计值保证率的不同要求，对幕墙应按幕墙规范取值。

3. 花岗石板的设计强度取值？

答：花岗石是天然材料，强度离散性大，《金属与石材幕墙工程技术规范》（JGJ 133—2001）要求根据试验的弯曲强度平均值 f_{gm} 决定。具体如下：

表8-3 花岗石的强度设计值

弯曲强度试验平均值（MPa）	抗弯强度设计值（MPa）	抗剪强度设计值（MPa）
f_{gm}（MPa）	$f_{g1}=f_{gm}/2.15$（MPa）	$f_{g2}=f_{gm}/4.30$（MPa）
8	3.72	1.86
10	4.65	2.33

规范要求任一试件弯曲强度低于8MPa，该批花岗石板就不得用于幕墙。按有关资料，根据品种不同，花岗石板的弯曲强度一般在8.34～14.72MPa，f_{g1}目前设计取值较为混乱，有3.7MPa、4.7MPa等。要注意设计文件前后一致，例如，f_{g1}取4.7MPa时，设计文件按规范要求任一试件弯曲强度不低于8MPa外，还应要求花岗石板弯曲强度试验平均值不小于10MPa。

4. 铝合金牌号和状态的含义？

答：铝合金牌号和状态的含义，《金属与石材幕墙工程技术规范》（JGJ 133—2001）和《玻璃幕墙工程技术规范》（JGJ 102—2003）均未给出，补充如下：铝合金牌号表示化学成分的不同，其中第一位数字的含义如下：

表8-4 铝合金排号第一位数字的含义

组别	牌号
纯铝（铝含量不小于99.00%）	1×××
以铜为主要合金元素的铝合金	2×××
以锰为主要合金元素的铝合金	3×××
以硅为主要合金元素的铝合金	4×××
以镁为主要合金元素的铝合金	5×××
以镁和硅为主要合金元素并宜Mg2Si相为强化相的铝合金	6×××
以锌为主要合金元素的铝合金	7×××
以其他合金元素为主要合金元素的铝合金	8×××
备用合金组	9×××

表8-5 铝合金状态的含义

代号	名称	说明
F	自由加工状态	
O	退火状态	
H	加工硬化状态	
W	固熔热处理状态	

（续表）

代号	名称	说明
T	热处理状态	T4：固熔热处理后自然时效至基本稳定状态。适用于固熔热处理后，不再进行冷加工（可进行矫直、矫平，但不影响力学性能极限）的产品。 T5：由高温成型过程冷却，然后进行人工时效的状态。适用于由高温成型过程冷却后，不再进行冷加工（可进行矫直、矫平，但不影响力学性能极限），予以人工时效的产品。 T6：固熔热处理后进行人工时效的状态。适用于固溶热处理后，不再进行冷加工（可进行矫直、矫平，但不影响力学性能极限）的产品。

《金属与石材幕墙工程技术规范》（JGJ 133—2001）和《玻璃幕墙工程技术规范》（JGJ 102—2003）铝合金牌号有6061、6063、6063A，状态有T4、T5、T6，不同的牌号和状态强度差别很大，施工图对铝合金材料的牌号和状态应注写清楚。

《铝合金结构设计规范》（GB 50429—2007）中除上述牌号外还有：5083O/F、5083H112、3003H24、3004H34、3004H36。

建议采用《金属与石材幕墙工程技术规范》（JGJ 133—2001）和《玻璃幕墙工程技术规范》（JGJ 102—2003）给定牌号的铝合金材料。

5. 幕墙的抗震变形能力要求和实现的途径？

答：《金属与石材幕墙工程技术规范》（JGJ 133—2001）和《玻璃幕墙工程技术规范》（JGJ 102—2003）均在4.2.6条要求：幕墙抗震设计时，其平面内变形性能应按主体结构弹性层间位移角限值的3倍设计。《建筑抗震设计规范》（GB 50011—2010）规定的结构弹性层间位移角和弹塑性层间位移角如下：

表8-6 结构弹性层间位移角和弹塑性层间位移角

结构类型	弹性层间位移角	弹塑性层间位移角
钢筋混凝土框架	1/550	1/50
框架—剪力墙、板柱抗震墙、框架—核心筒	1/800	1/100
抗震墙、筒中筒	1/1000	1/120
钢筋混凝土框支层	1/1000	
多、高层钢结构	1/250	1/50

地震时结构会进入弹塑性状态，产生大的侧向变形。幕墙规范提出近似按3倍弹性层间位移角设计是比较宽松的，实践证明也是有效的。汶川地震中，有的建筑损坏严重，但玻璃幕墙几乎完好，分析原因，该条规定功不可没。

幕墙的抗震变形能力主要通过构造来实现。幕墙应自成一体，悬挂在主体结构上。有些设计单位在结构柱和钢筋混凝土剪力墙上省略立柱，这样会严重影响幕墙的抗震变形能力，应设置完整的幕墙立柱、横梁框架，立柱与主体结构通过锚接点以点传力的方式将荷载传至主体结构。

6. 隐框玻璃幕墙玻璃托的设置。

答：隐框玻璃幕墙和半隐框玻璃幕墙的玻璃自重要靠硅酮结构密封胶传力，而硅酮结构密封胶的承受永久荷载能力很低，仅0.01 N/mm²，仅为在风、地震作用下硅酮结构密封胶抗拉（剪）强度的5%。因此，虽然隐框玻璃幕墙已按长期强度计算，设玻璃托承受玻璃自重仍然是重要的保险措施。同样，倒挂玻璃幕墙的玻璃顶也应设金属安全件。

7. 幕墙立柱与墙体的连接可否采用膨胀螺栓？

答：膨胀螺栓的破坏一般属脆性破坏，因此《混凝土结构后锚固技术规程》（JGJ 145—2004）的4.1.3强制条文规定："膨胀型锚栓和扩孔型锚栓不得用于受拉、边缘受剪（$C<10hef$）、拉剪复合受力的结构构件及生命线工程非结构构件的后锚固连接。"

8. 幕墙的保养和维护。

答：由于存在不可避免的建筑物沉降、金属材质蠕变、钢材锈蚀等现象，为保证幕墙使用安全，《金属与石材幕墙工程技术规范》（JGJ 133—2001）和《玻璃幕墙工程技术规范》（JGJ 102－003）均用专门章节提出对幕墙的保养和维护要求。要求至少每五年要全面检查一次，遇到台风、地震、火灾等自然灾害时，灾后应立即全面检查。设计图纸应据此提出明确要求。《玻璃幕墙工程技术规范》（JGJ 102—2003）也明确要求承包商应向业主提供《幕墙使用维护说明书》。

9. 幕墙的防火有哪些规定？

答：(1)《建筑设计防火规范》（GB 50016—2015）第7.2.7条和《高层民用建筑设计防火规范》（GB 50045—95）第3.0.8条，对建筑幕墙的防火设计均作了如下之规定：

a. 窗槛墙、窗间墙的填充材料应采用不燃材料，当外墙面采用耐火极限不低于1.00 h的不燃烧体时，其墙内填充材料可采用难燃材料。

b. 无窗槛墙或窗槛墙高度小于0.8 m的建筑幕墙，应在每层楼板外沿设置耐火极限不低于1.00 h，高度不低于0.8 m的不燃体裙墙或防火玻璃裙墙。

c. 建筑幕墙与每层楼板、隔墙处的缝隙，应采用防火封堵材料封堵。

(2)《玻璃幕墙工程技术规范》（JGJ 102—2003）第4.4.6条～第4.4.11条。

(3)《金属与石材幕墙工程技术规范》（JGJ 133—2001）第4.4.1条规定应在每层楼板处形成水平防火隔离带。

(4) 公通字［2009］46号文《民用建筑外保温系统及外墙装饰防火暂行规定》：

a. 幕墙式建筑的建筑高度大于等于 24 m 时，外墙保温材料的燃烧性能应为 A 级。其中，当采用 B_1 级保温材料时，每层应设置水平防火隔离带。

b. 外墙保温材料应采用不燃材料作防护层，防护层应将保温材料完全覆盖，防护层厚度不应小于 3 mm。

c. 建筑幕墙与基层墙体、窗间墙及裙墙之间的空间，应在每层楼板处采用防火封堵材料封堵。

10. 幕墙与主体结构如何连接？

答：幕墙预埋件一般连接在结构每层的梁上，结构梁有箍筋和纵筋形成钢筋笼，预埋件置于其中安全可靠。结构梁上有时突出混凝土线条，有些施工图将锚栓植入线条端部，这是绝对不允许的。因为结构线条类似悬挑板，不仅厚度薄（80～120 mm），而且一般仅上面有钢筋，下部无筋，更无钢筋笼，混凝土容易劈裂，有安全问题。

11. 石材幕墙可否使用背拴式？

答：《建筑幕墙》（GB /T21086—2007）给出表“石材面板孔加工尺寸及允许误差”，有些设计单位据此认为可无限制使用背拴式连接，但《金属与石材幕墙工程技术规范》（JGJ 133—2001）未给出背拴式连接的具体计算方法。有些设计单位按短槽式连接计算，实际做成背拴式，显然是有问题的。背拴式应慎用，在规范给出具体计算方法前，至少应按建设部《危险性较大的分部分项工程安全管理办法》（建质［2009］87号）的规定“……及尚无相关技术标准的危险性较大的分部分项工程”对待，专项论证后慎用。

12. 最近几年可有哪些有关建筑装饰方面的规范更新了？

答：有。如《建筑玻璃应用技术规程》（JGJ 113—2015）、《民用建筑工程室内环境污染控制规范》（GB 50325—2010）（2013 年修订版）。

13. 关于玻璃幕墙的安全防护问题的规定，除《玻璃幕墙工程技术规范》（JGJ 102—2003）中第 4.4 节的要求外，国家和我省有否新的文件规定？

答：有。住房城乡建设部和国家安全监管总局于 2014 年 3 月 4 日发布了建标［2015］38 号《住房城乡建设部、国家安全监管总局关于进一步加强玻璃幕墙安全防护工作的通知》的文，我省住房城乡建设厅和安全生产监督管理局于 2015 年 5 月 8 日，发布了建标函［2015］792 号《安徽省住房城乡建设厅、安徽省安全生产监督管理局转发住房城乡建设部、国家安全监管总局关于进一步加强玻璃幕墙安全防护工作的通知》的文。

14. 《玻璃幕墙工程技术规范》（JGJ 102—2003）第 4.4.6 条和第 4.4.10 条，现在是否要做修订？

答：是。玻璃幕墙的防火设计，要执行新的《建筑设计防火规范》（GB 50016—

2015）第6.2.5条和第6.2.6条之规定。

15. 建筑装饰材料的设计与选材要注意哪些方面？

答：除应满足《建筑设计防火规范》(GB 50016—2015)、《建筑内部装修设计防火规范》(GB 50222—95)（2011年版）和《民用建筑工程室内环境污染控制规范》(GB 50325—2010)（2013年修订版）之相关规定外，绿色建筑尚应满足《民用建筑绿色设计规范》(JGJ /T 229—2010）第七章“建筑材料”中规定的各项要求。

16. 玻璃幕墙在楼层间的水平防火隔离措施，与金属和石材幕墙在楼层间的水平防火隔离措施是否一样？

答：不一样。金属和石材幕墙在楼层间只要设置一道符合规范要求的水平防火隔离带即可。但玻璃幕墙在楼层间需要设置上下两道符合规范要求的水平防火隔离带，且上下两道水平防火隔离带的总距离不得小于1.2 m，当上下室内没有自动灭火措施时，总距离不得小于0.8 m。

17. 可否采用倒挂石材？

答：倒挂石材一般位于门厅、通道等处，风险很大。已发生多起脱落事故，不应采用。一般改为仿石材铝板。由于倒挂石材与一般石材幕墙不在同一立面上，对建筑装饰效果无影响。

18. 钢化玻璃自爆可否避免？

答：由于玻璃中存在微小的硫化镍晶体。这些晶体以两种方法存在：高温下稳定的密度较大的α相和室温稳定的密度小一些的β相。玻璃钢化过程中的高温将硫化镍晶体均转化为α相（高温稳定），冷却过程太快，硫化镍晶体没有时间全部转化为室温稳定的β相。玻璃中留有室温不稳定的α相硫化镍晶体。由于β相密度小，硫化镍晶体从α相转化为β相体积膨胀4%，引起玻璃自爆。硫化镍来源于玻璃原料，目前还不能消除这种杂质，玻璃自爆无法完全避免。超白玻自爆率低一些。设计应严格按照［建标］2015年38号文件要求，建筑周边设缓冲带，防冲击雨篷，部分地区已要求沿街采用钢化夹胶玻璃，这条措施可以推广。

19. 石材为什么要使用六面防护剂？

答：天然石材内部有毛细孔，容易产生白华、水斑、锈斑等现象，使用防护剂可以保护石材免受各种腐蚀性污染物的污染和侵蚀，保持石材华丽的外观，延长石材的使用寿命。

9 附 录

第一部分 法律、法规、规章

中华人民共和国建筑法

(1997 年 11 月 1 日中华人民共和国主席令第 91 号发布,
2011 年 4 月 22 日中华人民共和国主席令第 46 号修正)

第一章 总 则

第一条 为了加强对建筑活动的监督管理,维护建筑市场秩序,保证建筑工程的质量和安全,促进建筑业健康发展,制定本法。

第二条 在中华人民共和国境内从事建筑活动,实施对建筑活动的监督管理,应当遵守本法。本法所称建筑活动,是指各类房屋建筑及其附属设施的建造和与其配套的线路、管道、设备的安装活动。

第三条 建筑活动应当确保建筑工程质量和安全,符合国家的建筑工程安全标准。

第四条 国家扶持建筑业的发展,支持建筑科学技术研究,提高房屋建筑设计水平,鼓励节约能源和保护环境,提倡采用先进技术、先进设备、先进工艺、新型建筑材料和现代管理方式。

第五条 从事建筑活动应当遵守法律、法规,不得损害社会公共利益和他人的合法权益。任何单位和个人都不得妨碍和阻挠依法进行的建筑活动。

第六条 国务院建设行政主管部门对全国的建筑活动实施统一监督管理。

第二章 建筑许可

第一节 建筑工程施工许可

第七条 建筑工程开工前,建设单位应当按照国家有关规定向工程所在地县级以上人民政府建设行政主管部门申请领取施工许可证；但是，国务院建设行政主管部门确定的限额以下的小型工程除外。

按照国务院规定的权限和程序批准开工报告的建筑工程，不再领取施工许可证。

第八条　申请领取施工许可证，应当具备下列条件：

（一）已经办理该建筑工程用地批准手续；

（二）在城市规划区的建筑工程，已经取得规划许可证；

（三）需要拆迁的，其拆迁进度符合施工要求；

（四）已经确定建筑施工企业；

（五）有满足施工需要的施工图纸及技术资料；

（六）有保证工程质量和安全的具体措施；

（七）建设资金已经落实；

（八）法律、行政法规规定的其他条件。

建设行政主管部门应当自收到申请之日起十五日内，对符合条件的申请颁发施工许可证。

第九条　建设单位应当自领取施工许可证之日起三个月内开工。因故不能按期开工的，应当向发证机关申请延期；延期以两次为限，每次不超过三个月。既不开工又不申请延期或者超过延期时限的，施工许可证自行废止。

第十条　在建的建筑工程因故中止施工的，建设单位应当自中止施工之日起一个月内，向发证机关报告，并按照规定做好建筑工程的维护管理工作。

建筑工程恢复施工时，应当向发证机关报告；中止施工满一年的工程恢复施工前，建设单位应当报发证机关核验施工许可证。

第十一条　按照国务院有关规定批准开工报告的建筑工程，因故不能按期开工或者中止施工的，应当及时向批准机关报告情况。因故不能按期开工超过六个月的，应当重新办理开工报告的批准手续。

第二节　从业资格

第十二条　从事建筑活动的建筑施工企业、勘察单位、设计单位和工程监理单位，应当具备下列条件：

（一）有符合国家规定的注册资本；

（二）有与其从事的建筑活动相适应的具有法定执业资格的专业技术人员；

（三）有从事相关建筑活动所应有的技术装备；

（四）法律、行政法规规定的其他条件。

第十三条　从事建筑活动的建筑施工企业、勘察单位、设计单位和工程监理单位，按照其拥有的注册资本、专业技术人员、技术装备和已完成的建筑工程业绩等资质条件，划分为不同的资质等级，经资质审查合格，取得相应等级的资质证书后，方可在其资质等级许可的范围内从事建筑活动。

第十四条 从事建筑活动的专业技术人员，应当依法取得相应的执业资格证书，并在执业资格证书许可的范围内从事建筑活动。

第三章 建筑工程发包与承包

第一节 一般规定

第十五条 建筑工程的发包单位与承包单位应当依法订立书面合同，明确双方的权利和义务。

发包单位和承包单位应当全面履行合同约定的义务。不按照合同约定履行义务的，依法承担违约责任。

第十六条 建筑工程发包与承包的招标投标活动，应当遵循公开、公正、平等竞争的原则，择优选择承包单位。

建筑工程的招标投标，本法没有规定的，适用有关招标投标法律的规定。

第十七条 发包单位及其工作人员在建筑工程发包中不得收受贿赂、回扣或者索取其他好处。

承包单位及其工作人员不得利用向发包单位及其工作人员行贿、提供回扣或者给予其他好处等不正当手段承揽工程。

第十八条 建筑工程造价应当按照国家有关规定，由发包单位与承包单位在合同中约定。公开招标发包的，其造价的约定，须遵守招标投标法律的规定。

发包单位应当按照合同的约定，及时拨付工程款项。

第二节 发 包

第十九条 建筑工程依法实行招标发包，对不适于招标发包的可以直接发包。

第二十条 建筑工程实行公开招标的，发包单位应当依照法定程序和方式，发布招标公告，提供载有招标工程的主要技术要求、主要的合同条款、评标的标准和方法以及开标、评标、定标的程序等内容的招标文件。

开标应当在招标文件规定的时间、地点公开进行。开标后应当按照招标文件规定的评标标准和程序对标书进行评价、比较，在具备相应资质条件的投标者中，择优选定中标者。

第二十一条 建筑工程招标的开标、评标、定标由建设单位依法组织实施，并接受有关行政主管部门的监督。

第二十二条 建筑工程实行招标发包的，发包单位应当将建筑工程发包给依法中标的承包单位。建筑工程实行直接发包的，发包单位应当将建筑工程发包给具有相应资质条件的承包单位。

第二十三条 政府及其所属部门不得滥用行政权力，限定发包单位将招标发包的建筑工程发包给指定的承包单位。

第二十四条 提倡对建筑工程实行总承包，禁止将建筑工程肢解发包。

建筑工程的发包单位可以将建筑工程的勘察、设计、施工、设备采购一并发包给一个工程总承包单位，也可以将建筑工程勘察、设计、施工、设备采购的一项或者多项发包给一个工程总承包单位；但是，不得将应当由一个承包单位完成的建筑工程肢解成若干部分发包给几个承包单位。

第二十五条 按照合同约定，建筑材料、建筑构配件和设备由工程承包单位采购的，发包单位不得指定承包单位购入用于工程的建筑材料、建筑构配件和设备或者指定生产厂、供应商。

第三节 承 包

第二十六条 承包建筑工程的单位应当持有依法取得的资质证书，并在其资质等级许可的业务范围内承揽工程。

禁止建筑施工企业超越本企业资质等级许可的业务范围或者以任何形式用其他建筑施工企业的名义承揽工程。禁止建筑施工企业以任何形式允许其他单位或者个人使用本企业的资质证书、营业执照，以本企业的名义承揽工程。

第二十七条 大型建筑工程或者结构复杂的建筑工程，可以由两个以上的承包单位联合共同承包。共同承包的各方对承包合同的履行承担连带责任。

两个以上不同资质等级的单位实行联合共同承包的，应当按照资质等级低的单位的业务许可范围承揽工程。

第二十八条 禁止承包单位将其承包的全部建筑工程转包给他人，禁止承包单位将其承包的全部建筑工程肢解以后以分包的名义分别转包给他人。

第二十九条 建筑工程总承包单位可以将承包工程中的部分工程发包给具有相应资质条件的分包单位；但是，除总承包合同中约定的分包外，必须经建设单位认可。施工总承包的，建筑工程主体结构的施工必须由总承包单位自行完成。

建筑工程总承包单位按照总承包合同的约定对建设单位负责；分包单位按照分包合同的约定对总承包单位负责。总承包单位和分包单位就分包工程对建设单位承担连带责任。

禁止总承包单位将工程分包给不具备相应资质条件的单位。禁止分包单位将其承包的工程再分包。

第四章 建筑工程监理

第三十条 国家推行建筑工程监理制度。

国务院可以规定实行强制监理的建筑工程的范围。

第三十一条 实行监理的建筑工程，由建设单位委托具有相应资质条件的工程监理单位监理。建设单位与其委托的工程监理单位应当订立书面委托监理合同。

第三十二条 建筑工程监理应当依照法律、行政法规及有关的技术标准、设计文件和建筑工程承包合同，对承包单位在施工质量、建设工期和建设资金使用等方面，代表建设单位实施监督。

工程监理人员认为工程施工不符合工程设计要求、施工技术标准和合同约定的，有权要求建筑施工企业改正。

工程监理人员发现工程设计不符合建筑工程质量标准或者合同约定的质量要求的，应当报告建设单位要求设计单位改正。

第三十三条 实施建筑工程监理前，建设单位应当将委托的工程监理单位、监理的内容及监理权限，书面通知被监理的建筑施工企业。

第三十四条 工程监理单位应当在其资质等级许可的监理范围内，承担工程监理业务。

工程监理单位应当根据建设单位的委托，客观、公正地执行监理任务。

工程监理单位与被监理工程的承包单位以及建筑材料、建筑构配件和设备供应单位不得有隶属关系或者其他利害关系。

工程监理单位不得转让工程监理业务。

第三十五条 工程监理单位不按照委托监理合同的约定履行监理义务，对应当监督检查的项目不检查或者不按照规定检查，给建设单位造成损失的，应当承担相应的赔偿责任。

工程监理单位与承包单位串通，为承包单位谋取非法利益，给建设单位造成损失的，应当与承包单位承担连带赔偿责任。

第五章 建筑安全生产管理

第三十六条 建筑工程安全生产管理必须坚持安全第一、预防为主的方针，建立健全安全生产的责任制度和群防群治制度。

第三十七条 建筑工程设计应当符合按照国家规定制定的建筑安全规程和技术规范，保证工程的安全性能。

第三十八条 建筑施工企业在编制施工组织设计时，应当根据建筑工程的特点制定相应的安全技术措施；对专业性较强的工程项目，应当编制专项安全施工组织设计，并采取安全技术措施。

第三十九条 建筑施工企业应当在施工现场采取维护安全、防范危险、预防火灾等措施；有条件的，应当对施工现场实行封闭管理。

施工现场对毗邻的建筑物、构筑物和特殊作业环境可能造成损害的，建筑施工企业应当采取安全防护措施。

第四十条 建设单位应当向建筑施工企业提供与施工现场相关的地下管线资料，建筑施工企业应当采取措施加以保护。

第四十一条 建筑施工企业应当遵守有关环境保护和安全生产的法律、法规的规定，采取控制和处理施工现场的各种粉尘、废气、废水、固体废物以及噪声、振动对环境的污染和危害的措施。

第四十二条 有下列情形之一的，建设单位应当按照国家有关规定办理申请批准手续：

（一）需要临时占用规划批准范围以外场地的；

（二）可能损坏道路、管线、电力、邮电通讯等公共设施的；

（三）需要临时停水、停电、中断道路交通的；

（四）需要进行爆破作业的；

（五）法律、法规规定需要办理报批手续的其他情形。

第四十三条 建设行政主管部门负责建筑安全生产的管理，并依法接受劳动行政主管部门对建筑安全生产的指导和监督。

第四十四条 建筑施工企业必须依法加强对建筑安全生产的管理，执行安全生产责任制度，采取有效措施，防止伤亡和其他安全生产事故的发生。

建筑施工企业的法定代表人对本企业的安全生产负责。

第四十五条 施工现场安全由建筑施工企业负责。实行施工总承包的，由总承包单位负责。分包单位向总承包单位负责，服从总承包单位对施工现场的安全生产管理。

第四十六条 建筑施工企业应当建立健全劳动安全生产教育培训制度，加强对职工安全生产的教育培训；未经安全生产教育培训的人员，不得上岗作业。

第四十七条 建筑施工企业和作业人员在施工过程中，应当遵守有关安全生产的法律、法规和建筑行业安全规章、规程，不得违章指挥或者违章作业。作业人员有权对影响人身健康的作业程序和作业条件提出改进意见，有权获得安全生产所需的防护用品。作业人员对危及生命安全和人身健康的行为有权提出批评、检举和控告。

第四十八条 建筑施工企业应当依法为职工参加工伤保险缴纳工伤保险费。鼓励企业为从事危险作业的职工办理意外伤害保险，支付保险费。

第四十九条 涉及建筑主体和承重结构变动的装修工程，建设单位应当在施工前委托原设计单位或者具有相应资质条件的设计单位提出设计方案；没有设计方案的，不得施工。

第五十条 房屋拆除应当由具备保证安全条件的建筑施工单位承担，由建筑施工单位负责人对安全负责。

第五十一条 施工中发生事故时，建筑施工企业应当采取紧急措施减少人员伤亡和事故损失，并按照国家有关规定及时向有关部门报告。

第六章 建筑工程质量管理

第五十二条 建筑工程勘察、设计、施工的质量必须符合国家有关建筑工程安全标准的要求，具体管理办法由国务院规定。

有关建筑工程安全的国家标准不能适应确保建筑安全的要求时，应当及时修订。

第五十三条 国家对从事建筑活动的单位推行质量体系认证制度。从事建筑活动的单位根据自愿原则可以向国务院产品质量监督管理部门或者国务院产品质量监督管理部门授权的部门认可的认证机构申请质量体系认证。经认证合格的，由认证机构颁发质量体系认证证书。

第五十四条 建设单位不得以任何理由，要求建筑设计单位或者建筑施工企业在工程设计或者施工作业中，违反法律、行政法规和建筑工程质量、安全标准，降低工程质量。

建筑设计单位和建筑施工企业对建设单位违反前款规定提出的降低工程质量的要求，应当予以拒绝。

第五十五条 建筑工程实行总承包的，工程质量由工程总承包单位负责，总承包单位将建筑工程分包给其他单位的，应当对分包工程的质量与分包单位承担连带责任。分包单位应当接受总承包单位的质量管理。

第五十六条 建筑工程的勘察、设计单位必须对其勘察、设计的质量负责。勘察、设计文件应当符合有关法律、行政法规的规定和建筑工程质量、安全标准、建筑工程勘察、设计技术规范以及合同的约定。设计文件选用的建筑材料、建筑构配件和设备，应当注明其规格、型号、性能等技术指标，其质量要求必须符合国家规定的标准。

第五十七条 建筑设计单位对设计文件选用的建筑材料、建筑构配件和设备，不得指定生产厂、供应商。

第五十八条 建筑施工企业对工程的施工质量负责。

建筑施工企业必须按照工程设计图纸和施工技术标准施工，不得偷工减料。工程设计的修改由原设计单位负责，建筑施工企业不得擅自修改工程设计。

第五十九条 建筑施工企业必须按照工程设计要求、施工技术标准和合同的约定，对建筑材料、建筑构配件和设备进行检验，不合格的不得使用。

第六十条 建筑物在合理使用寿命内，必须确保地基基础工程和主体结构的质量。

建筑工程竣工时，屋顶、墙面不得留有渗漏、开裂等质量缺陷；对已发现的质量缺陷，建筑施工企业应当修复。

第六十一条 交付竣工验收的建筑工程，必须符合规定的建筑工程质量标准，有完整的工程技术经济资料和经签署的工程保修书，并具备国家规定的其他竣工条件。

建筑工程竣工经验收合格后，方可交付使用；未经验收或者验收不合格的，不得交付使用。

第六十二条 建筑工程实行质量保修制度。

建筑工程的保修范围应当包括地基基础工程、主体结构工程、屋面防水工程和其他土建工程，以及电气管线、上下水管线的安装工程，供热、供冷系统工程等项目；保修的期限应当按照保证建筑物合理寿命年限内正常使用，维护使用者合法权益的原则确定。具体的保修范围和最低保修期限由国务院规定。

第六十三条 任何单位和个人对建筑工程的质量事故、质量缺陷都有权向建设行政主管部门或者其他有关部门进行检举、控告、投诉。

第七章 法律责任

第六十四条 违反本法规定，未取得施工许可证或者开工报告未经批准擅自施工的，责令改正，对不符合开工条件的责令停止施工，可以处以罚款。

第六十五条 发包单位将工程发包给不具有相应资质条件的承包单位的，或者违反本法规定将建筑工程肢解发包的，责令改正，处以罚款。

超越本单位资质等级承揽工程的，责令停止违法行为，处以罚款，可以责令停业整顿，降低资质等级；情节严重的，吊销资质证书；有违法所得的，予以没收。

未取得资质证书承揽工程的，予以取缔，并处罚款；有违法所得的，予以没收。

以欺骗手段取得资质证书的，吊销资质证书，处以罚款；构成犯罪的，依法追究刑事责任。

第六十六条 建筑施工企业转让、出借资质证书或者以其他方式允许他人以本企业的名义承揽工程的，责令改正，没收违法所得，并处罚款，可以责令停业整顿，降低资质等级；情节严重的，吊销资质证书。对因该项承揽工程不符合规定的质量标准造成的损失，建筑施工企业与使用本企业名义的单位或者个人承担连带赔偿责任。

第六十七条 承包单位将承包的工程转包的，或者违反本法规定进行分包的，责令改正，没收违法所得，并处罚款，可以责令停业整顿，降低资质等级；情节严重的，吊销资质证书。

承包单位有前款规定的违法行为的，对因转包工程或者违法分包的工程不符合规定的质量标准造成的损失，与接受转包或者分包的单位承担连带赔偿责任。

第六十八条 在工程发包与承包中索贿、受贿、行贿，构成犯罪的，依法追究刑事责任；不构成犯罪的，分别处以罚款，没收贿赂的财物，对直接负责的主管人员和其他直接责任人员给予处分。

对在工程承包中行贿的承包单位，除依照前款规定处罚外，可以责令停业整顿，降低资质等级或者吊销资质证书。

第六十九条 工程监理单位与建设单位或者建筑施工企业串通，弄虚作假、降低工程质量的，责令改正，处以罚款，降低资质等级或者吊销资质证书；有违法所得的，予以没收；造成损失的，承担连带赔偿责任；构成犯罪的，依法追究刑事责任。

工程监理单位转让监理业务的，责令改正，没收违法所得，可以责令停业整顿，降低资质等级；情节严重的，吊销资质证书。

第七十条 违反本法规定，涉及建筑主体或者承重结构变动的装修工程擅自施工的，责令改正，处以罚款；造成损失的，承担赔偿责任；构成犯罪的，依法追究刑事责任。

第七十一条 建筑施工企业违反本法规定，对建筑安全事故隐患不采取措施予以消除的，责令改正，可以处以罚款；情节严重的，责令停业整顿，降低资质等级或者吊销资质证书；构成犯罪的，依法追究刑事责任。

建筑施工企业的管理人员违章指挥、强令职工冒险作业，因而发生重大伤亡事故或者造成其他严重后果的，依法追究刑事责任。

第七十二条 建设单位违反本法规定，要求建筑设计单位或者建筑施工企业违反建筑工程质量、安全标准，降低工程质量的，责令改正，可以处以罚款；构成犯罪的，依法追究刑事责任。

第七十三条 建筑设计单位不按照建筑工程质量、安全标准进行设计的，责令改正，处以罚款；造成工程质量事故的，责令停业整顿，降低资质等级或者吊销资质证书，没收违法所得，并处罚款；造成损失的，承担赔偿责任；构成犯罪的，依法追究刑事责任。

第七十四条 建筑施工企业在施工中偷工减料的，使用不合格的建筑材料、建筑构配件和设备的，或者有其他不按照工程设计图纸或者施工技术标准施工的行为的，责令改正，处以罚款；情节严重的，责令停业整顿，降低资质等级或者吊销资质证书；造成建筑工程质量不符合规定的质量标准的，负责返工、修理，并赔偿因此造成的损失；构成犯罪的，依法追究刑事责任。

第七十五条 建筑施工企业违反本法规定，不履行保修义务或者拖延履行保修义务的，责令改正，可以处以罚款，并对在保修期内因屋顶、墙面渗漏、开裂等质量缺陷造成的损失，承担赔偿责任。

第七十六条 本法规定的责令停业整顿、降低资质等级和吊销资质证书的行政处罚，由颁发资质证书的机关决定；其他行政处罚，由建设行政主管部门或者有关部门依照法律和国务院规定的职权范围决定。

依照本法规定被吊销资质证书的，由工商行政管理部门吊销其营业执照。

第七十七条 违反本法规定，对不具备相应资质等级条件的单位颁发该等级资质证书的，由其上级机关责令收回所发的资质证书，对直接负责的主管人员和其他直接责任人员给予行政处分；构成犯罪的，依法追究刑事责任。

第七十八条 政府及其所属部门的工作人员违反本法规定，限定发包单位将招标发包的工程发包给指定的承包单位的，由上级机关责令改正；构成犯罪的，依法追究刑事责任。

第七十九条 负责颁发建筑工程施工许可证的部门及其工作人员对不符合施工条件的建筑工程颁发施工许可证的，负责工程质量监督检查或者竣工验收的部门及其工作人员对不合格的建筑工程出具质量合格文件或者按合格工程验收的，由上级机关责令改正，对责任人员给予行政处分；构成犯罪的，依法追究刑事责任；造成损失的，由该部门承担相应的赔偿责任。

第八十条 在建筑物的合理使用寿命内，因建筑工程质量不合格受到损害的，有权向责任者要求赔偿。

第八章 附 则

第八十一条 本法关于施工许可、建筑施工企业资质审查和建筑工程发包、承包、禁止转包，以及建筑工程监理、建筑工程安全和质量管理的规定，适用于其他专业建筑工程的建筑活动，具体办法由国务院规定。

第八十二条 建设行政主管部门和其他有关部门在对建筑活动实施监督管理中，除按照国务院有关规定收取费用外，不得收取其他费用。

第八十三条 省、自治区、直辖市人民政府确定的小型房屋建筑工程的建筑活动，参照本法执行。

依法核定作为文物保护的纪念建筑物和古建筑等的修缮，依照文物保护的有关法律规定执行。

抢险救灾及其他临时性房屋建筑和农民自建低层住宅的建筑活动，不适用本法。

第八十四条 军用房屋建筑工程建筑活动的具体管理办法，由国务院、中央军事委员会依据本法制定。

第八十五条 本法自1998年3月1日起施行。

建设工程质量管理条例

（2000年1月10日中华人民共和国国务院令第279号发布）

第一章 总 则

第一条 为了加强对建设工程质量的管理，保证建设工程质量，保护人民生命和财产安全，根据《中华人民共和国建筑法》，制定本条例。

第二条 凡在中华人民共和国境内从事建设工程的新建、扩建、改建等有关活动及实施对建设工程质量监督管理的，必须遵守本条例。

本条例所称建设工程，是指土木工程、建筑工程、线路管道和设备安装工程及装修工程。

第三条 建设单位、勘察单位、设计单位、施工单位、工程监理单位依法对建设工程质量负责。

第四条 县级以上人民政府建设行政主管部门和其他有关部门应当加强对建设工程质量的监督管理。

第五条 从事建设工程活动，必须严格执行基本建设程序，坚持先勘察、后设计、再施工的原则。

县级以上人民政府及其有关部门不得超越权限审批建设项目或者擅自简化基本建设程序。

第六条 国家鼓励采用先进的科学技术和管理方法，提高建设工程质量。

第二章 建设单位的质量责任和义务

第七条 建设单位应当将工程发包给具有相应资质等级的单位。

建设单位不得将建设工程肢解发包。

第八条 建设单位应当依法对工程建设项目的勘察、设计、施工、监理以及与工程建设有关的重要设备、材料等的采购进行招标。

第九条 建设单位必须向有关的勘察、设计、施工、工程监理等单位提供与建设工程有关的原始资料。

原始资料必须真实、准确、齐全。

第十条 建设工程发包单位，不得迫使承包方以低于成本的价格竞标，不得任意压缩合理工期。

建设单位不得明示或者暗示设计单位或者施工单位违反工程建设强制性标准，降低建设工程质量。

第十一条 建设单位应当将施工图设计文件报县级以上人民政府建设行政主管部门或者其他有关部门审查。施工图设计文件审查的具体办法，由国务院建设行政主管部门会同国务院其他有关部门制定。

施工图设计文件未经审查批准的，不得使用。

第十二条 实行监理的建设工程，建设单位应当委托具有相应资质等级的工程监理单位进行监理，也可以委托具有工程监理相应资质等级并与被监理工程的施工承包单位没有隶属关系或者其他利害关系的该工程的设计单位进行监理。

下列建设工程必须实行监理：

（一）国家重点建设工程；

（二）大中型公用事业工程；

（三）成片开发建设的住宅小区工程；

（四）利用外国政府或者国际组织贷款、援助资金的工程；

（五）国家规定必须实行监理的其他工程。

第十三条 建设单位在领取施工许可证或者开工报告前，应当按照国家有关规定办理工程质量监督手续。

第十四条 按照合同约定，由建设单位采购建筑材料、建筑构配件和设备的，建设单位应当保证建筑材料、建筑构配件和设备符合设计文件和合同要求。

建设单位不得明示或者暗示施工单位使用不合格的建筑材料、建筑构配件和设备。

第十五条 涉及建筑主体和承重结构变动的装修工程，建设单位应当在施工前委托原设计单位或者具有相应资质等级的设计单位提出设计方案；没有设计方案的，不得施工。

房屋建筑使用者在装修过程中，不得擅自变动房屋建筑主体和承重结构。

第十六条 建设单位收到建设工程竣工报告后，应当组织设计、施工、工程监理等有关单位进行竣工验收。

建设工程竣工验收应当具备下列条件：

（一）完成建设工程设计和合同约定的各项内容；

（二）有完整的技术档案和施工管理资料；

（三）有工程使用的主要建筑材料、建筑构配件和设备的进场试验报告；

（四）有勘察、设计、施工、工程监理等单位分别签署的质量合格文件；

（五）有施工单位签署的工程保修书。

建设工程经验收合格的，方可交付使用。

第十七条 建设单位应当严格按照国家有关档案管理的规定，及时收集、整理建设项目各环节的文件资料，建立、健全建设项目档案，并在建设工程竣工验收后，及时向建设行政主管部门或者其他有关部门移交建设项目档案。

第三章 勘察、设计单位的质量责任和义务

第十八条 从事建设工程勘察、设计的单位应当依法取得相应等级的资质证书，并在其资质等级许可的范围内承揽工程。

禁止勘察、设计单位超越其资质等级许可的范围或者以其他勘察、设计单位的名义承揽工程。禁止勘察、设计单位允许其他单位或者个人以本单位的名义承揽工程。

勘察、设计单位不得转包或者违法分包所承揽的工程。

第十九条 勘察、设计单位必须按照工程建设强制性标准进行勘察、设计，并对其勘察、设计的质量负责。

注册建筑师、注册结构工程师等注册执业人员应当在设计文件上签字，对设计文件负责。

第二十条 勘察单位提供的地质、测量、水文等勘察成果必须真实、准确。

第二十一条 设计单位应当根据勘察成果文件进行建设工程设计。

设计文件应当符合国家规定的设计深度要求，注明工程合理使用年限。

第二十二条 设计单位在设计文件中选用的建筑材料、建筑构配件和设备，应当注明规格、型号、性能等技术指标，其质量要求必须符合国家规定的标准。

除有特殊要求的建筑材料、专用设备、工艺生产线等外，设计单位不得指定生产厂、供应商。

第二十三条 设计单位应当就审查合格的施工图设计文件向施工单位作出详细说明。

第二十四条 设计单位应当参与建设工程质量事故分析，并对因设计造成的质量事故，提出相应的技术处理方案。

第四章 施工单位的质量责任和义务

第二十五条 施工单位应当依法取得相应等级的资质证书，并在其资质等级许可的范围内承揽工程。

禁止施工单位超越本单位资质等级许可的业务范围或者以其他施工单位的名义承揽工程。禁止施工单位允许其他单位或者个人以本单位的名义承揽工程。

施工单位不得转包或者违法分包工程。

第二十六条 施工单位对建设工程的施工质量负责。

施工单位应当建立质量责任制，确定工程项目的项目经理、技术负责人和施工管理负责人。

建设工程实行总承包的，总承包单位应当对全部建设工程质量负责；建设工程勘

察、设计、施工、设备采购的一项或者多项实行总承包的，总承包单位应当对其承包的建设工程或者采购的设备的质量负责。

第二十七条 总承包单位依法将建设工程分包给其他单位的，分包单位应当按照分包合同的约定对其分包工程的质量向总承包单位负责，总承包单位与分包单位对分包工程的质量承担连带责任。

第二十八条 施工单位必须按照工程设计图纸和施工技术标准施工，不得擅自修改工程设计，不得偷工减料。

施工单位在施工过程中发现设计文件和图纸有差错的，应当及时提出意见和建议。

第二十九条 施工单位必须按照工程设计要求、施工技术标准和合同约定，对建筑材料、建筑构配件、设备和商品混凝土进行检验，检验应当有书面记录和专人签字；未经检验或者检验不合格的，不得使用。

第三十条 施工单位必须建立、健全施工质量的检验制度，严格工序管理，作好隐蔽工程的质量检查和记录。隐蔽工程在隐蔽前，施工单位应当通知建设单位和建设工程质量监督机构。

第三十一条 施工人员对涉及结构安全的试块、试件以及有关材料，应当在建设单位或者工程监理单位监督下现场取样，并送具有相应资质等级的质量检测单位进行检测。

第三十二条 施工单位对施工中出现质量问题的建设工程或者竣工验收不合格的建设工程，应当负责返修。

第三十三条 施工单位应当建立、健全教育培训制度，加强对职工的教育培训；未经教育培训或者考核不合格的人员，不得上岗作业。

第五章 工程监理单位的质量责任和义务

第三十四条 工程监理单位应当依法取得相应等级的资质证书，并在其资质等级许可的范围内承担工程监理业务。

禁止工程监理单位超越本单位资质等级许可的范围或者以其他工程监理单位的名义承担工程监理业务。禁止工程监理单位允许其他单位或者个人以本单位的名义承担工程监理业务。

工程监理单位不得转让工程监理业务。

第三十五条 工程监理单位与被监理工程的施工承包单位以及建筑材料、建筑构配件和设备供应单位有隶属关系或者其他利害关系的，不得承担该项建设工程的监理业务。

第三十六条 工程监理单位应当依照法律、法规以及有关技术标准、设计文件和建设工程承包合同，代表建设单位对施工质量实施监理，并对施工质量承担监理责任。

第三十七条 工程监理单位应当选派具备相应资格的总监理工程师和监理工程师

进驻施工现场。

未经监理工程师签字，建筑材料、建筑构配件和设备不得在工程上使用或者安装，施工单位不得进行下一道工序的施工。未经总监理工程师签字，建设单位不拨付工程款，不进行竣工验收。

第三十八条 监理工程师应当按照工程监理规范的要求，采取旁站、巡视和平行检验等形式，对建设工程实施监理。

第六章 建设工程质量保修

第三十九条 建设工程实行质量保修制度。

建设工程承包单位在向建设单位提交工程竣工验收报告时，应当向建设单位出具质量保修书。质量保修书中应当明确建设工程的保修范围、保修期限和保修责任等。

第四十条 在正常使用条件下，建设工程的最低保修期限为：

（一）基础设施工程、房屋建筑的地基基础工程和主体结构工程，为设计文件规定的该工程的合理使用年限；

（二）屋面防水工程、有防水要求的卫生间、房间和外墙面的防渗漏，为 5 年；

（三）供热与供冷系统，为 2 个采暖期、供冷期；

（四）电气管线、给排水管道、设备安装和装修工程，为 2 年。

其他项目的保修期限由发包方与承包方约定。

建设工程的保修期，自竣工验收合格之日起计算。

第四十一条 建设工程在保修范围和保修期限内发生质量问题的，施工单位应当履行保修义务，并对造成的损失承担赔偿责任。

第四十二条 建设工程在超过合理使用年限后需要继续使用的，产权所有人应当委托具有相应资质等级的勘察、设计单位鉴定，并根据鉴定结果采取加固、维修等措施，重新界定使用期。

第七章 监督管理

第四十三条 国家实行建设工程质量监督管理制度。

国务院建设行政主管部门对全国的建设工程质量实施统一监督管理。国务院铁路、交通、水利等有关部门按照国务院规定的职责分工，负责对全国的有关专业建设工程质量的监督管理。

县级以上地方人民政府建设行政主管部门对本行政区域内的建设工程质量实施监督管理。县级以上地方人民政府交通、水利等有关部门在各自的职责范围内，负责对本行政区域内的专业建设工程质量的监督管理。

第四十四条 国务院建设行政主管部门和国务院铁路、交通、水利等有关部门应当加强对有关建设工程质量的法律、法规和强制性标准执行情况的监督检查。

第四十五条 国务院发展计划部门按照国务院规定的职责，组织稽查特派员，对国家出资的重大建设项目实施监督检查。

国务院经济贸易主管部门按照国务院规定的职责，对国家重大技术改造项目实施监督检查。

第四十六条 建设工程质量监督管理，可民由建设行政主管部门或者其他有关部门委托的建设工程质量监督机构具体实施。

从事房屋建筑工程和市政基础设施工程质量监督的机构，必须按照国家有关规定经国务院建设行政主管部门或者省、自治区、直辖市人民政府建设行政主管部门考核；从事专业建设工程质量监督的机构，必须按照国家有关规定经国务院有关部门或者省、自治区、直辖市人民政府有关部门考核。经考核合格后，方可实施质量监督。

第四十七条 县级以上地方人民政府建设行政主管部门和其他有关部门应当加强对有关建设工程质量的法律、法规和强制性标准执行情况的监督检查。

第四十八条 县级以上人民政府建设行政主管部门和其他有关部门履行监督检查职责时，有权采取下列措施：

（一）要求被检查的单位提供有关工程质量的文件和资料；

（二）进入被检查单位的施工现场进行检查；

（三）发现有影响工程质量的问题时，责令改正。

第四十九条 建设单位应当自建设工程竣工验收合格之日起15日内，将建设工程竣工验收报告和规划、公安消防、环保等部门出具的认可文件或者准许使用文件报建设行政主管部门或者其他有关部门备案。

建设行政主管部门或者其他有关部门发现建设单位在竣工验收过程中有违反国家有关建设工程质量管理规定行为的，责令停止使用，重新组织竣工验收。

第五十条 有关单位和个人对县级以上人民政府建设行政主管部门和其他有关部门进行的监督检查应当支持与配合，不得拒绝或者阻碍建设工程质量监督检查人员依法执行职务。

第五十一条 供水、供电、供气、公安消防等部门或者单位不得明示或者暗示建设单位、施工单位购买其指定的生产供应单位的建筑材料、建筑构配件和设备。

第五十二条 建设工程发生质量事故，有关单位应当在24小时内向当地建设行政主管部门和其他有关部门报告。对重大质量事故，事故发生地的建设行政主管部门和其他有关部门应当按照事故类别和等级向当地人民政府和上级建设行政主管部门和其他有关部门报告。

特别重大质量事故的调查程序按照国务院有关规定办理。

第五十三条 任何单位和个人对建设工程的质量事故、质量缺陷都有权检举、控告、投诉。

第八章 罚 则

第五十四条 违反本条例规定，建设单位将建设工程发包给不具有相应资质等级的勘察、设计、施工单位或者委托给不具有相应资质等级的工程监理单位的，责令改正，处50万元以上100万元以下的罚款。

第五十五条 违反本条例规定，建设单位将建设工程肢解发包的，责令改正，处工程合同价款0.5%以上1%以下的罚款；对全部或者部分使用国有资金的项目，并可以暂停项目执行或者暂停资金拨付。

第五十六条 违反本条例规定，建设单位有下列行为之一的，责令改正，处20万元以上50万元以下的罚款：

（一）迫使承包方以低于成本的价格竞标的；

（二）任意压缩合理工期的；

（三）明示或者暗示设计单位或者施工单位违反工程建设强制性标准，降低工程质量的；

（四）施工图设计文件未经审查或者审查不合格，擅自施工的；

（五）建设项目必须实行工程监理而未实行工程监理的；

（六）未按照国家规定办理工程质量监督手续的；

（七）明示或者暗示施工单位使用不合格的建筑材料、建筑构配件和设备的；

（八）未按照国家规定将竣工验收报告、有关认可文件或者准许使用文件报送备案的。

第五十七条 违反本条例规定，建设单位未取得施工许可证或者开工报告未经批准，擅自施工的，责令停止施工，限期改正，处工程合同价款1%以上2%以下的罚款。

第五十八条 违反本条例规定，建设单位有下列行为之一的，责令改正，处工程合同价款2%以上4%以下的罚款；造成损失的，依法承担赔偿责任：

（一）未组织竣工验收，擅自交付使用的；

（二）验收不合格，擅自交付使用的；

（三）对不合格的建设工程按照合格工程验收的。

第五十九条 违反本条例规定，建设工程竣工验收后，建设单位未向建设行政主管部门或者其他有关部门移交建设项目档案的，责令改正，处1万元以上10万元以下的罚款。

第六十条 违反本条例规定，勘察、设计、施工、工程监理单位超越本单位资质等级承揽工程的，责令停止违法行为，对勘察、设计单位或者工程监理单位处合同约定的勘察费、设计费或者监理酬金1倍以上2倍以下的罚款；对施工单位处工程合同价款2%以上4%以下的罚款，可以责令停业整顿，降低资质等级；情节严重的，吊销资质证书；有违法所得的，予以没收。

未取得资质证书承揽工程的，予以取缔，依照前款规定处以罚款；有违法所得的，予以没收。

以欺骗手段取得资质证书承揽工程的，吊销资质证书，依照本条第一款规定处以罚款；有违法所得的，予以没收。

第六十一条　违反本条例规定，勘察、设计、施工、工程监理单位允许其他单位或者个人以本单位名义承揽工程的，责令改正，没收违法所得，对勘察、设计单位和工程监理单位处合同约定的勘察费、设计费和监理酬金1倍以上2倍以下的罚款；对施工单位处工程合同价款2%以上4%以下的罚款；可以责令停业整顿，降低资质等级；情节严重的，吊销资质证书。

第六十二条　违反本条例规定，承包单位将承包的工程转包或者违法分包的，责令改正，没收违法所得，对勘察、设计单位处合同约定的勘察费、设计费25%以上50%以下的罚款；对施工单位处工程合同价款0.5%以上1%以下的罚款；可以责令停业整顿，降低资质等级；情节严重的，吊销资质证书。

工程监理单位转让工程监理业务的，责令改正，没收违法所得，处合同约定的监理酬金25%以上50%以下的罚款；可以责令停业整顿，降低资质等级；情节严重的，吊销资质证书。

第六十三条　违反本条例规定，有下列行为之一的，责令改正，处10万元以上30万元以下的罚款：

（一）勘察单位未按照工程建设强制性标准进行勘察的；

（二）设计单位未根据勘察成果文件进行工程设计的；

（三）设计单位指定建筑材料、建筑构配件的生产厂、供应商的；

（四）设计单位未按照工程建设强制性标准进行设计的。

有前款所列行为，造成重大工程质量事故的，责令停业整顿，降低资质等级；情节严重的，吊销资质证书；造成损失的，依法承担赔偿责任。

第六十四条　违反本条例规定，施工单位在施工中偷工减料的，使用不合格的建筑材料、建筑构配件和设备的，或者有不按照工程设计图纸或者施工技术标准施工的其他行为的，责令改正，处工程合同价款2%以上4%以下的罚款；造成建设工程质量不符合规定的质量标准的，负责返工、修理，并赔偿因此造成的损失；情节严重的，责令停业整顿，降低资质等级或者吊销资质证书。

第六十五条　违反本条例规定，施工单位未对建筑材料、建筑构配件、设备和商品混凝土进行检验，或者未对涉及结构安全的试块、试件以及有关材料取样检测的，责令改正，处10万元以上20万元以下的罚款；情节严重的，责令停业整顿，降低资质等级或者吊销资质证书；造成损失的，依法承担赔偿责任。

第六十六条　违反本条例规定，施工单位不履行保修义务或者拖延履行保修义务的，责令改正，处10万元以上20万元以下的罚款，并对在保修期内因质量缺陷造成的损失承担赔偿责任。

第六十七条 工程监理单位有下列行为之一的，责令改正，处50万元以上100万元以下的罚款，降低资质等级或者吊销资质证书；有违法所得的，予以没收；造成损失的，承担连带赔偿责任：

（一）与建设单位或者施工单位串通，弄虚作假、降低工程质量的；

（二）将不合格的建设工程、建筑材料、建筑构配件和设备按照合格签字的。

第六十八条 违反本条例规定，工程监理单位与被监理工程的施工承包单位以及建筑材料、建筑构配件和设备供应单位有隶属关系或者其他利害关系承担该项建设工程的监理业务的，责令改正，处5万元以上10万元以下的罚款，降低资质等级或者吊销资质证书；有违法所得的，予以没收。

第六十九条 违反本条例规定，涉及建筑主体或者承重结构变动的装修工程，没有设计方案擅自施工的，责令改正，处50万元以上100万元以下的罚款；房屋建筑使用者在装修过程中擅自变动房屋建筑主体和承重结构的，责令改正，处5万元以上10万元以下的罚款。

有前款所列行为，造成损失的，依法承担赔偿责任。

第七十条 发生重大工程质量事故隐瞒不报、谎报或者拖延报告期限的，对直接负责的主管人员和其他责任人员依法给予行政处分。

第七十一条 违反本条例规定，供水、供电、供气、公安消防等部门或者单位明示或者暗示建设单位或者施工单位购买其指定的生产供应单位的建筑材料、建筑构配件和设备的，责令改正。

第七十二条 违反本条例规定，注册建筑师、注册结构工程师、监理工程师等注册执业人员因过错造成质量事故的，责令停止执业1年；造成重大质量事故的，吊销执业资格证书，5年以内不予注册；情节特别恶劣的，终身不予注册。

第七十三条 依照本条例规定，给予单位罚款处罚的，对单位直接负责的主管人员和其他直接责任人员处单位罚款数额5%以上10%以下的罚款。

第七十四条 建设单位、设计单位、施工单位、工程监理单位违反国家规定，降低工程质量标准，造成重大安全事故，构成犯罪的，对直接责任人员依法追究刑事责任。

第七十五条 本条例规定的责令停业整顿，降低资质等级和吊销资质证书的行政处罚，由颁发资质证书的机关决定；其他行政处罚，由建设行政主管部门或者其他有关部门依照法定职权决定。

依照本条例规定被吊销资质证书的，由工商行政管理部门吊销其营业执照。

第七十六条 国家机关工作人员在建设工程质量监督管理工作中玩忽职守、滥用职权、徇私舞弊，构成犯罪的，依法追究刑事责任；尚不构成犯罪的，依法给予行政处分。

第七十七条 建设、勘察、设计、施工、工程监理单位的工作人员因调动工作、退休等原因离开该单位后，被发现在该单位工作期间违反国家有关建设工程质量管理规定，造成重大工程质量事故的，仍应当依法追究法律责任。

第九章 附 则

第七十八条 本条例所称肢解发包，是指建设单位将应当由一个承包单位完成的建设工程分解成若干部分发包给不同的承包单位的行为。

本条例所称违法分包，是指下列行为：

（一）总承包单位将建设工程分包给不具备相应资质条件的单位的；

（二）建设工程总承包合同中未有约定，又未经建设单位认可，承包单位将其承包的部分建设工程交由其他单位完成的；

（三）施工总承包单位将建设工程主体结构的施工分包给其他单位的；

（四）分包单位将其承包的建设工程再分包的。

本条例所称转包，是指承包单位承包建设工程后，不履行合同约定的责任和义务，将其承包的全部建设工程转给他人或者将其承包的全部建设工程肢解以后以分包的名义分别转给其他单位承包的行为。

第七十九条 本条例规定的罚款和没收的违法所得，必须全部上缴国库。

第八十条 抢险救灾及其他临时性房屋建筑和农民自建低层住宅的建设活动，不适用本条例。

第八十一条 军事建设工程的管理，按照中央军事委员会的有关规定执行。

第八十二条 本条例自发布之日起施行。

附刑法有关条款

第一百三十七条 建设单位、设计单位、施工单位、工程监理单位违反国家规定，降低工程质量标准，造成重大安全事故的，对直接责任人员处五年以下有期徒刑或者拘役，并处罚金；后果特别严重的，处五年以上十年以下有期徒刑，并处罚金。

建设工程勘察设计管理条例

（2000年9月25日中华人民共和国国务院令第293号发布，
2015年6月12日中华人民共和国国务院令第662号修正）

第一章 总 则

第一条 为了加强对建设工程勘察、设计活动的管理，保证建设工程勘察、设计质量，保护人民生命和财产安全，制定本条例。

第二条 从事建设工程勘察、设计活动，必须遵守本条例。

本条例所称建设工程勘察，是指根据建设工程的要求，查明、分析、评价建设场地的地质地理环境特征和岩土工程条件，编制建设工程勘察文件的活动。

本条例所称建设工程设计，是指根据建设工程的要求，对建设工程所需的技术、经济、资源、环境等条件进行综合分析、论证，编制建设工程设计文件的活动。

第三条 建设工程勘察、设计应当与社会、经济发展水平相适应，做到经济效益、社会效益和环境效益相统一。

第四条 从事建设工程勘察、设计活动，应当坚持先勘察、后设计、再施工的原则。

第五条 县级以上人民政府建设行政主管部门和交通、水利等有关部门应当依照本条例的规定，加强对建设工程勘察、设计活动的监督管理。

建设工程勘察、设计单位必须依法进行建设工程勘察、设计，严格执行工程建设强制性标准，并对建设工程勘察、设计的质量负责。

第六条 国家鼓励在建设工程勘察、设计活动中采用先进技术、先进工艺、先进设备、新型材料和现代管理方法。

第二章 资质资格管理

第七条 国家对从事建设工程勘察、设计活动的单位，实行资质管理制度。具体办法由国务院建设行政主管部门商国务院有关部门制定。

第八条 建设工程勘察、设计单位应当在其资质等级许可的范围内承揽建设工程勘察、设计业务。

禁止建设工程勘察、设计单位超越其资质等级许可的范围或者以其他建设工程勘察、设计单位的名义承揽建设工程勘察、设计业务。禁止建设工程勘察、设计单位允许其他单位或者个人以本单位的名义承揽建设工程勘察、设计业务。

第九条 国家对从事建设工程勘察、设计活动的专业技术人员，实行执业资格注册管理制度。

未经注册的建设工程勘察、设计人员，不得以注册执业人员的名义从事建设工程勘察、设计活动。

第十条 建设工程勘察、设计注册执业人员和其他专业技术人员只能受聘于一个建设工程勘察、设计单位；未受聘于建设工程勘察、设计单位的，不得从事建设工程的勘察、设计活动。

第十一条 建设工程勘察、设计单位资质证书和执业人员注册证书，由国务院建设行政主管部门统一制作。

第三章 建设工程勘察设计发包与承包

第十二条 建设工程勘察、设计发包依法实行招标发包或者直接发包。

第十三条 建设工程勘察、设计应当依照《中华人民共和国招标投标法》的规定，实行招标发包。

第十四条 建设工程勘察、设计方案评标，应当以投标人的业绩、信誉和勘察、设计人员的能力以及勘察、设计方案的优劣为依据，进行综合评定。

第十五条 建设工程勘察、设计的招标人应当在评标委员会推荐的候选方案中确定中标方案。但是，建设工程勘察、设计的招标人认为评标委员会推荐的候选方案不能最大限度满足招标文件规定的要求的，应当依法重新招标。

第十六条 下列建设工程的勘察、设计，经有关主管部门批准，可以直接发包：

（一）采用特定的专利或者专有技术的；

（二）建筑艺术造型有特殊要求的；

（三）国务院规定的其他建设工程的勘察、设计。

第十七条 发包方不得将建设工程勘察、设计业务发包给不具有相应勘察、设计资质等级的建设工程勘察、设计单位。

第十八条 发包方可以将整个建设工程的勘察、设计发包给一个勘察、设计单位；也可以将建设工程的勘察、设计分别发包给几个勘察、设计单位。

第十九条 除建设工程主体部分的勘察、设计外，经发包方书面同意，承包方可以将建设工程其他部分的勘察、设计再分包给其他具有相应资质等级的建设工程勘察、设计单位。

第二十条 建设工程勘察、设计单位不得将所承揽的建设工程勘察、设计转包。

第二十一条 承包方必须在建设工程勘察、设计资质证书规定的资质等级和业务范围内承揽建设工程的勘察、设计业务。

第二十二条 建设工程勘察、设计的发包方与承包方，应当执行国家规定的建设工程勘察、设计程序。

第二十三条 建设工程勘察、设计的发包方与承包方应当签订建设工程勘察、设计合同。

第二十四条 建设工程勘察、设计发包方与承包方应当执行国家有关建设工程勘察费、设计费的管理规定。

第四章 建设工程勘察设计文件的编制与实施

第二十五条 编制建设工程勘察、设计文件，应当以下列规定为依据：

（一）项目批准文件；

（二）城乡规划；

（三）工程建设强制性标准；

（四）国家规定的建设工程勘察、设计深度要求。

铁路、交通、水利等专业建设工程，还应当以专业规划的要求为依据。

第二十六条 编制建设工程勘察文件，应当真实、准确，满足建设工程规划、选址、设计、岩土治理和施工的需要。

编制方案设计文件，应当满足编制初步设计文件和控制概算的需要。

编制初步设计文件，应当满足编制施工招标文件、主要设备材料订货和编制施工图设计文件的需要。

编制施工图设计文件，应当满足设备材料采购、非标准设备制作和施工的需要，并注明建设工程合理使用年限。

第二十七条 设计文件中选用的材料、构配件、设备，应当注明其规格、型号、性能等技术指标，其质量要求必须符合国家规定的标准。

除有特殊要求的建筑材料、专用设备和工艺生产线等外，设计单位不得指定生产厂、供应商。

第二十八条 建设单位、施工单位、监理单位不得修改建设工程勘察、设计文件；确需修改建设工程勘察、设计文件的，应当由原建设工程勘察、设计单位修改。经原建设工程勘察、设计单位书面同意，建设单位也可以委托其他具有相应资质的建设工程勘察、设计单位修改。修改单位对修改的勘察、设计文件承担相应责任。

施工单位、监理单位发现建设工程勘察、设计文件不符合工程建设强制性标准、合同约定的质量要求的，应当报告建设单位，建设单位有权要求建设工程勘察、设计单位对建设工程勘察、设计文件进行补充、修改。

建设工程勘察、设计文件内容需要作重大修改的，建设单位应当报经原审批机关批准后，方可修改。

第二十九条 建设工程勘察、设计文件中规定采用的新技术、新材料，可能影响建设工程质量和安全，又没有国家技术标准的，应当由国家认可的检测机构进行试验、论证，出具检测报告，并经国务院有关部门或者省、自治区、直辖市人民政府有关部门组织的建设工程技术专家委员会审定后，方可使用。

第三十条　建设工程勘察、设计单位应当在建设工程施工前，向施工单位和监理单位说明建设工程勘察、设计意图，解释建设工程勘察、设计文件。

建设工程勘察、设计单位应当及时解决施工中出现的勘察、设计问题。

第五章　监督管理

第三十一条　国务院建设行政主管部门对全国的建设工程勘察、设计活动实施统一监督管理。国务院铁路、交通、水利等有关部门按照国务院规定的职责分工，负责对全国的有关专业建设工程勘察、设计活动的监督管理。

县级以上地方人民政府建设行政主管部门对本行政区域内的建设工程勘察、设计活动实施监督管理。县级以上地方人民政府交通、水利等有关部门在各自的职责范围内，负责对本行政区域内的有关专业建设工程勘察、设计活动的监督管理。

第三十二条　建设工程勘察、设计单位在建设工程勘察、设计资质证书规定的业务范围内跨部门、跨地区承揽勘察、设计业务的，有关地方人民政府及其所属部门不得设置障碍，不得违反国家规定收取任何费用。

第三十三条　县级以上人民政府建设行政主管部门或者交通、水利等有关部门应当对施工图设计文件中涉及公共利益、公众安全、工程建设强制性标准的内容进行审查。

施工图设计文件未经审查批准的，不得使用。

第三十四条　任何单位和个人对建设工程勘察、设计活动中的违法行为都有权检举、控告、投诉。

第六章　罚　则

第三十五条　违反本条例第八条规定的，责令停止违法行为，处合同约定的勘察费、设计费1倍以上2倍以下的罚款，有违法所得的，予以没收；可以责令停业整顿，降低资质等级；情节严重的，吊销资质证书。

未取得资质证书承揽工程的，予以取缔，依照前款规定处以罚款；有违法所得的，予以没收。

以欺骗手段取得资质证书承揽工程的，吊销资质证书，依照本条第一款规定处以罚款；有违法所得的，予以没收。

第三十六条　违反本条例规定，未经注册，擅自以注册建设工程勘察、设计人员的名义从事建设工程勘察、设计活动的，责令停止违法行为，没收违法所得，处违法所得2倍以上5倍以下罚款；给他人造成损失的，依法承担赔偿责任。

第三十七条　违反本条例规定，建设工程勘察、设计注册执业人员和其他专业技术人员未受聘于一个建设工程勘察、设计单位或者同时受聘于两个以上建设工程勘察、设计单位，从事建设工程勘察、设计活动的，责令停止违法行为，没收违法所得，处违法所得2倍以上5倍以下的罚款；情节严重的，可以责令停止执行业务或者吊销资格证书；给他人造成损失的，依法承担赔偿责任。

第三十八条 违反本条例规定，发包方将建设工程勘察、设计业务发包给不具有相应资质等级的建设工程勘察、设计单位的，责令改正，处50万元以上100万元以下的罚款。

第三十九条 违反本条例规定，建设工程勘察、设计单位将所承揽的建设工程勘察、设计转包的，责令改正，没收违法所得，处合同约定的勘察费、设计费25%以上50%以下的罚款，可以责令停业整顿，降低资质等级；情节严重的，吊销资质证书。

第四十条 违反本条例规定，勘察、设计单位未依据项目批准文件，城乡规划及专业规划，国家规定的建设工程勘察、设计深度要求编制建设工程勘察、设计文件的，责令限期改正；逾期不改正的，处10万元以上30万元以下的罚款；造成工程质量事故或者环境污染和生态破坏的，责令停业整顿，降低资质等级；情节严重的，吊销资质证书；造成损失的，依法承担赔偿责任。

第四十一条 违反本条例规定，有下列行为之一的，依照《建设工程质量管理条例》第六十三条的规定给予处罚：

（一）勘察单位未按照工程建设强制性标准进行勘察的；

（二）设计单位未根据勘察成果文件进行工程设计的；

（三）设计单位指定建筑材料、建筑构配件的生产厂、供应商的；

（四）设计单位未按照工程建设强制性标准进行设计的。

第四十二条 本条例规定的责令停业整顿、降低资质等级和吊销资质证书、资格证书的行政处罚，由颁发资质证书、资格证书的机关决定；其他行政处罚，由建设行政主管部门或者其他有关部门依据法定职权范围决定。

依照本条例规定被吊销资质证书的，由工商行政管理部门吊销其营业执照。

第四十三条 国家机关工作人员在建设工程勘察、设计活动的监督管理工作中玩忽职守、滥用职权、徇私舞弊，构成犯罪的，依法追究刑事责任；尚不构成犯罪的，依法给予行政处分。

第七章 附 则

第四十四条 抢险救灾及其他临时性建筑和农民自建两层以下住宅的勘察、设计活动，不适用本条例。

第四十五条 军事建设工程勘察、设计的管理，按照中央军事委员会的有关规定执行。

第四十六条 本条例自公布之日起施行。

民用建筑节能条例

（2008年7月23日中华人民共和国国务院令第530号发布）

第一章　总　则

第一条　为了加强民用建筑节能管理，降低民用建筑使用过程中的能源消耗，提高能源利用效率，制定本条例。

第二条　本条例所称民用建筑节能，是指在保证民用建筑使用功能和室内热环境质量的前提下，降低其使用过程中能源消耗的活动。

本条例所称民用建筑，是指居住建筑、国家机关办公建筑和商业、服务业、教育、卫生等其他公共建筑。

第三条　各级人民政府应当加强对民用建筑节能工作的领导，积极培育民用建筑节能服务市场，健全民用建筑节能服务体系，推动民用建筑节能技术的开发应用，做好民用建筑节能知识的宣传教育工作。

第四条　国家鼓励和扶持在新建建筑和既有建筑节能改造中采用太阳能、地热能等可再生能源。

在具备太阳能利用条件的地区，有关地方人民政府及其部门应当采取有效措施，鼓励和扶持单位、个人安装使用太阳能热水系统、照明系统、供热系统、采暖制冷系统等太阳能利用系统。

第五条　国务院建设主管部门负责全国民用建筑节能的监督管理工作。县级以上地方人民政府建设主管部门负责本行政区域民用建筑节能的监督管理工作。

县级以上人民政府有关部门应当依照本条例的规定以及本级人民政府规定的职责分工，负责民用建筑节能的有关工作。

第六条　国务院建设主管部门应当在国家节能中长期专项规划指导下，编制全国民用建筑节能规划，并与相关规划相衔接。

县级以上地方人民政府建设主管部门应当组织编制本行政区域的民用建筑节能规划，报本级人民政府批准后实施。

第七条　国家建立健全民用建筑节能标准体系。国家民用建筑节能标准由国务院建设主管部门负责组织制定，并依照法定程序发布。

国家鼓励制定、采用优于国家民用建筑节能标准的地方民用建筑节能标准。

第八条 县级以上人民政府应当安排民用建筑节能资金，用于支持民用建筑节能的科学技术研究和标准制定、既有建筑围护结构和供热系统的节能改造、可再生能源的应用，以及民用建筑节能示范工程、节能项目的推广。

政府引导金融机构对既有建筑节能改造、可再生能源的应用，以及民用建筑节能示范工程等项目提供支持。

民用建筑节能项目依法享受税收优惠。

第九条 国家积极推进供热体制改革，完善供热价格形成机制，鼓励发展集中供热，逐步实行按照用热量收费制度。

第十条 对在民用建筑节能工作中做出显著成绩的单位和个人，按照国家有关规定给予表彰和奖励。

第二章 新建建筑节能

第十一条 国家推广使用民用建筑节能的新技术、新工艺、新材料和新设备，限制使用或者禁止使用能源消耗高的技术、工艺、材料和设备。国务院节能工作主管部门、建设主管部门应当制定、公布并及时更新推广使用、限制使用、禁止使用目录。

国家限制进口或者禁止进口能源消耗高的技术、材料和设备。

建设单位、设计单位、施工单位不得在建筑活动中使用列入禁止使用目录的技术、工艺、材料和设备。

第十二条 编制城市详细规划、镇详细规划，应当按照民用建筑节能的要求，确定建筑的布局、形状和朝向。

城乡规划主管部门依法对民用建筑进行规划审查，应当就设计方案是否符合民用建筑节能强制性标准征求同级建设主管部门的意见；建设主管部门应当自收到征求意见材料之日起10日内提出意见。征求意见时间不计算在规划许可的期限内。

对不符合民用建筑节能强制性标准的，不得颁发建设工程规划许可证。

第十三条 施工图设计文件审查机构应当按照民用建筑节能强制性标准对施工图设计文件进行审查；经审查不符合民用建筑节能强制性标准的，县级以上地方人民政府建设主管部门不得颁发施工许可证。

第十四条 建设单位不得明示或者暗示设计单位、施工单位违反民用建筑节能强制性标准进行设计、施工，不得明示或者暗示施工单位使用不符合施工图设计文件要求的墙体材料、保温材料、门窗、采暖制冷系统和照明设备。

按照合同约定由建设单位采购墙体材料、保温材料、门窗、采暖制冷系统和照明设备的，建设单位应当保证其符合施工图设计文件要求。

第十五条 设计单位、施工单位、工程监理单位及其注册执业人员，应当按照民用建筑节能强制性标准进行设计、施工、监理。

第十六条 施工单位应当对进入施工现场的墙体材料、保温材料、门窗、采暖制冷系统和照明设备进行查验；不符合施工图设计文件要求的，不得使用。

工程监理单位发现施工单位不按照民用建筑节能强制性标准施工的，应当要求施工单位改正；施工单位拒不改正的，工程监理单位应当及时报告建设单位，并向有关主管部门报告。

墙体、屋面的保温工程施工时，监理工程师应当按照工程监理规范的要求，采取旁站、巡视和平行检验等形式实施监理。

未经监理工程师签字，墙体材料、保温材料、门窗、采暖制冷系统和照明设备不得在建筑上使用或者安装，施工单位不得进行下一道工序的施工。

第十七条 建设单位组织竣工验收，应当对民用建筑是否符合民用建筑节能强制性标准进行查验；对不符合民用建筑节能强制性标准的，不得出具竣工验收合格报告。

第十八条 实行集中供热的建筑应当安装供热系统调控装置、用热计量装置和室内温度调控装置；公共建筑还应当安装用电分项计量装置。居住建筑安装的用热计量装置应当满足分户计量的要求。

计量装置应当依法检定合格。

第十九条 建筑的公共走廊、楼梯等部位，应当安装、使用节能灯具和电气控制装置。

第二十条 对具备可再生能源利用条件的建筑，建设单位应当选择合适的可再生能源，用于采暖、制冷、照明和热水供应等；设计单位应当按照有关可再生能源利用的标准进行设计。

建设可再生能源利用设施，应当与建筑主体工程同步设计、同步施工、同步验收。

第二十一条 国家机关办公建筑和大型公共建筑的所有权人应当对建筑的能源利用效率进行测评和标识，并按照国家有关规定将测评结果予以公示，接受社会监督。

国家机关办公建筑应当安装、使用节能设备。

本条例所称大型公共建筑，是指单体建筑面积2万平方米以上的公共建筑。

第二十二条 房地产开发企业销售商品房，应当向购买人明示所售商品房的能源消耗指标、节能措施和保护要求、保温工程保修期等信息，并在商品房买卖合同和住宅质量保证书、住宅使用说明书中载明。

第二十三条 在正常使用条件下，保温工程的最低保修期限为5年。保温工程的保修期，自竣工验收合格之日起计算。

保温工程在保修范围和保修期内发生质量问题的，施工单位应当履行保修义务，并对造成的损失依法承担赔偿责任。

第三章 既有建筑节能

第二十四条 既有建筑节能改造应当根据当地经济、社会发展水平和地理气候条件等实际情况，有计划、分步骤地实施分类改造。

本条例所称既有建筑节能改造，是指对不符合民用建筑节能强制性标准的既有建筑的围护结构、供热系统、采暖制冷系统、照明设备和热水供应设施等实施节能改造的活动。

第二十五条 县级以上地方人民政府建设主管部门应当对本行政区域内既有建筑的建设年代、结构形式、用能系统、能源消耗指标、寿命周期等组织调查统计和分析，制定既有建筑节能改造计划，明确节能改造的目标、范围和要求，报本级人民政府批准后组织实施。

中央国家机关既有建筑的节能改造，由有关管理机关事务工作的机构制定节能改造计划，并组织实施。

第二十六条 国家机关办公建筑、政府投资和以政府投资为主的公共建筑的节能改造，应当制定节能改造方案，经充分论证，并按照国家有关规定办理相关审批手续方可进行。

各级人民政府及其有关部门、单位不得违反国家有关规定和标准，以节能改造的名义对前款规定的既有建筑进行扩建、改建。

第二十七条 居住建筑和本条例第二十六条规定以外的其他公共建筑不符合民用建筑节能强制性标准的，在尊重建筑所有权人意愿的基础上，可以结合扩建、改建，逐步实施节能改造。

第二十八条 实施既有建筑节能改造，应当符合民用建筑节能强制性标准，优先采用遮阳、改善通风等低成本改造措施。

既有建筑围护结构的改造和供热系统的改造，应当同步进行。

第二十九条 对实行集中供热的建筑进行节能改造，应当安装供热系统调控装置和用热计量装置；对公共建筑进行节能改造，还应当安装室内温度调控装置和用电分项计量装置。

第三十条 国家机关办公建筑的节能改造费用，由县级以上人民政府纳入本级财政预算。

居住建筑和教育、科学、文化、卫生、体育等公益事业使用的公共建筑节能改造费用，由政府、建筑所有权人共同负担。

国家鼓励社会资金投资既有建筑节能改造。

第四章 建筑用能系统运行节能

第三十一条 建筑所有权人或者使用权人应当保证建筑用能系统的正常运行，不得人为损坏建筑围护结构和用能系统。

国家机关办公建筑和大型公共建筑的所有权人或者使用权人应当建立健全民用建筑节能管理制度和操作规程，对建筑用能系统进行监测、维护，并定期将分项用电量报县级以上地方人民政府建设主管部门。

第三十二条 县级以上地方人民政府节能工作主管部门应当会同同级建设主管部门确定本行政区域内公共建筑重点用电单位及其年度用电限额。

县级以上地方人民政府建设主管部门应当对本行政区域内国家机关办公建筑和公共建筑用电情况进行调查统计和评价分析。国家机关办公建筑和大型公共建筑采暖、制冷、照明的能源消耗情况应当依照法律、行政法规和国家其他有关规定向社会公布。

国家机关办公建筑和公共建筑的所有权人或者使用权人应当对县级以上地方人民政府建设主管部门的调查统计工作予以配合。

第三十三条 供热单位应当建立健全相关制度，加强对专业技术人员的教育和培训。

供热单位应当改进技术装备，实施计量管理，并对供热系统进行监测、维护，提高供热系统的效率，保证供热系统的运行符合民用建筑节能强制性标准。

第三十四条 县级以上地方人民政府建设主管部门应当对本行政区域内供热单位的能源消耗情况进行调查统计和分析，并制定供热单位能源消耗指标；对超过能源消耗指标的，应当要求供热单位制定相应的改进措施，并监督实施。

第五章 法律责任

第三十五条 违反本条例规定，县级以上人民政府有关部门有下列行为之一的，对负有责任的主管人员和其他直接责任人员依法给予处分；构成犯罪的，依法追究刑事责任：

（一）对设计方案不符合民用建筑节能强制性标准的民用建筑项目颁发建设工程规划许可证的；

（二）对不符合民用建筑节能强制性标准的设计方案出具合格意见的；

（三）对施工图设计文件不符合民用建筑节能强制性标准的民用建筑项目颁发施工许可证的；

（四）不依法履行监督管理职责的其他行为。

第三十六条 违反本条例规定，各级人民政府及其有关部门、单位违反国家有关规定和标准，以节能改造的名义对既有建筑进行扩建、改建的，对负有责任的主管人员和其他直接责任人员，依法给予处分。

第三十七条 违反本条例规定，建设单位有下列行为之一的，由县级以上地方人民政府建设主管部门责令改正，处20万元以上50万元以下的罚款：

（一）明示或者暗示设计单位、施工单位违反民用建筑节能强制性标准进行设计、施工的；

（二）明示或者暗示施工单位使用不符合施工图设计文件要求的墙体材料、保温材料、门窗、采暖制冷系统和照明设备的；

（三）采购不符合施工图设计文件要求的墙体材料、保温材料、门窗、采暖制冷系统和照明设备的；

（四）使用列入禁止使用目录的技术、工艺、材料和设备的。

第三十八条 违反本条例规定，建设单位对不符合民用建筑节能强制性标准的民用建筑项目出具竣工验收合格报告的，由县级以上地方人民政府建设主管部门责令改正，处民用建筑项目合同价款 2%以上 4%以下的罚款；造成损失的，依法承担赔偿责任。

第三十九条 违反本条例规定，设计单位未按照民用建筑节能强制性标准进行设计，或者使用列入禁止使用目录的技术、工艺、材料和设备的，由县级以上地方人民政府建设主管部门责令改正，处 10 万元以上 30 万元以下的罚款；情节严重的，由颁发资质证书的部门责令停业整顿，降低资质等级或者吊销资质证书；造成损失的，依法承担赔偿责任。

第四十条 违反本条例规定，施工单位未按照民用建筑节能强制性标准进行施工的，由县级以上地方人民政府建设主管部门责令改正，处民用建筑项目合同价款 2%以上 4%以下的罚款；情节严重的，由颁发资质证书的部门责令停业整顿，降低资质等级或者吊销资质证书；造成损失的，依法承担赔偿责任。

第四十一条 违反本条例规定，施工单位有下列行为之一的，由县级以上地方人民政府建设主管部门责令改正，处 10 万元以上 20 万元以下的罚款；情节严重的，由颁发资质证书的部门责令停业整顿，降低资质等级或者吊销资质证书；造成损失的，依法承担赔偿责任：

（一）未对进入施工现场的墙体材料、保温材料、门窗、采暖制冷系统和照明设备进行查验的；

（二）使用不符合施工图设计文件要求的墙体材料、保温材料、门窗、采暖制冷系统和照明设备的；

（三）使用列入禁止使用目录的技术、工艺、材料和设备的。

第四十二条 违反本条例规定，工程监理单位有下列行为之一的，由县级以上地方人民政府建设主管部门责令限期改正；逾期未改正的，处 10 万元以上 30 万元以下的罚款；情节严重的，由颁发资质证书的部门责令停业整顿，降低资质等级或者吊销资质证书；造成损失的，依法承担赔偿责任：

（一）未按照民用建筑节能强制性标准实施监理的；

（二）墙体、屋面的保温工程施工时，未采取旁站、巡视和平行检验等形式实施监理的。

对不符合施工图设计文件要求的墙体材料、保温材料、门窗、采暖制冷系统和照明设备，按照符合施工图设计文件要求签字的，依照《建设工程质量管理条例》第六十七条的规定处罚。

第四十三条 违反本条例规定，房地产开发企业销售商品房，未向购买人明示所售商品房的能源消耗指标、节能措施和保护要求、保温工程保修期等信息，或者向购买人明示的所售商品房能源消耗指标与实际能源消耗不符的，依法承担民事责任；由县级以上地方人民政府建设主管部门责令限期改正；逾期未改正的，处交付使用的房屋销售总额2%以下的罚款；情节严重的，由颁发资质证书的部门降低资质等级或者吊销资质证书。

第四十四条　违反本条例规定，注册执业人员未执行民用建筑节能强制性标准的，由县级以上人民政府建设主管部门责令停止执业3个月以上1年以下；情节严重的，由颁发资格证书的部门吊销执业资格证书，5年内不予注册。

第六章　附　则

第四十五条　本条例自2008年10月1日起施行。

公共机构节能条例

（2008年7月23日中华人民共和国国务院令第531号发布）

第一章 总 则

第一条 为了推动公共机构节能，提高公共机构能源利用效率，发挥公共机构在全社会节能中的表率作用，根据《中华人民共和国节约能源法》，制定本条例。

第二条 本条例所称公共机构，是指全部或者部分使用财政性资金的国家机关、事业单位和团体组织。

第三条 公共机构应当加强用能管理，采取技术上可行、经济上合理的措施，降低能源消耗，减少、制止能源浪费，有效、合理地利用能源。

第四条 国务院管理节能工作的部门主管全国的公共机构节能监督管理工作。国务院管理机关事务工作的机构在国务院管理节能工作的部门指导下，负责推进、指导、协调、监督全国的公共机构节能工作。

国务院和县级以上地方各级人民政府管理机关事务工作的机构在同级管理节能工作的部门指导下，负责本级公共机构节能监督管理工作。

教育、科技、文化、卫生、体育等系统各级主管部门在同级管理机关事务工作的机构指导下，开展本级系统内公共机构节能工作。

第五条 国务院和县级以上地方各级人民政府管理机关事务工作的机构应当会同同级有关部门开展公共机构节能宣传、教育和培训，普及节能科学知识。

第六条 公共机构负责人对本单位节能工作全面负责。

公共机构的节能工作实行目标责任制和考核评价制度，节能目标完成情况应当作为对公共机构负责人考核评价的内容。

第七条 公共机构应当建立、健全本单位节能管理的规章制度，开展节能宣传教育和岗位培训，增强工作人员的节能意识，培养节能习惯，提高节能管理水平。

第八条 公共机构的节能工作应当接受社会监督。任何单位和个人都有权举报公共机构浪费能源的行为，有关部门对举报应当及时调查处理。

第九条 对在公共机构节能工作中做出显著成绩的单位和个人，按照国家规定予以表彰和奖励。

第二章　节能规划

第十条　国务院和县级以上地方各级人民政府管理机关事务工作的机构应当会同同级有关部门，根据本级人民政府节能中长期专项规划，制定本级公共机构节能规划。

县级公共机构节能规划应当包括所辖乡（镇）公共机构节能的内容。

第十一条　公共机构节能规划应当包括指导思想和原则、用能现状和问题、节能目标和指标、节能重点环节、实施主体、保障措施等方面的内容。

第十二条　国务院和县级以上地方各级人民政府管理机关事务工作的机构应当将公共机构节能规划确定的节能目标和指标，按年度分解落实到本级公共机构。

第十三条　公共机构应当结合本单位用能特点和上一年度用能状况，制定年度节能目标和实施方案，有针对性地采取节能管理或者节能改造措施，保证节能目标的完成。

公共机构应当将年度节能目标和实施方案报本级人民政府管理机关事务工作的机构备案。

第三章　节能管理

第十四条　公共机构应当实行能源消费计量制度，区分用能种类、用能系统实行能源消费分户、分类、分项计量，并对能源消耗状况进行实时监测，及时发现、纠正用能浪费现象。

第十五条　公共机构应当指定专人负责能源消费统计，如实记录能源消费计量原始数据，建立统计台账。

公共机构应当于每年3月31日前，向本级人民政府管理机关事务工作的机构报送上一年度能源消费状况报告。

第十六条　国务院和县级以上地方各级人民政府管理机关事务工作的机构应当会同同级有关部门按照管理权限，根据不同行业、不同系统公共机构能源消耗综合水平和特点，制定能源消耗定额，财政部门根据能源消耗定额制定能源消耗支出标准。

第十七条　公共机构应当在能源消耗定额范围内使用能源，加强能源消耗支出管理；超过能源消耗定额使用能源的，应当向本级人民政府管理机关事务工作的机构作出说明。

第十八条　公共机构应当按照国家有关强制采购或者优先采购的规定，采购列入节能产品、设备政府采购名录和环境标志产品政府采购名录中的产品、设备，不得采购国家明令淘汰的用能产品、设备。

第十九条　国务院和省级人民政府的政府采购监督管理部门应当会同同级有关部门完善节能产品、设备政府采购名录，优先将取得节能产品认证证书的产品、设备列入政府采购名录。

国务院和省级人民政府应当将节能产品、设备政府采购名录中的产品、设备纳入政府集中采购目录。

第二十条 公共机构新建建筑和既有建筑维修改造应当严格执行国家有关建筑节能设计、施工、调试、竣工验收等方面的规定和标准，国务院和县级以上地方人民政府建设主管部门对执行国家有关规定和标准的情况应当加强监督检查。

国务院和县级以上地方各级人民政府负责审批或者核准固定资产投资项目的部门，应当严格控制公共机构建设项目的建设规模和标准，统筹兼顾节能投资和效益，对建设项目进行节能评估和审查；未通过节能评估和审查的项目，不得批准或者核准建设。

第二十一条 国务院和县级以上地方各级人民政府管理机关事务工作的机构会同有关部门制定本级公共机构既有建筑节能改造计划，并组织实施。

第二十二条 公共机构应当按照规定进行能源审计，对本单位用能系统、设备的运行及使用能源情况进行技术和经济性评价，根据审计结果采取提高能源利用效率的措施。具体办法由国务院管理节能工作的部门会同国务院有关部门制定。

第二十三条 能源审计的内容包括：

（一）查阅建筑物竣工验收资料和用能系统、设备台账资料，检查节能设计标准的执行情况；

（二）核对电、气、煤、油、市政热力等能源消耗计量记录和财务账单，评估分类与分项的总能耗、人均能耗和单位建筑面积能耗；

（三）检查用能系统、设备的运行状况，审查节能管理制度执行情况；

（四）检查前一次能源审计合理使用能源建议的落实情况；

（五）查找存在节能潜力的用能环节或者部位，提出合理使用能源的建议；

（六）审查年度节能计划、能源消耗定额执行情况，核实公共机构超过能源消耗定额使用能源的说明；

（七）审查能源计量器具的运行情况，检查能耗统计数据的真实性、准确性。

第四章　节能措施

第二十四条 公共机构应当建立、健全本单位节能运行管理制度和用能系统操作规程，加强用能系统和设备运行调节、维护保养、巡视检查，推行低成本、无成本节能措施。

第二十五条 公共机构应当设置能源管理岗位，实行能源管理岗位责任制。重点用能系统、设备的操作岗位应当配备专业技术人员。

第二十六条 公共机构可以采用合同能源管理方式，委托节能服务机构进行节能诊断、设计、融资、改造和运行管理。

第二十七条 公共机构选择物业服务企业，应当考虑其节能管理能力。公共机构与物业服务企业订立物业服务合同，应当载明节能管理的目标和要求。

第二十八条　公共机构实施节能改造，应当进行能源审计和投资收益分析，明确节能指标，并在节能改造后采用计量方式对节能指标进行考核和综合评价。

第二十九条　公共机构应当减少空调、计算机、复印机等用电设备的待机能耗，及时关闭用电设备。

第三十条　公共机构应当严格执行国家有关空调室内温度控制的规定，充分利用自然通风，改进空调运行管理。

第三十一条　公共机构电梯系统应当实行智能化控制，合理设置电梯开启数量和时间，加强运行调节和维护保养。

第三十二条　公共机构办公建筑应当充分利用自然采光，使用高效节能照明灯具，优化照明系统设计，改进电路控制方式，推广应用智能调控装置，严格控制建筑物外部泛光照明以及外部装饰用照明。

第三十三条　公共机构应当对网络机房、食堂、开水间、锅炉房等部位的用能情况实行重点监测，采取有效措施降低能耗。

第三十四条　公共机构的公务用车应当按照标准配备，优先选用低能耗、低污染、使用清洁能源的车辆，并严格执行车辆报废制度。

公共机构应当按照规定用途使用公务用车，制定节能驾驶规范，推行单车能耗核算制度。

公共机构应当积极推进公务用车服务社会化，鼓励工作人员利用公共交通工具、非机动交通工具出行。

第五章　监督和保障

第三十五条　国务院和县级以上地方各级人民政府管理机关事务工作的机构应当会同有关部门加强对本级公共机构节能的监督检查。监督检查的内容包括：

（一）年度节能目标和实施方案的制定、落实情况；

（二）能源消费计量、监测和统计情况；

（三）能源消耗定额执行情况；

（四）节能管理规章制度建立情况；

（五）能源管理岗位设置以及能源管理岗位责任制落实情况；

（六）用能系统、设备节能运行情况；

（七）开展能源审计情况；

（八）公务用车配备、使用情况。

对于节能规章制度不健全、超过能源消耗定额使用能源情况严重的公共机构，应当进行重点监督检查。

第三十六条　公共机构应当配合节能监督检查，如实说明有关情况，提供相关资料和数据，不得拒绝、阻碍。

第三十七条 公共机构有下列行为之一的，由本级人民政府管理机关事务工作的机构会同有关部门责令限期改正；逾期不改正的，予以通报，并由有关机关对公共机构负责人依法给予处分：

（一）未制定年度节能目标和实施方案，或者未按照规定将年度节能目标和实施方案备案的；

（二）未实行能源消费计量制度，或者未区分用能种类、用能系统实行能源消费分户、分类、分项计量，并对能源消耗状况进行实时监测的；

（三）未指定专人负责能源消费统计，或者未如实记录能源消费计量原始数据，建立统计台账的；

（四）未按照要求报送上一年度能源消费状况报告的；

（五）超过能源消耗定额使用能源，未向本级人民政府管理机关事务工作的机构作出说明的；

（六）未设立能源管理岗位，或者未在重点用能系统、设备操作岗位配备专业技术人员的；

（七）未按照规定进行能源审计，或者未根据审计结果采取提高能源利用效率的措施的；

（八）拒绝、阻碍节能监督检查的。

第三十八条 公共机构不执行节能产品、设备政府采购名录，未按照国家有关强制采购或者优先采购的规定采购列入节能产品、设备政府采购名录中的产品、设备，或者采购国家明令淘汰的用能产品、设备的，由政府采购监督管理部门给予警告，可以并处罚款；对直接负责的主管人员和其他直接责任人员依法给予处分，并予通报。

第三十九条 负责审批或者核准固定资产投资项目的部门对未通过节能评估和审查的公共机构建设项目予以批准或者核准的，对直接负责的主管人员和其他直接责任人员依法给予处分。

公共机构开工建设未通过节能评估和审查的建设项目的，由有关机关依法责令限期整改；对直接负责的主管人员和其他直接责任人员依法给予处分。

第四十条 公共机构违反规定超标准、超编制购置公务用车或者拒不报废高耗能、高污染车辆的，对直接负责的主管人员和其他直接责任人员依法给予处分，并由本级人民政府管理机关事务工作的机构依照有关规定，对车辆采取收回、拍卖、责令退还等方式处理。

第四十一条 公共机构违反规定用能造成能源浪费的，由本级人民政府管理机关事务工作的机构会同有关部门下达节能整改意见书，公共机构应当及时予以落实。

第四十二条 管理机关事务工作的机构的工作人员在公共机构节能监督管理中滥

用职权、玩忽职守、徇私舞弊，构成犯罪的，依法追究刑事责任；尚不构成犯罪的，依法给予处分。

第六章　附　则

第四十三条　本条例自2008年10月1日起施行。

中华人民共和国注册建筑师条例

（1995 年 9 月 23 日中华人民共和国国务院令第 184 号发布）

第一章 总 则

第一条 为了加强对注册建筑师的管理，提高建筑设计质量与水平，保障公民生命和财产安全，维护社会公共利益，制定本条例。

第二条 本条例所称注册建筑师，是指依法取得注册建筑师证书并从事房屋建筑设计及相关业务的人员。

注册建筑师分为一级注册建筑师和二级注册建筑师。

第三条 注册建筑师的考试、注册和执业，适用本条例。

第四条 国务院建设行政主管部门、人事行政主管部门和省自治区、直辖市人民政府建设行政主管部门、人事行政主管部门依照本条例的规定对注册建筑师的考试、注册和执业实施指导和监督。

第五条 全国注册建筑师管理委员会和省、自治区、直辖市注册建筑师管理委员会，依照本条例的规定负责注册建筑师的考试和注册的具体工作。

全国注册建筑师管理委员会由国务院建设行政主管部门、人事行政主管部门、其他有关行政主管部门的代表和建筑设计专家组成。

省、自治区、直辖市注册建筑师管理委员会由省、自治区、直辖市建设行政主管部门、人事行政主管部门、其他有关行政主管部门的代表和建筑设计专家组成。

第六条 注册建筑师可以组建注册建筑师协会，维护会员的合法权益。

第二章 考试和注册

第七条 国家实行注册建筑师全国统一考试制度。注册建筑师全国统一考试办法，由国务院建设行政主管部门会同国务院人事行政主管部门商国务院其他有关行政主管部门共同制度，由全国注册建筑师管理委员会组织实施。

第八条 符合下列条件之一的，可以申请参加一级注册建筑师考试：

（一）取得建筑学硕士以上学位或者相近专业工学博士学位，并从事建筑设计或者相关业务 2 年以上的；

（二）取得建筑学学士学位或者相近专业工学硕士学位，并从事建筑设计或者相关业务3年以上的；

（三）具有建筑学专业大学本科毕业学历并从事建筑设计或者相关业务5年以上的，或者具有建筑学相近专业大学本科毕业学历并从事建筑设计或者相关业务7年以上的；

（四）取得高级工程师技术职称并从事建筑设计或者相关业务3年以上的，或者取得工程师技术职称并从事建筑设计或者相关业务5年以上的；

（五）不具有前四项规定的条件，但设计成绩突出，经全国注册建筑师管理委员会认定达到前四项规定的专业水平的。

第九条 符合下列条件之一的，可以申请参加二级注册建筑师考试：

（一）具有建筑学或者相近专业大学本科毕业以上学历，从事建筑设计或者相关业务2年以上的；

（二）具有建筑设计技术专业或者相近专业大专毕业以上学历，并从事建筑设计或者相关业务3年以上的；

（三）具有建筑设计技术专业4年制中专毕业学历，并从事建筑设计或者相关业务5年以上的；

（四）具有建筑设计技术相近专业中专毕业学历，并从事建筑设计或者相关业务7年以上的；

（五）取得助理工程师以上技术职称，并从事建筑设计或者相关业务3年以上的。

第十条 本条例施行前已取得高级、中级技术职称的建筑设计人员，经所在单位推荐，可以按照注册建筑师全国统一考试办法的规定，免予部分科目的考试。

第十一条 注册建筑师考试合格，取得相应的注册建筑师资格的，可以申请注册。

第十二条 一级注册建筑师的注册，由全国注册建筑师管理委员会负责；二级注册建筑师的注册，由省、自治区、直辖市注册建筑师管理委员会负责。

第十三条 有下列情况之一的，不予注册：

（一）不具有完全民事行为能力的；

（二）因受刑事处罚，自刑罚执行完毕之日起至申请注册之日止不满5年的；

（三）因在建筑设计或者相关业务中犯有错误受行政处罚或者撤职以上行政处分处罚、处分决定之日起至申请注册之日止不满2年的

（四）受吊销注册建筑师证书的行政处罚，自处罚决定之日起至申请注册之日止不满5年的；

（五）有国务院规定不予注册的其他情形的。

第十四条 全国注册建筑师管理委员会和省、自治区、直辖市注册建筑师管理委员会依照本条例第十三条的规定，决定不予注册的，应当自决定之日起15日内书面通知申请人；申请人有异议的，可以自收到通知之日起15日内向国务院建设行政主管部门或者省、自治区、直辖市人民政府建设行政主管部门申请复议。

第十五条 全国注册建筑师管理委员会应当将准予注册的一级注册建筑师名单报国务院建设行政主管部门备案；省、自治区、直辖市注册建筑师管理委员会应当将准予注册的二级注册建筑师名单报省、自治区、直辖市人民政府建设行政主管部门备案。

国务院建设行政主管部门或者省、自治区、直辖市人民政府建设行政主管部门发现有关注册建筑师管理委员会的注册不符合本条例规定的，应当通知有关注册建筑师管理委员会撤销注册，收回注册建筑师证书。

第十六条 准予注册的申请人，分别由全国注册建筑师管理委员会和省、自治区、直辖市注册建筑师管理委员会核发由国务院建设行政主管部门统一制作的一级注册建筑师证书或者二级注册建筑师证书。

第十七条 注册建筑师注册的有效期为 2 年，有效期届满需要继续注册的，应当在期满前 30 日内办理注册手续。

第十八条 已取得注册建筑师证书的人员，除本条例第十五条第二款规定的情形外，注册后有下列情形之一的，由准予注册的全国注册建筑师管理委员会或者省、自治区、直辖市注册建筑师管理委员会撤销注册，收回注册建筑师证书：

（一）完全丧失民事行为能力的；

（二）受刑事处罚的；

（三）因在建筑设计或者相关业务中犯有错误，受到行政处罚或者撤职以上行政处分

（四）自行停止注册建筑师业务满 2 年的。

被撤销注册的当事人对撤销注册、收回注册建筑师证书有异议的，可以自接到撤销注册、收回注册建筑师证书的通知之日起 15 日内向国务院建设行政主管部门或者省、自治区、直辖市人民政府建设行政主管部门申请复议。

第十九条 被撤销注册的人员可以依照本条例的规定重新注册。

第三章 执 业

第二十条 注册建筑师的执业范围：

（一）建筑设计；

（二）建筑设计技术咨询；

（三）建筑物调查与鉴定；

（四）对本人主持设计的项目进行施工指导和监督；

（五）国务院建设行政主管部门规定的其他业务。

第二十一条 注册建筑师执行业务，应当加入建筑设计单位。

建筑设计单位的资质等级及其业务范围，由国务院建设行政主管部门规定。

第二十二条 一级注册建筑师的执业范围不受建筑规模和工程复杂程序的限制。二级注册建筑师的执业范围不得超越国家规定的建筑规模和工程复杂程序。

第二十三条 注册建筑师执行业务，由建筑设计单位统一接受委托并统一收费。

第二十四条 因设计质量造成的经济损失，由建筑设计单位承担赔偿责任；建筑设计单位有权向签字的注册建筑师追偿。

第四章 权利和义务

第二十五条 注册建筑师有权以注册建筑师的名义执行注册建筑师业务。

非注册建筑师不得以注册建筑师的名义执行注册建筑师业务。二级注册建筑师不得以一级注册建筑师的名义执行业务，也不得超越国家规定的二级注册建筑师的执业范围执行业务。

第二十六条 国家规定的一定跨度、跨径和高度以上的房屋建筑，应当由注册建筑师进行设计。

第二十七条 任何单位和个人修改注册建筑师的设计图纸，应当征得该注册建筑师同意；但是，因特殊情况不能征得该注册建筑师同意的除外。

第二十八条 注册建筑师应当履行下列义务：

（一）遵守法律、法规和职业道德，维护社会公共利益；

（二）保证建筑设计的质量，并在其负责的设计图纸上签字；

（三）保守在执业中知悉的单位和个人的秘密；

（四）不得同时受聘于二个以上建筑设计单位执行业务；

（五）不得准许他人以本人名义执行业务。

第五章 法律责任

第二十九条 以不正当手段取得注册建筑师考试合格资格或者注册建筑师证书的，由全国注册建筑师管理委员会或者省、自治区、直辖市注册建筑师管理委员会取消考试合格资格或者吊销注册建筑师证书；对负有直接责任的主管人员和其他直接责任人员，依法给予行政处分

第三十条 未经注册擅自以注册建筑师名义从事注册建筑师业务的，由县级以上人民政府建设行政主管部门责令停止违法活动，没收违法所得，并可以处以违法所得5倍以下的罚款；造成损失的，应当承担赔偿责任。

第三十一条 注册建筑师违反本条例规定，有下列行为之一的，由县级以上人民政府建设行政主管部门责令停止违法活动，没收违法所得，并可以处以违法所得5倍以下的罚款；情节严重的，可以责令停止执行业务或者由全国注册建筑师管理委员会或者省、自治区、直辖市注册建筑师管理委员会吊销注册建筑师证书：

（一）以个人名义承接注册建筑师业务、收取费用的；

（二）同时受聘于二个以上建筑设计单位执行业务的；

（三）在建筑设计或者相关业务中侵犯他人合法权益的；

（四）准许他人以本人名义执行业务的；

（五）二级注册建筑师以一级注册建筑师的名义执行业务或者超越国家规定的执业范围执行业务的。

第三十二条 因建筑设计质量不合格发生重大责任事故，造成重大损失的，对该建筑设计负有直接责任的注册建筑师，由县级以上人民政府建设行政主管部门责令停止执行业务；情节严重的，由全国注册建筑师管理委员会或者省、自治区、直辖市注册建筑师管理委员会吊销注册建筑师证书。

第三十三条 违反本条例规定，未经注册建筑师同意擅自修改其设计图纸的，由县级以上人民政府建设行政主管部门责令纠正；造成损失的，应当承担赔偿责任。

第三十四条 违反本条例规定，构成犯罪的，依法追究刑事责任。

第六章 附 则

第三十五条 本条例所称建筑设计单位，包括专门从事建筑设计的工程设计单位和其他从事建筑设计的工程设计单位。

第三十六条 外国人申请参加中国注册建筑师全国统一考试和注册以及外国建筑师申请在中国境内执行注册建筑师业务，按照对等原则办理。

第三十七条 本条例自发布之日起施行。

建设工程勘察质量管理办法

（2002年12月4日建设部令第115号发布，2007年11月22日建设部令第163号修正）

第一章 总 则

第一条 为了加强对建设工程勘察质量的管理，保证建设工程质量，根据《中华人民共和国建筑法》、《建设工程质量管理条例》、《建设工程勘察设计管理条例》等有关法律、法规，制定本办法。

第二条 凡在中华人民共和国境内从事建设工程勘察活动的，必须遵守本办法。

本办法所称建设工程勘察，是指根据建设工程的要求，查明、分析、评价建设场地的地质地理环境特征和岩土工程条件，编制建设工程勘察文件的活动。

第三条 工程勘察企业应当按照有关建设工程质量的法律、法规、工程建设强制性标准和勘察合同进行勘察工作，并对勘察质量负责。

勘察文件应当符合国家规定的勘察深度要求，必须真实、准确。

第四条 国务院建设行政主管部门对全国的建设工程勘察质量实施统一监督管理。

国务院铁路、交通、水利等有关部门按照国务院规定的职责分工，负责对全国的有关专业建设工程勘察质量的监督管理。

县级以上地方人民政府建设行政主管部门对本行政区域内的建设工程勘察质量实施监督管理。

县级以上地方人民政府有关部门在各自的职责范围内，负责对本行政区域内的有关专业建设工程勘察质量的监督管理。

第二章 质量责任和义务

第五条 建设单位应当为勘察工作提供必要的现场工作条件，保证合理的勘察工期，提供真实、可靠的原始资料。

建设单位应当严格执行国家收费标准，不得迫使工程勘察企业以低于成本的价格承揽任务。

第六条 工程勘察企业必须依法取得工程勘察资质证书，并在资质等级许可的范围内承揽勘察业务。

工程勘察企业不得超越其资质等级许可的业务范围或者以其他勘察企业的名义承

揽勘察业务；不得允许其他企业或者个人以本企业的名义承揽勘察业务；不得转包或者违法分包所承揽的勘察业务。

第七条 工程勘察企业应当健全勘察质量管理体系和质量责任制度。

第八条 工程勘察企业应当拒绝用户提出的违反国家有关规定的不合理要求，有权提出保证工程勘察质量所必需的现场工作条件和合理工期。

第九条 工程勘察企业应当参与施工验槽，及时解决工程设计和施工中与勘察工作有关的问题。

第十条 工程勘察企业应当参与建设工程质量事故的分析，并对因勘察原因造成的质量事故，提出相应的技术处理方案。

第十一条 工程勘察项目负责人、审核人、审定人及有关技术人员应当具有相应的技术职称或者注册资格。

第十二条 项目负责人应当组织有关人员做好现场踏勘、调查，按照要求编写《勘察纲要》，并对勘察过程中各项作业资料验收和签字。

第十三条 工程勘察企业的法定代表人、项目负责人、审核人、审定人等相关人员，应当在勘察文件上签字或者盖章，并对勘察质量负责。

工程勘察企业法定代表人对本企业勘察质量全面负责；项目负责人对项目的勘察文件负主要质量责任；项目审核人、审定人对其审核、审定项目的勘察文件负审核、审定的质量责任。

第十四条 工程勘察工作的原始记录应当在勘察过程中及时整理、核对，确保取样、记录的真实和准确，严禁离开现场追记或者补记。

第十五条 工程勘察企业应当确保仪器、设备的完好。钻探、取样的机具设备、原位测试、室内试验及测量仪器等应当符合有关规范、规程的要求。

第十六条 工程勘察企业应当加强职工技术培训和职业道德教育，提高勘察人员的质量责任意识。观测员、试验员、记录员、机长等现场作业人员应当接受专业培训，方可上岗。

第十七条 工程勘察企业应当加强技术档案的管理工作。工程项目完成后，必须将全部资料分类编目，装订成册，归档保存。

第三章 监督管理

第十八条 工程勘察文件应当经县级以上人民政府建设行政主管部门或者其他有关部门（以下简称工程勘察质量监督部门）审查。工程勘察质量监督部门可以委托施工图设计文件审查机构（以下简称审查机构）对工程勘察文件进行审查。

审查机构应当履行下列职责：

（一）监督检查工程勘察企业有关质量管理文件、文字报告、计算书、图纸图表和原始资料等是否符合有关规定和标准；

（二）发现勘察质量问题，及时报告有关部门依法处理。

第十九条 工程勘察质量监督部门应当对工程勘察企业质量管理程序的实施、试验室是否符合标准等情况进行检查，并定期向社会公布检查和处理结果。

第二十条 工程勘察发生重大质量、安全事故时，有关单位应当按照规定向工程勘察质量监督部门报告。

第二十一条 任何单位和个人有权向工程勘察质量监督部门检举、投诉工程勘察质量、安全问题。

第四章 罚 则

第二十二条 工程勘察企业违反《建设工程勘察设计管理条例》、《建设工程质量管理条例》的，由工程勘察质量监督部门按照有关规定给予处罚。

第二十三条 违反本办法规定，建设单位未为勘察工作提供必要的现场工作条件或者未提供真实、可靠原始资料的，由工程勘察质量监督部门责令改正；造成损失的，依法承担赔偿责任。

第二十四条 违反本办法规定，工程勘察企业未按照工程建设强制性标准进行勘察、弄虚作假、提供虚假成果资料的，由工程勘察质量监督部门责令改正，处10万元以上30万元以下的罚款；造成工程质量事故的，责令停业整顿，降低资质等级；情节严重的，吊销资质证书；造成损失的，依法承担赔偿责任。

第二十五条 违反本办法规定，工程勘察企业有下列行为之一的，由工程勘察质量监督部门责令改正，处1万元以上3万元以下的罚款：

（一）勘察文件没有责任人签字或者签字不全的；

（二）原始记录不按照规定记录或者记录不完整的；

（三）不参加施工验槽的；

（四）项目完成后，勘察文件不归档保存的。

第二十六条 审查机构未按照规定审查，给建设单位造成损失的，依法承担赔偿责任；情节严重的，由工程勘察质量监督部门撤销委托。

第二十七条 依照本办法规定，给予勘察企业罚款处罚的，由工程勘察质量监督部门对企业的法定代表人和其他直接责任人员处以企业罚款数额的5%以上10%以下的罚款。

第二十八条 国家机关工作人员在建设工程勘察质量监督管理工作中玩忽职守、滥用职权、徇私舞弊的，依法给予行政处分；构成犯罪的，依法追究刑事责任。

第五章 附 则

第二十九条 本办法自2003年2月1日起施行。

建筑工程设计招标投标管理办法

（2017年1月24日住房和城乡建设部令第33号发布）

第一条 为规范建筑工程设计市场，提高建筑工程设计水平，促进公平竞争，繁荣建筑创作，根据《中华人民共和国建筑法》、《中华人民共和国招标投标法》、《建设工程勘察设计管理条例》和《中华人民共和国招标投标法实施条例》等法律法规，制定本办法。

第二条 依法必须进行招标的各类房屋建筑工程，其设计招标投标活动，适用本办法。

第三条 国务院住房城乡建设主管部门依法对全国建筑工程设计招标投标活动实施监督。

县级以上地方人民政府住房城乡建设主管部门依法对本行政区域内建筑工程设计招标投标活动实施监督，依法查处招标投标活动中的违法违规行为。

第四条 建筑工程设计招标范围和规模标准按照国家有关规定执行，有下列情形之一的，可以不进行招标：

（一）采用不可替代的专利或者专有技术的；

（二）对建筑艺术造型有特殊要求，并经有关主管部门批准的；

（三）建设单位依法能够自行设计的；

（四）建筑工程项目的改建、扩建或者技术改造，需要由原设计单位设计，否则将影响功能配套要求的；

（五）国家规定的其他特殊情形。

第五条 建筑工程设计招标应当依法进行公开招标或者邀请招标。

第六条 建筑工程设计招标可以采用设计方案招标或者设计团队招标，招标人可以根据项目特点和实际需要选择。

设计方案招标，是指主要通过对投标人提交的设计方案进行评审确定中标人。

设计团队招标，是指主要通过对投标人拟派设计团队的综合能力进行评审确定中标人。

第七条 公开招标的，招标人应当发布招标公告。邀请招标的，招标人应当向3个以上潜在投标人发出投标邀请书。

招标公告或者投标邀请书应当载明招标人名称和地址、招标项目的基本要求、投标人的资质要求以及获取招标文件的办法等事项。

第八条 招标人一般应当将建筑工程的方案设计、初步设计和施工图设计一并招标。确需另行选择设计单位承担初步设计、施工图设计的，应当在招标公告或者投标邀请书中明确。

第九条 鼓励建筑工程实行设计总包。实行设计总包的，按照合同约定或者经招标人同意，设计单位可以不通过招标方式将建筑工程非主体部分的设计进行分包。

第十条 招标文件应当满足设计方案招标或者设计团队招标的不同需求，主要包括以下内容：

（一）项目基本情况；

（二）城乡规划和城市设计对项目的基本要求；

（三）项目工程经济技术要求；

（四）项目有关基础资料；

（五）招标内容；

（六）招标文件答疑、现场踏勘安排；

（七）投标文件编制要求；

（八）评标标准和方法；

（九）投标文件送达地点和截止时间；

（十）开标时间和地点；

（十一）拟签订合同的主要条款；

（十二）设计费或者计费方法；

（十三）未中标方案补偿办法。

第十一条 招标人应当在资格预审公告、招标公告或者投标邀请书中载明是否接受联合体投标。采用联合体形式投标的，联合体各方应当签订共同投标协议，明确约定各方承担的工作和责任，就中标项目向招标人承担连带责任。

第十二条 招标人可以对已发出的招标文件进行必要的澄清或者修改。澄清或者修改的内容可能影响投标文件编制的，招标人应当在投标截止时间至少15日前，以书面形式通知所有获取招标文件的潜在投标人，不足15日的，招标人应当顺延提交投标文件的截止时间。

潜在投标人或者其他利害关系人对招标文件有异议的，应当在投标截止时间10日前提出。招标人应当自收到异议之日起3日内作出答复；作出答复前，应当暂停招标投标活动。

第十三条 招标人应当确定投标人编制投标文件所需要的合理时间，自招标文件开始发出之日起至投标人提交投标文件截止之日止，时限最短不少于20日。

第十四条 投标人应当具有与招标项目相适应的工程设计资质。境外设计单位参加国内建筑工程设计投标的，按照国家有关规定执行。

第十五条 投标人应当按照招标文件的要求编制投标文件。投标文件应当对招标文件提出的实质性要求和条件作出响应。

第十六条 评标由评标委员会负责。

评标委员会由招标人代表和有关专家组成。评标委员会人数为5人以上单数，其中技术和经济方面的专家不得少于成员总数的2/3。建筑工程设计方案评标时，建筑专业专家不得少于技术和经济方面专家总数的2/3。

评标专家一般从专家库随机抽取，对于技术复杂、专业性强或者国家有特殊要求的项目，招标人也可以直接邀请相应专业的中国科学院院士、中国工程院院士、全国工程勘察设计大师以及境外具有相应资历的专家参加评标。

投标人或者与投标人有利害关系的人员不得参加评标委员会。

第十七条 有下列情形之一的，评标委员会应当否决其投标：

（一）投标文件未按招标文件要求经投标人盖章和单位负责人签字；

（二）投标联合体没有提交共同投标协议；

（三）投标人不符合国家或者招标文件规定的资格条件；

（四）同一投标人提交两个以上不同的投标文件或者投标报价，但招标文件要求提交备选投标的除外；

（五）投标文件没有对招标文件的实质性要求和条件作出响应；

（六）投标人有串通投标、弄虚作假、行贿等违法行为；

（七）法律法规规定的其他应当否决投标的情形。

第十八条 评标委员会应当按照招标文件确定的评标标准和方法，对投标文件进行评审。

采用设计方案招标的，评标委员会应当在符合城乡规划、城市设计以及安全、绿色、节能、环保要求的前提下，重点对功能、技术、经济和美观等进行评审。

采用设计团队招标的，评标委员会应当对投标人拟从事项目设计的人员构成、人员业绩、人员从业经历、项目解读、设计构思、投标人信用情况和业绩等进行评审。

第十九条 评标委员会应当在评标完成后，向招标人提出书面评标报告，推荐不超过3个中标候选人，并标明顺序。

第二十条 招标人应当公示中标候选人。采用设计团队招标的，招标人应当公示中标候选人投标文件中所列主要人员、业绩等内容。

第二十一条 招标人根据评标委员会的书面评标报告和推荐的中标候选人确定中标人。招标人也可以授权评标委员会直接确定中标人。

采用设计方案招标的，招标人认为评标委员会推荐的候选方案不能最大限度满足招标文件规定的要求的，应当依法重新招标。

第二十二条 招标人应当在确定中标人后及时向中标人发出中标通知书，并同时将中标结果通知所有未中标人。

第二十三条 招标人应当自确定中标人之日起15日内，向县级以上地方人民政府住房城乡建设主管部门提交招标投标情况的书面报告。

第二十四条 县级以上地方人民政府住房城乡建设主管部门应当自收到招标投标情况的书面报告之日起5个工作日内，公开专家评审意见等信息，涉及国家秘密、商业秘密的除外。

第二十五条 招标人和中标人应当自中标通知书发出之日起30日内，按照招标文件和中标人的投标文件订立书面合同。

第二十六条 招标人、中标人使用未中标方案的，应当征得提交方案的投标人同意并付给使用费。

第二十七条 国务院住房城乡建设主管部门，省、自治区、直辖市人民政府住房城乡建设主管部门应当加强建筑工程设计评标专家和专家库的管理。

建筑专业专家库应当按建筑工程类别细化分类。

第二十八条 住房城乡建设主管部门应当加快推进电子招标投标，完善招标投标信息平台建设，促进建筑工程设计招标投标信息化监管。

第二十九条 招标人以不合理的条件限制或者排斥潜在投标人的，对潜在投标人实行歧视待遇的，强制要求投标人组成联合体共同投标的，或者限制投标人之间竞争的，由县级以上地方人民政府住房城乡建设主管部门责令改正，可以处1万元以上5万元以下的罚款。

第三十条 招标人澄清、修改招标文件的时限，或者确定的提交投标文件的时限不符合本办法规定的，由县级以上地方人民政府住房城乡建设主管部门责令改正，可以处10万元以下的罚款。

第三十一条 招标人不按照规定组建评标委员会，或者评标委员会成员的确定违反本办法规定的，由县级以上地方人民政府住房城乡建设主管部门责令改正，可以处10万元以下的罚款，相应评审结论无效，依法重新进行评审。

第三十二条 招标人有下列情形之一的，由县级以上地方人民政府住房城乡建设主管部门责令改正，可以处中标项目金额10‰以下的罚款；给他人造成损失的，依法承担赔偿责任；对单位直接负责的主管人员和其他直接责任人员依法给予处分：

（一）无正当理由未按本办法规定发出中标通知书；

（二）不按照规定确定中标人；

（三）中标通知书发出后无正当理由改变中标结果；

（四）无正当理由未按本办法规定与中标人订立合同；

（五）在订立合同时向中标人提出附加条件。

第三十三条 投标人以他人名义投标或者以其他方式弄虚作假，骗取中标的，中标无效，给招标人造成损失的，依法承担赔偿责任；构成犯罪的，依法追究刑事责任。

投标人有前款所列行为尚未构成犯罪的，由县级以上地方人民政府住房城乡建设主管部门处中标项目金额5‰以上10‰以下的罚款，对单位直接负责的主管人员和其他直接责任人员处单位罚款数额5%以上10%以下的罚款；有违法所得的，并处没收违法所得；情节严重的，取消其1年至3年内参加依法必须进行招标的建筑工程设计招标的投标资格，并予以公告，直至由工商行政管理机关吊销营业执照。

第三十四条 评标委员会成员收受投标人的财物或者其他好处的，评标委员会成员或者参加评标的有关工作人员向他人透露对投标文件的评审和比较、中标候选人的推荐以及与评标有关的其他情况的，由县级以上地方人民政府住房城乡建设主管部门给予警告，没收收受的财物，可以并处3000元以上5万元以下的罚款。

评标委员会成员有前款所列行为的，由有关主管部门通报批评并取消担任评标委员会成员的资格，不得再参加任何依法必须进行招标的建筑工程设计招标投标的评标；构成犯罪的，依法追究刑事责任。

第三十五条 评标委员会成员违反本办法规定，对应当否决的投标不提出否决意见的，由县级以上地方人民政府住房城乡建设主管部门责令改正；情节严重的，禁止其在一定期限内参加依法必须进行招标的建筑工程设计招标投标的评标；情节特别严重的，由有关主管部门取消其担任评标委员会成员的资格。

第三十六条 住房城乡建设主管部门或者有关职能部门的工作人员徇私舞弊、滥用职权或者玩忽职守，构成犯罪的，依法追究刑事责任；不构成犯罪的，依法给予行政处分。

第三十七条 市政公用工程及园林工程设计招标投标参照本办法执行。

第三十八条 本办法自2017年5月1日起施行。2000年10月18日建设部颁布的《建筑工程设计招标投标管理办法》(建设部令第82号)同时废止。

房屋建筑和市政基础设施工程施工图设计文件审查管理办法

（2013年4月27日住房和城乡建设部令第13号发布，
2015年5月4日住房和城乡建设部令第24号修正）

第一条　为了加强对房屋建筑工程、市政基础设施工程施工图设计文件审查的管理，提高工程勘察设计质量，根据《建设工程质量管理条例》、《建设工程勘察设计管理条例》等行政法规，制定本办法。

第二条　在中华人民共和国境内从事房屋建筑工程、市政基础设施工程施工图设计文件审查和实施监督管理的，应当遵守本办法。

第三条　国家实施施工图设计文件（含勘察文件，以下简称施工图）审查制度。

本办法所称施工图审查，是指施工图审查机构（以下简称审查机构）按照有关法律、法规，对施工图涉及公共利益、公众安全和工程建设强制性标准的内容进行的审查。施工图审查应当坚持先勘察、后设计的原则。

施工图未经审查合格的，不得使用。从事房屋建筑工程、市政基础设施工程施工、监理等活动，以及实施对房屋建筑和市政基础设施工程质量安全监督管理，应当以审查合格的施工图为依据。

第四条　国务院住房城乡建设主管部门负责对全国的施工图审查工作实施指导、监督。

县级以上地方人民政府住房城乡建设主管部门负责对本行政区域内的施工图审查工作实施监督管理。

第五条　省、自治区、直辖市人民政府住房城乡建设主管部门应当按照本办法规定的审查机构条件，结合本行政区域内的建设规模，确定相应数量的审查机构。具体办法由国务院住房城乡建设主管部门另行规定。

审查机构是专门从事施工图审查业务，不以营利为目的的独立法人。

省、自治区、直辖市人民政府住房城乡建设主管部门应当将审查机构名录报国务院住房城乡建设主管部门备案，并向社会公布。

第六条　审查机构按承接业务范围分两类，一类机构承接房屋建筑、市政基础设施工程施工图审查业务范围不受限制；二类机构可以承接中型及以下房屋建筑、市政基础设施工程的施工图审查。

房屋建筑、市政基础设施工程的规模划分，按照国务院住房城乡建设主管部门的有关规定执行。

第七条 一类审查机构应当具备下列条件：

（一）有健全的技术管理和质量保证体系。

（二）审查人员应当有良好的职业道德；有15年以上所需专业勘察、设计工作经历；主持过不少于5项大型房屋建筑工程、市政基础设施工程相应专业的设计或者甲级工程勘察项目相应专业的勘察；已实行执业注册制度的专业，审查人员应当具有一级注册建筑师、一级注册结构工程师或者勘察设计注册工程师资格，并在本审查机构注册；未实行执业注册制度的专业，审查人员应当具有高级工程师职称；近5年内未因违反工程建设法律法规和强制性标准受到行政处罚。

（三）在本审查机构专职工作的审查人员数量：从事房屋建筑工程施工图审查的，结构专业审查人员不少于7人，建筑专业不少于3人，电气、暖通、给排水、勘察等专业审查人员各不少于2人；从事市政基础设施工程施工图审查的，所需专业的审查人员不少于7人，其他必须配套的专业审查人员各不少于2人；专门从事勘察文件审查的，勘察专业审查人员不少于7人。

承担超限高层建筑工程施工图审查的，还应当具有主持过超限高层建筑工程或者100米以上建筑工程结构专业设计的审查人员不少于3人。

（四）60岁以上审查人员不超过该专业审查人员规定数的1/2。

第八条 二类审查机构应当具备下列条件：

（一）有健全的技术管理和质量保证体系。

（二）审查人员应当有良好的职业道德；有10年以上所需专业勘察、设计工作经历；主持过不少于5项中型以上房屋建筑工程、市政基础设施工程相应专业的设计或者乙级以上工程勘察项目相应专业的勘察；已实行执业注册制度的专业，审查人员应当具有一级注册建筑师、一级注册结构工程师或者勘察设计注册工程师资格，并在本审查机构注册；未实行执业注册制度的专业，审查人员应当具有高级工程师职称；近5年内未因违反工程建设法律法规和强制性标准受到行政处罚。

（三）在本审查机构专职工作的审查人员数量：从事房屋建筑工程施工图审查的，结构专业审查人员不少于3人，建筑、电气、暖通、给排水、勘察等专业审查人员各不少于2人；从事市政基础设施工程施工图审查的，所需专业的审查人员不少于4人，其他必须配套的专业审查人员各不少于2人；专门从事勘察文件审查的，勘察专业审查人员不少于4人。

（四）60岁以上审查人员不超过该专业审查人员规定数的1/2。

第九条 建设单位应当将施工图送审查机构审查，但审查机构不得与所审查项目的建设单位、勘察设计企业有隶属关系或者其他利害关系。送审管理的具体办法由省、自治区、直辖市人民政府住房城乡建设主管部门按照“公开、公平、公正”的原则规定。

建设单位不得明示或者暗示审查机构违反法律法规和工程建设强制性标准进行施工图审查，不得压缩合理审查周期、压低合理审查费用。

第十条 建设单位应当向审查机构提供下列资料并对所提供资料的真实性负责：

（一）作为勘察、设计依据的政府有关部门的批准文件及附件；

（二）全套施工图；

（三）其他应当提交的材料。

第十一条 审查机构应当对施工图审查下列内容：

（一）是否符合工程建设强制性标准；

（二）地基基础和主体结构的安全性；

（三）是否符合民用建筑节能强制性标准，对执行绿色建筑标准的项目，还应当审查是否符合绿色建筑标准；

（四）勘察设计企业和注册执业人员以及相关人员是否按规定在施工图上加盖相应的图章和签字；

（五）法律、法规、规章规定必须审查的其他内容。

第十二条 施工图审查原则上不超过下列时限：

（一）大型房屋建筑工程、市政基础设施工程为15个工作日，中型及以下房屋建筑工程、市政基础设施工程为10个工作日。

（二）工程勘察文件，甲级项目为7个工作日，乙级及以下项目为5个工作日。

以上时限不包括施工图修改时间和审查机构的复审时间。

第十三条 审查机构对施工图进行审查后，应当根据下列情况分别作出处理：

（一）审查合格的，审查机构应当向建设单位出具审查合格书，并在全套施工图上加盖审查专用章。审查合格书应当有各专业的审查人员签字，经法定代表人签发，并加盖审查机构公章。审查机构应当在出具审查合格书后5个工作日内，将审查情况报工程所在地县级以上地方人民政府住房城乡建设主管部门备案。

（二）审查不合格的，审查机构应当将施工图退建设单位并出具审查意见告知书，说明不合格原因。同时，应当将审查意见告知书及审查中发现的建设单位、勘察设计企业和注册执业人员违反法律、法规和工程建设强制性标准的问题，报工程所在地县级以上地方人民政府住房城乡建设主管部门。

施工图退建设单位后，建设单位应当要求原勘察设计企业进行修改，并将修改后的施工图送原审查机构复审。

第十四条 任何单位或者个人不得擅自修改审查合格的施工图；确需修改的，凡涉及本办法第十一条规定内容的，建设单位应当将修改后的施工图送原审查机构审查。

第十五条 勘察设计企业应当依法进行建设工程勘察、设计，严格执行工程建设强制性标准，并对建设工程勘察、设计的质量负责。

审查机构对施工图审查工作负责，承担审查责任。施工图经审查合格后，仍有违反法律、法规和工程建设强制性标准的问题，给建设单位造成损失的，审查机构依法承担相应的赔偿责任。

第十六条 审查机构应当建立、健全内部管理制度。施工图审查应当有经各专业审查人员签字的审查记录。审查记录、审查合格书、审查意见告知书等有关资料应当归档保存。

第十七条 已实行执业注册制度的专业，审查人员应当按规定参加执业注册继续教育。

未实行执业注册制度的专业，审查人员应当参加省、自治区、直辖市人民政府住房城乡建设主管部门组织的有关法律、法规和技术标准的培训，每年培训时间不少于40学时。

第十八条 按规定应当进行审查的施工图，未经审查合格的，住房城乡建设主管部门不得颁发施工许可证。

第十九条 县级以上人民政府住房城乡建设主管部门应当加强对审查机构的监督检查，主要检查下列内容：

（一）是否符合规定的条件；

（二）是否超出范围从事施工图审查；

（三）是否使用不符合条件的审查人员；

（四）是否按规定的内容进行审查；

（五）是否按规定上报审查过程中发现的违法违规行为；

（六）是否按规定填写审查意见告知书；

（七）是否按规定在审查合格书和施工图上签字盖章；

（八）是否建立健全审查机构内部管理制度；

（九）审查人员是否按规定参加继续教育。

县级以上人民政府住房城乡建设主管部门实施监督检查时，有权要求被检查的审查机构提供有关施工图审查的文件和资料，并将监督检查结果向社会公布。

第二十条 审查机构应当向县级以上地方人民政府住房城乡建设主管部门报审查情况统计信息。

县级以上地方人民政府住房城乡建设主管部门应当定期对施工图审查情况进行统计，并将统计信息报上级住房城乡建设主管部门。

第二十一条 县级以上人民政府住房城乡建设主管部门应当及时受理对施工图审查工作中违法、违规行为的检举、控告和投诉。

第二十二条 县级以上人民政府住房城乡建设主管部门对审查机构报告的建设单位、勘察设计企业、注册执业人员的违法违规行为，应当依法进行查处。

第二十三条 审查机构列入名录后不再符合规定条件的，省、自治区、直辖市人民政府住房城乡建设主管部门应当责令其限期改正；逾期不改的，不再将其列入审查机构名录。

第二十四条 审查机构违反本办法规定，有下列行为之一的，由县级以上地方人民政府住房城乡建设主管部门责令改正，处3万元罚款，并记入信用档案；情节严重的，省、自治区、直辖市人民政府住房城乡建设主管部门不再将其列入审查机构名录：

（一）超出范围从事施工图审查的；

（二）使用不符合条件审查人员的；

（三）未按规定的内容进行审查的；

（四）未按规定上报审查过程中发现的违法违规行为的；

（五）未按规定填写审查意见告知书的；

（六）未按规定在审查合格书和施工图上签字盖章的；

（七）已出具审查合格书的施工图，仍有违反法律、法规和工程建设强制性标准的。

第二十五条 审查机构出具虚假审查合格书的，审查合格书无效，县级以上地方人民政府住房城乡建设主管部门处3万元罚款，省、自治区、直辖市人民政府住房城乡建设主管部门不再将其列入审查机构名录。

审查人员在虚假审查合格书上签字的，终身不得再担任审查人员；对于已实行执业注册制度的专业的审查人员，还应当依照《建设工程质量管理条例》第七十二条、《建设工程安全生产管理条例》第五十八条规定予以处罚。

第二十六条 建设单位违反本办法规定，有下列行为之一的，由县级以上地方人民政府住房城乡建设主管部门责令改正，处3万元罚款；情节严重的，予以通报：

（一）压缩合理审查周期的；

（二）提供不真实送审资料的；

（三）对审查机构提出不符合法律、法规和工程建设强制性标准要求的。

建设单位为房地产开发企业的，还应当依照《房地产开发企业资质管理规定》进行处理。

第二十七条 依照本办法规定，给予审查机构罚款处罚的，对机构的法定代表人和其他直接责任人员处机构罚款数额5%以上10%以下的罚款，并记入信用档案。

第二十八条 省、自治区、直辖市人民政府住房城乡建设主管部门未按照本办法规定确定审查机构的，国务院住房城乡建设主管部门责令改正。

第二十九条 国家机关工作人员在施工图审查监督管理工作中玩忽职守、滥用职权、徇私舞弊，构成犯罪的，依法追究刑事责任；尚不构成犯罪的，依法给予行政处分。

第三十条 省、自治区、直辖市人民政府住房城乡建设主管部门可以根据本办法，制定实施细则。

第三十一条 本办法自2013年8月1日起施行。原建设部2004年8月23日发布的《房屋建筑和市政基础设施工程施工图设计文件审查管理办法》（建设部令第134号）同时废止。

建设工程勘察设计资质管理规定

（2007 年 06 月 26 日建设部令第 160 号发布，
2015 年 05 月 04 日住房和城乡建设部令第 24 号修正）

第一章　总　则

第一条　为了加强对建设工程勘察、设计活动的监督管理，保证建设工程勘察、设计质量，根据《中华人民共和国行政许可法》、《中华人民共和国建筑法》、《建设工程质量管理条例》和《建设工程勘察设计管理条例》等法律、行政法规，制定本规定。

第二条　在中华人民共和国境内申请建设工程勘察、工程设计资质，实施对建设工程勘察、工程设计资质的监督管理，适用本规定。

第三条　从事建设工程勘察、工程设计活动的企业，应当按照其拥有的资产、专业技术人员、技术装备和勘察设计业绩等条件申请资质，经审查合格，取得建设工程勘察、工程设计资质证书后，方可在资质许可的范围内从事建设工程勘察、工程设计活动。

第四条　国务院建设主管部门负责全国建设工程勘察、工程设计资质的统一监督管理。国务院铁路、交通、水利、信息产业、民航等有关部门配合国务院建设主管部门实施相应行业的建设工程勘察、工程设计资质管理工作。

省、自治区、直辖市人民政府建设主管部门负责本行政区域内建设工程勘察、工程设计资质的统一监督管理。省、自治区、直辖市人民政府交通、水利、信息产业等有关部门配合同级建设主管部门实施本行政区域内相应行业的建设工程勘察、工程设计资质管理工作。

第二章　资质分类和分级

第五条　工程勘察资质分为工程勘察综合资质、工程勘察专业资质、工程勘察劳务资质。

工程勘察综合资质只设甲级；工程勘察专业资质设甲级、乙级，根据工程性质和技术特点，部分专业可以设丙级；工程勘察劳务资质不分等级。

取得工程勘察综合资质的企业，可以承接各专业（海洋工程勘察除外）、各等级工程勘察业务；取得工程勘察专业资质的企业，可以承接相应等级相应专业的工程勘察业务；取得工程勘察劳务资质的企业，可以承接岩土工程治理、工程钻探、凿井等工程勘察劳务业务。

第六条 工程设计资质分为工程设计综合资质、工程设计行业资质、工程设计专业资质和工程设计专项资质。

工程设计综合资质只设甲级；工程设计行业资质、工程设计专业资质、工程设计专项资质设甲级、乙级。

根据工程性质和技术特点，个别行业、专业、专项资质可以设丙级，建筑工程专业资质可以设丁级。

取得工程设计综合资质的企业，可以承接各行业、各等级的建设工程设计业务；取得工程设计行业资质的企业，可以承接相应行业相应等级的工程设计业务及本行业范围内同级别的相应专业、专项（设计施工一体化资质除外）工程设计业务；取得工程设计专业资质的企业，可以承接本专业相应等级的专业工程设计业务及同级别的相应专项工程设计业务（设计施工一体化资质除外）；取得工程设计专项资质的企业，可以承接本专项相应等级的专项工程设计业务。

第七条 建设工程勘察、工程设计资质标准和各资质类别、级别企业承担工程的具体范围由国务院建设主管部门商国务院有关部门制定。

第三章 资质申请和审批

第八条 申请工程勘察甲级资质、工程设计甲级资质，以及涉及铁路、交通、水利、信息产业、民航等方面的工程设计乙级资质的，应当向企业工商注册所在地的省、自治区、直辖市人民政府建设主管部门提出申请。其中，国务院国资委管理的企业应当向国务院建设主管部门提出申请；国务院国资委管理的企业下属一层级的企业申请资质，应当由国务院国资委管理的企业向国务院建设主管部门提出申请。

省、自治区、直辖市人民政府建设主管部门应当自受理申请之日起20日内初审完毕，并将初审意见和申请材料报国务院建设主管部门。

国务院建设主管部门应当自省、自治区、直辖市人民政府建设主管部门受理申请材料之日起60日内完成审查，公示审查意见，公示时间为10日。其中，涉及铁路、交通、水利、信息产业、民航等方面的工程设计资质，由国务院建设主管部门送国务院有关部门审核，国务院有关部门在20日内审核完毕，并将审核意见送国务院建设主管部门。

第九条 工程勘察乙级及以下资质、劳务资质、工程设计乙级（涉及铁路、交通、水利、信息产业、民航等方面的工程设计乙级资质除外）及以下资质许可由省、自治区、直辖市人民政府建设主管部门实施。具体实施程序由省、自治区、直辖市人民政府建设主管部门依法确定。

省、自治区、直辖市人民政府建设主管部门应当自作出决定之日起30日内，将准予资质许可的决定报国务院建设主管部门备案。

第十条 工程勘察、工程设计资质证书分为正本和副本，正本1份，副本6份，由国务院建设主管部门统一印制，正、副本具备同等法律效力。资质证书有效期为5年。

第十一条 企业首次申请工程勘察、工程设计资质，应当提供以下材料：

（一）工程勘察、工程设计资质申请表；

（二）企业法人、合伙企业营业执照副本复印件；

（三）企业章程或合伙人协议；

（四）企业法定代表人、合伙人的身份证明；

（五）企业负责人、技术负责人的身份证明、任职文件、毕业证书、职称证书及相关资质标准要求提供的材料；

（六）工程勘察、工程设计资质申请表中所列注册执业人员的身份证明、注册执业证书；

（七）工程勘察、工程设计资质标准要求的非注册专业技术人员的职称证书、毕业证书、身份证明及个人业绩材料；

（八）工程勘察、工程设计资质标准要求的注册执业人员、其他专业技术人员与原聘用单位解除聘用劳动合同的证明及新单位的聘用劳动合同；

（九）资质标准要求的其他有关材料。

第十二条 企业申请资质升级应当提交以下材料：

（一）本规定第十一条第（一）、（二）、（五）、（六）、（七）、（九）项所列资料；

（二）工程勘察、工程设计资质标准要求的非注册专业技术人员与本单位签定的劳动合同及社保证明；

（三）原工程勘察、工程设计资质证书副本复印件；

（四）满足资质标准要求的企业工程业绩和个人工程业绩。

第十三条 企业增项申请工程勘察、工程设计资质，应当提交下列材料：

（一）本规定第十一条所列（一）、（二）、（五）、（六）、（七）、（九）的资料；

（二）工程勘察、工程设计资质标准要求的非注册专业技术人员与本单位签定的劳动合同及社保证明；

（三）原资质证书正、副本复印件；

（四）满足相应资质标准要求的个人工程业绩证明。

第十四条 资质有效期届满，企业需要延续资质证书有效期的，应当在资质证书有效期届满60日前，向原资质许可机关提出资质延续申请。

对在资质有效期内遵守有关法律、法规、规章、技术标准，信用档案中无不良行为记录，且专业技术人员满足资质标准要求的企业，经资质许可机关同意，有效期延续5年。

第十五条 企业在资质证书有效期内名称、地址、注册资本、法定代表人等发生变更的，应当在工商部门办理变更手续后30日内办理资质证书变更手续。

取得工程勘察甲级资质、工程设计甲级资质，以及涉及铁路、交通、水利、信息产业、民航等方面的工程设计乙级资质的企业，在资质证书有效期内发生企业名称变更的，应当向企业工商注册所在地省、自治区、直辖市人民政府建设主管部门提出变更申请，省、自治区、直辖市人民政府建设主管部门应当自受理申请之日起2日内将有关变更证明材料报国务院建设主管部门，由国务院建设主管部门在2日内办理变更手续。

前款规定以外的资质证书变更手续，由企业工商注册所在地的省、自治区、直辖市人民政府建设主管部门负责办理。省、自治区、直辖市人民政府建设主管部门应当自受理申请之日起2日内办理变更手续，并在办理资质证书变更手续后15日内将变更结果报国务院建设主管部门备案。

涉及铁路、交通、水利、信息产业、民航等方面的工程设计资质的变更，国务院建设主管部门应当将企业资质变更情况告知国务院有关部门。

第十六条　企业申请资质证书变更，应当提交以下材料：

（一）资质证书变更申请；

（二）企业法人、合伙企业营业执照副本复印件；

（三）资质证书正、副本原件；

（四）与资质变更事项有关的证明材料。

企业改制的，除提供前款规定资料外，还应当提供改制重组方案、上级资产管理部门或者股东大会的批准决定、企业职工代表大会同意改制重组的决议。

第十七条　企业首次申请、增项申请工程勘察、工程设计资质，其申请资质等级最高不超过乙级，且不考核企业工程勘察、工程设计业绩。

已具备施工资质的企业首次申请同类别或相近类别的工程勘察、工程设计资质的，可以将相应规模的工程总承包业绩作为工程业绩予以申报。其申请资质等级最高不超过其现有施工资质等级。

第十八条　企业合并的，合并后存续或者新设立的企业可以承继合并前各方中较高的资质等级，但应当符合相应的资质标准条件。

企业分立的，分立后企业的资质按照资质标准及本规定的审批程序核定。

企业改制的，改制后不再符合资质标准的，应按其实际达到的资质标准及本规定重新核定；资质条件不发生变化的，按本规定第十六条办理。

第十九条　从事建设工程勘察、设计活动的企业，申请资质升级、资质增项，在申请之日起前1年内有下列情形之一的，资质许可机关不予批准企业的资质升级申请和增项申请：

（一）企业相互串通投标或者与招标人串通投标承揽工程勘察、工程设计业务的；

（二）将承揽的工程勘察、工程设计业务转包或违法分包的；

（三）注册执业人员未按照规定在勘察设计文件上签字的；

（四）违反国家工程建设强制性标准的；

（五）因勘察设计原因造成过重大生产安全事故的；

（六）设计单位未根据勘察成果文件进行工程设计的；

（七）设计单位违反规定指定建筑材料、建筑构配件的生产厂、供应商的；

（八）无工程勘察、工程设计资质或者超越资质等级范围承揽工程勘察、工程设计业务的；

（九）涂改、倒卖、出租、出借或者以其他形式非法转让资质证书的；

（十）允许其他单位、个人以本单位名义承揽建设工程勘察、设计业务的；

（十一）其他违反法律、法规行为的。

第二十条 企业在领取新的工程勘察、工程设计资质证书的同时，应当将原资质证书交回原发证机关予以注销。

企业需增补（含增加、更换、遗失补办）工程勘察、工程设计资质证书的，应当持资质证书增补申请等材料向资质许可机关申请办理。遗失资质证书的，在申请补办前应当在公众媒体上刊登遗失声明。资质许可机关应当在 2 日内办理完毕。

第四章 监督与管理

第二十一条 国务院建设主管部门对全国的建设工程勘察、设计资质实施统一的监督管理。国务院铁路、交通、水利、信息产业、民航等有关部门配合国务院建设主管部门对相应的行业资质进行监督管理。

县级以上地方人民政府建设主管部门负责对本行政区域内的建设工程勘察、设计资质实施监督管理。县级以上人民政府交通、水利、信息产业等有关部门配合同级建设主管部门对相应的行业资质进行监督管理。

上级建设主管部门应当加强对下级建设主管部门资质管理工作的监督检查，及时纠正资质管理中的违法行为。

第二十二条 建设主管部门、有关部门履行监督检查职责时，有权采取下列措施：

（一）要求被检查单位提供工程勘察、设计资质证书、注册执业人员的注册执业证书，有关工程勘察、设计业务的文档，有关质量管理、安全生产管理、档案管理、财务管理等企业内部管理制度的文件；

（二）进入被检查单位进行检查，查阅相关资料；

（三）纠正违反有关法律、法规和本规定及有关规范和标准的行为。

建设主管部门、有关部门依法对企业从事行政许可事项的活动进行监督检查时，应当将监督检查情况和处理结果予以记录，由监督检查人员签字后归档。

第二十三条 建设主管部门、有关部门在实施监督检查时，应当有 2 名以上监督检查人员参加，并出示执法证件，不得妨碍企业正常的生产经营活动，不得索取或者收受企业的财物，不得谋取其他利益。

有关单位和个人对依法进行的监督检查应当协助与配合，不得拒绝或者阻挠。

监督检查机关应当将监督检查的处理结果向社会公布。

第二十四条　企业违法从事工程勘察、工程设计活动的，其违法行为发生地的建设主管部门应当依法将企业的违法事实、处理结果或处理建议告知该企业的资质许可机关。

第二十五条　企业取得工程勘察、设计资质后，不再符合相应资质条件的，建设主管部门、有关部门根据利害关系人的请求或者依据职权，可以责令其限期改正；逾期不改的，资质许可机关可以撤回其资质。

第二十六条　有下列情形之一的，资质许可机关或者其上级机关，根据利害关系人的请求或者依据职权，可以撤销工程勘察、工程设计资质：

（一）资质许可机关工作人员滥用职权、玩忽职守作出准予工程勘察、工程设计资质许可的；

（二）超越法定职权作出准予工程勘察、工程设计资质许可；

（三）违反资质审批程序作出准予工程勘察、工程设计资质许可的；

（四）对不符合许可条件的申请人作出工程勘察、工程设计资质许可的；

（五）依法可以撤销资质证书的其他情形。

以欺骗、贿赂等不正当手段取得工程勘察、工程设计资质证书的，应当予以撤销。

第二十七条　有下列情形之一的，企业应当及时向资质许可机关提出注销资质的申请，交回资质证书，资质许可机关应当办理注销手续，公告其资质证书作废：

（一）资质证书有效期届满未依法申请延续的；

（二）企业依法终止的；

（三）资质证书依法被撤销、撤回，或者吊销的；

（四）法律、法规规定的应当注销资质的其他情形。

第二十八条　有关部门应当将监督检查情况和处理意见及时告知建设主管部门。资质许可机关应当将涉及铁路、交通、水利、信息产业、民航等方面的资质被撤回、撤销和注销的情况及时告知有关部门。

第二十九条　企业应当按照有关规定，向资质许可机关提供真实、准确、完整的企业信用档案信息。

企业的信用档案应当包括企业基本情况、业绩、工程质量和安全、合同违约等情况。被投诉举报和处理、行政处罚等情况应当作为不良行为记入其信用档案。

企业的信用档案信息按照有关规定向社会公示。

第五章　法律责任

第三十条　企业隐瞒有关情况或者提供虚假材料申请资质的，资质许可机关不予受理或者不予行政许可，并给予警告，该企业在 1 年内不得再次申请该资质。

第三十一条 企业以欺骗、贿赂等不正当手段取得资质证书的，由县级以上地方人民政府建设主管部门或者有关部门给予警告，并依法处以罚款；该企业在 3 年内不得再次申请该资质。

第三十二条 企业不及时办理资质证书变更手续的，由资质许可机关责令限期办理；逾期不办理的，可处以 1000 元以上 1 万元以下的罚款。

第三十三条 企业未按照规定提供信用档案信息的，由县级以上地方人民政府建设主管部门给予警告，责令限期改正；逾期未改正的，可处以 1000 元以上 1 万元以下的罚款。

第三十四条 涂改、倒卖、出租、出借或者以其他形式非法转让资质证书的，由县级以上地方人民政府建设主管部门或者有关部门给予警告，责令改正，并处以 1 万元以上 3 万元以下的罚款；造成损失的，依法承担赔偿责任；构成犯罪的，依法追究刑事责任。

第三十五条 县级以上地方人民政府建设主管部门依法给予工程勘察、设计企业行政处罚的，应当将行政处罚决定以及给予行政处罚的事实、理由和依据，报国务院建设主管部门备案。

第三十六条 建设主管部门及其工作人员，违反本规定，有下列情形之一的，由其上级行政机关或者监察机关责令改正；情节严重的，对直接负责的主管人员和其他直接责任人员，依法给予行政处分：

（一）对不符合条件的申请人准予工程勘察、设计资质许可的；

（二）对符合条件的申请人不予工程勘察、设计资质许可或者未在法定期限内作出许可决定的；

（三）对符合条件的申请不予受理或者未在法定期限内初审完毕的；

（四）利用职务上的便利，收受他人财物或者其他好处的；

（五）不依法履行监督职责或者监督不力，造成严重后果的。

第六章 附 则

第三十七条 本规定所称建设工程勘察包括建设工程项目的岩土工程、水文地质、工程测量、海洋工程勘察等。

第三十八条 本规定所称建设工程设计是指：

（一）建设工程项目的主体工程和配套工程（含厂（矿）区内的自备电站、道路、专用铁路、通信、各种管网管线和配套的建筑物等全部配套工程）以及与主体工程、配套工程相关的工艺、土木、建筑、环境保护、水土保持、消防、安全、卫生、节能、防雷、抗震、照明工程等的设计。

（二）建筑工程建设用地规划许可证范围内的室外工程设计、建筑物构筑物设计、民用建筑修建的地下工程设计及住宅小区、工厂厂前区、工厂生活区、小区规划设计及单体设计等，以及上述建筑工程所包含的相关专业的设计内容（包括总平面布置、竖向设计、各类管网管线设计、景观设计、室内外环境设计及建筑装饰、道路、消防、安保、通信、防雷、人防、供配电、照明、废水治理、空调设施、抗震加固等）。

第三十九条　取得工程勘察、工程设计资质证书的企业，可以从事资质证书许可范围内相应的建设工程总承包业务，可以从事工程项目管理和相关的技术与管理服务。

第四十条　本规定自2007年9月1日起实施。2001年7月25日建设部颁布的《建设工程勘察设计企业资质管理规定》（建设部令第93号）同时废止。

实施工程建设强制性标准监督规定

（2000年8月25日建设部令第81号发布，
2015年1月22日住房和城乡建设部令第23号修正）

第一条 为加强工程建设强制性标准实施的监督工作，保证建设工程质量，保障人民的生命、财产安全，维护社会公共利益，根据《中华人民共和国标准化法》、《中华人民共和国标准化法实施条例》、《建设工程质量管理条例》等法律法规，制定本规定。

第二条 在中华人民共和国境内从事新建、扩建、改建等工程建设活动，必须执行工程建设强制性标准。

第三条 本规定所称工程建设强制性标准是指直接涉及工程质量、安全、卫生及环境保护等方面的工程建设标准强制性条文。

国家工程建设标准强制性条文由国务院住房城乡建设主管部门会同国务院有关主管部门确定。

第四条 国务院住房城乡建设主管部门负责全国实施工程建设强制性标准的监督管理工作。

国务院有关主管部门按照国务院的职能分工负责实施工程建设强制性标准的监督管理工作。

县级以上地方人民政府住房城乡建设主管部门负责本行政区域内实施工程建设强制性标准的监督管理工作。

第五条 建设工程勘察、设计文件中规定采用的新技术、新材料，可能影响建设工程质量和安全，又没有国家技术标准的，应当由国家认可的检测机构进行试验、论证，出具检测报告，并经国务院有关主管部门或者省、自治区、直辖市人民政府有关主管部门组织的建设工程技术专家委员会审定后，方可使用。

工程建设中采用国际标准或者国外标准，现行强制性标准未作规定的，建设单位应当向国务院住房城乡建设主管部门或者国务院有关主管部门备案。

第六条 建设项目规划审查机关应当对工程建设规划阶段执行强制性标准的情况实施监督。

施工图设计文件审查单位应当对工程建设勘察、设计阶段执行强制性标准的情况实施监督。

建筑安全监督管理机构应当对工程建设施工阶段执行施工安全强制性标准的情况

实施监督。

工程质量监督机构应当对工程建设施工、监理、验收等阶段执行强制性标准的情况实施监督。

第七条 建设项目规划审查机关、施工图设计文件审查单位、建筑安全监督管理机构、工程质量监督机构的技术人员必须熟悉、掌握工程建设强制性标准。

第八条 工程建设标准批准部门应当定期对建设项目规划审查机关、施工图设计文件审查单位、建筑安全监督管理机构、工程质量监督机构实施强制性标准的监督进行检查，对监督不力的单位和个人，给予通报批评，建议有关部门处理。

第九条 工程建设标准批准部门应当对工程项目执行强制性标准情况进行监督检查。监督检查可以采取重点检查、抽查和专项检查的方式。

第十条 强制性标准监督检查的内容包括：

（一）有关工程技术人员是否熟悉、掌握强制性标准；

（二）工程项目的规划、勘察、设计、施工、验收等是否符合强制性标准的规定；

（三）工程项目采用的材料、设备是否符合强制性标准的规定；

（四）工程项目的安全、质量是否符合强制性标准的规定；

（五）工程中采用的导则、指南、手册、计算机软件的内容是否符合强制性标准的规定。

第十一条 工程建设标准批准部门应当将强制性标准监督检查结果在一定范围内公告。

第十二条 工程建设强制性标准的解释由工程建设标准批准部门负责。

有关标准具体技术内容的解释，工程建设标准批准部门可以委托该标准的编制管理单位负责。

第十三条 工程技术人员应当参加有关工程建设强制性标准的培训，并可以计入继续教育学时。

第十四条 住房城乡建设主管部门或者有关主管部门在处理重大工程事故时，应当有工程建设标准方面的专家参加；工程事故报告应当包括是否符合工程建设强制性标准的意见。

第十五条 任何单位和个人对违反工程建设强制性标准的行为有权向住房城乡建设主管部门或者有关部门检举、控告、投诉。

第十六条 建设单位有下列行为之一的，责令改正，并处以20万元以上50万元以下的罚款：

（一）明示或者暗示施工单位使用不合格的建筑材料、建筑构配件和设备的；

（二）明示或者暗示设计单位或者施工单位违反工程建设强制性标准，降低工程质量的。

第十七条 勘察、设计单位违反工程建设强制性标准进行勘察、设计的，责令改正，并处以 10 万元以上 30 万元以下的罚款。

有前款行为，造成工程质量事故的，责令停业整顿，降低资质等级；情节严重的，吊销资质证书；造成损失的，依法承担赔偿责任。

第十八条 施工单位违反工程建设强制性标准的，责令改正，处工程合同价款 2%以上 4%以下的罚款；造成建设工程质量不符合规定的质量标准的，负责返工、修理，并赔偿因此造成的损失；情节严重的，责令停业整顿，降低资质等级或者吊销资质证书。

第十九条 工程监理单位违反强制性标准规定，将不合格的建设工程以及建筑材料、建筑构配件和设备按照合格签字的，责令改正，处 50 万元以上 100 万元以下的罚款，降低资质等级或者吊销资质证书；有违法所得的，予以没收；造成损失的，承担连带赔偿责任。

第二十条 违反工程建设强制性标准造成工程质量、安全隐患或者工程质量安全事故的，按照《建设工程质量管理条例》、《建设工程勘察设计管理条例》和《建设工程安全生产管理条例》的有关规定进行处罚。

第二十一条 有关责令停业整顿、降低资质等级和吊销资质证书的行政处罚，由颁发资质证书的机关决定；其他行政处罚，由住房城乡建设主管部门或者有关部门依照法定职权决定。

第二十二条 住房城乡建设主管部门和有关主管部门工作人员，玩忽职守、滥用职权、徇私舞弊的，给予行政处分；构成犯罪的，依法追究刑事责任。

第二十三条 本规定由国务院住房城乡建设主管部门负责解释。

第二十四条 本规定自发布之日起施行。

房屋建筑工程抗震设防管理规定

（2006年1月27日建设部令第148号发布，
2015年1月22日住房和城乡建设部令第23号修正）

第一条 为了加强对房屋建筑工程抗震设防的监督管理，保护人民生命和财产安全，根据《中华人民共和国防震减灾法》、《中华人民共和国建筑法》、《建设工程质量管理条例》、《建设工程勘察设计管理条例》等法律、行政法规，制定本规定。

第二条 在抗震设防区从事房屋建筑工程抗震设防的有关活动，实施对房屋建筑工程抗震设防的监督管理，适用本规定。

第三条 房屋建筑工程的抗震设防，坚持预防为主的方针。

第四条 国务院住房城乡建设主管部门负责全国房屋建筑工程抗震设防的监督管理工作。

县级以上地方人民政府住房城乡建设主管部门负责本行政区域内房屋建筑工程抗震设防的监督管理工作。

第五条 国家鼓励采用先进的科学技术进行房屋建筑工程的抗震设防。

制定、修订工程建设标准时，应当及时将先进适用的抗震新技术、新材料和新结构体系纳入标准、规范，在房屋建筑工程中推广使用。

第六条 新建、扩建、改建的房屋建筑工程，应当按照国家有关规定和工程建设强制性标准进行抗震设防。

任何单位和个人不得降低抗震设防标准。

第七条 建设单位、勘察单位、设计单位、施工单位、工程监理单位，应当遵守有关房屋建筑工程抗震设防的法律、法规和工程建设强制性标准的规定，保证房屋建筑工程的抗震设防质量，依法承担相应责任。

第八条 城市房屋建筑工程的选址，应当符合城市总体规划中城市抗震防灾专业规划的要求；村庄、集镇建设的工程选址，应当符合村庄与集镇防灾专项规划和村庄与集镇建设规划中有关抗震防灾的要求。

第九条 房屋建筑工程勘察、设计文件中规定采用的新技术、新材料，可能影响房屋建筑工程抗震安全，又没有国家技术标准的，应当按照国家有关规定经检测和审定后，方可使用。

第十条 《建筑工程抗震设防分类标准》中甲类和乙类建筑工程的初步设计文件应当有抗震设防专项内容。

超限高层建筑工程应当在初步设计阶段进行抗震设防专项审查。

新建、扩建、改建房屋建筑工程的抗震设计应当作为施工图审查的重要内容。

第十一条 产权人和使用人不得擅自变动或者破坏房屋建筑抗震构件、隔震装置、减震部件或者地震反应观测系统等抗震设施。

第十二条 已建成的下列房屋建筑工程，未采取抗震设防措施且未列入近期拆除改造计划的，应当委托具有相应设计资质的单位按现行抗震鉴定标准进行抗震鉴定：

（一）《建筑工程抗震设防分类标准》中甲类和乙类建筑工程；

（二）有重大文物价值和纪念意义的房屋建筑工程；

（三）地震重点监视防御区的房屋建筑工程。

鼓励其他未采取抗震设防措施且未列入近期拆除改造计划的房屋建筑工程产权人，委托具有相应设计资质的单位按现行抗震鉴定标准进行抗震鉴定。

经鉴定需加固的房屋建筑工程，应当在县级以上地方人民政府建设主管部门确定的限期内采取必要的抗震加固措施；未加固前应当限制使用。

第十三条 从事抗震鉴定的单位，应当遵守有关房屋建筑工程抗震设防的法律、法规和工程建设强制性标准的规定，保证房屋建筑工程的抗震鉴定质量，依法承担相应责任。

第十四条 对经鉴定需抗震加固的房屋建筑工程，产权人应当委托具有相应资质的设计、施工单位进行抗震加固设计与施工，并按国家规定办理相关手续。

抗震加固应当与城市近期建设规划、产权人的房屋维修计划相结合。经鉴定需抗震加固的房屋建筑工程在进行装修改造时，应当同时进行抗震加固。

有重大文物价值和纪念意义的房屋建筑工程的抗震加固，应当注意保持其原有风貌。

第十五条 房屋建筑工程的抗震鉴定、抗震加固费用，由产权人承担。

第十六条 已按工程建设标准进行抗震设计或抗震加固的房屋建筑工程在合理使用年限内，因各种人为因素使房屋建筑工程抗震能力受损的，或者因改变原设计使用性质，导致荷载增加或需提高抗震设防类别的，产权人应当委托有相应资质的单位进行抗震验算、修复或加固。需要进行工程检测的，应由委托具有相应资质的单位进行检测。

第十七条 破坏性地震发生后，当地人民政府建设主管部门应当组织对受损房屋建筑工程抗震性能的应急评估，并提出恢复重建方案。

第十八条 震后经应急评估需进行抗震鉴定的房屋建筑工程，应当按照抗震鉴定标准进行鉴定。经鉴定需修复或者抗震加固的，应当按照工程建设强制性标准进行修复或者抗震加固。需易地重建的，应当按照国家有关法律、法规的规定进行规划和建设。

第十九条 当发生地震的实际烈度大于现行地震动参数区划图对应的地震基本烈

度时，震后修复或者建设的房屋建筑工程，应当以国家地震部门审定、发布的地震动参数复核结果，作为抗震设防的依据。

第二十条　县级以上地方人民政府住房城乡建设主管部门应当加强对房屋建筑工程抗震设防质量的监督管理，并对本行政区域内房屋建筑工程执行抗震设防的法律、法规和工程建设强制性标准情况，定期进行监督检查。

县级以上地方人民政府住房城乡建设主管部门应当对村镇建设抗震设防进行指导和监督。

第二十一条　县级以上地方人民政府住房城乡建设主管部门应当对农民自建低层住宅抗震设防进行技术指导和技术服务，鼓励和指导其采取经济、合理、可靠的抗震措施。

地震重点监视防御区县级以上地方人民政府住房城乡建设主管部门应当通过拍摄科普教育宣传片、发送农房抗震图集、建设抗震样板房、技术培训等多种方式，积极指导农民自建低层住宅进行抗震设防。

第二十二条　县级以上地方人民政府住房城乡建设主管部门有权组织抗震设防检查，并采取下列措施：

（一）要求被检查的单位提供有关房屋建筑工程抗震的文件和资料；

（二）发现有影响房屋建筑工程抗震设防质量的问题时，责令改正。

第二十三条　地震发生后，县级以上地方人民政府住房城乡建设主管部门应当组织专家，对破坏程度超出工程建设强制性标准允许范围的房屋建筑工程的破坏原因进行调查，并依法追究有关责任人的责任。

国务院住房城乡建设主管部门应当根据地震调查情况，及时组织力量开展房屋建筑工程抗震科学研究，并对相关工程建设标准进行修订。

第二十四条　任何单位和个人对房屋建筑工程的抗震设防质量问题都有权检举和投诉。

第二十五条　违反本规定，擅自使用没有国家技术标准又未经审定的新技术、新材料的，由县级以上地方人民政府住房城乡建设主管部门责令限期改正，并处以1万元以上3万元以下罚款。

第二十六条　违反本规定，擅自变动或者破坏房屋建筑抗震构件、隔震装置、减震部件或者地震反应观测系统等抗震设施的，由县级以上地方人民政府住房城乡建设主管部门责令限期改正，并对个人处以1000元以下罚款，对单位处以1万元以上3万元以下罚款。

第二十七条　违反本规定，未对抗震能力受损、荷载增加或者需提高抗震设防类别的房屋建筑工程，进行抗震验算、修复和加固的，由县级以上地方人民政府住房城乡建设主管部门责令限期改正，逾期不改的，处以1万元以下罚款。

第二十八条　违反本规定，经鉴定需抗震加固的房屋建筑工程在进行装修改造时未进行抗震加固的，由县级以上地方人民政府住房城乡建设主管部门责令限期改正，逾期不改的，处以1万元以下罚款。

第二十九条 本规定所称抗震设防区，是指地震基本烈度六度及六度以上地区（地震动峰值加速度≥0.05g的地区）。

本规定所称超限高层建筑工程，是指超出国家现行规范、规程所规定的适用高度和适用结构类型的高层建筑工程，体型特别不规则的高层建筑工程，以及有关规范、规程规定应当进行抗震专项审查的高层建筑工程。

第三十条 本规定自2006年4月1日起施行。

超限高层建筑工程抗震设防管理规定

（2002年7月11日中华人民共和国建设部令第111号发布）

第一条 为了加强起限高层建筑工程的抗震设防管理，提高超限高层建筑工程抗震设计的可靠性和安全性，保证超限高层建筑工程抗震设防的质量，根据《中华人民共和国建筑法》、《中华人民共和国防震减灾法》、《建设工程质量管理条例》、《建设工程勘察设计管理条例》等法律、法规，制定本规定。

第二条 本规定适用于抗震设防区内超限高层建筑工程的抗震设防管理。

本规定所称超限高层建筑工程，是指超出国家现行规范、规程所规定的适用高度和适用结构类型的高层建筑工程，体型特别不规则的高层建筑工程，以及有关规范、规程规定应当进行抗震专项审查的高层建筑工程。

第三条 国务院建设行政主管部门．负责全国超限高层建筑工程抗震设防的管理工作。

省、自治区、直辖市人民政府建设行政．主管部门负责本行政区内超限高层建筑工程抗震设防的管理工作。

第四条 起限高层建筑工程的抗震设防应当采取有效的抗震措施，确保超限高层建筑工程达到规范规定的抗震设防目标。

第五条 在抗震设防区内进行超限高层建筑工程的建设时，建设单位应当在初步设计阶段向工程所在地的省、自治区、直辖市人民政府建设行政主管部门提出专项报告。

第六条 超限高层建筑工程所在地的省、自治区、直辖市人民政府建设行政主管部门，负责组织省、自治区、直辖市超限高层建筑工程抗震设防专家委员会对超限高层建筑工程进行抗震设防专项审查。

审查难度大或者审查意见难以统一的，工程所在地的省、自治区、直辖市人民政府建设行政主管部门可请全国超限高层建筑工程抗震设防专家委员会提出专项审查意见，并报国务院建设行政主管部门备案。

第七条 全国和省、自治区、直辖市的超限高层建筑工程抗震设防审查专家委员会委员分别由国务院建设行政主管部门和省、自治区、直辖市人民政府建设行政主管部门聘任。

超限高层建筑工程抗震设防专家委员会应当由长期从事并精通高层建筑工程抗震

的勘察、设计、科研、教学和管理专家组成，并对抗震设防专项审查意见承担相应的审查责任。

第八条 超限高层建筑工程的抗震设防专项审查内容包括：建筑的抗震设防分类、抗震设防烈度（或者设计地震动参数）、场地抗震性能评价、抗震概念设计、主要结构布置、建筑与结构的协调、使用的计算程序、结构计算结果、地基基础和上部结构抗震性能评估等。

第九条 建设单位申报超限高层建筑工程的抗震设防专项审查时，应当提供以下材料：

（一）超限高层建筑工程抗震设防专项审查表；

（二）设计的主要内容、技术依据、可行性论证及主要抗震措施；

（三）工程勘察报告；

（四）结构设计计算的主要结果；

（五）结构抗震薄弱部位的分析和相应措施；

（六）初步设计文件；

（七）设计时参照使用的国外有关抗震设计标准、工程和震害资料及计算机程序；

（八）对要求进行模型抗震性能试验研究的，应当提供抗震试验研究报告。

第十条 建设行政主管部门应当自接到抗震设防专项审查全部申报材料之日起25日内，组织专家委员会提出书面审查意见，并将审查结果通知建设单位。

第十一条 超限高层建筑工程抗震设防专项审查费用由建设单位承担。

第十二条 超限高层建筑工程的勘察、设计、施工、监理，应当由具备甲级（一级及以上）资质的勘察、设计、施工和工程监理单位承担，其中建筑设计和结构设计应当分别由具有高层建筑设计经验的一级注册建筑师和一级注册结构工程师承担。

第十三条 建设单位、勘察单位、设计单位应当严格按照抗震设防专项审查意见进行超限高层建筑工程的勘察、设计。

第十四条 未经超限高层建筑工程抗震设防专项审查，建设行政主管部门和其他有关部门不得对起限高层建筑工程施工图设计文件进行审查。

超限高层建筑工程的施工图设计文件审查应当由经国务院建设行政主管部门认定的具有超限高层建筑工程审查资格的施工图设计文件审查机构承担。

施工图设计文件审查时应当检查设计图纸是否执行了抗震设防专项审查意见；未执行专项审查意见的，施工图设计文件审查不能通过。

第十五条 建设单位、施工单位、工程监理单位应当严格按照经抗震设防专项审查和施工图设计文件审查的勘察设计文件进行超限高层建筑工程的抗震设防和采取抗震措施。

第十六条 对国家现行规范要求设置建筑结构地震反应观测系统的超限高层建筑工程，建设单位应当按照规范要求设置地震反应观测系统。

第十七条　建设单位违反本规定，施工图设计文件未经审查或者审查不合格，擅自施工的，责令改正，处以20万元以上50万元以下的罚款。

第十八条　勘察、设计单位违反本规定，未按照抗震设防专项审查意见进行超限高层建筑工程勘察、设计的，责令改正，处以1万元以上3万元以下的罚款；造成损失的，依法承担赔偿责任。

第十九条　国家机关工作人员在超限高层建筑工程抗震设防管理工作中玩忽职守，滥用职权，徇私舞弊，构成犯罪的，依法追究刑事责任；尚不构成犯罪的，依法给予行政处分。

第二十条　省、自治区、直辖市人民政府建设行政主管部门，可结合本地区的具体情况制定实施细则，并报国务院建设行政主管部f1备案。

第二十一条　本规定自2002年9月1日起施行。1997年12月23日建设部颁布的《超限高层建筑工程抗震设防管理暂行规定》（建设部令第59号）同时废止。

外商投资建设工程设计企业管理规定

(2002 年 9 月 27 日建设部、对外贸易经济合作部令第 114 号发布)

第一条 为进一步扩大对外开放，规范对外商投资建设工程设计企业的管理，根据《中华人民共和国建筑法》、《中华人民共和国中外合资经营企业法》、《中华人民共和国中外合作经营企业法》、《中华人民共和国外资企业法》、《建设工程质量管理条例》、《建设工程勘察设计管理条例》等法律、行政法规，制定本规定。

第二条 在中华人民共和国境内设立外商投资建设工程设计企业，申请建设工程设计企业资质，实施对外商投资建设工程设计企业监督管理，适用本规定。本规定所称外商投资建设工程设计企业，是指根据中国法律、法规的规定，在中华人民共和国境内投资设立的外资建设工程设计企业、中外合资经营建设工程设计企业以及中外合作经营建设工程设计企业。

第三条 外国投资者在中华人民共和国境内设立外商投资建设工程设计企业，并从事建设工程设计活动，应当依法取得对外贸易经济行政主管部门颁发的外商投资企业批准证书，在国家工商行政管理总局或者其授权的地方工商行政管理局注册登记，并取得建设行政主管部门颁发的建设工程设计企业资质证书。

第四条 外商投资建设工程设计企业在中华人民共和国境内从事建设工程设计活动，应当遵守中国的法律、法规、规章。外商投资建设工程设计企业在中华人民共和国境内的合法经营活动及合法权益受中国法律、法规、规章的保护。

第五条 国务院对外贸易经济合作行政主管部门负责外商投资建设工程设计企业设立的管理工作；国务院建设行政主管部门负责外商投资建设工程设计企业资质的管理工作。省、自治区、直辖市人民政府对外贸易经济行政主管部门在授权范围内负责外商投资建设工程设计企业设立的管理工作；省、自治区、直辖市人民政府建设行政主管部门按照本规定负责本行政区域内的外商投资建设工程设计企业资质的管理工作。

第六条 外商投资建设工程设计企业设立与资质的申请和审批，实行分级、分类管理。申请设立建筑工程设计甲级资质及其他建设工程设计甲、乙级资质外商投资建设工程设计企业的，其设立由国务院对外贸易经济行政主管部门审批，其资质由国务院建设行政主管部门审批；申请设立建筑工程设计乙级资质、其他建设工程设计丙级及以下等级资质外商投资建设工程设计企业的，其设立由省、自治区、直辖市人民政府对外贸易经济行政主管部门审批，其资质由省、自治区、直辖市人民政府建设行政主管部门审批。

第七条　设立外商投资建设工程设计企业，申请建筑工程设计甲级资质及其他建设工程设计甲、乙级资质的程序：

（一）申请者向拟设立企业所在地的省、自治区、直辖市人民政府对外贸易经济行政主管部门提出设立申请。

（二）省、自治区、直辖市人民政府对外贸易经济行政主管部门在受理申请之日起30日内完成初审；初审同意后，报国务院对外贸易经济行政主管部门。

（三）国务院对外贸易经济行政主管部门在收到初审材料之日起10日内将申请材料送国务院建设行政主管部门征求意见。国务院建设行政主管部门在收到征求意见函之日起30日内提出意见。国务院对外贸易经济行政主管部门在收到国务院建设行政主管部门书面意见之日起30日内作出批准或者不批准的书面决定。予以批准的，发给外商投资企业批准证书；不予批准的，书面说明理由。

（四）取得外商投资企业批准证书的，应当在30日内到登记主管机关办理企业登记注册。

（五）取得企业法人营业执照后，申请建设工程设计企业资质的，按照建设工程设计企业资质管理规定办理。

第八条　设立外商投资建设工程设计企业，申请建筑工程乙级资质和其他建设工程设计丙级及以下等级资质的程序，由各省、自治区、直辖市人民政府建设行政主管部门和对外贸易经济行政主管部门，结合本地区实际情况，参照本规定第七条以及建设工程设计企业资质管理规定执行。省、自治区、直辖市人民政府建设行政主管部门审批的外商投资建设工程设计企业资质，应当在批准之日起30日内报国务院建设行政主管部门备案。

第九条　外商投资建设工程设计企业申请晋升资质等级或者申请增加其他建设工程设计企业资质，应当依照有关规定到建设行政主管部门办理相关手续。

第十条　申请设立外商投资建设工程设计企业应当向对外贸易经济行政主管部门提交下列资料：（一）投资方法定代表人签署的外商投资建设工程设计企业设立申请书；（二）投资方编制或者认可的可行性研究报告；（三）投资方法定代表人签署的外商投资建设工程设计企业合同和章程（其中，设立外资建设工程设计企业只需提供章程）；（四）企业名称预先核准通知书；（五）投资方所在国或者地区从事建设工程设计的企业注册登记证明、银行资信证明；（六）投资方拟派出的董事长、董事会成员、经理、工程技术负责人等任职文件及证明文件；（七）经注册会计师或者会计师事务所审计的投资方最近三年的资产负债表和损益表。

第十一条　申请外商投资建设工程设计企业资质应当向建设行政主管部门提交下列资料：（一）外商投资建设工程设计企业资质申报表；（二）外商投资企业批准证书；（三）企业法人营业执照；（四）外方投资者所在国或者地区从事建设工程设计的企业

注册登记证明、银行资信证明；（五）外国服务提供者所在国或者地区的个人执业资格证明以及由所在国或者地区政府主管部门或者行业学会、协会、公证机构出具的个人、企业建设工程设计业绩、信誉证明；（六）建设工程设计企业资质管理规定要求提供的其他资料。

第十二条 本规定中要求申请者提交的资料应当使用中文，证明文件原件是外文的，应当提供中文译本。

第十三条 外商投资建设工程设计企业的外方投资者及外国服务提供者应当是在其本国从事建设工程设计的企业或者注册建筑师、注册工程师。

第十四条 中外合资经营建设工程设计企业、中外合作经营建设工程设计企业中方合营者的出资总额不得低于注册资本的25%。

第十五条 外商投资建设工程设计企业申请建设工程设计企业资质，应当符合建设工程设计企业资质分级标准要求的条件。外资建设工程设计企业申请建设工程设计企业资质，其取得中国注册建筑师、注册工程师资格的外国服务提供者人数应当各不少于资质分级标准规定的注册执业人员总数的1/4；具有相关专业设计经历的外国服务提供者人数应当不少于资质分级标准规定的技术骨干总人数的1/4。中外合资经营、中外合作经营建设工程设计企业申请建设工程设计企业资质，其取得中国注册建筑师、注册工程师资格的外国服务提供者人数应当各不少于资质分级标准规定的注册执业人员总数的1/8；具有相关专业设计经历的外国服务提供者人数应当不少于资质分级标准规定的技术骨干总人数的1/8。

第十六条 外商投资建设工程设计企业中，外国服务提供者在中国注册的建筑师、工程师及技术骨干，每人每年在中华人民共和国境内累计居住时间应当不少于6个月。

第十七条 外商投资建设工程设计企业在中国境内从事建设工程设计活动，违反《中华人民共和国建筑法》、《建设工程质量管理条例》、《建设工程勘察设计管理条例》、《建设工程勘察设计企业资质管理规定》等有关法律、法规、规章的，依照有关规定处罚。

第十八条 香港特别行政区、澳门特别行政区和台湾地区的投资者在其他省、自治区、直辖市内投资设立建设工程设计企业，从事建设工程设计活动，参照本规定执行。法律、法规、国务院另有规定的除外。

第十九条 受理设立外资建设工程设计企业申请的时间由国务院建设行政主管部门和国务院对外贸易经济行政主管部门决定。

第二十条 本规定由国务院建设行政主管部门和国务院对外贸易经济行政主管部门按照各自职责负责解释。

第二十一条 本规定自2002年12月1日起施行，《成立中外合营工程设计机构审批管理规定》（建设〔1992〕180号）同时废止。

《外商投资建设工程设计企业管理规定》的补充规定

（2003年12月19日建设部、商务部令第122号发布）

为了促进内地与香港、澳门经贸关系的发展，鼓励香港服务提供者和澳门服务提供者在内地设立建设工程设计企业，根据国务院批准的《内地与香港关于建立更紧密经贸关系的安排》和《内地与澳门关于建立更紧密经贸关系的安排》，现就《外商投资建设工程设计企业管理规定》（建设部、对外贸易经济合作部令第114号）做如下补充规定：

一、自2004年1月1日起，允许香港服务提供者和澳门服务提供者在内地以独资形式设立建设工程设计企业。

二、香港服务提供者和澳门服务提供者在内地投资设立建设工程设计企业以及申请资质，按照《外商投资建设工程设计企业管理规定》以及有关的建设工程设计企业资质管理规定执行。

三、本规定中的香港服务提供者和澳门服务提供者应分别符合《内地与香港关于建立更紧密经贸关系的安排》和《内地与澳门关于建立更紧密经贸关系的安排》中关于“服务提供者”定义及相关规定的要求。

四、本补充规定由建设部和商务部按照各自职责负责解释。

五、本补充规定自2004年1月1日起实施。

勘察设计注册工程师管理规定

（2005年2月4日建设部令第137号发布，
2016年9月13日住房和城乡建设部令第32号修正）

第一章 总 则

第一条 为了加强对建设工程勘察、设计注册工程师的管理，维护公共利益和建筑市场秩序，提高建设工程勘察、设计质量与水平，依据《中华人民共和国建筑法》、《建设工程勘察设计管理条例》等法律法规，制定本规定。

第二条 中华人民共和国境内建设工程勘察设计注册工程师（以下简称注册工程师）的注册、执业、继续教育和监督管理，适用本规定。

第三条 本规定所称注册工程师，是指经考试取得中华人民共和国注册工程师资格证书（以下简称资格证书），并按照本规定注册，取得中华人民共和国注册工程师注册执业证书（以下简称注册证书）和执业印章，从事建设工程勘察、设计及有关业务活动的专业技术人员。

未取得注册证书及执业印章的人员，不得以注册工程师的名义从事建设工程勘察、设计及有关业务活动。

第四条 注册工程师按专业类别设置，具体专业划分由国务院住房城乡建设主管部门和人事主管部门商国务院有关部门制定。

除注册结构工程师分为一级和二级外，其他专业注册工程师不分级别。

第五条 国务院住房城乡建设主管部门对全国的注册工程师的注册、执业活动实施统一监督管理；国务院铁路、交通、水利等有关部门按照国务院规定的职责分工，负责全国有关专业工程注册工程师执业活动的监督管理。

县级以上地方人民政府住房城乡建设主管部门对本行政区域内的注册工程师的注册、执业活动实施监督管理；县级以上地方人民政府交通、水利等有关部门在各自的职责范围内，负责本行政区域内有关专业工程注册工程师执业活动的监督管理。

第二章 注 册

第六条 注册工程师实行注册执业管理制度。取得资格证书的人员，必须经过注册方能以注册工程师的名义执业。

第七条 取得资格证书的人员申请注册，由国务院住房城乡建设主管部门审批；

其中涉及有关部门的专业注册工程师的注册，由国务院住房城乡建设主管部门和有关部门审批。

取得资格证书并受聘于一个建设工程勘察、设计、施工、监理、招标代理、造价咨询等单位的人员，应当通过聘用单位提出注册申请，并可以向单位工商注册所在地的省、自治区、直辖市人民政府住房城乡建设主管部门提交申请材料；省、自治区、直辖市人民政府住房城乡建设主管部门收到申请材料后，应当在5日内将全部申请材料报审批部门。

第八条 国务院住房城乡建设主管部门在收到申请材料后，应当依法作出是否受理的决定，并出具凭证；申请材料不齐全或者不符合法定形式的，应当在5日内一次性告知需要补正的全部内容。逾期不告知的，自收到申请材料之日起即为受理。

申请初始注册的，国务院住房城乡建设主管部门应当自受理之日起20日内审批完毕并作出书面决定。自作出决定之日起10日内公告审批结果。由国务院住房城乡建设主管部门和有关部门共同审批的，国务院有关部门应当在15日内审核完毕，并将审核意见报国务院住房城乡建设主管部门。

对申请变更注册、延续注册的，国务院住房城乡建设主管部门应当自受理之日起10日内审批完毕并作出书面决定。

符合条件的，由审批部门核发由国务院住房城乡建设主管部门统一制作、国务院住房城乡建设主管部门或者国务院住房城乡建设主管部门和有关部门共同用印的注册证书，并核定执业印章编号。对不予批准的，应当说明理由，并告知申请人享有依法申请行政复议或者提起行政诉讼的权利。

第九条 二级注册结构工程师的注册受理和审批，由省、自治区、直辖市人民政府住房城乡建设主管部门负责。

第十条 注册证书和执业印章是注册工程师的执业凭证，由注册工程师本人保管、使用。注册证书和执业印章的有效期为3年。

第十一条 初始注册者，可自资格证书签发之日起3年内提出申请。逾期未申请者，须符合本专业继续教育的要求后方可申请初始注册。

初始注册需要提交下列材料：

（一）申请人的注册申请表；

（二）申请人的资格证书复印件；

（三）申请人与聘用单位签订的聘用劳动合同复印件；

（四）逾期初始注册的，应提供达到继续教育要求的证明材料。

第十二条 注册工程师每一注册期为3年，注册期满需继续执业的，应在注册期满前30日，按照本规定第七条规定的程序申请延续注册。

延续注册需要提交下列材料：

（一）申请人延续注册申请表；

（二）申请人与聘用单位签订的聘用劳动合同复印件；

（三）申请人注册期内达到继续教育要求的证明材料。

第十三条 在注册有效期内，注册工程师变更执业单位，应与原聘用单位解除劳动关系，并按本规定第七条规定的程序办理变更注册手续，变更注册后仍延续原注册有效期。

变更注册需要提交下列材料：

（一）申请人变更注册申请表；

（二）申请人与新聘用单位签订的聘用劳动合同复印件；

（三）申请人的工作调动证明（或者与原聘用单位解除聘用劳动合同的证明文件、退休人员的退休证明）。

第十四条 注册工程师有下列情形之一的，其注册证书和执业印章失效：

（一）聘用单位破产的；

（二）聘用单位被吊销营业执照的；

（三）聘用单位相应资质证书被吊销的；

（四）已与聘用单位解除聘用劳动关系的；

（五）注册有效期满且未延续注册的；

（六）死亡或者丧失行为能力的；

（七）注册失效的其他情形。

第十五条 注册工程师有下列情形之一的，负责审批的部门应当办理注销手续，收回注册证书和执业印章或者公告其注册证书和执业印章作废：

（一）不具有完全民事行为能力的；

（二）申请注销注册的；

（三）有本规定第十四条所列情形发生的；

（四）依法被撤销注册的；

（五）依法被吊销注册证书的；

（六）受到刑事处罚的；

（七）法律、法规规定应当注销注册的其他情形。

注册工程师有前款情形之一的，注册工程师本人和聘用单位应当及时向负责审批的部门提出注销注册的申请；有关单位和个人有权向负责审批的部门举报；住房城乡建设主管部门和有关部门应当及时向负责审批的部门报告。

第十六条 有下列情形之一的，不予注册：

（一）不具有完全民事行为能力的；

（二）因从事勘察设计或者相关业务受到刑事处罚，自刑事处罚执行完毕之日起至申请注册之日止不满2年的；

（三）法律、法规规定不予注册的其他情形。

第十七条　被注销注册者或者不予注册者，在重新具备初始注册条件，并符合本专业继续教育要求后，可按照本规定第七条规定的程序重新申请注册。

第三章　执　业

第十八条　取得资格证书的人员，应受聘于一个具有建设工程勘察、设计、施工、监理、招标代理、造价咨询等一项或多项资质的单位，经注册后方可从事相应的执业活动。但从事建设工程勘察、设计执业活动的，应受聘并注册于一个具有建设工程勘察、设计资质的单位。

第十九条　注册工程师的执业范围：

（一）工程勘察或者本专业工程设计；

（二）本专业工程技术咨询；

（三）本专业工程招标、采购咨询；

（四）本专业工程的项目管理；

（五）对工程勘察或者本专业工程设计项目的施工进行指导和监督；

（六）国务院有关部门规定的其他业务。

第二十条　建设工程勘察、设计活动中形成的勘察、设计文件由相应专业注册工程师按照规定签字盖章后方可生效。各专业注册工程师签字盖章的勘察、设计文件种类及办法由国务院住房城乡建设主管部门会同有关部门规定。

第二十一条　修改经注册工程师签字盖章的勘察、设计文件，应当由该注册工程师进行；因特殊情况，该注册工程师不能进行修改的，应由同专业其他注册工程师修改，并签字、加盖执业印章，对修改部分承担责任。

第二十二条　注册工程师从事执业活动，由所在单位接受委托并统一收费。

第二十三条　因建设工程勘察、设计事故及相关业务造成的经济损失，聘用单位应承担赔偿责任；聘用单位承担赔偿责任后，可依法向负有过错的注册工程师追偿。

第四章　继续教育

第二十四条　注册工程师在每一注册期内应达到国务院住房城乡建设主管部门规定的本专业继续教育要求。继续教育作为注册工程师逾期初始注册、延续注册和重新申请注册的条件。

第二十五条　继续教育按照注册工程师专业类别设置，分为必修课和选修课，每注册期各为60学时。

第五章　权利和义务

第二十六条　注册工程师享有下列权利：

（一）使用注册工程师称谓；

（二）在规定范围内从事执业活动；
（三）依据本人能力从事相应的执业活动；
（四）保管和使用本人的注册证书和执业印章；
（五）对本人执业活动进行解释和辩护；
（六）接受继续教育；
（七）获得相应的劳动报酬；
（八）对侵犯本人权利的行为进行申诉。

第二十七条 注册工程师应当履行下列义务：
（一）遵守法律、法规和有关管理规定；
（二）执行工程建设标准规范；
（三）保证执业活动成果的质量，并承担相应责任；
（四）接受继续教育，努力提高执业水准；
（五）在本人执业活动所形成的勘察、设计文件上签字、加盖执业印章；
（六）保守在执业中知悉的国家秘密和他人的商业、技术秘密；
（七）不得涂改、出租、出借或者以其他形式非法转让注册证书或者执业印章；
（八）不得同时在两个或两个以上单位受聘或者执业；
（九）在本专业规定的执业范围和聘用单位业务范围内从事执业活动；
（十）协助注册管理机构完成相关工作。

第六章 法律责任

第二十八条 隐瞒有关情况或者提供虚假材料申请注册的，审批部门不予受理，并给予警告，一年之内不得再次申请注册。

第二十九条 以欺骗、贿赂等不正当手段取得注册证书的，由负责审批的部门撤销其注册，3 年内不得再次申请注册；并由县级以上人民政府住房城乡建设主管部门或者有关部门处以罚款，其中没有违法所得的，处以 1 万元以下的罚款；有违法所得的，处以违法所得 3 倍以下且不超过 3 万元的罚款；构成犯罪的，依法追究刑事责任。

第三十条 注册工程师在执业活动中有下列行为之一的，由县级以上人民政府住房城乡建设主管部门或者有关部门予以警告，责令其改正，没有违法所得的，处以 1 万元以下的罚款；有违法所得的，处以违法所得 3 倍以下且不超过 3 万元的罚款；造成损失的，应当承担赔偿责任；构成犯罪的，依法追究刑事责任：
（一）以个人名义承接业务的；
（二）涂改、出租、出借或者以形式非法转让注册证书或者执业印章的；
（三）泄露执业中应当保守的秘密并造成严重后果的；
（四）超出本专业规定范围或者聘用单位业务范围从事执业活动的；
（五）弄虚作假提供执业活动成果的；

（六）其他违反法律、法规、规章的行为。

第三十一条 有下列情形之一的，负责审批的部门或者其上级主管部门，可以撤销其注册：

（一）住房城乡建设主管部门或者有关部门的工作人员滥用职权、玩忽职守颁发注册证书和执业印章的；

（二）超越法定职权颁发注册证书和执业印章的；

（三）违反法定程序颁发注册证书和执业印章的；

（四）对不符合法定条件的申请人颁发注册证书和执业印章的；

（五）依法可以撤销注册的其他情形。

第三十二条 县级以上人民政府住房城乡建设主管部门及有关部门的工作人员，在注册工程师管理工作中，有下列情形之一的，依法给予行政处分；构成犯罪的，依法追究刑事责任：

（一）对不符合法定条件的申请人颁发注册证书和执业印章的；

（二）对符合法定条件的申请人不予颁发注册证书和执业印章的；

（三）对符合法定条件的申请人未在法定期限内颁发注册证书和执业印章的；

（四）利用职务上的便利，收受他人财物或者其他好处的；

（五）不依法履行监督管理职责，或者发现违法行为不予查处的。

第七章 附 则

第三十三条 注册工程师资格考试工作按照国务院住房城乡建设主管部门、国务院人事主管部门的有关规定执行。

第三十四条 香港特别行政区、澳门特别行政区、台湾地区及外籍专业技术人员，注册工程师注册和执业的管理办法另行制定。

第三十五条 本规定自2005年4月1日起施行。

中华人民共和国注册建筑师条例实施细则

（2008 年 1 月 29 日中华人民共和国建设部令第 167 号发布）

第一章 总 则

第一条 根据《中华人民共和国行政许可法》和《中华人民共和国注册建筑师条例》（以下简称《条例》），制定本细则。

第二条 中华人民共和国境内注册建筑师的考试、注册、执业、继续教育和监督管理，适用本细则。

第三条 注册建筑师，是指经考试、特许、考核认定取得中华人民共和国注册建筑师执业资格证书（以下简称执业资格证书），或者经资格互认方式取得建筑师互认资格证书（以下简称互认资格证书），并按照本细则注册，取得中华人民共和国注册建筑师注册证书（以下简称注册证书）和中华人民共和国注册建筑师执业印章（以下简称执业印章），从事建筑设计及相关业务活动的专业技术人员。

未取得注册证书和执业印章的人员，不得以注册建筑师的名义从事建筑设计及相关业务活动。

第四条 国务院建设主管部门、人事主管部门按职责分工对全国注册建筑师考试、注册、执业和继续教育实施指导和监督。

省、自治区、直辖市人民政府建设主管部门、人事主管部门按职责分工对本行政区域内注册建筑师考试、注册、执业和继续教育实施指导和监督。

第五条 全国注册建筑师管理委员会负责注册建筑师考试、一级注册建筑师注册、制定颁布注册建筑师有关标准以及相关国际交流等具体工作。

省、自治区、直辖市注册建筑师管理委员会负责本行政区域内注册建筑师考试、注册以及协助全国注册建筑师管理委员会选派专家等具体工作。

第六条 全国注册建筑师管理委员会委员由国务院建设主管部门商人事主管部门聘任。

国注册建筑师管理委员会由国务院建设主管部门、人事主管部门、其他有关主管部门的代表和建筑设计专家组成，设主任委员一名、副主任委员若干名。全国注册建筑师管理委员会秘书处设在建设部执业资格注册中心。全国注册建筑师管理委员会秘书处承担全国注册建筑师管理委员会的日常工作职责，并承担相应的法律责任。

省、自治区、直辖市注册建筑师管理委员会由省、自治区、直辖市人民政府建设主管部门商同级人事主管部门参照本条第一款、第二款规定成立。

第二章　考　试

第七条　注册建筑师考试分为一级注册建筑师考试和二级注册建筑师考试。注册建筑师考试实行全国统一考试，每年进行一次。遇特殊情况，经国务院建设主管部门和人事主管部门同意，可调整该年度考试次数。

注册建筑师考试由全国注册建筑师管理委员会统一部署，省、自治区、直辖市注册建筑师管理委员会组织实施。

第八条　一级注册建筑师考试内容包括：建筑设计前期工作、场地设计、建筑设计与表达、建筑结构、环境控制、建筑设备、建筑材料与构造、建筑经济、施工与设计业务管理、建筑法规等。上述内容分成若干科目进行考试。科目考试合格有效期为八年。

二级注册建筑师考试内容包括：场地设计、建筑设计与表达、建筑结构与设备、建筑法规、建筑经济与施工等。上述内容分成若干科目进行考试。科目考试合格有效期为四年。

第九条　《条例》第八条第（一）、（二）、（三）项，第九条第（一）项中所称相近专业，是指大学本科及以上建筑学的相近专业，包括城市规划、建筑工程和环境艺术等专业。

《条例》第九条第（二）项所称相近专业，是指大学专科建筑设计的相近专业，包括城乡规划、房屋建筑工程、风景园林、建筑装饰技术和环境艺术等专业。

《条例》第九条第（四）项所称相近专业，是指中等专科学校建筑设计技术的相近专业，包括工业与民用建筑、建筑装饰、城镇规划和村镇建设等专业。

《条例》第八条第（五）项所称设计成绩突出，是指获得国家或省部级优秀工程设计铜质或二等奖（建筑）及以上奖励。

第十条　申请参加注册建筑师考试者，可向省、自治区、直辖市注册建筑师管理委员会报名，经省、自治区、直辖市注册建筑师管理委员会审查，符合《条例》第八条或者第九条规定的，方可参加考试。

第十一条　经一级注册建筑师考试，在有效期内全部科目考试合格的，由全国注册建筑师管理委员会核发国务院建设主管部门和人事主管部门共同用印的一级注册建筑师执业资格证书。

经二级注册建筑师考试，在有效期内全部科目考试合格的，由省、自治区、直辖市注册建筑师管理委员会核发国务院建设主管部门和人事主管部门共同用印的二级注册建筑师执业资格证书。

自考试之日起，九十日内公布考试成绩；自考试成绩公布之日起，三十日内颁发执业资格证书。

第十二条 申请参加注册建筑师考试者，应当按规定向省、自治区、直辖市注册建筑师管理委员会交纳考务费和报名费。

第三章 注 册

第十三条 注册建筑师实行注册执业管理制度。取得执业资格证书或者互认资格证书的人员，必须经过注册方可以注册建筑师的名义执业。

第十四条 取得一级注册建筑师资格证书并受聘于一个相关单位的人员，应当通过聘用单位向单位工商注册所在地的省、自治区、直辖市注册建筑师管理委员会提出申请；省、自治区、直辖市注册建筑师管理委员会受理后提出初审意见，并将初审意见和申请材料报全国注册建筑师管理委员会审批；符合条件的，由全国注册建筑师管理委员会颁发一级注册建筑师注册证书和执业印章。

第十五条 省、自治区、直辖市注册建筑师管理委员会在收到申请人申请一级注册建筑师注册的材料后，应当即时作出是否受理的决定，并向申请人出具书面凭证；申请材料不齐全或者不符合法定形式的，应当在五日内一次性告知申请人需要补正的全部内容。逾期不告知的，自收到申请材料之日起即为受理。

对申请初始注册的，省、自治区、直辖市注册建筑师管理委员会应当自受理申请之日起二十日内审查完毕，并将申请材料和初审意见报全国注册建筑师管理委员会。全国注册建筑师管理委员会应当自收到省、自治区、直辖市注册建筑师管理委员会上报材料之日起，二十日内审批完毕并作出书面决定。

审查结果由全国注册建筑师管理委员会予以公示，公示时间为十日，公示时间不计算在审批时间内。

全国注册建筑师管理委员会自作出审批决定之日起十日内，在公众媒体上公布审批结果。

对申请变更注册、延续注册的，省、自治区、直辖市注册建筑师管理委员会应当自受理申请之日起十日内审查完毕。全国注册建筑师管理委员会应当自收到省、自治区、直辖市注册建筑师管理委员会上报材料之日起，十五日内审批完毕并作出书面决定。

二级注册建筑师的注册办法由省、自治区、直辖市注册建筑师管理委员会依法制定。

第十六条 注册证书和执业印章是注册建筑师的执业凭证，由注册建筑师本人保管、使用。

注册建筑师由于办理延续注册、变更注册等原因，在领取新执业印章时，应当将原执业印章交回。

禁止涂改、倒卖、出租、出借或者以其他形式非法转让执业资格证书、互认资格证书、注册证书和执业印章。

第十七条 申请注册建筑师初始注册，应当具备以下条件：

（一）依法取得执业资格证书或者互认资格证书；

（二）只受聘于中华人民共和国境内的一个建设工程勘察、设计、施工、监理、招标代理、造价咨询、施工图审查、城乡规划编制等单位（以下简称聘用单位）；

（三）近三年内在中华人民共和国境内从事建筑设计及相关业务一年以上；

（四）达到继续教育要求；

（五）没有本细则第二十一条所列的情形。

第十八条 初始注册者可以自执业资格证书签发之日起三年内提出申请。逾期未申请者，须符合继续教育的要求后方可申请初始注册。

初始注册需要提交下列材料：

（一）初始注册申请表；

（二）资格证书复印件；

（三）身份证明复印件；

（四）聘用单位资质证书副本复印件；

（五）与聘用单位签订的聘用劳动合同复印件；

（六）相应的业绩证明；

（七）逾期初始注册的，应当提交达到继续教育要求的证明材料。

第十九条 注册建筑师每一注册有效期为二年。注册建筑师注册有效期满需继续执业的，应在注册有效期届满三十日前，按照本细则第十五条规定的程序申请延续注册。延续注册有效期为二年。

延续注册需要提交下列材料：

（一）延续注册申请表；

（二）与聘用单位签订的聘用劳动合同复印件；

（三）注册期内达到继续教育要求的证明材料。

第二十条 注册建筑师变更执业单位，应当与原聘用单位解除劳动关系，并按照本细则第十五条规定的程序办理变更注册手续。变更注册后，仍延续原注册有效期。

原注册有效期届满在半年以内的，可以同时提出延续注册申请。准予延续的，注册有效期重新计算。

变更注册需要提交下列材料：

（一）变更注册申请表；

（二）新聘用单位资质证书副本的复印件；

（三）与新聘用单位签订的聘用劳动合同复印件；

（四）工作调动证明或者与原聘用单位解除聘用劳动合同的证明文件、劳动仲裁机构出具的解除劳动关系的仲裁文件、退休人员的退休证明复印件；

（五）在办理变更注册时提出延续注册申请的，还应当提交在本注册有效期内达到继续教育要求的证明材料。

第二十一条 申请人有下列情形之一的，不予注册：

（一）不具有完全民事行为能力的；

（二）申请在两个或者两个以上单位注册的；

（三）未达到注册建筑师继续教育要求的；

（四）因受刑事处罚，自刑事处罚执行完毕之日起至申请注册之日止不满五年的；

（五）因在建筑设计或者相关业务中犯有错误受行政处罚或者撤职以上行政处分，自处罚、处分决定之日起至申请之日止不满二年的；

（六）受吊销注册建筑师证书的行政处罚，自处罚决定之日起至申请注册之日止不满五年的；

（七）申请人的聘用单位不符合注册单位要求的；

（八）法律、法规规定不予注册的其他情形。

第二十二条 注册建筑师有下列情形之一的，其注册证书和执业印章失效：

（一）聘用单位破产的；

（二）聘用单位被吊销营业执照的；

（三）聘用单位相应资质证书被吊销或者撤回的；

（四）已与聘用单位解除聘用劳动关系的；

（五）注册有效期满且未延续注册的；

（六）死亡或者丧失民事行为能力的；

（七）其他导致注册失效的情形。

第二十三条 注册建筑师有下列情形之一的，由注册机关办理注销手续，收回注册证书和执业印章或公告注册证书和执业印章作废：

（一）有本细则第二十二条所列情形发生的；

（二）依法被撤销注册的；

（三）依法被吊销注册证书的；

（五）受刑事处罚的；

（六）法律、法规规定应当注销注册的其他情形。

注册建筑师有前款所列情形之一的，注册建筑师本人和聘用单位应当及时向注册机关提出注销注册申请；有关单位和个人有权向注册机关举报；县级以上地方人民政府建设主管部门或者有关部门应当及时告知注册机关。

第二十四条 被注销注册者或者不予注册者，重新具备注册条件的，可以按照本细则第十五条规定的程序重新申请注册。

第二十五条 高等学校（院）从事教学、科研并具有注册建筑师资格的人员，只能受聘于本校（院）所属建筑设计单位从事建筑设计，不得受聘于其他建筑设计单位。

在受聘于本校（院）所属建筑设计单位工作期间，允许申请注册。获准注册的人员，在本校（院）所属建筑设计单位连续工作不得少于二年。具体办法由国务院建设主管部门商教育主管部门规定。

第二十六条 注册建筑师因遗失、污损注册证书或者执业印章，需要补办的，应当持在公众媒体上刊登的遗失声明的证明，或者污损的原注册证书和执业印章，向原注册机关申请补办。原注册机关应当在十日内办理完毕。

第四章 执 业

第二十七条 取得资格证书的人员，应当受聘于中华人民共和国境内的一个建设工程勘察、设计、施工、监理、招标代理、造价咨询、施工图审查、城乡规划编制等单位，经注册后方可从事相应的执业活动。

从事建筑工程设计执业活动的，应当受聘并注册于中华人民共和国境内一个具有工程设计资质的单位。

第二十八条 注册建筑师的执业范围具体为：

（一）建筑设计；

（二）建筑设计技术咨询；

（三）建筑物调查与鉴定；

（四）对本人主持设计的项目进行施工指导和监督；

（五）国务院建设主管部门规定的其他业务。

本条第一款所称建筑设计技术咨询包括建筑工程技术咨询，建筑工程招标、采购咨询，建筑工程项目管理，建筑工程设计文件及施工图审查，工程质量评估，以及国务院建设主管部门规定的其他建筑技术咨询业务。

第二十九条 一级注册建筑师的执业范围不受工程项目规模和工程复杂程度的限制。二级注册建筑师的执业范围只限于承担工程设计资质标准中建设项目设计规模划分表中规定的小型规模的项目。

注册建筑师的执业范围不得超越其聘用单位的业务范围。注册建筑师的执业范围与其聘用单位的业务范围不符时，个人执业范围服从聘用单位的业务范围。

第三十条 注册建筑师所在单位承担民用建筑设计项目，应当由注册建筑师任工程项目设计主持人或设计总负责人；工业建筑设计项目，须由注册建筑师任工程项目建筑专业负责人。

第三十一条 凡属工程设计资质标准中建筑工程建设项目设计规模划分表规定的工程项目，在建筑工程设计的主要文件（图纸）中，须由主持该项设计的注册建筑师签字并加盖其执业印章，方为有效。否则设计审查部门不予审查，建设单位不得报建，施工单位不准施工。

第三十二条 修改经注册建筑师签字盖章的设计文件，应当由原注册建筑师进行；

因特殊情况，原注册建筑师不能进行修改的，可以由设计单位的法人代表书面委托其他符合条件的注册建筑师修改，并签字、加盖执业印章，对修改部分承担责任。

第三十三条 注册建筑师从事执业活动，由聘用单位接受委托并统一收费。

第五章 继续教育

第三十四条 注册建筑师在每一注册有效期内应当达到全国注册建筑师管理委员会制定的继续教育标准。继续教育作为注册建筑师逾期初始注册、延续注册、重新申请注册的条件之一。

第三十五条 继续教育分为必修课和选修课，在每一注册有效期内各为四十学时。

第六章 监督检查

第三十六条 国务院建设主管部门对注册建筑师注册执业活动实施统一的监督管理。县级以上地方人民政府建设主管部门负责对本行政区域内的注册建筑师注册执业活动实施监督管理。

第三十七条 建设主管部门履行监督检查职责时，有权采取下列措施：

（一）要求被检查的注册建筑师提供资格证书、注册证书、执业印章、设计文件(图纸)；

（二）进入注册建筑师聘用单位进行检查，查阅相关资料；

（三）纠正违反有关法律、法规和本细则及有关规范和标准的行为。

建设主管部门依法对注册建筑师进行监督检查时，应当将监督检查情况和处理结果予以记录，由监督检查人员签字后归档。

第三十八条 建设主管部门在实施监督检查时，应当有两名以上监督检查人员参加，并出示执法证件，不得妨碍注册建筑师正常的执业活动，不得谋取非法利益。

注册建筑师和其聘用单位对依法进行的监督检查应当协助与配合，不得拒绝或者阻挠。

第三十九条 注册建筑师及其聘用单位应当按照要求，向注册机关提供真实、准确、完整的注册建筑师信用档案信息。

注册建筑师信用档案应当包括注册建筑师的基本情况、业绩、良好行为、不良行为等内容。违法违规行为、被投诉举报处理、行政处罚等情况应当作为注册建筑师的不良行为记入其信用档案。

注册建筑师信用档案信息按照有关规定向社会公示。

第七章 法律责任

第四十条 隐瞒有关情况或者提供虚假材料申请注册的，注册机关不予受理，并由建设主管部门给予警告，申请人一年之内不得再次申请注册。

第四十一条 以欺骗、贿赂等不正当手段取得注册证书和执业印章的，由全国注册建筑师管理委员会或省、自治区、直辖市注册建筑师管理委员会撤销注册证书并收回执业印章，三年内不得再次申请注册，并由县级以上人民政府建设主管部门处以罚款。其中没有违法所得的，处以1万元以下罚款；有违法所得的处以违法所得3倍以下且不超过3万元的罚款。

第四十二条 违反本细则，未受聘并注册于中华人民共和国境内一个具有工程设计资质的单位，从事建筑工程设计执业活动的，由县级以上人民政府建设主管部门给予警告，责令停止违法活动，并可处以1万元以上3万元以下的罚款。

第四十三条 违反本细则，未办理变更注册而继续执业的，由县级以上人民政府建设主管部门责令限期改正；逾期未改正的，可处以5000元以下的罚款。

第四十四条 违反本细则，涂改、倒卖、出租、出借或者以其他形式非法转让执业资格证书、互认资格证书、注册证书和执业印章的，由县级以上人民政府建设主管部门责令改正，其中没有违法所得的，处以1万元以下罚款；有违法所得的处以违法所得3倍以下且不超过3万元的罚款。

第四十五条 违反本细则，注册建筑师或者其聘用单位未按照要求提供注册建筑师信用档案信息的，由县级以上人民政府建设主管部门责令限期改正；逾期未改正的，可处以1000元以上1万元以下的罚款。

第四十六条 聘用单位为申请人提供虚假注册材料的，由县级以上人民政府建设主管部门给予警告，责令限期改正；逾期未改正的，可处以1万元以上3万元以下的罚款。

第四十七条 有下列情形之一的，全国注册建筑师管理委员会或者省、自治区、直辖市注册建筑师管理委员可以撤销其注册：

（一）全国注册建筑师管理委员会或者省、自治区、直辖市注册建筑师管理委员的工作人员滥用职权、玩忽职守颁发注册证书和执业印章的；

（二）超越法定职权颁发注册证书和执业印章的；

（三）违反法定程序颁发注册证书和执业印章的；

（四）对不符合法定条件的申请人颁发注册证书和执业印章的；

（五）依法可以撤销注册的其他情形。

第四十八条 县级以上人民政府建设主管部门、人事主管部门及全国注册建筑师管理委员会或者省、自治区、直辖市注册建筑师管理委员的工作人员，在注册建筑师管理工作中，有下列情形之一的，依法给予处分；构成犯罪的，依法追究刑事责任：

（一）对不符合法定条件的申请人颁发执业资格证书、注册证书和执业印章的；

（二）对符合法定条件的申请人不予颁发执业资格证书、注册证书和执业印章的；

（三）对符合法定条件的申请不予受理或者未在法定期限内初审完毕的；

（四）利用职务上的便利，收受他人财物或者其他好处的；

（五）不依法履行监督管理职责，或者发现违法行为不予查处的。

第八章 附 则

第四十九条 注册建筑师执业资格证书由国务院人事主管部门统一制作；一级注册建筑师注册证书、执业印章和互认资格证书由全国注册建筑师管理委员会统一制作；二级注册建筑师注册证书和执业印章由省、自治区、直辖市注册建筑师管理委员会统一制作。

第五十条 香港特别行政区、澳门特别行政区、台湾地区的专业技术人员按照国家有关规定和有关协议，报名参加全国统一考试和申请注册。

外籍专业技术人员参加全国统一考试按照对等原则办理；申请建筑师注册的，其所在国应当已与中华人民共和国签署双方建筑师对等注册协议。

第五十一条 本细则自 2008 年 3 月 15 日起施行。1996 年 7 月 1 日建设部颁布的《中华人民共和国注册建筑师条例实施细则》（建设部令第 52 号）同时废止。

建设领域推广应用新技术管理规定

（2001年11月29日建设部令第109号发布）

第一条 为了促进建设科技成果推广转化，调整产业、产品结构，推动产业技术升级，提高建设工程质量，节约资源，保护和改善环境，根据《中华人民共和国促进科技成果转化法》、《建设工程质量管理条例》和有关法律、法规，制定本规定。

第二条 在建设领域推广应用新技术和限制、禁止使用落后技术的活动，适用本规定。

第三条 本规定所称的新技术，是指经过鉴定、评估的先进、成熟、适用的技术、材料、工艺、产品。本规定所称限制、禁止使用的落后技术，是指已无法满足工程建设、城市建设、村镇建设等领域的使用要求，阻碍技术进步与行业发展，且已有替代技术，需要对其应用范围加以限制或者禁止使用的技术、材料、工艺和产品。

第四条 推广应用新技术和限制、禁止使用落后技术应当遵循有利于可持续发展、有利于行业科技进步和科技成果产业化、有利于产业技术升级以及有利于提高经济效益、社会效益和环境效益的原则。推广应用新技术应当遵循自愿、互利、公平、诚实信用原则，依法或者依照合同的约定，享受利益，承担风险。

第五条 国务院建设行政主管部门负责管理全国建设领域推广应用新技术和限制、禁止使用落后技术工作。县级以上地方人民政府建设行政主管部门负责管理本行政区域内建设领域推广应用新技术和限制、禁止使用落后技术工作。

第六条 推广应用新技术和限制、禁止使用落后技术的发布采取以下方式：

（一）《建设部重点实施技术》（以下简称《重点实施技术》）。由国务院建设行政主管部门根据产业优化升级的要求，选择技术成熟可靠，使用范围广，对建设行业技术进步有显著促进作用，需重点组织技术推广的技术领域，定期发布。《重点实施技术》主要发布需重点组织技术推广的技术领域名称。

（二）《推广应用新技术和限制、禁止使用落后技术公告》（以下简称《技术公告》）。根据《重点实施技术》确定的技术领域和行业发展的需要，由国务院建设行政主管部门和省、自治区、直辖市人民政府建设行政主管部门分别组织编制，定期发布。《技术公告》主要发布推广应用和限制、禁止使用的技术类别、主要技术指标和适用范围。限制和禁止使用落后技术的内容，涉及国家发布的工程建设强制性标准的，应由国务院建设行政主管部门发布。

（三）《科技成果推广项目》（以下简称《推广项目》）。根据《技术公告》推广应用新技术的要求，由国务院建设行政主管部门和省、自治区、直辖市人民政府建设行政主管部门分别组织专家评选具有良好推广应用前景的科技成果，定期发布。《推广项目》主要发布科技成果名称、适用范围和技术依托单位。其中，产品类科技成果发布其生产技术或者应用技术。

第七条 国务院建设行政主管部门发布的《重点实施技术》、《技术公告》和《推广项目》适用于全国或者规定的范围；省、自治区、直辖市人民政府建设行政主管部门发布的《技术公告》和《推广项目》适用于本行政区域或者本行政区域内规定的范围。

第八条 发布《技术公告》的建设行政主管部门，对于限制或者禁止使用的落后技术，应当及时修订有关的标准、定额，组织修编相应的标准图和相关计算机软件等，对该类技术及相关工作实施规范化管理。

第九条 国务院建设行政主管部门和省、自治区、直辖市人民政府建设行政主管部门应当制定推广应用新技术的政策措施和规划，组织重点实施技术示范工程，制定相应的标准规范，建立新技术产业化基地，培育建设技术市场，促进新技术的推广应用。

第十条 国家鼓励使用《推广项目》中的新技术，保护和支持各种合法形式的新技术推广应用活动。

第十一条 市、县人民政府建设行政主管部门应当制定相应的政策措施，选择适宜的工程项目，协助或者组织实施建设部和省、自治区、直辖市人民政府建设行政主管部门重点实施技术示范工程。重点实施技术示范工程选用的新技术应当是《推广项目》发布的推广技术。

第十二条 县级以上人民政府建设行政主管部门应当积极鼓励和扶持建设科技中介服务机构从事新技术推广应用工作，充分发挥行业协会、学会的作用，开展新技术推广应用工作。

第十三条 城市规划、公用事业、工程勘察、工程设计、建筑施工、工程监理和房地产开发等单位，应当积极采用和支持应用发布的新技术，其应用新技术的业绩应当作为衡量企业技术进步的重要内容。

第十四条 县级以上人民政府建设行政主管部门，应当确定相应的机构和人员，负责新技术的推广应用、限制和禁止使用落后技术工作。

第十五条 从事新技术推广应用的有关人员应当具有一定的专业知识，或者接受相应的专业技术培训，掌握相关的知识和技能，具有较丰富的工程实践经验。

第十六条 对在推广应用新技术工作中作出突出贡献的单位和个人，其主管部门应当予以奖励。

第十七条 新技术的技术依托单位在推广应用过程中，应当提供配套的技术文件，采取有效措施做好技术服务，并在合同中约定质量指标。

第十八条 任何单位和个人不得超越范围应用限制使用的技术，不得应用禁止使用的技术。

第十九条 县级以上人民政府建设行政主管部门应当加强对有关单位执行《技术公告》的监督管理，对明令限制或者禁止使用的内容，应当采取有效措施限制或者禁止使用。

第二十条 违反本规定应用限制或者禁止使用的落后技术并违反工程建设强制性标准的，依据《建设工程质量管理条例》进行处罚。

第二十一条 省、自治区、直辖市人民政府建设行政主管部门可以依据本规定制定实施细则。

第二十二条 本规定由国务院建设行政主管部门负责解释。

第二十三条 本规定自发布之日起施行。

安徽省建设工程勘察设计管理办法

（1999年6月29日安徽省人民政府令第115号发布，2002年3月12日省政府令第143号修正，2004年8月10日省政府令第175号修正，2010年12月23日省政府令第230号修正）

第一章 总 则

第一条 为规范建设工程（以下简称工程）勘察、设计行为，保证工程勘察、设计质量，维护建设单位和工程勘察、设计单位的合法权益，制定本办法。

第二条 本办法所称工程勘察，是指依据工程建设目标，通过对地形、地质、水文等要素进行勘探及综合分析评定，查明建设场地和有关范围内的地质地理环境特征，提供建设所需要的勘察成果资料的活动。本办法所称工程设计，是指依据工程建设目标，运用工程技术和经济方法，对工程的工艺、土建、公用、环境等系统进行综合策划、论证，编制建设所需要的设计文件的活动。

第三条 本省境内的工程勘察、设计活动以及对工程勘察、设计活动的监督管理，适用本办法。法律、法规和国务院及其有关行政主管部门对专业工程勘察、设计另有规定的，从其规定。

第四条 县级以上人民政府建设行政主管部门负责本行政区域内工程勘察、设计的管理工作。

第五条 在工程勘察、设计工作中作出显著成绩的单位和个人，由各级人民政府和建设行政主管部门给予表彰和奖励。

第二章 工程勘察、设计资质许可

第六条 工程勘察、设计单位取得工程勘察、设计资质证书后，方可从事工程勘察、设计活动。工程勘察、设计单位必须在其工程勘察、设计资质等级许可的范围内从事工程勘察、设计活动。

第七条 工程勘察、设计单位申请取得工程勘察、设计资质证书，应当具备下列条件：

（一）有符合国家规定的注册资本；

（二）有与工程勘察、设计活动相适应的具有法定执业资格的专业技术人员；

（三）有从事工程勘察、设计活动所应有的技术装备；

（四）法律、法规规定的其他条件。

第八条 工程勘察、设计单位申请取得工程勘察、设计资质证书，应当向设区的市人民政府建设行政主管部门提出申请，报省建设行政主管部门审查或批准。

第九条 工程勘察、设计资质证书分为甲、乙、丙、丁四个等级。甲级、乙级证书经省建设行政主管部门审查同意后，报国务院建设行政主管部门批准颁发。丙级、丁级证书由省建设行政主管部门批准颁发。工程勘察、设计单位变更业务范围的，应当重新办理工程勘察、设计资质证书。工程勘察、设计单位终止活动的，应当向国务院或者省建设行政主管部门申请办理工程勘察、设计资质证书注销手续。

第十条 禁止无工程勘察、设计资质证书从事工程勘察、设计活动。禁止伪造、涂改、买卖、出借工程勘察、设计资质证书。

第十一条 工程勘察、设计单位不得允许挂靠单位以其名义从事工程勘察、设计活动。

第十二条 从事工程勘察、设计的专业技术人员，应当依法取得相应的执业资格证书，并在执业资格证书许可的范围内从事工程勘察、设计活动。禁止工程勘察、设计人员个人承揽工程勘察、设计。

第三章 工程勘察、设计发包与承包

第十三条 工程勘察、设计可以实行招标发包，也可以直接发包。但风景名胜区建筑和建筑面积在1万平方米以上的城市住宅小区以及由国家、集体投资的建筑面积在1万平方米以上或者投资额在500万元以上的工程勘察、设计应当实行招标发包，其中县级以上人民政府确认的抢险抗灾及省人民政府确认为科研保密等特殊工程的勘察、设计，可以直接发包。

第十四条 工程勘察、设计发包与承包的招标投标活动，应当遵循公开、公正、公平的原则，择优选择承包单位。

第十五条 工程勘察、设计招标由建设单位依法组织实施，并接受建设行政主管部门或者其他有关行政主管部门的依法监督。工程勘察、设计评标委员会一般由5人以上的单数组成，其中技术专家不得少于三分之二。参加评标委员会的技术专家，应经省建设行政主管部门会同有关行政主管部门认定。工程勘察、设计招标投标监督管理人员以及与投标单位有利害关系的人员，不得参加评标委员会，不得参与评标活动。

第十六条 工程勘察、设计实行招标发包的，发包单位应当将工程勘察、设计发包给依法中标的承包单位。工程勘察、设计直接发包的，发包单位应当将工程勘察、设计发包给具有相应资质条件的承包单位。

第十七条 政府及其所属部门或者其工作人员不得滥用行政权力，限定发包单位将招标发包的工程勘察、设计发包给指定的承包单位。

第十八条 发包单位与承包单位应当依法订立书面合同，明确双方的权利和义务。

第十九条 工程勘察、设计单位按照国家和省有关规定向发包单位收取工程勘察、设计费。不得以降低收费标准为手段，承揽工程勘察、设计。建设单位应当按照国家和省规定的工程勘察、设计收费标准和合同约定支付工程勘察、设计费用，不得降低。

第二十条 发包单位及其工作人员在工程勘察、设计发包中不得收受、索取贿赂、回扣或者其他好处。承包单位及其工作人员不得利用向发包单位及其工作人员行贿、提供回扣或者给予其他好处等不正当手段承揽工程勘察、设计。

第二十一条 省外工程勘察、设计单位来本省承揽工程勘察、设计的，应当统一到省人民政府建设行政主管部门备案，备案不得收取费用。境外勘察、设计单位到本省承揽勘察、设计的，按国家有关规定执行。

第二十二条 省重点工程勘察、设计的发包与承包省人民政府另有规定的，从其规定。

第四章 工程勘察、设计质量管理

第二十三条 工程勘察、设计的质量必须符合国家和省有关工程勘察、设计标准的要求。

第二十四条 工程勘察、设计单位必须对其勘察、设计的质量负责。勘察、设计文件应当符合有关法律、法规和技术标准、规范、规程的规定。设计文件选用的建筑材料、建筑构配件和设备，应当注明其规格、型号、性能等技术指标，其质量必须符合国家规定的标准。

第二十五条 建设单位不得以任何理由，要求工程勘察、设计单位在工程勘察、设计中违反法律、法规和技术标准、规范、规程的规定，降低工程质量。工程勘察、设计单位对建设单位违反前款规定提出的降低工程质量的要求，应当予以拒绝。

第二十六条 工程勘察、设计文件应加盖省建设行政主管部门统一监制的工程勘察、设计资质专用章。专用章的内容包括工程勘察、设计单位名称、资质证书等级、编号、法定代表人。禁止伪造、买卖、出借工程勘察、设计资质专用章。

第二十七条 实行建筑工程施工图审查制度。建设单位应当按照国务院建设行政主管部门的有关规定将建筑工程施工图报建设行政主管部门审查。依法需要进行专项施工图审查的，建设行政主管部门与有关行政主管部门应当采取集中审查的方式，方便建设单位。专业工程施工图审查按照国务院有关行政主管部门的规定执行。

第二十八条 工程设计文件需要修改的，由原工程设计单位负责；建设单位、工程施工企业不得修改。工程监理单位发现工程设计不符合工程质量标准的，应当报告建设单位，由建设单位要求工程设计单位改正。

第二十九条 工程勘察、设计单位应当配合施工单位进行工程施工，负责解释工程勘察、设计文件，及时解决施工中出现的工程勘察、设计问题。重大复杂工程还应当派驻现场勘察、设计代表。

第三十条 工程勘察、设计单位工作失误，勘察设计的文件不符合工程质量标准的，应当无偿修改、完善工程勘察、设计文件；给建设单位造成损失的，应当依法承担赔偿责任。

第三十一条 工程勘察、设计单位应当建立健全质量保证体系，实行工程勘察、设计文件逐级校审制度，确定勘察、设计人员和项目负责人的职责。工程勘察、设计单位根据自愿原则可以向国务院质量技术监督管理部门或其授权的部门认可的认证机构申请质量体系认证。

第五章 法律责任

第三十二条 建设单位将工程勘察、设计发包给不具备相应资质条件的承包单位的，责令改正，处3万元以下罚款。工程勘察、设计单位超越本单位资质等级承揽工程勘察、设计的，责令改正，处2万元以下罚款；可以责令停业整顿，降低资质等级；情节严重的，吊销资质证书。未取得资质证书承揽工程勘察、设计的，予以取缔，并处2万元以下罚款。以欺骗手段取得资质证书的，吊销资质证书，处2万元以下罚款。

第三十三条 在工程勘察、设计发包与承包中，索贿、受贿、行贿的，处3万元以下罚款，对直接负责的主管人员和其他直接责任人员依法给予行政处分。

第三十四条 建设单位要求工程勘察、设计单位违反法律、法规和技术标准、规范、规程的规定，降低工程质量的，责令改正，可以处3万元以下罚款。工程勘察、设计单位不按照法律、法规和技术标准、规范、规程的规定进行勘察、设计的，责令改正，处2万元以下罚款；造成工程质量事故的，责令停业整顿，降低资质等级或者吊销资质证书，并处3万元以下罚款；造成损失的，承担赔偿责任。

第三十五条 工程施工企业不按照工程设计图纸施工的，责令改正，处3万元以下罚款；造成工程质量不符合规定的质量标准的，负责返工、修理，并赔偿因此造成的损失。

第三十六条 本办法规定的责令停业整顿、降低资质等级和吊销资质证书的行政处罚，由颁发资质证书的机关决定。其他行政处罚，由建设行政主管部门或者有关行政主管部门依照法律和国务院规定的职权范围决定。

第三十七条 违反本办法规定，对不具备相应工程勘察、设计资质等级条件的单位颁发该等级证书的，由其上级机关责令收回所发的资质证书，对直接负责的主管人员和其他直接责任人员给予行政处分。

第三十八条 违反本办法规定，构成犯罪的，依法追究刑事责任。

第六章 附 则

第三十九条 本办法自发布之日起施行。

安徽省建设工程质量管理办法

（2007年6月1日安徽省人民政府令第203号发布）

第一章 总 则

第一条 为了加强建设工程质量管理，保证建设工程质量，保障人民生命和财产安全，根据《中华人民共和国建筑法》和国务院《建设工程质量管理条例》等有关法律、法规，结合本省实际，制定本办法。

第二条 在本省行政区域内从事建设工程的新建、扩建、改建等有关活动以及实施对建设工程质量的监督管理，应当遵守本办法。法律、法规另有规定的，从其规定。

本办法所称建设工程，是指土木工程、建筑工程、线路管道和设备安装工程以及装修工程。

第三条 建设、勘察、设计、施工、监理单位依法对建设工程质量负责。

施工图设计文件审查机构、工程质量检测机构分别对审查结论、检测或者鉴定报告的真实性、准确性负责。

第四条 县级以上地方人民政府建设行政主管部门负责本行政区域内建设工程质量的监督管理。交通、水利等有关部门在各自职责范围内，负责本行政区域内专业建设工程质量的监督管理。

建设、交通、水利等有关部门所属的建设工程质量监督机构负责具体实施建设工程质量监督管理工作。

第五条 从事建设工程活动，应当严格执行建设工程质量法律、法规以及工程建设标准、规范，保证建设工程质量。

各级人民政府及有关部门不得违法干预建设工程活动和建设工程质量监督管理活动。

第六条 鼓励采用先进的科学技术和管理方法，提高建设工程质量，倡导创建优质工程、科技示范工程和用户满意工程。

第二章 建设单位的质量责任

第七条 建设单位应当依法委托具有相应资质等级的勘察、设计、施工、监理、检测单位承担工程有关业务，并依法签订合同，明确质量标准和质量责任。

第八条　建设单位应当设立工程项目管理机构或者委托监理单位负责工程质量管理，建立工程质量管理制度，并明确有关管理人员的质量责任。

依法实行强制监理的建设工程，建设单位应当委托监理单位负责工程监理。

第九条　建设单位不得要求勘察、设计、施工单位违反法律、法规和工程建设强制性标准，降低工程质量或者压缩勘察、设计和施工的合理周期。对重大和复杂的建设工程，建设单位应当与勘察、设计单位签订现场服务合同。

建设单位不得要求监理单位违反法律、法规和工程建设强制性标准，降低工程质量标准进行工程监理。

第十条　建设单位应当按照国家有关规定，将施工图设计文件送施工图设计文件审查机构（以下称施工图审查机构）审查。

建设单位可以自主选择施工图审查机构，但是施工图审查机构不得与所审查项目的建设、勘察、设计单位有隶属关系或者其他利害关系。

施工图设计文件未经审查合格的，不得使用。

第十一条　经审查合格的施工图设计文件，涉及公共利益、公众安全或者工程建设强制性标准的，任何单位或者个人不得擅自修改。确需修改的，应当由原设计单位修改或者经原设计单位书面同意，由建设单位委托其他具有相应资质的设计单位修改，并经原施工图审查机构审查合格。

第十二条　建设单位应当在领取施工许可证前，向所在地建设工程质量监督机构提供有关材料，办理工程质量监督手续。建设工程质量监督机构应当自收到材料之日起5日内，签发工程质量监督通知书。

建设工程造价在10万元以下的，可以不办理工程质量监督手续。

建设单位在办理工程质量监督手续时，应当按照国家规定缴纳建设工程质量监督费。建设工程质量监督费纳入财政预算管理，专项用于建设工程质量监督管理工作。

第十三条　建设单位应当在建设工程竣工验收7日前将竣工验收方案和验收日期书面报告所在地建设工程质量监督机构。

列入城建档案接收范围的建设工程，建设单位在组织竣工验收前，应当提请城建档案管理机构对工程档案进行预验收。预验收合格后，由城建档案管理机构出具工程档案认可文件。建设单位在取得工程档案认可文件后，方可组织工程竣工验收。

建设工程质量监督机构应当于验收之日到场监督，发现有违反工程质量管理规定行为的，应当责令有关责任单位整改或者责令建设单位重新组织竣工验收。

第十四条　与建设工程竣工验收有关的规划、公安消防、环保等部门应当参加建设单位组织的竣工验收。确需单独验收的，应当在收到建设单位竣工验收申请之日起20日内出具书面竣工验收意见。

建设工程竣工验收合格的，参加竣工验收的单位应当及时签署工程竣工验收报告。竣工验收报告应当包括：工程概况，工程验收意见，验收单位签章，规划、公安消防、环保等部门出具的认可意见，建设工程质量监督机构对验收的监督意见等。

建设工程经竣工验收合格的，方可交付使用。

第十五条 建设工程竣工验收合格后，建设单位应当在工程适当部位镶嵌标识牌，标明工程名称和建设、勘察、设计、施工、监理单位名称以及工程开工日期、竣工日期、竣工备案号等内容。

第十六条 建设单位应当自建设工程竣工验收合格之日起 15 日内，将建设工程竣工验收报告等有关材料报建设工程质量监督机构备案。

建设单位应当自建设工程竣工验收合格之日起 3 个月内，将建设项目档案移交给建设行政主管部门或者交通、水利等有关部门。

第十七条 建设工程竣工验收时发现存在难以弥补的质量缺陷，建设单位在建设工程交付使用时应当告知工程所有者或者管理者，获得其接收认可，并赔偿损失。建设工程交付使用后，发现有违反国家有关建设工程质量管理规定，影响工程使用或者导致安全隐患的，工程所有者或者管理者有权要求建设单位在合理期限内无偿修理、返工、改建，并赔偿损失。

第十八条 建设工程交付使用时，建设单位应当向工程所有者或者管理者出具工程使用说明书和工程质量保证书，并提供工程竣工验收报告供其查阅、复制。

第三章 勘察、设计单位和施工图审查机构的质量责任

第十九条 勘察、设计单位应当依据项目批准文件、城市规划、工程建设强制性标准以及国家规定的建设工程勘察、设计深度要求等进行勘察、设计，并对勘察、设计的质量负责。

第二十条 勘察、设计文件应当符合下列要求：

（一）符合有关法律、法规和规章的规定；

（二）符合国家和省有关工程勘察、设计的技术标准、质量管理规定以及合同约定；

（三）提供的地质、测量、水文等勘察资料真实、准确；

（四）设计文件的编制深度符合要求，施工图设计文件配套齐全。

勘察、设计文件不符合前款规定，需由勘察、设计单位修改勘察、设计文件的，勘察、设计单位不得另行收取勘察、设计费用；造成工程质量问题的，勘察、设计单位应当承担相应的责任。

第二十一条 设计单位在设计文件中不得选用国家和省禁止使用的建筑材料、建筑构配件和设备；除有特殊要求的建筑材料、专用设备、工艺生产线等外，不得指定生产或者供应单位。

第二十二条 勘察、设计单位应当在建设工程开工前，向施工单位和监理单位说明勘察、设计意图，解释勘察、设计文件，并负责解决施工过程中与勘察、设计有关

的技术问题，按照国家和省有关规定参加各阶段的验收。

第二十三条 施工图审查机构依法对施工图设计文件中的下列内容进行审查：

（一）是否符合工程建设强制性标准；

（二）地基基础和主体结构的安全性；

（三）勘察、设计单位及其注册执业人员是否按规定在施工图上加盖相应的图章和签字；

（四）法律、法规和规章规定应当审查的其他内容。

第二十四条 施工图审查机构按照国家规定的期限对施工图设计文件进行审查后，按照下列规定作出处理：

（一）审查合格的，向建设单位出具审查合格书，并于审查合格书发放后5日内将审查情况报工程所在地建设行政主管部门或者交通、水利等有关部门备案。

（二）审查不合格的，应当书面说明原因，并将审查中发现的建设单位和勘察、设计单位违反法律、法规和工程建设强制性标准等情况，报告工程所在地建设行政主管部门或者交通、水利等有关部门。

施工图设计文件经审查不合格的，建设单位应当要求原勘察、设计单位进行修改，并将修改后的施工图设计文件报原施工图审查机构审查。

第二十五条 对不符合法律、法规和工程建设强制性标准的施工图设计文件，施工图审查机构予以审查合格，给建设单位造成损失的，依法承担相应的责任。

第四章　施工单位的质量责任

第二十六条 施工单位对建设工程的施工质量负责。施工单位应当按照国家有关规定，建立健全施工质量管理制度，落实施工质量责任。

第二十七条 施工单位应当按照施工技术标准和经审查合格的施工图设计文件进行施工，并在施工前按照有关规定编制施工组织设计或者施工方案。

施工单位不得擅自修改设计文件，不得偷工减料。

第二十八条 施工单位应当按照国家和省有关规定对建筑材料、建筑构配件、设备和建筑制品进行检验。

施工单位可以委托具有相应资质等级的工程质量检测机构承担检验工作。

涉及结构安全的试块、试件以及有关材料的见证取样检测，应当按照有关规定，由建设单位委托工程质量检测机构检测。

第二十九条 经检验不符合工程设计要求、施工技术标准和合同约定的建筑材料、建筑构配件和设备，施工单位不得使用，并及时通知监理单位和报告建设工程质量监督机构。

对建设单位要求使用不合格建筑材料、建筑构配件和设备，施工单位应当拒绝。

第三十条 施工单位应当建立健全施工质量检验制度。隐蔽工程在隐蔽前，施工单位应当通知建设单位、监理单位到场检查、验收，并报告建设工程质量监督机构。

对建设单位或者其他有关单位违反工程建设强制性标准、降低工程质量的要求，施工单位应当拒绝。

第三十一条 建设工程在施工中出现质量问题，施工单位应当负责返修，返修费用及由此造成的损失由责任方承担。当事人有异议的，可以向建设工程质量监督机构申请组织认定或者依法向人民法院起诉。

建设工程发生质量事故的，施工单位应当立即采取措施，防止损失扩大，并按照国家和省规定的程序、时限向所在地建设行政主管部门或者交通、水利等有关部门报告。

第三十二条 建设工程竣工，应当符合国家和省规定的竣工条件，达到工程设计文件以及承包合同的要求。

建设工程竣工后，施工单位应当向建设单位提交竣工报告和完整的施工技术资料，并向建设单位出具质量保修书和使用说明书。

第五章 监理单位的质量责任

第三十三条 监理单位应当依照法律、法规以及有关标准、经审查合格的设计文件、建设工程承包合同和监理合同，对施工质量实施监理，并对施工质量承担监理责任。

第三十四条 监理单位应当建立项目监理机构，选派具有相应资格的总监理工程师和监理工程师进驻施工现场，按照工程监理规范的要求对建设工程实施监理。对建设工程地基基础和主体结构等重要的工程部位、重要工序和隐蔽工程，应当实行旁站监理。

第三十五条 工程监理人员对工程使用的建筑材料、建筑构配件和设备的质量有异议的，有权进行抽查。对施工单位违反规定使用建筑材料、建筑构配件和设备的，应当予以制止；制止无效的，应当立即通知建设单位，并报告建设工程质量监督机构。

施工单位不按照经审查合格的施工图设计文件施工或者有违反法律、法规、工程建设强制性标准和合同约定行为的，工程监理人员应当予以制止；制止无效的，应当立即通知建设单位，并报告建设工程质量监督机构。

第三十六条 对建设单位违反有关法律、法规和工程建设强制性标准的要求，监理单位应当拒绝执行。建设单位直接向施工单位提出上述要求的，监理单位应当及时报告建设工程质量监督机构。

第三十七条 监理单位应当及时进行工程检查、验收，出具真实、完整的监理报告。

建设工程竣工后，监理单位应当如实出具工程质量评估报告。

第六章　工程质量检测机构的质量责任

第三十八条　工程质量检测机构（以下称检测机构）应当具有相应的资质，并依法从事工程质量检测活动。

禁止检测机构以其他检测机构的名义承担工程质量检测业务。禁止检测机构允许其他单位或者个人以本单位的名义承担工程质量检测业务。

检测机构不得转让工程质量检测业务。

第三十九条　检测机构根据有关规定接受委托，按照法律、法规和有关标准进行工程质量检测或者鉴定。

委托检测机构检测的试样，应当在委托人和有关当事人的见证下，按照规定取样。

第四十条　检测机构在检测或者鉴定过程中，发现涉及结构安全检测或者鉴定结果不合格的情况，应当及时报告建设工程质量监督机构。

第四十一条　检测机构完成检测或者鉴定工作后，应当按照国家有关规定，及时出具检测或者鉴定报告。

检测机构不得伪造检测或者鉴定数据，不得出具虚假的检测或者鉴定报告。

第四十二条　检测机构应当建立健全档案管理制度。检测或者鉴定合同、原始记录、检测或者鉴定报告等应当分别按照年度统一编号，不得涂改、抽撤。

检测机构应当单独建立检测或者鉴定结果不合格项目台账，并定期报告建设工程质量监督机构。

第七章　建设工程质量保修和安全性鉴定

第四十三条　建设工程实行质量保修制度。工程保修期限依照法律、法规的规定确定，法律、法规未作规定的，由建设单位与施工单位约定，但是最低不得少于2年。

建设工程的保修期，自竣工验收合格之日起计算。

第四十四条　建设单位、施工单位依法向建设工程所有者或者管理者承担保修责任。建设单位、施工单位可以通过采用建设工程质量保证金、工程质量保险或者按照规定与工程所在地其他施工单位签订保修合同等方式承担保修责任。

建设工程在保修期限内因勘察、设计、施工等原因造成质量缺陷的，由施工单位负责保修，费用由责任方承担；监理单位、施工图审查机构、检测机构有过错的，依法承担连带责任。

因发生超过设计标准的地震、洪水等不可抗力或者因使用不当造成建设工程损坏的，不属于质量保修范围。

第四十五条　建设工程在保修范围和保修期限内发生质量问题，工程所有者或者管理者应当及时通知建设单位或者其委托的保修单位（以下统称保修单位）。保修单位应当自接到通知之日起3日内到达现场查看，提出维修方案，经工程所有者或者管理者同意后进行维修；对有安全隐患或者严重影响使用功能的质量缺陷，保修单位接到保修通知后，应当立即到达现场抢修。工程所有者或者管理者对维修方案有异议的，保修单位应当征得工程原设计单位或者建设工程质量监督机构同意后，方可进行维修。

保修单位自接到通知之日起3个月内不能完成维修或者同一质量缺陷经维修3次仍影响使用的，工程所有者或者管理者报告建设工程质量监督机构同意后，可以自行维修，维修费用由责任单位承担。

建设工程在保修范围和保修期限内因维修给工程所有者或者管理者造成损失的，责任单位应当承担相应的赔偿责任。

第四十六条 因建设工程质量保修责任发生纠纷的，当事人可以向建设工程质量监督机构申请组织认定或者依法向人民法院起诉。

第四十七条 建设工程在使用中出现下列情形的，工程所有者或者管理者应当委托检测机构进行安全性鉴定：

（一）因火灾、爆炸和自然灾害等影响工程安全的；

（二）房屋改变功能用作公共活动场所的；

（三）因装修拆改主体结构或者明显加大房屋荷载，造成房屋安全受损的；

（四）建设工程结构严重损坏或者承重构件属危险构件，有可能丧失结构稳定和承载能力，不能保证使用安全的；

（五）建设工程或者其涉及安全的某个部分超过设计规定的合理使用年限的。

工程所有者或者管理者违反前款规定，拒不进行安全性鉴定，可能影响他人或者公众安全的，由建设行政主管部门或者交通、水利等有关部门委托检测机构鉴定，鉴定费用由工程所有者或者管理者承担。

对存在严重安全隐患的建设工程，在鉴定结论作出前，建设行政主管部门或者交通、水利等有关部门应当责令工程所有者或者管理者采取必要的防护措施。

第四十八条 建设工程被鉴定为不能满足安全使用标准的，建设行政主管部门或者交通、水利等有关部门应当区别情况，作出观察使用、处理使用、停止使用、整体拆除的处理决定。

第四十九条 对建设工程质量有异议，或者对检测机构出具的检测或者鉴定报告有异议的，当事人可以委托省人民政府建设行政主管部门授权的检测机构进行检测或者鉴定；对其检测或者鉴定报告仍有异议的，可以向当地设区的市建设工程质量监督机构或者省建设工程质量监督机构申请组织认定或者依法向人民法院起诉。

第八章 监督管理

第五十条 县级以上地方人民政府建设行政主管部门和交通、水利等有关部门应当按照各自职责，依法加强对建设工程质量的监督管理。

建设工程质量监督机构应当依法履行工程质量监督管理职责。

第五十一条 县级以上地方人民政府建设行政主管部门和交通、水利等有关部门应当加强对建设工程质量监督机构实施建设工程质量监督管理工作的指导、监督。

建设工程质量监督机构的工作人员应当接受建设工程质量监督业务培训、考核，考核不合格的，不得从事建设工程质量监督管理工作。

第五十二条 县级以上地方人民政府建设行政主管部门和交通、水利等有关部门应当建立建设工程质量违法行为记录和查询系统，记载建设工程质量违法行为及处理结果，向社会提供查询服务。

第五十三条 县级以上地方人民政府建设行政主管部门和交通、水利等有关部门应当建立举报制度，公开举报电话号码、通讯地址或者电子邮件地址，受理有关建设工程质量问题的举报。

任何单位和个人对建设工程的质量事故、质量缺陷和质量违法行为，均有权向县级以上地方人民政府建设行政主管部门或者交通、水利等有关部门举报，建设行政主管部门或者交通、水利等有关部门应当及时受理，并在30日内依法处理。

第九章 法律责任

第五十四条 违反本办法规定，施工图审查机构有下列行为之一的，责令限期改正，处5000元以上3万元以下的罚款：

（一）未按规定的审查内容进行审查的；

（二）未按规定报告审查过程中发现的违法行为的。

第五十五条 违反本办法规定，监理单位有下列行为之一的，责令限期改正，处5000元以上3万元以下的罚款：

（一）对施工单位不按照经审查合格的施工图设计文件施工或者有违反法律、法规、工程建设强制性标准和合同约定行为，未予以制止或者未报告的；

（二）对建设单位违反有关法律、法规和工程建设强制性标准的要求，未拒绝执行的；

（三）未按照规定及时进行工程检查、验收的。

第五十六条 违反本办法规定，检测机构有下列情形之一的，责令改正，处5000元以上3万元以下的罚款：

（一）未取得相应资质承担工程质量检测业务的；

（二）以其他检测机构的名义承担工程质量检测业务的；

（三）允许其他单位或者个人以本单位的名义承担工程质量检测业务的；

（四）转让工程质量检测业务的；

（五）未按照法律、法规和有关标准进行工程质量检测或者鉴定的；

（六）未按照规定报告检测或者鉴定不合格事项的；

（七）伪造检测或者鉴定数据，出具虚假检测或者鉴定报告的；

（八）档案资料管理混乱，造成检测数据无法追溯的。

第五十七条 依照本办法第五十四条、第五十五条、第五十六条规定，给予单位罚款处罚的，对单位直接负责的主管人员和其他直接责任人员处单位罚款数额5%以上10%以下的罚款。

第五十八条 本办法规定的行政处罚，由县级以上地方人民政府建设行政主管部门或者交通、水利等有关部门依照法定职权决定。

第五十九条 县级以上地方人民政府及建设、交通、水利等有关部门和建设工程质量监督机构的工作人员，在建设工程质量监督管理工作中，有下列行为之一的，依法给予行政处分；构成犯罪的，依法追究刑事责任：

（一）违法干预建设工程活动和建设工程质量监督管理活动的；

（二）在建设工程竣工验收过程中，发现有违反工程质量管理规定行为，未责令有关责任单位整改或者未责令建设单位重新组织竣工验收的；

（三）对存在严重安全隐患的建设工程，未按照本办法规定采取相应的处置措施的；

（四）对有关建设工程质量的投诉和举报，未及时受理并依法处理的；

（五）索取、收受贿赂的；

（六）有其他玩忽职守、滥用职权、徇私舞弊行为的。

第十章 附 则

第六十条 本办法自2007年8月1日起施行。

安徽省民用建筑节能办法

（2012年10月16日安徽省人民政府令第243号发布）

第一章　总　则

第一条　为降低民用建筑使用过程中的能源消耗，提高能源利用效率，根据国务院《民用建筑节能条例》，结合本省实际，制定本办法。

第二条　本办法适用于本省行政区域内民用建筑节能及其相关监督管理活动。

第三条　县级以上人民政府应当将民用建筑节能工作纳入本行政区域节能中长期专项规划和节能评价考核内容，制定民用建筑节能政策措施，培育民用建筑节能服务市场，健全民用建筑节能服务体系，推动民用建筑节能技术的开发应用。

第四条　县级以上人民政府建设行政主管部门负责本行政区域内民用建筑节能的监督管理工作。

县级以上人民政府发展改革、科技、经济和信息化、财政、国土资源、环境保护、质量技术监督、机关事务管理、消防等部门按照各自职责，负责民用建筑节能的有关工作。

第五条　省住房和城乡建设行政主管部门可以根据本省实际，制定严于国家标准或者行业标准的地方民用建筑节能标准。

省住房和城乡建设行政主管部门应当制定既有建筑节能改造的技术标准，太阳能、浅层地能等可再生能源建筑应用的设计、施工和验收标准，绿色建筑规划、设计、施工、验收和运行的标准及定额，指导全省民用建筑节能工作。

第六条　鼓励建筑节能新技术、新工艺、新材料、新设备的研发和推广应用。

省住房和城乡建设行政主管部门应当根据国家有关规定，编制本省推广使用的民用建筑节能新技术、新工艺、新材料、新设备目录，以及限制或者禁止使用的高能源消耗技术、工艺、材料、设备目录，向社会公布，并适时更新。

第七条　各级人民政府应当加强民用建筑节能知识的宣传教育工作，增强公民的建筑节能意识。

县级以上人民政府建设行政主管部门和其他有关部门应当将民用建筑节能知识纳入相关从业人员培训、考核体系，提高从业人员的专业技术水平。

广播、电视、报刊、网络等媒体应当加强民用建筑节能知识宣传。

第二章 新建建筑节能

第八条 编制城市总体规划、镇总体规划，应当优化空间布局，合理确定人均资源占用指标，统筹考虑民用建筑节能的要求。

编制城市详细规划、镇详细规划，应当按照民用建筑节能的要求，确定建筑的布局、形状、朝向、采光、通风、密度、高度以及绿化等。

第九条 城乡规划行政主管部门依法对民用建筑进行规划审查，应当就设计方案是否符合民用建筑节能强制性标准征求同级建设行政主管部门的意见；建设行政主管部门应当自收到征求意见材料之日起10日内提出意见。对不符合民用建筑节能强制性标准的，不得颁发建设工程规划许可证。

第十条 建设单位不得要求设计、施工、监理、检测等单位降低民用建筑节能强制性标准进行设计、施工、监理和检测，不得擅自变更施工图设计文件中的民用建筑节能设计内容，不得要求施工单位使用不符合施工图设计文件要求的墙体材料、保温材料、采暖制冷系统和照明设备。

第十一条 设计单位及其注册执业人员应当在民用建筑设计文件中编写符合民用建筑节能强制性标准的设计内容，不得使用列入禁止使用目录的技术、工艺、材料和设备。

第十二条 施工图设计文件审查机构应当按照民用建筑节能强制性标准，对施工图设计文件中的民用建筑节能设计内容进行审查；经审查不符合民用建筑节能强制性标准的，施工图设计文件审查机构不得出具审查合格证明文件，建设行政主管部门不得颁发施工许可证。

任何单位和个人不得擅自变更经审查的施工图设计文件中的民用建筑节能设计内容；确需变更的，应当送原施工图设计文件审查机构重新审查。

第十三条 施工单位及其注册执业人员应当按照民用建筑节能强制性标准和施工图设计文件组织施工，不得使用列入禁止使用目录的技术、工艺、材料和设备。

施工单位应当对进入施工现场的墙体材料、保温材料、采暖制冷系统、照明设备等进行查验；对不符合民用建筑节能强制性标准和施工图设计文件要求的，不得使用。

施工单位应当建立降低施工能耗的规章制度，在项目施工组织设计文件中明确降低施工能耗的技术措施，并按照节能统计的要求，向建设行政主管部门和有关部门报送施工能耗情况。

第十四条 工程监理单位及其注册执业人员应当按照民用建筑节能强制性标准和施工图设计文件实施工程监理。

工程监理单位发现施工单位不按照民用建筑节能强制性标准和审查合格的施工图设计文件施工的，应当要求施工单位改正；施工单位拒不改正的，工程监理单位应当及时报告建设单位，并向有关行政主管部门报告。

监理工程师应当对墙体、屋面保温工程施工采取旁站、巡视和平行检验等形式实施监理。

第十五条 建设单位应当对民用建筑节能的分部、分项工程及时进行验收；对不符合民用建筑节能强制性标准的，应当责成设计、施工单位整改。

建设单位组织竣工验收，应当对民用建筑是否符合节能强制性标准进行查验；对不符合民用建筑节能强制性标准的，不得出具竣工验收合格报告。

第十六条 房地产开发企业应当在商品房销售场所公示所售商品房项目的节能性能、节能措施、保护要求。

商品房销售合同中应当载明建筑能源消耗指标、节能措施、保护要求、保温工程保修期等相关内容。

住宅质量保证书、住宅使用说明书中应当载明建筑围护结构体系及其维护要求，建筑用能系统状况及其使用要求，可再生能源利用系统状况及其使用、维护要求。

第三章　既有建筑节能改造

第十七条 县级以上人民政府建设行政主管部门应当会同有关部门组织调查统计和分析本行政区域内既有建筑的建设年代、结构形式、用能系统、能源消耗指标、寿命周期等，制定既有建筑节能改造计划，报本级人民政府批准后，有计划、分步骤实施。

国家机关既有办公建筑的节能改造计划，由县级以上人民政府机关事务管理部门会同建设、财政等部门制定，报本级人民政府批准后组织实施。

第十八条 国家机关既有办公建筑、政府投资和以政府投资为主的既有公共建筑未达到民用建筑节能强制性标准的，应当制定节能改造方案，经充分论证后进行节能改造。

前款规定以外的其他既有民用建筑不符合民用建筑节能强制性标准的，在尊重建筑所有权人意愿的基础上，可以结合扩建、改建，逐步实施节能改造。

旧城改造、旧住宅区综合整治，应当同步实施建筑节能改造。既有建筑的围护结构装修、用能系统更新，应当同步实施建筑节能改造。

第十九条 实施既有建筑节能改造，应当编制施工图设计文件，经施工图设计文件审查机构审查合格后组织施工。改造完成后，应当按照民用建筑节能工程验收规范进行验收。

实施既有建筑节能改造，应当优先采用建筑外遮阳、节能门窗、建筑屋顶和外墙保温节能改造、幕墙抗热辐射等经济合理的改造措施。

第二十条 鼓励社会资金以合同能源管理方式投资既有民用建筑节能改造。鼓励国家机关既有办公建筑和高耗能的大型既有公共建筑节能改造优先采用合同能源管理方式。

第四章 建筑用能系统运行

第二十一条 建筑物所有权人或者使用权人应当对建筑的围护结构、用能系统和可再生能源利用设施进行日常维护，采取必要的保护、修复措施。

建筑物所有权人或者使用权人在使用、装修、改造和维护已采取节能措施的建筑物时，不得擅自改变或者降低建筑物的节能标准。

第二十二条 县级以上人民政府建设行政主管部门应当对本行政区域内国家机关办公建筑和大型公共建筑能源消耗情况进行调查统计和评价分析，逐步建立能源消耗实时监管平台。

国家机关办公建筑和大型公共建筑的所有权人或者使用权人应当健全节能管理制度和操作规程，安装用能分项计量装置，加强建筑用能系统监测、维护和能耗计量管理。

第二十三条 国家机关办公建筑和大型公共建筑的所有权人，以及建筑节能示范工程和财政支持实施节能改造的建筑所有权人，应当对建筑能效进行测评和标识，并按照国家规定将测评结果公示，接受社会监督。

前款规定的建筑实施围护结构改造或者更新主要用能设备的，应当重新进行建筑能效测评和标识。

第二十四条 从事建筑能效测评的机构应当具备法定资质条件，按照民用建筑节能强制性标准和技术规范对民用建筑能源利用效率进行检测，出具的测评报告应当真实、完整。

第五章 可再生能源应用

第二十五条 县级以上人民政府建设行政主管部门应当根据当地实际情况，明确太阳能、浅层地能、水能、生物质能、风能等可再生能源在民用建筑中的应用条件，加强对民用建筑应用太阳能热水、太阳能光伏发电、水源或者地源热泵空调等可再生能源的技术指导。

第二十六条 新建、改建、扩建民用建筑，建设单位应当根据所在地的地理气候条件，优先选择太阳能、浅层地能、水能、生物质能、风能等可再生能源，用于采暖、制冷、照明和热水供应等。

新建、改建、扩建建筑面积在1万平方米以上的公共建筑，应当利用不少于1种的可再生能源。

具备太阳能利用条件的新建建筑，应当采用太阳能热水系统与建筑一体化的技术设计，并按照技术标准安装太阳能热水系统。

建设可再生能源利用设施，应当与建筑主体工程同步设计、同步施工、同步验收、同步投入使用。

第二十七条 鼓励既有建筑的所有权人或者使用权人，在不影响建筑质量和安全、符合城市容貌要求的前提下，按照管理规约的规定安装符合技术规范和产品质量标准的太阳能热水系统。建设单位、物业服务企业应当为其提供便利条件。

鼓励农村房屋建设使用太阳能、沼气等可再生能源。

第二十八条 鼓励大型工矿、商业企业，学校、医院等公益性单位，利用建筑等条件建设光伏发电项目。

鼓励可利用建筑面积充裕、电网接入条件较好、电力负荷较大的开发区、工业园区、产业园区等进行光伏发电项目集中连片建设。

县级以上人民政府财政、建设行政主管部门应当按照国家规定，采取示范引导、财政补助、技术指导、质量管理等措施，推进太阳能屋顶、光伏幕墙等光电建筑一体化示范。

第二十九条 民用建筑应用可再生能源的，设计文件、施工图设计文件审查意见中应当包括可再生能源应用的设计和审查内容。建设单位应当对可再生能源应用工程进行验收。

第六章　发展绿色建筑

第三十条 县级以上人民政府应当按照因地制宜、经济适用的原则，结合当地经济社会发展水平、资源禀赋、气候条件、建筑特点，制定本行政区域绿色建筑发展规划和技术路线，并将绿色建筑比例、生态环保、可再生能源利用、土地集约利用、再生水利用、废弃物回用等指标，作为约束性条件纳入城乡规划。

第三十一条 鼓励按照生态、低碳理念和绿色建筑标准规划、设计、建设城市新区，进行旧城和棚户区改造，集中连片发展绿色建筑，建设绿色生态城区。

鼓励按照绿色建筑标准新建、改建、扩建民用建筑，实施既有民用建筑节能改造。

政府投资的学校、医院等公益性建筑以及大型公共建筑，应当按照绿色建筑标准设计、建造。

第三十二条 建立绿色建筑评价和标识制度。

按照绿色建筑标准设计、建造的学校、医院等公益性建筑竣工验收后，大型公共建筑投入使用1年后，县级以上人民政府财政、建设行政主管部门应当组织能效测评机构对其性能效果进行评价，对符合绿色建筑标准的，颁发绿色建筑星级标识，并向社会公示。

按照绿色建筑标准设计、建造的其他居住建筑和公共建筑，由其所有权人或者使用权人自愿向县级以上人民政府建设行政主管部门申请绿色建筑评价和标识。

第三十三条 建立民用建筑设计、施工、部品生产等环节的标准体系，支持集设计、生产、施工于一体的工业化基地建设，推行新建住宅一次装修或者菜单式装修，运用产业化技术建设民用建筑，提高民用建筑生产效率，降低能耗、节约资源、保护环境。

第七章 激励措施

第三十四条 县级以上人民政府应当安排民用建筑节能专项资金，用于支持民用建筑节能的科学技术研究和标准制定、既有建筑节能改造、建筑用能系统运行节能、可再生能源在民用建筑中的应用、绿色建筑发展，以及民用建筑节能示范工程、节能项目推广等。

第三十五条 国家机关既有办公建筑的节能改造费用，由县级以上人民政府纳入本级财政预算。

居住建筑和教育、科学、文化、卫生等公益事业使用的既有公共建筑节能改造费用，由政府、建筑所有权人共同负担。

第三十六条 民用建筑节能项目依法享受税收优惠。

鼓励金融机构按照国家规定，对民用建筑节能项目提供信贷支持。

第三十七条 建设工程需要采用没有相应国家、行业和地方标准的建筑节能新技术、新工艺、新材料的，由设区的市级以上人民政府建设行政主管部门组织专家、专业机构等进行技术论证；经论证符合节能要求及质量安全标准的，可以在该建设工程中使用。

建筑节能新技术、新工艺、新材料技术条件成熟的，可以按照法定程序纳入地方建筑节能标准。

第三十八条 采用合同能源管理方式实施既有民用建筑节能改造的，依据国家和省有关规定享受资金支持、税收优惠和融资服务。

取得国家规定星级标准的绿色建筑和绿色生态城区，按照国家规定享受财政资金奖励或者定额补助。

第三十九条 对在民用建筑节能工作中做出显著成绩的单位和个人，由县级以上人民政府或者有关部门按照国家规定给予表彰和奖励。

第八章 法律责任

第四十条 违反本办法规定，县级以上人民政府有关部门有下列行为之一的，由上级行政机关或者监察机关对负有责任的主管人员和其他直接责任人员依法给予处分；构成犯罪的，依法追究刑事责任：

（一）为设计方案不符合民用建筑节能强制性标准的民用建筑项目颁发建设工程规划许可证的；

（二）为施工图设计文件不符合民用建筑节能强制性标准的民用建筑项目颁发施工许可证的；

（三）不依法履行监督管理职责的其他行为。

第四十一条 建设单位、设计单位、施工单位、监理单位、房地产开发企业违反本办法规定，国务院《民用建筑节能条例》已有处罚规定的，依照其规定施行。

第四十二条 违反本办法规定，施工图设计文件审查机构为不符合民用建筑节能强制性标准的设计方案出具合格意见的，由县级以上人民政府建设行政主管部门责令改正；逾期不改正的，处1万元以上3万元以下罚款。

第四十三条 违反本办法规定，有下列行为之一的，由县级以上人民政府建设行政主管部门责令改正；逾期不改正的，施工图设计文件审查机构不得出具审查合格证明文件，并可处1万元以上3万元以下罚款：

（一）新建、改建、扩建建筑面积在1万平方米以上的公共建筑，建设单位未利用不少于1种可再生能源的；

（二）政府投资的学校、医院等公益性建筑以及大型公共建筑，未按照绿色建筑标准设计、建造的。

建设行政主管部门发现建设单位在竣工验收过程中有违反前款规定的，责令停止使用，重新组织竣工验收。

第四十四条 违反本办法规定，能效测评机构提供虚假信息的，由县级以上人民政府建设行政主管部门责令改正，没收违法所得，并处5万元以上10万元以下罚款。

第九章 附 则

第四十五条 本办法中有关用语的含义：

（一）民用建筑，是指居住建筑、国家机关办公建筑，以及商业、服务业、教育、卫生等其他公共建筑。

（二）民用建筑节能，是指在保证民用建筑使用功能和室内热环境质量的前提下，采取节能措施，降低其使用过程中能源消耗的活动，包括新建、改建、扩建民用建筑的节能，既有民用建筑节能改造，建筑用能系统运行节能，可再生能源在民用建筑中的应用，发展绿色建筑等。

（三）绿色建筑，是指符合《绿色建筑评价标准》，在建筑全寿命周期内，最大限度地节能、节地、节水、节材，保护环境和减少污染，为人们提供健康、适用、高效的使用空间，与自然和谐共生的建筑。

（四）既有建筑节能改造，是指对不符合民用建筑节能强制性标准的既有建筑的围护结构、供热系统、采暖制冷系统、照明设备和热水供应设施等实施节能改造的活动。

（五）大型公共建筑，是指单体建筑面积在2万平方米以上的公共建筑。

第四十六条 本办法自2013年1月1日起施行。

第二部分 政策文件

国务院办公厅关于转发发展改革委住房城乡建设部绿色建筑行动方案的通知

国办发〔2013〕1号

各省、自治区、直辖市人民政府，国务院各部委、各直属机构：

发展改革委、住房城乡建设部《绿色建筑行动方案》已经国务院同意，现转发给你们，请结合本地区、本部门实际，认真贯彻落实。

国务院办公厅

2013年1月1日

绿色建筑行动方案

为深入贯彻落实科学发展观，切实转变城乡建设模式和建筑业发展方式，提高资源利用效率，实现节能减排约束性目标，积极应对全球气候变化，建设资源节约型、环境友好型社会，提高生态文明水平，改善人民生活质量，制定本行动方案。

一、充分认识开展绿色建筑行动的重要意义

绿色建筑是在建筑的全寿命期内，最大限度地节约资源、保护环境和减少污染，为人们提供健康、适用和高效的使用空间，与自然和谐共生的建筑。“十一五”以来，我国绿色建筑工作取得明显成效，既有建筑供热计量和节能改造超额完成“十一五”目标任务，新建建筑节能标准执行率大幅度提高，可再生能源建筑应用规模进一步扩大，国家机关办公建筑和大型公共建筑节能监管体系初步建立。但也面临一些比较突出的问题，主要是：城乡建设模式粗放，能源资源消耗高、利用效率低，重规模轻效率、重外观轻品质、重建设轻管理，建筑使用寿命远低于设计使用年限等。

开展绿色建筑行动，以绿色、循环、低碳理念指导城乡建设，严格执行建筑节能强制性标准，扎实推进既有建筑节能改造，集约节约利用资源，提高建筑的安全性、舒适性和健康性，对转变城乡建设模式，破解能源资源瓶颈约束，改善群众生产生活

条件，培育节能环保、新能源等战略性新兴产业，具有十分重要的意义和作用。要把开展绿色建筑行动作为贯彻落实科学发展观、大力推进生态文明建设的重要内容，把握我国城镇化和新农村建设加快发展的历史机遇，切实推动城乡建设走上绿色、循环、低碳的科学发展轨道，促进经济社会全面、协调、可持续发展。

二、指导思想、主要目标和基本原则

（一）指导思想。

以邓小平理论、“三个代表”重要思想、科学发展观为指导，把生态文明融入城乡建设的全过程，紧紧抓住城镇化和新农村建设的重要战略机遇期，树立全寿命期理念，切实转变城乡建设模式，提高资源利用效率，合理改善建筑舒适性，从政策法规、体制机制、规划设计、标准规范、技术推广、建设运营和产业支撑等方面全面推进绿色建筑行动，加快推进建设资源节约型和环境友好型社会。

（二）主要目标。

1. 新建建筑。城镇新建建筑严格落实强制性节能标准，“十二五”期间，完成新建绿色建筑10亿平方米；到2015年末，20%的城镇新建建筑达到绿色建筑标准要求。

2. 既有建筑节能改造。“十二五”期间，完成北方采暖地区既有居住建筑供热计量和节能改造4亿平方米以上，夏热冬冷地区既有居住建筑节能改造5000万平方米，公共建筑和公共机构办公建筑节能改造1.2亿平方米，实施农村危房改造节能示范40万套。到2020年末，基本完成北方采暖地区有改造价值的城镇居住建筑节能改造。

（三）基本原则。

1. 全面推进，突出重点。全面推进城乡建筑绿色发展，重点推动政府投资建筑、保障性住房以及大型公共建筑率先执行绿色建筑标准，推进北方采暖地区既有居住建筑节能改造。

2. 因地制宜，分类指导。结合各地区经济社会发展水平、资源禀赋、气候条件和建筑特点，建立健全绿色建筑标准体系、发展规划和技术路线，有针对性地制定有关政策措施。

3. 政府引导，市场推动。以政策、规划、标准等手段规范市场主体行为，综合运用价格、财税、金融等经济手段，发挥市场配置资源的基础性作用，营造有利于绿色建筑发展的市场环境，激发市场主体设计、建造、使用绿色建筑的内生动力。

4. 立足当前，着眼长远。树立建筑全寿命期理念，综合考虑投入产出效益，选择合理的规划、建设方案和技术措施，切实避免盲目的高投入和资源消耗。

三、重点任务

（一）切实抓好新建建筑节能工作。

1. 科学做好城乡建设规划。在城镇新区建设、旧城更新和棚户区改造中，以绿色、节能、环保为指导思想，建立包括绿色建筑比例、生态环保、公共交通、可再生能源利用、土地集约利用、再生水利用、废弃物回收利用等内容的指标体系，将其纳入总体规划、控制性详细规划、修建性详细规划和专项规划，并落实到具体项目。做好城乡建设规划与区域能源规划的衔接，优化能源的系统集成利用。建设用地要优先利用城乡废弃地，积极开发利用地下空间。积极引导建设绿色生态城区，推进绿色建筑规模化发展。

2. 大力促进城镇绿色建筑发展。政府投资的国家机关、学校、医院、博物馆、科技馆、体育馆等建筑，直辖市、计划单列市及省会城市的保障性住房，以及单体建筑面积超过2万平方米的机场、车站、宾馆、饭店、商场、写字楼等大型公共建筑，自2014年起全面执行绿色建筑标准。积极引导商业房地产开发项目执行绿色建筑标准，鼓励房地产开发企业建设绿色住宅小区。切实推进绿色工业建筑建设。发展改革、财政、住房城乡建设等部门要修订工程预算和建设标准，各省级人民政府要制定绿色建筑工程定额和造价标准。严格落实固定资产投资项目节能评估审查制度，强化对大型公共建筑项目执行绿色建筑标准情况的审查。强化绿色建筑评价标识管理，加强对规划、设计、施工和运行的监管。

3. 积极推进绿色农房建设。各级住房城乡建设、农业等部门要加强农村村庄建设整体规划管理，制定村镇绿色生态发展指导意见，编制农村住宅绿色建设和改造推广图集、村镇绿色建筑技术指南，免费提供技术服务。大力推广太阳能热利用、围护结构保温隔热、省柴节煤灶、节能炕等农房节能技术；切实推进生物质能利用，发展大中型沼气，加强运行管理和维护服务。科学引导农房执行建筑节能标准。

4. 严格落实建筑节能强制性标准。住房城乡建设部门要严把规划设计关口，加强建筑设计方案规划审查和施工图审查，城镇建筑设计阶段要100%达到节能标准要求。加强施工阶段监管和稽查，确保工程质量和安全，切实提高节能标准执行率。严格建筑节能专项验收，对达不到强制性标准要求的建筑，不得出具竣工验收合格报告，不允许投入使用并强制进行整改。鼓励有条件的地区执行更高能效水平的建筑节能标准。

（二）大力推进既有建筑节能改造。

1. 加快实施“节能暖房”工程。以围护结构、供热计量、管网热平衡改造为重点，大力推进北方采暖地区既有居住建筑供热计量及节能改造，“十二五”期间完成改造4亿平方米以上，鼓励有条件的地区超额完成任务。

2. 积极推动公共建筑节能改造。开展大型公共建筑和公共机构办公建筑空调、采暖、通风、照明、热水等用能系统的节能改造，提高用能效率和管理水平。鼓励采取合同能源管理模式进行改造，对项目按节能量予以奖励。推进公共建筑节能改造重点城市示范，继续推行“节约型高等学校”建设。“十二五”期间，完成公共建筑改造6000万平方米，公共机构办公建筑改造6000万平方米。

3. 开展夏热冬冷和夏热冬暖地区居住建筑节能改造试点。以建筑门窗、外遮阳、自然通风等为重点，在夏热冬冷和夏热冬暖地区进行居住建筑节能改造试点，探索适宜的改造模式和技术路线。“十二五”期间，完成改造5000万平方米以上。

4. 创新既有建筑节能改造工作机制。做好既有建筑节能改造的调查和统计工作，制定具体改造规划。在旧城区综合改造、城市市容整治、既有建筑抗震加固中，有条件的地区要同步开展节能改造。制定改造方案要充分听取有关各方面的意见，保障社会公众的知情权、参与权和监督权。在条件许可并征得业主同意的前提下，研究采用加层改造、扩容改造等方式进行节能改造。坚持以人为本，切实减少扰民，积极推行工业化和标准化施工。住房城乡建设部门要严格落实工程建设责任制，严把规划、设计、施工、材料等关口，确保工程安全、质量和效益。节能改造工程完工后，应进行建筑能效测评，对达不到要求的不得通过竣工验收。加强宣传，充分调动居民对节能改造的积极性。

（三）开展城镇供热系统改造。

实施北方采暖地区城镇供热系统节能改造，提高热源效率和管网保温性能，优化系统调节能力，改善管网热平衡。撤并低能效、高污染的供热燃煤小锅炉，因地制宜地推广热电联产、高效锅炉、工业废热利用等供热技术。推广“吸收式热泵”和“吸收式换热”技术，提高集中供热管网的输送能力。开展城市老旧供热管网系统改造，减少管网热损失，降低循环水泵电耗。

（四）推进可再生能源建筑规模化应用。

积极推动太阳能、浅层地能、生物质能等可再生能源在建筑中的应用。太阳能资源适宜地区应在2015年前出台太阳能光热建筑一体化的强制性推广政策及技术标准，普及太阳能热水利用，积极推进被动式太阳能采暖。研究完善建筑光伏发电上网政策，加快微电网技术研发和工程示范，稳步推进太阳能光伏在建筑上的应用。合理开发浅层地热能。财政部、住房城乡建设部研究确定可再生能源建筑规模化应用适宜推广地区名单。开展可再生能源建筑应用地区示范，推动可再生能源建筑应用集中连片推广，到2015年末，新增可再生能源建筑应用面积25亿平方米，示范地区建筑可再生能源消费量占建筑能耗总量的比例达到10%以上。

（五）加强公共建筑节能管理。

加强公共建筑能耗统计、能源审计和能耗公示工作，推行能耗分项计量和实时监控，推进公共建筑节能、节水监管平台建设。建立完善的公共机构能源审计、能效公示和能耗定额管理制度，加强能耗监测和节能监管体系建设。加强监管平台建设统筹协调，实现监测数据共享，避免重复建设。对新建、改扩建的国家机关办公建筑和大型公共建筑，要进行能源利用效率测评和标识。研究建立公共建筑能源利用状况报告制度，组织开展商场、宾馆、学校、医院等行业的能效水平对标活动。实施大型公共建筑能耗（电耗）限额管理，对超限额用能（用电）的，实行惩罚性价格。公共建筑业主和所有权人要切实加强用能管理，严格执行公共建筑空调温度控制标准。研究开展公共建筑节能量交易试点。

（六）加快绿色建筑相关技术研发推广。

科技部门要研究设立绿色建筑科技发展专项，加快绿色建筑共性和关键技术研发，重点攻克既有建筑节能改造、可再生能源建筑应用、节水与水资源综合利用、绿色建材、废弃物资源化、环境质量控制、提高建筑物耐久性等方面的技术，加强绿色建筑技术标准规范研究，开展绿色建筑技术的集成示范。依托高等院校、科研机构等，加快绿色建筑工程技术中心建设。发展改革、住房城乡建设部门要编制绿色建筑重点技术推广目录，因地制宜推广自然采光、自然通风、遮阳、高效空调、热泵、雨水收集、规模化中水利用、隔音等成熟技术，加快普及高效节能照明产品、风机、水泵、热水器、办公设备、家用电器及节水器具等。

（七）大力发展绿色建材。

因地制宜、就地取材，结合当地气候特点和资源禀赋，大力发展安全耐久、节能环保、施工便利的绿色建材。加快发展防火隔热性能好的建筑保温体系和材料，积极发展烧结空心制品、加气混凝土制品、多功能复合一体化墙体材料、一体化屋面、低辐射镀膜玻璃、断桥隔热门窗、遮阳系统等建材。引导高性能混凝土、高强钢的发展利用，到 2015 年末，标准抗压强度 60 兆帕以上混凝土用量达到总用量的 10%，屈服强度 400 兆帕以上热轧带肋钢筋用量达到总用量的 45%。大力发展预拌混凝土、预拌砂浆。深入推进墙体材料革新，城市城区限制使用粘土制品，县城禁止使用实心粘土砖。发展改革、住房城乡建设、工业和信息化、质检部门要研究建立绿色建材认证制度，编制绿色建材产品目录，引导规范市场消费。质检、住房城乡建设、工业和信息化部门要加强建材生产、流通和使用环节的质量监管和稽查，杜绝性能不达标的建材进入市场。积极支持绿色建材产业发展，组织开展绿色建材产业化示范。

（八）推动建筑工业化。

住房城乡建设等部门要加快建立促进建筑工业化的设计、施工、部品生产等环节的标准体系，推动结构件、部品、部件的标准化，丰富标准件的种类，提高通用性和可置换性。推广适合工业化生产的预制装配式混凝土、钢结构等建筑体系，加快发展建设工程的预制和装配技术，提高建筑工业化技术集成水平。支持集设计、生产、施工于一体的工业化基地建设，开展工业化建筑示范试点。积极推行住宅全装修，鼓励新建住宅一次装修到位或菜单式装修，促进个性化装修和产业化装修相统一。

（九）严格建筑拆除管理程序。

加强城市规划管理，维护规划的严肃性和稳定性。城市人民政府以及建筑的所有者和使用者要加强建筑维护管理，对符合城市规划和工程建设标准、在正常使用寿命内的建筑，除基本的公共利益需要外，不得随意拆除。拆除大型公共建筑的，要按有关程序提前向社会公示征求意见，接受社会监督。住房城乡建设部门要研究完善建筑拆除的相关管理制度，探索实行建筑报废拆除审核制度。对违规拆除行为，要依法依规追究有关单位和人员的责任。

（十）推进建筑废弃物资源化利用。

落实建筑废弃物处理责任制，按照“谁产生、谁负责”的原则进行建筑废弃物的收集、运输和处理。住房城乡建设、发展改革、财政、工业和信息化部门要制定实施方案，推行建筑废弃物集中处理和分级利用，加快建筑废弃物资源化利用技术、装备研发推广，编制建筑废弃物综合利用技术标准，开展建筑废弃物资源化利用示范，研究建立建筑废弃物再生产品标识制度。地方各级人民政府对本行政区域内的废弃物资源化利用负总责，地级以上城市要因地制宜设立专门的建筑废弃物集中处理基地。

四、保障措施

（一）强化目标责任。

要将绿色建筑行动的目标任务科学分解到省级人民政府，将绿色建筑行动目标完成情况和措施落实情况纳入省级人民政府节能目标责任评价考核体系。要把贯彻落实本行动方案情况纳入绩效考核体系，考核结果作为领导干部综合考核评价的重要内容，实行责任制和问责制，对作出突出贡献的单位和人员予以通报表扬。

（二）加大政策激励。

研究完善财政支持政策，继续支持绿色建筑及绿色生态城区建设、既有建筑节能改造、供热系统节能改造、可再生能源建筑应用等，研究制定支持绿色建材发展、建筑垃圾资源化利用、建筑工业化、基础能力建设等工作的政策措施。对达到国家绿色建筑评价标准二星级及以上的建筑给予财政资金奖励。财政部、税务总局要研究制定税收方面的优惠政策，鼓励房地产开发商建设绿色建筑，引导消费者购买绿色住宅。改进和完善对绿色建筑的金融服务，金融机构可对购买绿色住宅的消费者在购房贷款利率上给予适当优惠。国土资源部门要研究制定促进绿色建筑发展在土地转让方面的政策，住房城乡建设部门要研究制定容积率奖励方面的政策，在土地招拍挂出让规划条件中，要明确绿色建筑的建设用地比例。

（三）完善标准体系。

住房城乡建设等部门要完善建筑节能标准，科学合理地提高标准要求。健全绿色建筑评价标准体系，加快制（修）订适合不同气候区、不同类型建筑的节能建筑和绿色建筑评价标准，2013年完成《绿色建筑评价标准》的修订工作，完善住宅、办公楼、商场、宾馆的评价标准，出台学校、医院、机场、车站等公共建筑的评价标准。尽快制（修）订绿色建筑相关工程建设、运营管理、能源管理体系等标准，编制绿色建筑区域规划技术导则和标准体系。住房城乡建设、发展改革部门要研究制定基于实际用能状况，覆盖不同气候区、不同类型建筑的建筑能耗限额，要会同工业和信息化、质检等部门完善绿色建材标准体系，研究制定建筑装修材料有害物限量标准，编制建筑废弃物综合利用的相关标准规范。

（四）深化城镇供热体制改革。

住房城乡建设、发展改革、财政、质检等部门要大力推行按热量计量收费，督导各地区出台完善供热计量价格和收费办法。严格执行两部制热价。新建建筑、完成供热计量改造的既有建筑全部实行按热量计量收费，推行采暖补贴“暗补”变“明补”。对实行分户计量有难度的，研究采用按小区或楼宇供热量计量收费。实施热价与煤价、气价联动制度，对低收入居民家庭提供供热补贴。加快供热企业改革，推进供热企业市场化经营，培育和规范供热市场，理顺热源、管网、用户的利益关系。

（五）严格建设全过程监督管理。

在城镇新区建设、旧城更新、棚户区改造等规划中，地方各级人民政府要建立并严格落实绿色建设指标体系要求，住房城乡建设部门要加强规划审查，国土资源部门要加强土地出让监管。对应执行绿色建筑标准的项目，住房城乡建设部门要在设计方案审查、施工图设计审查中增加绿色建筑相关内容，未通过审查的不得颁发建设工程规划许可证、施工许可证；施工时要加强监管，确保按图施工。对自愿执行绿色建筑标准的项目，在项目立项时要标明绿色星级标准，建设单位应在房屋施工、销售现场明示建筑节能、节水等性能指标。

（六）强化能力建设。

住房城乡建设部要会同有关部门建立健全建筑能耗统计体系，提高统计的准确性和及时性。加强绿色建筑评价标识体系建设，推行第三方评价，强化绿色建筑评价监管机构能力建设，严格评价监管。要加强建筑规划、设计、施工、评价、运行等人员的培训，将绿色建筑知识作为相关专业工程师继续教育培训、执业资格考试的重要内容。鼓励高等院校开设绿色建筑相关课程，加强相关学科建设。组织规划设计单位、人员开展绿色建筑规划与设计竞赛活动。广泛开展国际交流与合作，借鉴国际先进经验。

（七）加强监督检查。

将绿色建筑行动执行情况纳入国务院节能减排检查和建设领域检查内容，开展绿色建筑行动专项督查，严肃查处违规建设高耗能建筑、违反工程建设标准、建筑材料不达标、不按规定公示性能指标、违反供热计量价格和收费办法等行为。

（八）开展宣传教育。

采用多种形式积极宣传绿色建筑法律法规、政策措施、典型案例、先进经验，加强舆论监督，营造开展绿色建筑行动的良好氛围。将绿色建筑行动作为全国节能宣传周、科技活动周、城市节水宣传周、全国低碳日、世界环境日、世界水日等活动的重要宣传内容，提高公众对绿色建筑的认知度，倡导绿色消费理念，普及节约知识，引导公众合理使用用能产品。

各地区、各部门要按照绿色建筑行动方案的部署和要求，抓好各项任务落实。发展改革委、住房城乡建设部要加强综合协调，指导各地区和有关部门开展工作。各地区、各有关部门要尽快制定相应的绿色建筑行动实施方案，加强指导，明确责任，狠抓落实，推动城乡建设模式和建筑业发展方式加快转变，促进资源节约型、环境友好型社会建设。

国务院办公厅关于大力发展装配式建筑的指导意见

国办发〔2016〕71号

各省、自治区、直辖市人民政府，国务院各部委、各直属机构：

装配式建筑是用预制部品部件在工地装配而成的建筑。发展装配式建筑是建造方式的重大变革，是推进供给侧结构性改革和新型城镇化发展的重要举措，有利于节约资源能源、减少施工污染、提升劳动生产效率和质量安全水平，有利于促进建筑业与信息化工业化深度融合、培育新产业新动能、推动化解过剩产能。近年来，我国积极探索发展装配式建筑，但建造方式大多仍以现场浇筑为主，装配式建筑比例和规模化程度较低，与发展绿色建筑的有关要求以及先进建造方式相比还有很大差距。为贯彻落实《中共中央国务院关于进一步加强城市规划建设管理工作的若干意见》和《政府工作报告》部署，大力发展装配式建筑，经国务院同意，现提出以下意见。

一、总体要求

（一）指导思想。全面贯彻党的十八大和十八届三中、四中、五中全会以及中央城镇化工作会议、中央城市工作会议精神，认真落实党中央、国务院决策部署，按照“五位一体”总体布局和“四个全面”战略布局，牢固树立和贯彻落实创新、协调、绿色、开放、共享的发展理念，按照适用、经济、安全、绿色、美观的要求，推动建造方式创新，大力发展装配式混凝土建筑和钢结构建筑，在具备条件的地方倡导发展现代木结构建筑，不断提高装配式建筑在新建建筑中的比例。坚持标准化设计、工厂化生产、装配化施工、一体化装修、信息化管理、智能化应用，提高技术水平和工程质量，促进建筑产业转型升级。

（二）基本原则。

坚持市场主导、政府推动。适应市场需求，充分发挥市场在资源配置中的决定性作用，更好发挥政府规划引导和政策支持作用，形成有利的体制机制和市场环境，促进市场主体积极参与、协同配合，有序发展装配式建筑。

坚持分区推进、逐步推广。根据不同地区的经济社会发展状况和产业技术条件，划分重点推进地区、积极推进地区和鼓励推进地区，因地制宜、循序渐进，以点带面、试点先行，及时总结经验，形成局部带动整体的工作格局。

坚持顶层设计、协调发展。把协同推进标准、设计、生产、施工、使用维护等作为发展装配式建筑的有效抓手，推动各个环节有机结合，以建造方式变革促进工程建设全过程提质增效，带动建筑业整体水平的提升。

（三）工作目标。以京津冀、长三角、珠三角三大城市群为重点推进地区，常住人口超过300万的其他城市为积极推进地区，其余城市为鼓励推进地区，因地制宜发展装配式混凝土结构、钢结构和现代木结构等装配式建筑。力争用10年左右的时间，使装配式建筑占新建建筑面积的比例达到30%。同时，逐步完善法律法规、技术标准和监管体系，推动形成一批设计、施工、部品部件规模化生产企业，具有现代装配建造水平的工程总承包企业以及与之相适应的专业化技能队伍。

二、重点任务

（四）健全标准规范体系。加快编制装配式建筑国家标准、行业标准和地方标准，支持企业编制标准、加强技术创新，鼓励社会组织编制团体标准，促进关键技术和成套技术研究成果转化为标准规范。强化建筑材料标准、部品部件标准、工程标准之间的衔接。制修订装配式建筑工程定额等计价依据。完善装配式建筑防火抗震防灾标准。研究建立装配式建筑评价标准和方法。逐步建立完善覆盖设计、生产、施工和使用维护全过程的装配式建筑标准规范体系。

（五）创新装配式建筑设计。统筹建筑结构、机电设备、部品部件、装配施工、装饰装修，推行装配式建筑一体化集成设计。推广通用化、模数化、标准化设计方式，积极应用建筑信息模型技术，提高建筑领域各专业协同设计能力，加强对装配式建筑建设全过程的指导和服务。鼓励设计单位与科研院所、高校等联合开发装配式建筑设计技术和通用设计软件。

（六）优化部品部件生产。引导建筑行业部品部件生产企业合理布局，提高产业聚集度，培育一批技术先进、专业配套、管理规范的骨干企业和生产基地。支持部品部件生产企业完善产品品种和规格，促进专业化、标准化、规模化、信息化生产，优化物流管理，合理组织配送。积极引导设备制造企业研发部品部件生产装备机具，提高自动化和柔性加工技术水平。建立部品部件质量验收机制，确保产品质量。

（七）提升装配施工水平。引导企业研发应用与装配式施工相适应的技术、设备和机具，提高部品部件的装配施工连接质量和建筑安全性能。鼓励企业创新施工组织方式，推行绿色施工，应用结构工程与分部分项工程协同施工新模式。支持施工企业总结编制施工工法，提高装配施工技能，实现技术工艺、组织管理、技能队伍的转变，打造一批具有较高装配施工技术水平的骨干企业。

（八）推进建筑全装修。实行装配式建筑装饰装修与主体结构、机电设备协同施工。积极推广标准化、集成化、模块化的装修模式，促进整体厨卫、轻质隔墙等材料、产品和设备管线集成化技术的应用，提高装配化装修水平。倡导菜单式全装修，满足消费者个性化需求。

（九）推广绿色建材。提高绿色建材在装配式建筑中的应用比例。开发应用品质优良、节能环保、功能良好的新型建筑材料，并加快推进绿色建材评价。鼓励装饰与保温隔热材料一体化应用。推广应用高性能节能门窗。强制淘汰不符合节能环保要求、质量性能差的建筑材料，确保安全、绿色、环保。

（十）推行工程总承包。装配式建筑原则上应采用工程总承包模式，可按照技术复杂类工程项目招投标。工程总承包企业要对工程质量、安全、进度、造价负总责。要健全与装配式建筑总承包相适应的发包承包、施工许可、分包管理、工程造价、质量安全监管、竣工验收等制度，实现工程设计、部品部件生产、施工及采购的统一管理和深度融合，优化项目管理方式。鼓励建立装配式建筑产业技术创新联盟，加大研发投入，增强创新能力。支持大型设计、施工和部品部件生产企业通过调整组织架构、健全管理体系，向具有工程管理、设计、施工、生产、采购能力的工程总承包企业转型。

（十一）确保工程质量安全。完善装配式建筑工程质量安全管理制度，健全质量安全责任体系，落实各方主体质量安全责任。加强全过程监管，建设和监理等相关方可采用驻厂监造等方式加强部品部件生产质量管控；施工企业要加强施工过程质量安全控制和检验检测，完善装配施工质量保证体系；在建筑物明显部位设置永久性标牌，公示质量安全责任主体和主要责任人。加强行业监管，明确符合装配式建筑特点的施工图审查要求，建立全过程质量追溯制度，加大抽查抽测力度，严肃查处质量安全违法违规行为。

三、保障措施

（十二）加强组织领导。各地区要因地制宜研究提出发展装配式建筑的目标和任务，建立健全工作机制，完善配套政策，组织具体实施，确保各项任务落到实处。各有关部门要加大指导、协调和支持力度，将发展装配式建筑作为贯彻落实中央城市工作会议精神的重要工作，列入城市规划建设管理工作监督考核指标体系，定期通报考核结果。

（十三）加大政策支持。建立健全装配式建筑相关法律法规体系。结合节能减排、产业发展、科技创新、污染防治等方面政策，加大对装配式建筑的支持力度。支持符合高新技术企业条件的装配式建筑部品部件生产企业享受相关优惠政策。符合新型墙体材料目录的部品部件生产企业，可按规定享受增值税即征即退优惠政策。在土地供应中，可将发展装配式建筑的相关要求纳入供地方案，并落实到土地使用合同中。鼓励各地结合实际出台支持装配式建筑发展的规划审批、土地供应、基础设施配套、财政金融等相关政策措施。政府投资工程要带头发展装配式建筑，推动装配式建筑“走出去”。在中国人居环境奖评选、国家生态园林城市评估、绿色建筑评价等工作中增加装配式建筑方面的指标要求。

（十四）强化队伍建设。大力培养装配式建筑设计、生产、施工、管理等专业人才。鼓励高等学校、职业学校设置装配式建筑相关课程，推动装配式建筑企业开展校企合作，创新人才培养模式。在建筑行业专业技术人员继续教育中增加装配式建筑相关内容。加大职业技能培训资金投入，建立培训基地，加强岗位技能提升培训，促进建筑业农民工向技术工人转型。加强国际交流合作，积极引进海外专业人才参与装配式建筑的研发、生产和管理。

（十五）做好宣传引导。通过多种形式深入宣传发展装配式建筑的经济社会效益，广泛宣传装配式建筑基本知识，提高社会认知度，营造各方共同关注、支持装配式建筑发展的良好氛围，促进装配式建筑相关产业和市场发展。

国务院办公厅

2016年9月27日

住房城乡建设部　国家安全监管总局
关于进一步加强玻璃幕墙安全防护工作的通知

建标〔2015〕38号

各省、自治区住房城乡建设厅、安全监管局，直辖市建委、安全监管局，北京市规划委员会，上海市规划国土资源管理局、住房保障和房屋管理局，天津、重庆市规划局、国土资源和房屋管理局，新疆生产建设兵团建设局、安全监管局，各有关单位：

为进一步加强玻璃幕墙安全防护工作，保护人民生命和财产安全，根据《中华人民共和国建筑法》、《中华人民共和国安全生产法》和《建设工程质量管理条例》等法律、法规的规定，现就有关事项通知如下：

一、充分认识玻璃幕墙安全防护工作的重要性

玻璃幕墙因美观、自重轻、采光好及标准化、工业化程度高等优点，自20世纪80年代起，在商场、写字楼、酒店、机场、车站等大型和高层建筑的外装饰上得到广泛应用。近年来，在个别城市偶发的因幕墙玻璃自爆或脱落造成的损物、伤人事件，危害了人民生命财产安全，引发社会关注。造成这些安全危害的原因，除早期玻璃幕墙工程技术缺陷、材料缺陷等因素外，对人员密集、流动性大等特定环境、特定建筑的安全防护工作重视不够，玻璃幕墙维护管理责任落实不到位，也是重要原因。各地、各有关部门要高度重视玻璃幕墙安全防护工作，在工程规划、设计、施工及既有玻璃幕墙使用、维护、管理等环节，切实加强监管，落实安全防护责任，确保玻璃幕墙质量和使用安全。

二、进一步强化新建玻璃幕墙安全防护措施

（一）新建玻璃幕墙要综合考虑城市景观、周边环境以及建筑性质和使用功能等因素，按照建筑安全、环保和节能等要求，合理控制玻璃幕墙的类型、形状和面积。鼓励使用轻质节能的外墙装饰材料，从源头上减少玻璃幕墙安全隐患。

（二）新建住宅、党政机关办公楼、医院门诊急诊楼和病房楼、中小学校、托儿所、幼儿园、老年人建筑，不得在二层及以上采用玻璃幕墙。

（三）人员密集、流动性大的商业中心，交通枢纽，公共文化体育设施等场所，临

近道路、广场及下部为出入口、人员通道的建筑，严禁采用全隐框玻璃幕墙。以上建筑在二层及以上安装玻璃幕墙的，应在幕墙下方周边区域合理设置绿化带或裙房等缓冲区域，也可采用挑檐、防冲击雨篷等防护设施。

（四）玻璃幕墙宜采用夹层玻璃、均质钢化玻璃或超白玻璃。采用钢化玻璃应符合国家现行标准《建筑门窗幕墙用钢化玻璃》JG/T455的规定。

（五）新建玻璃幕墙应依据国家法律法规和标准规范，加强方案设计、施工图设计和施工方案的安全技术论证，并在竣工前进行专项验收。

三、严格落实既有玻璃幕墙安全维护各方责任

（一）明确既有玻璃幕墙安全维护责任人。要严格按照国家有关法律法规、标准规范的规定，明确玻璃幕墙安全维护责任，落实玻璃幕墙日常维护管理要求。玻璃幕墙安全维护实行业主负责制，建筑物为单一业主所有的，该业主为玻璃幕墙安全维护责任人；建筑物为多个业主共同所有的，各业主要共同协商确定安全维护责任人，牵头负责既有玻璃幕墙的安全维护。

（二）加强玻璃幕墙的维护检查。玻璃幕墙竣工验收1年后，施工单位应对幕墙的安全性进行全面检查。安全维护责任人要按规定对既有玻璃幕墙进行专项检查。遭受冰雹、台风、雷击、地震等自然灾害或发生火灾、爆炸等突发事件后，安全维护责任人或其委托的具有相应资质的技术单位，要及时对可能受损建筑的玻璃幕墙进行全面检查，对可能存在安全隐患的部位及时进行维修处理。

（三）及时鉴定玻璃幕墙安全性能。玻璃幕墙达到设计使用年限的，安全维护责任人应当委托具有相应资质的单位对玻璃幕墙进行安全性能鉴定，需要实施改造、加固或者拆除的，应当委托具有相应资质的单位负责实施。

（四）严格规范玻璃幕墙维修加固活动。对玻璃幕墙进行结构性维修加固，不得擅自改变玻璃幕墙的结构构件，结构验算及加固方案应符合国家有关标准规范，超出技术标准规定的，应进行安全性技术论证。玻璃幕墙进行结构性维修加固工程完成后，业主、安全维护责任单位或者承担日常维护管理的单位应当组织验收。

四、切实加强玻璃幕墙安全防护监管工作

（一）各级住房城乡建设主管部门要进一步强化对玻璃幕墙安全防护工作的监督管理，督促各方责任主体认真履行责任和义务。安全监管部门要强化玻璃幕墙安全生产事故查处工作，严格事故责任追究，督促防范措施整改到位。

（二）新建玻璃幕墙要严把质量关，加强技术人员岗位培训，在规划、设计、施工、验收及维护管理等环节，严格执行相关标准规范，严格履行法定程序，加强监督管理。对造成质量安全事故的，要依法严肃追究相关责任单位和责任人的责任。

（三）对于使用中的既有玻璃幕墙要进行全面的安全性普查，建立既有幕墙信息库，建立健全安全监管机制，进一步加大巡查力度，依法查处违法违规行为。

中华人民共和国住房和城乡建设部

国家安全生产监督管理总局

2015年3月4日

关于加强超大城市综合体消防安全工作的指导意见

公消〔2016〕113号

各省、自治区、直辖市公安消防总队，新疆生产建设兵团公安局消防局：

近年来，超大城市综合体在各地不断涌现，并呈迅猛发展势头。此类建筑功能复杂、占地面积大、火灾荷载高、人员数量多，发生火灾后，火灾蔓延速度快、人员疏散逃生难、灭火救援难度大，极易造成重大人员伤亡和财产损失。为切实加强超大城市综合体消防安全工作，维护人民群众生命财产安全，现就总建筑面积大于10万平方米（含本数，不包括住宅和写字楼部分的建筑面积），集购物、旅店、展览、餐饮、文娱、交通枢纽等两种或两种以上功能于一体的超大城市综合体消防安全工作提出以下指导意见（总建筑面积小于10万平方米的城市综合体参照执行）。

一、加强消防安全源头把关

（一）强化部门联合监管。各公安消防总队、支队在当地政府领导下，就超大城市综合体立项、选址、审批等环节，提出加强消防安全工作的建议和措施，充分考虑建筑防火、消防设施以及灭火救援等消防安全综合因素；积极配合有关部门在规划建设初期合理确定超大城市综合体的布局、体量、功能，配套建设市政消火栓、消防车道等基础设施。要根据本地城市综合体建设和发展实际，推动出台更加严格的地方消防安全管理规定和技术标准，有针对性地提高建筑消防安全设防等级。

（二）严格消防审批规程。要严格按照消防法律法规和技术标准进行消防设计审核、消防验收和监督检查，严格专家评审范围，严禁超范围运用专家评审规避国家标准规定；对于适用专家评审的项目，评审意见中严禁采用管理类措施替代建筑防火技术要求。要依法加强对超大城市综合体室内装修工程的消防审批，装修工程的消防设计除应符合国家工程建设消防技术标准要求外，还应符合原有特殊消防设计及相关针对性技术措施要求。

（三）提高有顶步行街设防等级。对于利用建筑内部有顶棚的步行街进行安全疏散的超大城市综合体，其步行街两端出口之间的距离不应大于300米，步行街两侧的主力店应采用防火墙与步行街之间进行分隔，连通步行街的开口部位宽度不应大于9米，主力店应设置独立的疏散设施，不允许借用连通步行街的开口。步行街首层与地下层之间不应设置中庭、自动扶梯等上下连通的开口。步行街、中庭等共享空间设置的自

动排烟窗，应具有与自动报警系统联动和手动控制开启的功能，并宜能依靠自身重力下滑开启

（四）严格防火分隔措施。严禁使用侧向或水平封闭式及折叠提升式防火卷帘，防火卷帘应当具备火灾时依靠自重下降自动封闭开口的功能。建筑外墙设置外装饰面或幕墙时，其空腔部位应在每层楼板处采用防火封堵材料封堵。电影院与其他区域应有完整的防火分隔并应设有独立的安全出口和疏散楼梯。餐饮场所食品加工区的明火部位应靠外墙设置，并应与其他部位进行防火分隔。商业营业厅每层的附属库房应采用耐火极限不低于 3 小时的防火隔墙和甲级防火门与其他部位进行分隔。

（五）充分考虑灭火救援需求。在消防设计中应结合灭火救援实际需要设置灭火救援窗，灭火救援窗应直通建筑内的公共区域或走道；在设置机械排烟设施的同时，在建筑外墙上仍需设置一定数量用于排除火灾烟热的固定窗；鼓励面积较大的地下商业建筑设置有利于人员疏散和灭火救援的下沉式广场。

二、严格实施消防监督管理

（六）推动加强行业管理。要与规划、建设、文化、旅游、商务、体育、交通等超大城市综合体相关管理部门建立健全会商研判、联合检查、情况通报等机制，推动落实部门管理职责，加强超大城市综合体消防检查，推广标准化、规范化消防管理。推动相关部门依据相关标准、规定，采取有力措施，加强超大城市综合体消防安全风险管控。

（七）督促落实特殊防范措施。对经过专家评审并投入使用的超大城市综合体，要逐条梳理其特殊消防设计及相关针对性技术措施，将其整理为检查要点，存档备查，并列入消防监督人员工作移交内容。对超大城市综合体进行监督抽查时，应将特殊消防设计及相关针对性技术措施作为重点抽查内容，发现未按要求落实的，坚决严肃依法查处。

（八）督促落实重点管控措施。超大城市综合体内各区域管理部门，必须与消防控制室建立畅通的信息联系，确保一旦发生火警，能够及时确认、处置和组织疏散。有顶棚的步行街、中庭应仅供人员通行，严禁设置店铺摊位、游乐设施及堆放可燃物，灭火救援窗严禁被遮挡，标识应明显。餐饮场所严禁使用液化石油气，设置在地下的餐饮场所严禁使用燃气。餐饮场所使用可燃气体作燃料时，可燃气体燃料必须采用管道供气，其排油烟罩及烹饪部位应设置能联动自动切断燃料输送管道的自动灭火装置。建筑内的敞开式食品加工区必须采用电加热设施，严禁在用餐场所使用明火，厨房的油烟管道应当定期进行清洗。建筑内商场市场营业结束后，要积极采取降落防火卷帘等措施降低火灾风险。建筑内各经营主体营业时间不一致时，应采取确保各场所人员安全疏散的措施。具有电气火灾危险的场所应设置电气火灾监控系统。有条件的地区应将超大城市综合体纳入城市消防物联网远程监控系统，强化对其消防设施运行管理

情况的动态监测。

（九）加大监督执法力度。要依法履行消防监督管理职责，采取全面检查与局部检查、监督执法与技术服务相结合等方式，加强对超大城市综合体的监督抽查，对发现的火灾隐患，及时下达法律文书督促整改，并依法实施处罚。构成重大火灾隐患的，提请政府挂牌督办，督促落实整改责任、方案、资金以及整改期间的火灾防范措施。

三、落实单位消防安全管理责任

（十）落实日常消防安全管理责任。超大城市综合体的产权单位、委托管理单位以及各经营主体、使用单位要分别明确消防安全责任人、管理人，设立消防安全工作归口管理部门，建立健全消防安全管理制度，逐级明确消防安全管理职责。超大城市综合体的产权单位或委托管理单位要牵头建立统一的消防安全管理组织，每月至少召开1次消防工作例会，处理消防安全重大问题，研究部署消防安全工作，每次会议要形成会议纪要。超大城市综合体应依照有关规定书面明确各方的消防安全责任，消防车通道、涉及公共消防安全的疏散设施和其他建筑消防设施原则上应由产权单位或委托管理单位统一管理。超大城市综合体应严格落实消防安全“户籍化”管理，定期向公安消防部门报告备案消防安全责任人及管理人履职、消防安全评估、消防设施维护保养情况。

（十一）加强防火巡查检查。超大城市综合体的产权单位、委托管理单位以及各经营主体、使用单位每季度要组织开展消防联合检查，定期开展防火检查（各岗位每天1次、各部门每周1次、各单位每月1次），每2小时组织开展防火巡查。防火巡查和检查应如实填写巡查和检查记录，及时纠正消防违法违章行为，对不能当场整改的火灾隐患应逐级报告，整改后应进行复查，巡查检查人员、复查人员及其主管人员应在记录上签名。同时，要充分利用建筑内部设置的视频监控系统，每2小时对建筑内进行1次视频巡查。超大城市综合体的特殊消防设计及相关针对性技术措施，要作为防火巡查、检查的重点内容。

（十二）加强消防设施管理维护。超大城市综合体产权单位、委托管理单位以及各经营主体、使用单位，应按照职责分工委托具备相应资质的消防技术服务机构，每年对建筑消防安全情况进行评估，定期对建筑消防设施进行检测维护，并在醒目位置张贴年度检测合格标识。设有自动排烟窗的建筑应每月对其联动开启功能进行全数测试。设有多个消防控制室的建筑，各消防控制室应建立可靠、快捷的联系机制。鼓励聘用注册消防工程师，加强单位消防安全管理的技术保障力量。消防控制室值班操作人员应取得国家职业资格持证上岗。

四、提升单位自防自救能力

（十三）加强公众消防宣传。超大城市综合体应在公共区域利用图文、音视频媒体等形式广泛开展消防安全宣传，重点提示该场所火灾危险性、安全疏散路线、灭火器材位置和使用方法，消防设施器材应设置醒目的图文提示标识。确认发生火灾后，建筑内电影院、娱乐场所、宾馆饭店等区域的电子屏幕、电视以及楼宇电视、广告屏幕的画面、音响，应能切换到火灾提示模式，引导人员快速疏散。

（十四）强化单位消防培训。超大城市综合体产权单位、委托管理单位以及各经营主体、使用单位的消防安全责任人、管理人应参加当地公安消防部门组织的集中培训，并登记备案。消防控制室值班操作人员应定期接受培训，重点学习建筑消防设施操作及火灾应急处置等内容。单位员工在入职、转岗等时间节点以及每半年必须参加消防知识培训，掌握场所火灾危险性，会报火警、会扑救初起火灾、会组织逃生和自救。

（十五）建设微型消防站。超大城市综合体应当提高微型消防站建设标准和要求，设置满足需要的专（兼）职消防队员，配备战斗服、防毒防烟面具、灭火器具等装备器材，组织开展经常性实战训练，主动联系辖区消防中队开展业务强化训练。组织发动员工、安保人员作为兼职消防队员，分层、分区域设立最小灭火单元，建立应急通讯联络机制，确保任何位置发生火情，3 分钟内有力量组织扑救。微型消防站应至少每季度开展 1 次消防演练，提高扑救初起火灾能力。

（十六）制定预案并组织演练。超大城市综合体产权单位、委托管理单位应制定整栋建筑的灭火应急疏散预案，主动与辖区消防中队联系，每年至少开展 1 次联合消防演练。各经营主体、使用单位应针对营业和非营业时段分别制定应急疏散预案，分区、分层细化优化疏散路线，明确各防火分区或楼层的应急疏散引导员，每半年至少组织开展 1 次演练。

五、扎实做好灭火应急救援准备

（十七）加强熟悉演练。各公安消防总队、支队要组织有关专家对辖区超大城市综合体进行灭火救援风险评估，组织消防官兵开展调查摸底与熟悉演练，使官兵熟练掌握建筑结构、功能布局、防火分区、重点部位、疏散路线、消防设施等，修订完善灭火救援预案。要与单位员工共同形成战时灭火救援、人员疏散、设备保障和医疗后勤等工作小组，定期开展演练。总队、支队每年要组织所属部队与社会联动力量联合开展实地实装演练，提高协同处置能力。

（十八）开展实战训练。各公安消防总队、支队要强化指挥员培训，建立完善指挥员能力考评体系，提高专业指挥水平。要针对超大城市综合体建筑火灾特点，充分利用建筑和模拟训练设施开展实战化训练，提高官兵高温浓烟适应、精准侦察判断、快速救人灭火、有效设防堵截、破拆排烟散热、班组协同内攻、无线组网通信等能力。要加强灭火救援技战术研究，制定超大城市综合体建筑火灾处置指挥规程，明确力量编成、内攻时机、固定设施应用、排烟散热、阵地设置、紧急避险等程序和要求。

（十九）强化战勤保障。各公安消防总队、支队要加强大流量、大功率灭火、排烟、破拆、供水、高喷等特种消防车辆装备配备，加大高性能空气呼吸器等个人防护装备以及单兵三维追踪定位系统、侦察与灭火机器人等先进技术装备研发配备，并根据实际需求加快推进大型工程机械配备，积极探索组建大跨度大空间建筑火灾扑救专业队伍，提高攻坚打赢能力。

（二十）提升综合应急处置能力。各公安消防总队、支队要建立完善与超大城市综合体、相关应急部门、技术专家和专业力量的联勤联动机制，全面掌握辖区大型工程机械设备和应急物资储备情况，确保战时调集及时、保障到位。一旦发生险情，要提高火警调派等级，加强第一出动，按作战编成一次性调足灭火救援力量，全勤指挥部要遂行作战，参战官兵要准备把握战机，科学施救，安全高效处置，切实做到“灭早、灭小、灭初期”。

公安部消防局

2016年4月25日

安徽省人民政府办公厅关于印发安徽省绿色建筑行动实施方案的通知

皖政办〔2013〕37号

各市、县人民政府，省政府各部门、各直属机构：

经省政府同意，现将省住房城乡建设厅制订的《安徽省绿色建筑行动实施方案》印发给你们，请结合实际，认真贯彻落实。

安徽省人民政府办公厅
2013年9月24日

安徽省绿色建筑行动实施方案

绿色建筑是在建筑的全寿命期内，最大限度地节约资源、保护环境和减少污染，为人们提供健康、适用和高效的使用空间，与自然和谐共生的建筑。开展绿色建筑行动，对转变城乡建设模式，破解能源资源瓶颈约束，改善群众生产生活条件，具有十分重要的意义。根据《国务院办公厅关于转发发展改革委、住房城乡建设部绿色建筑行动方案的通知》（国办发〔2013〕1号）要求，结合我省实际，制定本实施方案。

一、总体要求

把生态文明融入城乡建设的全过程，树立全寿命周期理念，切实转变城乡建设模式，提高资源利用效率，合理改善建筑舒适度，全面推进绿色建筑行动，推动我省城乡建设走上绿色、循环、低碳的科学发展轨道，加快建设资源节约型和环境友好型社会。

二、主要目标

“十二五”期间，全省新建绿色建筑1000万平方米以上，创建100个绿色建筑示范项目和10个绿色生态示范城区。到2015年末，全省20%的城镇新建建筑按绿色建筑标准设计建造，其中，合肥市达到30%。到2017年末，全省30%的城镇新建建筑按绿色建筑标准设计建造。

三、重点任务

（一）进一步强化建筑节能工作。

1. 提升新建建筑节能标准执行率。加强建筑节能产品、技术市场和施工现场的监督管理，不断提高城镇建筑设计和施工阶段建筑节能标准执行率。鼓励有条件的地区和政府投资的公益性建筑执行更高能效水平的建筑节能标准。

2. 推进既有建筑节能改造。建立完善既有建筑节能改造工作机制，国家机关既有办公建筑、政府投资和以政府投资为主的既有公共建筑未达到民用建筑节能强制性标准的，应当制定节能改造方案，按规定报送审查后开展节能改造。旧城区改造、市容整治、老旧小区综合整治、既有建筑抗震加固、围护结构装修和用能系统更新，应当同步实施建筑节能改造。鼓励采取合同能源管理模式进行公共建筑节能改造。

3. 加快可再生能源建筑规模化发展。推动太阳能、浅层地能、生物质能等可再生能源规模化应用，在适宜推广地区开展可再生能源建筑应用集中连片建设，加快推动美好乡村可再生能源建筑应用。建筑面积在1万平方米以上的公共建筑，应当至少利用1种可再生能源。具备太阳能利用条件的新建建筑，应当采用太阳能热水系统与建筑一体化的技术设计、建造和安装。

4. 加强公共建筑节能管理。建立住房城乡建设领域重点用能单位能源统计制度，建设公共建筑和公共机构能耗数据库及监测平台，完善公共建筑和公共机构能耗统计、能源审计和能耗公示制度。新建国家机关办公建筑和大型公共建筑应安装用能分项计量装置，强化建筑用能系统监测数据传输管理。开展大型公共建筑能耗限额管理试点，探索超限额用能用电差别化定价机制。加强建筑施工过程能耗监管，完善住房城乡建设领域重点用能单位能源统计工作，确保到“十二五”末，全省建筑业单位增加值能耗比“十一五”末下降10%。

（二）大力执行绿色建筑标准。推动公共建筑率先执行绿色建筑标准，其中公共机构建筑和政府投资的学校、医院等公益性建筑以及单体超过2万平方米的大型公共建筑要全面执行绿色建筑标准。鼓励各地保障性住房按绿色建筑标准建设，自2014年起，合肥市保障性住房全部按绿色建筑标准设计、建造。积极引导房地产项目执行绿色建筑标准，推动绿色住宅小区建设。

（三）积极推进绿色农房建设。住房城乡建设、农业等部门要加强农村村庄建设整体规划管理，针对不同类型村镇，编制农村住宅绿色建设和改造推广图集、村镇绿色建筑技术指南等，免费提供技术服务。大力推广太阳能热利用、围护结构保温隔热、省柴节煤灶等农房节能技术，科学引导农房执行建筑节能标准。

（四）深入开展绿色生态城区建设。省住房城乡建设厅制定出台安徽省绿色生态城区建设技术导则，指导各地做好城乡建设规划与区域能源规划的衔接，优化能源系统集成利用。加快绿色生态城区规划建设，建立包括绿色建筑比例、生态环保、公共交通、可再生能源利用、土地集约利用、再生水利用、废弃物回收利用等内容的指标体系，将其纳入控制性详细规划、修建性详细规划和专项规划，并落实到具体项目。

（五）加快推广适宜技术。开展绿色建筑共性和关键技术研究，探索符合我省实际的绿色建筑技术路线。加快编制安徽省绿色建筑技术指南和适宜技术推广目录，因地制宜推广可再生能源建筑一体化、屋面（立体）绿化、自然采光、自然通风、遮阳、高效空调、雨水收集、中水利用、隔音等成熟技术。

（六）大力发展绿色建材。因地制宜、就地取材，结合当地气候特点和资源禀赋，大力发展安全耐久、节能环保、施工便利的绿色建筑材料。加快发展防火隔热性能好的建筑保温体系和材料以及节能新型墙体材料，积极推广应用高性能混凝土、高强钢筋、散装水泥、预拌混凝土、预拌砂浆。建立绿色建材产品认证制度，编制安徽省绿色建材产品目录，强化绿色建材产品质量监督。

（七）推动建筑工业化。加快建立建筑工业化的设计、施工、部品生产等标准体系，积极推广适合工业化生产的预制装配式混凝土、钢结构等建筑体系，推进绿色施工。开展建筑工业化综合城市试点工作，努力提升建筑工业化应用率，试点城市保障性住房应率先采用建筑工业化方式建造。积极推行住宅全装修，鼓励新建住宅一次装修到位或菜单式装修，促进个性化装修和产业化装修相统一。

（八）严格建筑拆除管理。加强城市规划管理，维护规划的严肃性和稳定性。除基本的公共利益需要外，任何单位和个人不得随意拆除符合城市规划和工程建设标准且在正常使用寿命内的建筑。对违规拆除行为，要依法依规追究有关单位和人员的责任。住房城乡建设部门要研究制定建筑拆除的相关管理制度。

（九）推进建筑废弃物循环利用。严格落实建筑废弃物处理责任制，按照“谁产生、谁负责”的原则进行建筑废弃物的收集、运输和处理。加强建筑废弃物的分类、破碎、筛分等技术研发，推广利用建筑废弃物生产新型墙材产品。推行建筑废弃物集中处理和分级利用，设区城市要因地制宜设立专门的建筑废弃物集中处理基地。

四、保障措施

（一）严格责任落实。省政府将绿色建筑行动目标完成情况和措施落实情况纳入各市政府节能目标责任评价考核体系。成立由省住房城乡建设厅牵头，省有关部门组成的绿色建筑行动协调小组，负责研究制定全省绿色建筑行动年度工作计划，协调解决工作中的重大问题。发展改革部门要严格落实固定资产投资项目节能评估审查制度，强化对公共建筑项目执行绿色建筑标准情况的审查。住房城乡建设部门要强化绿色建筑项目规划设计及施工图审查，严肃查处违反工程建设标准和建筑材料不达标等行为。财政、税务部门要落实税收优惠政策，鼓励房地产开发商建设绿色建筑，引导消费者购买绿色住宅。各地要强化对绿色建筑行动的组织领导和统筹协调。

（二）加强政策扶持。省财政厅要加大投入力度，支持绿色建筑及绿色生态城区建设。省国土资源厅要研究制定促进绿色建筑发展在土地转让方面的政策。省科技厅要设立绿色建筑科技发展专项，组织开展绿色建筑科技研究，加快绿色建筑研究、创新载体建设。改进和完善对绿色建筑的金融服务，金融机构对绿色建筑的消费贷款利率可下浮0.5%、开发贷款利率可下浮1%。鼓励各地结合实际，对绿色建筑行动实行奖补，制定城市配套费减免等政策，研究容积率奖励等政策，在土地招拍挂出让规划条件中明确绿色建筑的建设用地比例。省有关部门在组织“黄山杯”、“鲁班奖”、勘察设计奖、科技进步奖等评选时，对取得绿色建筑评价标识的项目应优先入选或优先推荐。

（三）强化能力建设。加快完善绿色建筑设计、检测、星级评价标准规范，制定绿色建筑工程定额和造价标准，推进绿色建筑示范项目及政府投资的公益性建筑开展能效测评及绿色建筑评价标识工作。支持高等院校、科研院所、设计咨询企业等开展绿色建筑科研攻关，加强建筑规划、设计、施工、评价、运行等从业人员培训，开展绿色建筑规划和设计方案竞赛，组织绿色建筑创新奖评选，加快提升城乡生态规划和绿色建筑设计水平。

（四）推进示范引导。启动一批绿色生态城区示范建设和绿色校园、绿色医院、绿色办公建筑等示范项目，重点推进公共机构建筑和政府投资的公益性建筑、保障性住房等开展示范建设。鼓励有条件的地方开展绿色小城镇示范建设，推进既有城区的绿色改造。

各地、各有关部门要按照本方案的部署和要求，尽快制定相应的绿色建筑行动工作方案，加强统筹协调，狠抓工作落实，推动城乡建设模式和建筑业发展方式加快转变，努力推进生态强省建设。

安徽省人民政府办公厅关于加快推进建筑产业现代化的指导意见

皖政办〔2014〕36号

各市、县人民政府，省政府各部门、各直属机构：

建筑产业现代化是指采用标准化设计、工业化生产、装配式施工和信息化管理等方式来建造和管理建筑，将建筑的建造和管理全过程联结为完整的一体化产业链。推进建筑产业现代化有利于节水节能节地节材，降低施工环境污染，提高建设效率，提升建筑品质，带动相关产业发展，推动城乡建设走上绿色、循环、低碳的发展轨道。为加快推进我省建筑产业现代化发展，经省政府同意，现提出以下指导意见：

一、总体要求

以工业化生产方式为核心，以预制装配式混凝土结构、钢结构、预制构配件和部品部件、全装修等为重点，通过推动建筑产业现代化，推进建筑业与建材业深度融合，切实提高科技含量和生产效率，保障建筑质量安全和全寿命周期价值最大化，带动建材、节能、环保等相关产业发展，促进建筑业转型升级。

二、主要目标

到2015年末，初步建立适应建筑产业现代化发展的技术、标准和管理体系，全省采用建筑产业现代化方式建造的建筑面积累计达到500万平方米，创建5个以上建筑产业现代化综合试点城市；综合试点城市当年保障性住房和棚户区改造安置住房采用建筑产业现代化方式建造比例达到20%以上，其他设区城市以10万平方米以上保障性安居工程为主，选择2—3个工程开展建筑产业现代化试点。

到2017年末，全省采用建筑产业现代化方式建造的建筑面积累计达到1500万平方米；创建10个以上建筑产业现代化示范基地、20个以上建筑产业现代化龙头企业；综合试点城市当年保障性住房和棚户区改造安置住房采用建筑产业现代化方式建造比例达到40%以上，其他设区城市达到20%以上。

2015年起，保障性住房和政府投资的公共建筑全部执行绿色建筑标准。在新建住宅中大力推行全装修，合肥市全装修比例逐年增加不低于8%，其他设区城市不低于5%，鼓励县城新建住宅实施全装修。到2017年末，政府投资的新建建筑全部实施全装修，合肥市新建住宅中全装修比例达到30%，其他设区城市达到20%。

三、重点任务

（一）建立健全标准体系。以预制装配式混凝土（PC）和钢结构、预制构配件和部品部件等为重点，加快制定建筑产业现代化项目设计、生产、装配式施工、竣工验收、使用维护、评价认定等环节的标准和规范，健全工程造价和定额体系，提高部品部件的标准化水平，加快完善建筑产业现代化产品质量保障体系。制定新建住宅全装修技术和质量验收标准，完善设计、施工、验收技术要点，确保质量和品质。

（二）大力培育实施主体。引进国内外建筑产业现代化优势企业，吸收推广先进技术和管理经验，带动省内相关建筑业企业发展。支持引导省内建筑业企业整合优化产业资源，向建筑产业现代化方向发展，研究和建立企业自主的技术体系和建造工法。推广工程项目总承包和设计施工一体化，扶持一批创新能力强、机械化和装配化水平高的技术研发、设计、生产、施工龙头企业组成联合体，加快形成适应建筑产业现代化发展的产业集团。大力发展建筑产业现代化咨询、监理、检测等中介服务机构，完善专业化分工协作机制。

（三）加快发展配套产业。大力发展构配件和部品部件产业，完善研发、设计、制造、安装产业链，引导大型商品混凝土生产企业、钢材及传统钢结构生产企业加快技术改造，调整产品和工艺装备结构，向构配件和部品部件生产企业转型。围绕建筑产业现代化，积极发展设备制造、物流、绿色建材、建筑机械、可再生能源等相关产业，培育一批具有自主知识产权的品牌产品和重点企业。大力推进建筑产业现代化基地建设，形成完善的产业链，促进产业集聚发展。

（四）大力实施住宅全装修。加快推进新建住宅全装修，在主体结构设计阶段统筹完成室内装修设计，大力推广住宅装修成套技术和通用化部品体系，减少建筑垃圾和粉尘污染。引导房地产企业以市场需求为导向，提高全装修住宅的市场供应比重。推广菜单式装修模式，推出不同价位的装修清单，满足消费者个性化需求。合理确定不同类型保障性住房装修标准，保障性住房、建筑产业现代化示范项目全部实施全装修。房地产开发项目未按土地出让合同要求实施全装修的，不予办理竣工备案手续。实施住宅全装修分户验收制度，落实保修责任，切实保障消费者利益。

（五）加强科技创新推广。积极创建国家级建筑产业现代化研发推广展示中心，培养一批建筑产业现代化研发团队，支持高等院校、科研院所以及设计、施工等企业，围绕预制装配式混凝土结构、钢结构、全装修的先进适用技术、工法工艺和产品开展科研攻关，集中力量攻克关键材料、关键节点连接、钢结构防火防腐、抗震等核心技术，突破技术瓶颈，提升成果转化和技术集成水平。大力推广外遮阳、墙体保温一体化、厨卫一体化、可再生能源一体化等先进适用技术，以及叠合楼板、非砌筑类内外墙板、楼梯板、阳台板、雨棚板、建筑装饰部件、钢结构、轻钢结构等构配件和部品部件，不断提升应用比例。

（六）健全监管服务体系。加强管理制度建设，根据建筑产业现代化生产特点，创新项目招标、施工组织、质量安全、竣工验收等管理模式，建立结构体系、现场装配与施工、部品部件与整体建筑评价认证制度和资质审批认证制度，健全检验检测体系。实施建筑产业现代化构配件和部品部件推广目录管理制度，定期发布推广应用、限期使用和强制淘汰的建筑产业现代化技术、工艺、材料、设备目录，引导市场消费。建立建筑产业现代化全过程管理信息系统，实现建筑构配件和部品部件全过程的追踪、定位和维护，提升建筑产业现代化工程质量。加快培育建筑节能服务市场，建立健全建筑节能监管体系，建设省建筑能耗监管数据中心，不断提高建筑能源利用效率。

四、保障措施

（一）加强组织领导。省政府将建筑产业现代化工作纳入各市政府节能目标责任评价考核体系，建立由省住房城乡建设厅牵头、省有关部门参加的推进建筑产业现代化联席会议制度，负责研究制定全省建筑产业现代化发展规划和实施计划，协调解决工作推进中的重大问题，联席会议办公室设在省住房城乡建设厅。省住房城乡建设厅要组建专家委员会，指导编制行业发展规划和标准规范，加强对各地建筑产业现代化工作的技术指导。各市、县政府要根据当地实际，加强对建筑产业现代化工作的组织领导和统筹协调。

（二）落实扶持政策。采用建筑产业现代化方式建造的建筑享受绿色建筑扶持政策，符合条件的建筑产业现代化企业享受战略性新兴产业、高新技术企业和创新型企业扶持政策。省财政厅整合绿色建筑、产业发展、科技创新与成果转化、外经外贸、节能减排、人才引进与培训等专项资金，支持建筑产业现代化发展；会同省人力资源社会保障厅等部门制定出台建筑产业现代化工程工伤保险费计取优惠政策，按照国家部署加快推进建筑产业现代化构配件和部品部件生产装配环节营业税改征增值税试点。省科技厅每年从科技攻关计划中安排科研经费，用于支持建筑产业现代化关键技术攻关以及设计、标准、造价、工法、建造技术研究。鼓励高等院校、科研院所、企业等开展建筑产业现代化研究，符合条件的可享受相关科技创新扶持政策。省经济和信息化委加大建筑产业现代化产品推广力度，对预制墙体部分认定为新型墙体材料并享受有关优惠政策。省国土资源厅研究制定促进建筑产业现代化发展的差别化用地政策，在土地计划保障等方面予以支持。省物价局研究完善建筑产业现代化项目的设计收费政策。鼓励金融机构对建筑产业现代化产品的消费贷款和开发贷款给予利率优惠，开发适合建筑产业现代化发展的金融产品，支持以专利等无形资产作为抵押进行融资。

各地要结合实际，研究制定对建筑产业现代化及新建住宅全装修项目实行奖补、全装修部分对应产生的营业税和契税给予适当奖励等政策。在符合法律法规和规范标准的前提下，对建筑产业现代化及新建住宅全装修项目研究制定容积率奖励政策，具体奖励事项在地块招标出让条件中予以明确。土地出让时未明确但开发建设单位主动采用建筑产业现代化方式建造的房地产项目，在办理规划审批时，其外墙预制部分建筑面积（不超过规划总建筑面积的3%）可不计入成交地块的容积率核算。对采用建筑产业现代化方式建造的商品房项目，在办理《商品房预售许可证》时，允许将装配式预制构件投资计入工程建设总投资额，纳入进度衡量。各地在制定年度土地供应计划时，应明确采用建筑产业现代化方式建造和实施住宅全装修建筑的面积比例。对确定为采用建筑产业现代化方式建造和实施住宅全装修的项目，应在项目土地出让公告中予以明确，并将预制装配率、住宅全装修等内容列入土地出让和设计施工招标条件。

（三）推进示范带动。开展建筑产业现代化省级综合试点城市创建工作，支持产业基础良好、创建意愿较强的地方争创国家级建筑产业现代化综合试点城市。开展建筑产业现代化示范园区创建工作，辐射带动周边地区发展。各地要以保障性住房等政府投资项目和绿色建筑示范项目为切入点，全面开展建筑产业现代化试点和新建住宅全装修示范工作，新开工的保障性住房和棚户区改造安置住房要大力推广应用预制叠合楼板、预制楼梯、阳台板、空调板和厨卫一体化等部品部件，鼓励采用工业化程度较高的结构体系。积极引导房地产开发项目采用建筑产业现代化方式建造和实施全装修，推动企业在设计理念、技术集成、居住形态、建造方式和管理模式等方面实现根本性转变。

（四）强化培训宣传。加强建筑产业现代化设计、构配件和部品部件生产以及施工、管理、评价等从业人员培训，将相关政策、技术、标准等纳入建设工程注册执业人员继续教育内容，大力培养适应建筑产业现代化发展需求的产业工人，提高设计、生产、建造能力。充分发挥新闻媒体和行业协会作用，加强对企业和消费者的宣传，提高建筑产业现代化产品和新建住宅全装修在社会中的认同度，为推进建筑产业现代化发展营造良好氛围。

安徽省人民政府办公厅

2014年12月3日

安徽省关于在保障性住房和政府投资公共建筑全面推进绿色建筑行动的通知

建科〔2015〕140号

各市住房城乡建设委（城乡建设委）、发展改革委、财政局、机关事务管理局，广德、宿松县住房城乡建设委（局）、发展改革委、财政局、机关事务管理局：

为贯彻落实《安徽省人民政府办公厅关于印发安徽省绿色建筑行动实施方案的通知》（皖政办〔2013〕37号）和《安徽省人民政府办公厅关于加快推进建筑产业现代化的指导意见》（皖政办〔2014〕36号）有关要求，决定在全省保障性住房和政府投资公共建筑全面推进绿色建筑行动，现通知如下：

一、充分认识在保障性住房和政府投资公共建筑建设全面推进绿色建筑行动的重要意义

保障性住房是政府投资或政府主导的项目，是民生工程的重要载体；政府投资公共建筑建设体量大、运行能耗高、示范效应高，在保障性住房和政府投资公共建筑全面推进绿色建筑行动，是深入推进绿色建筑发展的必然途径，对提高资源能源使用效率，缓解资源能源供需紧张的矛盾，减少污染物排放，提高建筑空间健康、舒适程度，改善人居环境具有十分重要的意义。2015年起，全省保障性住房和政府投资公共建筑全面执行绿色建筑标准。各地、各部门要把握新型城镇化和加快保障性住房建设的历史机遇，在城乡建设过程中牢固树立绿色发展理念，深入推动生态文明建设，坚持以人为本，着力推进绿色建筑规模化发展，使绿色建筑更多地惠及民生。切实增强抓好工作的责任感与使命感，推动我省城乡建设走上绿色、循环、低碳的科学发展轨道，促进经济社会全面、协调、可持续发展。

二、强化过程监管

（一）严格固定资产投资项目管理

1. 各级发展改革部门要严格按照国务院和省政府关于投资体制改革的有关要求，加强对保障性住房和政府投资公共建筑项目的审批管理，在初步设计方案审查和节能审查时落实绿色建筑的有关要求，严格执行绿色建筑标准规范，并将绿色建筑增量成本列入投资概算。对未进行初步设计方案审查及节能审查，或审查未获批准的项目，发展改革部门不予审批、核准。

2. 各级机关事务管理部门要严格对本级政府投资公共建筑执行绿色建筑标准的建设、运营管理。将绿色建筑标准要求纳入审查范围，制定本级政府投资公共建筑中绿色建筑的运营管理制度，并监督实施。

3. 各级财政部门应完善绿色建筑激励机制，深化示范效应。以绿色保障性住房和政府投资公共建筑为重点，整合有关专项资金，充分发挥省级绿色建筑以奖代补资金杠杆撬动作用，促进绿色建筑发展。

（二）强化规划建设过程管理

1. 各级城市规划主管部门应加强对保障性住房和政府投资公共建筑项目规划审批管理，完善规划审查制度。就保障性住房和政府投资公共建筑项目的设计方案是否符合绿色建筑标准征求同级住房城乡建设主管部门意见。

2. 各级建设工程招投标监督机构要加强招标文件审核备案监管。对保障性住房和政府投资公共建筑在组织设计、施工、监理单位招标以及建筑工程设备、材料、产品等招标采购过程中，应在招标文件中明确绿色建筑相关要求内容，并在相关协议、合同中确认。

3. 各级住房城乡建设主管部门要加强施工许可、合同备案、质量安全、行政执法等各个环节的监管，对保障性住房和政府投资公共建筑执行绿色建筑标准情况进行监督检查。在项目建设期间，对存在随意变更绿色建筑设计要求的，要责令改正，对违反相关管理制度和工程建设强制性标准等问题，要追究责任，依法处理；对施工图设计审查不合格的项目，不得颁发施工许可证；对施工未达到绿色建筑设计要求的项目，不得进行竣工验收备案。按规定进行绿色建筑设计、施工并竣工验收合格的建筑项目可认定为绿色建筑，不再进行专门评价。鼓励建设、运行水平高的建筑项目申请高星级绿色建筑设计评价标识及运行标识，鼓励采用建筑产业现代化等建设模式和使用绿色建材。

三、明确建设各方主体责任

（一）建设单位责任。建设单位在编制项目建议书、可行性研究报告，以及组织设计、施工、监理单位招标和建筑工程设备、材料、产品等招标采购过程中，应落实发展绿色建筑有关要求，严格执行绿色建筑标准规范，明确绿色建筑星级，将绿色建筑有关成本纳入投资估算。对设计变更中涉及绿色建筑部分的，建设单位应重新提交施工图审查和备案，未备案和备案未通过的项目，不得开工建设。在提交竣工验收报告时，建设单位应明确绿色建筑方面的验收意见，组织勘察设计、施工、监理单位对项目绿色建筑实施情况作出专篇说明，报当地住房城乡建设主管部门审核后进行工程竣工验收。

（二）设计单位责任。设计单位应当按照《民用建筑绿色设计规范》、《绿色建筑评价标准》及《安徽省居住建筑节能设计标准》、《安徽省公共建筑节能设计标准》等有关标准，进行绿色建筑设计，并编写绿色建筑设计专篇。鼓励根据项目特点，进行精细化设计，注重被动式绿色建筑技术的集成与应用，优先选用绿色建筑技术及产品。

（三）施工图审查单位责任。施工图审查单位应当依照《安徽省绿色建筑施工图审查要点（试行）》、绿色建筑设计标准对绿色建筑设计专篇所列内容进行逐项审查，并在审查意见中明确给出绿色建筑设计方面合格与否的结论。未经审查或审查不合格的，施工图审查机构不得通过施工图设计文件审查。

（四）施工单位责任。施工单位应当依据《安徽省建筑工程绿色施工技术导则》，按照经施工图审查机构审查合格的施工图设计文件编制绿色施工组织方案，明确绿色施工措施，严格落实有关绿色建筑施工管理要求。绿色施工组织方案经监理单位审查合格后方可执行。

（五）监理单位责任。监理单位应依据《安徽省绿色建筑工程监理导则》，绿色建筑设计文件及相关标准规范要求，对施工单位提交的绿色施工组织方案进行审查，并出具审查意见。监理单位应制定监理方案，按照绿色建筑标准对施工全过程进行监督检查及验收评价。对未按绿色施工组织方案组织施工的项目，监理单位不得出具建设工程竣工验收报告。

（六）检测单位责任。检测单位应根据项目特点、所在地气候、建筑类型、现场条件等确定绿色建筑检测项目、检测方法和检测数量。检测单位应严格执行绿色建筑评价标准，对相应性能的实际状况进行评判，对检测结果进行判定。依据《绿色建筑检测技术标准》，对申请绿色建筑运行评价标识的项目进行检测。对未进行绿色建筑检测的运行项目，建设主管部门不予受理绿色建筑运行标识评价。

四、严格组织保障

各地要健全绿色建筑行动协调机制，加强组织领导和统筹协调，并积极完善相关保障措施，解决推进工作中的问题。住房城乡建设部门要制定切实可行的工作方案和年度工作计划，发展改革、财政、机关事务管理部门要按照职责分工，积极配合，确保各项工作落到实处。广泛开展形式多样的宣传教育活动，加大相关政策措施和实施效果的宣传力度，使绿色建筑更多地惠及民生。

省有关部门优先将绿色保障性住房和政府投资公共建筑列入省级绿色建筑示范项目，在节能减排专项检查、大气污染防治专项检查中将此列入考核体系。

安徽省住房和城乡建设厅

安徽省发展和改革委员会

安徽省财政厅

安徽省机关事务管理局

2015 年 7 月 3 日

关于印发推进浅层地热能在建筑中规模化应用实施方案的通知

建科〔2015〕276号

各市、县人民政府，省政府有关部门：

《推进浅层地热能在建筑中规模化应用实施方案》已经省政府同意，现印发给你们，请结合实际，认真贯彻执行。

安徽省住房和城乡建设厅
安徽省发展和改革委员会委
安徽省财政厅
安徽省国土资源厅
2015年12月8日

推进浅层地热能在建筑中规模化应用实施方案

浅层地热能是指蕴藏于地表下200米以内浅层岩土体、地下水和地表水中，具有开发利用价值的热能资源，是一种储量大、分布广的可再生能源。通过使用地源热泵空调技术，采集浅层地热能为建筑供暖、制冷，可有效降低化石能源消耗，减少污染排放，是促进建筑节能减排的重要措施之一。我省属于夏热冬冷地区，建筑供暖、制冷负荷基本相近，符合浅层地热能应用地下热平衡要求，适宜在建筑中规模化应用。为加快推广应用浅层地热能，引领绿色低碳的生产生活方式，推动生态文明建设，制定本方案。

一、总体要求

以调整建筑用能结构、促进节能减排为目标，坚持“政府引导、市场主导，因地制宜、示范推进”的原则，积极发展土壤源、地表水源（含江、河、湖泊等）热泵，鼓励发展再生水源（含污水、工业废水等）热泵，加快培育浅层地热能设备制造、节能服务等相关产业。率先在政府投资的公共建筑中示范应用，引导社会投资的公共建筑和居住建筑广泛应用，实现浅层地热能在建筑中规模化应用，促进我省城乡建设绿色发展。

二、发展目标

1. 示范引领阶段（2015—2016 年）。完善配套政策、标准体系，开展试点示范，新增浅层地热能建筑应用面积 400 万平方米。

2. 整体提升阶段（2017—2018 年）。强化设计施工、系统集成能力建设，推动设备制造、节能服务等产业发展，新增应用面积 600 万平方米。

3. 规模化应用阶段（2019—2020 年）。形成完善的浅层地热能开发利用产业支撑和技术服务体系，实现可持续发展，新增应用面积 1000 万平方米，形成年常规能源替代能力约 50 万吨标准煤，年减排二氧化碳约 125 万吨。

三、重点任务

（一）开展浅层地热能资源详查与应用评价。加快推进设区市和重点县的浅层地热能普查勘探和评价，提高勘查精度，摸清全省浅层地热能资源分布和可开发利用潜力，建立浅层地热能资源信息监测系统，提高开发利用保障能力。在皖北、江淮地区等地质条件较好的区域优先发展土壤源热泵系统，在长江、淮河、巢湖、新安江等流域积极发展地表水源热泵系统，支持在城市污水处理厂、主管网周边开展再生水源热泵系统应用试点。

（二）加大浅层地热能在新建建筑中推广力度。县级以上政府应结合当地资源条件，制定浅层地热能建筑应用发展规划，并将浅层地热能建筑应用指标纳入控制性详细规划及修建性详细规划。民用建筑工程项目进行可行性研究时，应对能源利用条件进行综合评估，编制能源应用专项方案，提高浅层地热能在新建建筑用能中的比例。重点推动政府投资的公共建筑率先应用地源热泵技术进行供暖制冷。单体建筑面积 2 万平方米以上且有集中供暖制冷需求的，应采用地源热泵系统（浅层地热能应用条件不适宜的工程除外）。引导社会投资的 1 万平方米以上的酒店、商场等公共建筑优先采用地源热泵系统。鼓励有集中供暖制冷需求的居住建筑采用地源热泵系统。

（三）推动既有建筑应用地源热泵技术开展空调系统改造。既有国家机关办公建筑、政府投资和以政府投资为主的公益性建筑以及大型公共建筑，优先采用地源热泵系统进行空调节能改造。鼓励具备应用条件的地区在旧城改造、既有建筑节能改造工程中，同步推广应用地源热泵系统。鼓励集中供热效率低的既有居住建筑，采用地源热泵系统进行节能改造。

（四）鼓励应用浅层地热能建设分布式能源站。在浅层地热能资源条件适宜地区，鼓励建设浅层地热能分布式能源站，实现区域内建筑群生活热水、供暖、制冷集中供给，提升能源利用效率。支持绿色生态示范城区、城市新区率先开展试点示范，探索适合浅层地热能开发利用的规模化、商业化建设运营模式。

（五）加大关键技术研发力度。推动科研院所、高校和企业联合建立产学研用相结合的技术创新体系，加快浅层地热能开发利用关键技术研发，重点对新型高效换热器、高性能管网材料、地埋管施工技术和中深层地热能梯级利用等进行攻关。制定并发布浅层地热能建筑应用技术、产品、设备推荐目录，加强浅层地热能建筑应用技术标准编制研究，完善标准体系和工程造价体系。

（六）推广合同能源管理模式。鼓励采用合同能源管理模式开展浅层地热能建筑应用工程建设，引导社会资金投入，解决浅层地热能建筑应用初期投资大的问题，提升工程建设质量和运行水平，降低建设单位、用能单位的经济、技术风险。浅层地热能建筑应用工程原则上应实行建设、运营一体化模式，不断完善节能服务公司、建设单位、系统供应商的利益共享机制，探索区域能源系统特许经营等市场化推广机制，促进节能服务产业加快发展。

（七）推进浅层地热能产业发展。结合浅层地热能建筑应用示范项目建设，加快关键技术产业化进程。依托传统空调设备制造企业，扶持一批拥有自主知识产权的浅层地热能设备生产、技术集成企业。支持具有较好产业基础的城市开展浅层地热能产业基地创建工作，培育一批省级产业化基地。

四、保障措施

（一）严格责任落实。省政府将浅层地热能建筑应用纳入对各市政府及省有关部门的节能目标责任评价考核体系。住房城乡建设部门负责制定浅层地热能建筑应用专项规划、政策措施和技术标准并负责组织实施，会同机关事务管理、教育、商务、旅游等部门做好浅层地热能建筑应用推广工作。国土资源部门负责开展浅层地热能资源详查和评价。发展改革部门负责落实固定资产投资项目节能评估审查制度。各市、县政府加强对本地区浅层地热能建筑应用的协调、指导、推进等工作。

（二）加强政策扶持。政府投资的公共建筑项目应用浅层地热能所需投资纳入工程投资概算。省财政厅、省住房城乡建设厅将浅层地热能建筑应用项目纳入省级绿色建筑专项资金奖补范围。鼓励金融机构创新金融产品，对浅层地热能设备制造、系统集成、节能服务企业提供信贷支持。鼓励各地结合实际，出台支持浅层地热能建筑应用的具体措施。

（三）强化项目监管。严格执行《地源热泵系统工程技术规程》（DB34/1800—2012）等标准规范，加强对浅层地热能建筑应用项目资源评估、规划设计、施工、运行的全过程管理。浅层地热能建筑应用项目进行建筑节能专项审查和验收时，应同步对浅层地热能工程进行审查和验收，重点加强对地源热泵系统钻井、埋管、回填等工程质量的监管。浅层地热能建筑应用项目应按照相关规范进行能效测评和在线监测，定期开展系统维护，确保运行效果。

（四）抓好宣传培训。充分利用报纸、电视、网络等媒体，通过展览展示、示范体验等方式，大力宣传浅层地热能建筑应用的意义，积极营造良好社会氛围。将浅层地热能建筑应用政策法规、标准规范和技术知识，纳入城乡建设领域专业技术人员继续教育重要内容，强化对生产、设计、施工、监理等人员的培训，为浅层地热能建筑在建筑中规模化应用工作提供保障。

关于加快推进钢结构建筑发展的指导意见

建科〔2016〕229号

各市住房城乡建设委（城乡建设委、规划建设委），广德、宿松县住房城乡建设委（局），各有关单位：

钢结构建筑具有工业化程度高、建造周期短、使用寿命长、抗震性能好、可循环利用等优点。加快推进钢结构建筑发展，对于促进城乡建设绿色发展和建筑产业转型升级具有重要的推动作用。为贯彻落实国务院《关于大力发展装配式建筑的指导意见》以及省政府《关于加快推进建筑产业现代化的指导意见》，加快推进全省钢结构建筑发展，现提出以下意见：

一、明确工作目标

在全省城乡建设中大力推广钢结构建筑发展，把安徽省的钢结构建筑产业打造成为中部领先、辐射周边的新兴建筑产业。用3—5年时间，逐步完善政策制度、技术标准和监管体系，培育5—8家具有较强实力的钢结构产业集团，并初步形成具有一定规模的建筑钢结构配套产业集群，建立健全钢结构建筑主体和配套设施从设计、生产到安装的完整产业体系，实现全省规模以上钢结构企业销售产值突破300亿元。“十三五”期间，力争新建公共建筑选用钢结构建筑比例达20%以上，不断提高城乡住宅建设中钢结构使用比例。

二、扩大推广范围

大力推广钢结构在公共建筑和工业建筑中应用，其中重点抗震设防类公共建筑、大型公共建筑、政府投资公共建筑要率先采用钢结构建筑技术，大跨、超高建筑及工业厂房原则上采用钢结构建筑技术；推动市政交通基础设施采用钢结构技术产品，交通枢纽、公交站台、公共停车楼等市政基础设施优先采用钢结构设计建造。积极稳妥推进钢结构住宅项目建设，鼓励保障性住房和棚户区改造安置住房采用钢结构，支持商品住房采用钢结构。探索轻钢结构在旅游度假、农村居民自建住房、危房改造中的推广应用。

三、完善标准技术体系

加快编制钢结构建筑地方标准，支持企业编制标准，鼓励社会组织编制团体标准，促进关键技术和成套技术研究成果转化为标准规范，逐步建立完善覆盖设计、生产、施工和使用维护全过程的装配式建筑标准规范体系。整合高等院校、科研院所、设计单位、钢构企业、建材企业技术能力，提升科研成果转化和技术集成水平。集中力量攻克防火防腐、隔声防水、节点连接、抗震节能等核心技术。推广高强钢、耐候钢等绿色建材在建筑工程中的应用，鼓励施工现场采用螺栓连接，减少现场焊接。

四、提高设计施工能力

推动钢结构建筑设计建造通用化、模数化、标准化，积极应用建筑信息模型技术，提高各专业协同设计能力。支持部品部件生产企业提高自动化和柔性加工技术水平。鼓励施工企业创新施工组织方式，提高部品部件的装配施工连接质量和建筑安全性能。支持施工企业总结编制施工工法，提高装配施工技能。加强对工程技术人员技术培训，鼓励企业与高等院校、职业学校联合办学培养钢结构技术人才，建立装配式建筑省级培训基地。

五、培育产业集群

鼓励钢材和传统钢结构企业加快技术改造、转型升级。引导钢结构部品部件生产企业合理布局，提高产业集聚度，培育一批技术先进、专业配套、管理规范的龙头企业和产业基地。支持鼓励我省具有相应资质的钢结构企业申报对外承包工程资格和援外成套项目实施企业资格。培育形成若干个产业集中度高、规模集聚效益优、区域影响力强的钢结构生产和应用核心城市，辐射带动周边地区。

六、组建产业联盟

组建包括钢结构的省级建筑产业现代化战略联盟，整合钢结构建筑产品投资、研发、设计、生产、施工和销售资源，合力攻关钢结构建筑的关键技术问题，促进钢结构建筑产业链上下游合作，实现人才、技术、信息、市场资源共享，推动钢结构建筑选材、设计、研发、制作、安装、围护、物流、检测、维护、回收一体化建设，促进钢结构建筑产业集聚发展，提升钢结构建筑水平。

七、推行工程总承包

钢结构建筑原则上应采用工程总承包模式和设计施工一体化，可按照技术复杂类工程项目招投标。工程总承包企业对工程质量、安全、进度、造价负总责。支持钢结构企业向工程总承包企业转型。各地要健全与钢结构建筑总承包相适应的发包承包、施工许可、分包管理、工程造价、质量安全监管、竣工验收制度，实现工程设计、部品部件生产、施工及采购的统一管理和深度融合，优化项目管理方式。

八、推进建筑全装修。

实行钢结构建筑装饰装修与主体结构、机电设备协同施工。积极推广标准化、集成化、模块化的装修模式，促进整体厨卫、轻质隔墙等材料、产品和设备管线集成化技术的应用，提高装配化装修水平。

九、健全监管体系

建立适宜钢结构建筑推广应用的设计审图、施工监理、质监验收等环节的导则要点。建立结构体系、现场装配与施工、部品部件与整体建筑评价认证制度，健全检验检测体系，强化防火、防腐等安全环节的检查和验收。建立全过程质量追溯制度，加大抽查抽测力度，严肃查处质量安全违法违规行为。

十、落实扶持政策

支持符合战略性新兴产业、高新技术企业和创新型企业条件的钢构企业享受相关优惠政策。优先推荐钢结构等装配式建筑项目参评“黄山杯”、“鲁班奖”、勘察设计奖、科技进步奖，积极支持钢结构建筑项目参评绿色建筑示范项目，大力扶持钢构企业申报建筑产业现代化示范基地。各地应结合实际，制定落实钢结构建筑在规划审批、工程招投标、基础设施配套等方面的扶持政策。

十一、加强组织实施

各地要因地制宜研究提出发展钢结构建筑的目标任务，完善配套政策，建立各部门协同推进工作机制，强化组织落实。各级住房城乡建设部门要提请地方政府加强对推动钢结构建筑发展的组织领导和统筹协调，主动争取发改、经信、财政、科技等有关部门支持，强化监督检查，督促任务落实。将钢结构建筑发展推进情况纳入对各市住房城乡建设领域节能目标和城市规划建设管理工作监督考核指标体系，每年通报考核结果。

十二、做好宣传引导

各地、有关部门要通过报纸、电视、电台和网络等媒体，大力宣传钢结构建筑应用的重要意义，广泛宣传钢结构建筑的基本知识，促进市场主体参与钢结构建筑的积极性，提高社会公众对钢结构建筑的认知度，营造各方共同关注、支持钢结构建筑发展的良好氛围。

2016年10月19日

关于加快推进全省
国家机关办公建筑和大型公共建筑能耗监测工作的通知

建科〔2017〕77号

各市住房城乡建委（城乡建委、规划建委）、财政局、机关事务管理局、教育局、卫生计生委（局）、质监局，广德县、宿松县住房城乡建委（局）、财政局、机关事务管理局、教育局、卫生计生局、质监局：

为切实加强全省公共建筑节能管理，有效落实“十三五”建筑节能和绿色建筑目标任务，促进城乡建设绿色发展，依据《国务院民用建筑节能条例》、《安徽省民用建筑节能办法》有关规定以及省委省政府《关于进一步加强城市规划建设管理工作的实施意见》等政策要求，现就推进全省国家机关办公建筑和大型公共建筑能耗监测有关工作通知如下：

一、总体要求

（一）主要目标

通过加快推进全省国家机关办公建筑和大型公共建筑能耗监测体系建设，不断提升建筑能源资源利用效率，加快建设领域节能减排，培育发展节能服务产业，促进城乡建设绿色低碳发展。2017年底前，设区城市及省管县建成市（县）级国家机关办公建筑和大型公共建筑能耗监测平台，并实现与省级监测平台互联互通；通过不断完善平台功能、丰富建筑类型、扩大监测范围，实现到2020年底前，全省国家机关办公建筑和大型公共建筑能耗监测全覆盖。

（二）基本原则

——政府推动，多方联动。按照统分结合、权责一致的原则，建立政府主导、部门协作、业主联动、市场参与的多方联动机制，共同推进全省国家机关办公建筑和大型公共建筑能耗监测体系建设。

——互联互通，分级管理。能耗监测数据按照统一标准格式由采集终端向市级平台、再向省级平台逐层传输，确保数据的实时性、一致性和有效性。省、市、站级监测平台根据使用对象、管理权限、功能需求，设置相应查询统计、分析评估等权限，实现能耗数据分级管理。

——循序渐进，全面覆盖。新建国家机关办公建筑和大型公共建筑严格执行用能分项计量装置安装及联网相关要求，同时，有计划分步骤推动既有建筑开展用能分项计量装置安装（改造）及联网工作，逐步实现全省建筑能耗监测全覆盖。

二、重点任务

（一）建设能耗监测平台。按照1个省级平台、18个市（省管县）级平台以及N个高校、医院、商场、宾馆等站级平台的“1＋18＋N”构架，建设覆盖全省的建筑能耗监测平台体系，实现能耗采集、能耗监测、能耗统计以及能耗评估等功能，为行业监管、节能服务、节能改造等提供数据支撑和决策依据。省住房城乡建设厅已完成省级建筑能耗监测平台的建设和调试。各地建设行政主管部门应坚持统筹规划、整合利用的原则，充分依托现有信息系统资源（包括机房环境、服务器硬件设备、平台系统等），参照住房城乡建设部国家机关办公建筑和大型公共建筑能耗监测系统建设验收运行管理、软件开发、数据中心建设与维护等技术规范，建设市级建筑能耗监测平台（实体或虚拟），并实现与省级建筑能耗监测平台有效对接和数据传输。

（二）安装分项计量装置。全省新建国家机关办公建筑和大型公共建筑项目，应参照住房和城乡建设部国家机关办公建筑和大型公共建筑能耗监测系统楼宇分项计量设计安装、分项能耗数据采集与传输等技术导则要求，同步设计和安装水、电、气等建筑用能分类分项计量装置，并联网逐级上传监测数据。既有国家机关办公建筑和大型公共建筑项目，应结合建筑使用功能、用能特点，按计划分年度选取本地区部分机关办公、学校、医院、商场、宾馆等既有公共建筑开展用能分类分项计量装置安装（改造）并逐级联网上传监测数据。

（三）加强系统运维管理。各地要制定本地区国家机关办公建筑和大型公共建筑能耗监测系统运行管理制度，配备专业技术管理人员，并进行岗前培训，定期检查平台运行环境、数据备份等情况，并对运行中系统采集的数据及时汇总、分析、报送。要建立信息反馈机制，发现数据传输异常时尽快与相关单位联系，确保数据传输的稳定性、可靠性和连续性。

（四）促进数据共享利用。建筑能耗监测数据应按照“分级授权”的原则，为各级建筑节能行政主管部门提供用能状况监测和分析，同时，共享作为各级机关事务管理、教育、卫生、旅游、商务等行业主管部门用能状况监测和分析参考。同时，各地应深入挖掘分析和开发利用数据资源，为业主、物业单位以及节能服务企业参与公共建筑节能管理和节能改造工作提供服务保障。

三、保障措施

（一）加强组织领导。各地应高度重视公共建筑节能监管工作，住房城乡建设部门应会同机关事务管理、财政、教育、卫生等部门建立工作协调推进机制，并按照职责分工，各司其职，合力推进本地区国家机关办公建筑和大型公共建筑能耗监测工作。

（二）强化目标考核。各地要围绕实现省委省政府《关于进一步加强城市规划建设管理工作的实施意见》明确的目标任务，全面梳理本地区项目现状，研究谋划工作推进方案，今年6月底前将《总体实施方案》及《年度工作推进计划》报住房城乡建设厅备案，此后，每年第一季度前应向住房城乡建设厅报送该年度的工作推进计划。省住房城乡建设厅将该项工作纳入全省建筑节能与绿色建筑专项检查内容，列入对各市政府和相关部门节能目标责任考核内容。

（三）落实各方责任。建设单位应将能耗监测系统建设成本纳入投资预算。设计、图审、施工等单位应严格按照《安徽省公共建筑能耗监测系统技术规范》等规定设计、审图、安装用能分类分项计量装置，监测平台开发建设、分项计量装置安装等施工单位应具备系统集成或建筑智能化等相应资质。监理单位应将建筑能耗监测系统作为建筑节能分部工程之一同步监理。建筑工程质量监督机构应将建筑能耗监测系统验收作为建筑节能专项验收备案重要内容之一同步验收。

（四）完善投入机制。各地住房城乡建设、财政、机关事务管理、教育等部门，应整合相关资金项目，落实相关经费投入，保障监测平台系统建设及运维。积极鼓励节能服务企业等社会资本采取政府购买服务、PPP、合同能源管理等模式参与公共建筑能耗监测系统建设，探索建立平台可持续运维保障机制。

安徽省住房和城乡建设厅
安徽省财政厅
安徽省机关事务管理局
安徽省教育厅
安徽省卫生和计划生育委员会
安徽省质量技术监督局
2017年3月31日

关于印发《安徽省建设工程勘察设计企业建筑市场信用评定内容和计分标准（试行）》的通知

建标〔2015〕232号

各市住房城乡建设委（城乡建设委、城乡规划建设委），广德、宿松县住房城乡建设委（局）：

为科学公正地评价建设工程勘察设计企业建筑市场信用，强化企业诚信意识，推进行业诚信体系建设，根据安徽省住房城乡建设厅《安徽省建筑市场信用信息管理办法》（建市〔2014〕21号）的要求，我厅研究制定了《安徽省建设工程勘察设计企业建筑市场信用评定内容和计分标准（试行）》，现印发给你们，自2015年11月1日起开始试行。执行过程中的问题及建议，请及时反馈给我厅标准定额处（联系电话：0551－62871500）。

2015年9月30日

安徽省建设工程勘察设计企业建筑市场信用评定内容和计分标准（试行）

第一条 为科学公正地评价建设工程勘察设计企业建筑市场信用，强化企业诚信意识，推进行业诚信体系建设，根据建设部《建筑市场诚信行为信息管理办法》（建市〔2007〕9号）、安徽省住房城乡建设厅《安徽省建筑市场信用信息管理办法》（建市〔2014〕21号），制定本标准。

第二条 本标准适用于在安徽省行政区域内从事建设工程勘察设计业务、具有工程勘察或工程设计资质的企业建筑市场信用评定，包括外省进皖企业及其分支机构（以下简称外省企业）的信用评定。

第三条 信用评定内容包括企业资质、人员、业绩等基本情况，在从事勘察设计活动中获得表彰、奖励等良好行为，以及违法违规受到行政处罚或者行政处理等不良行为。

第四条 信用评定实行计分制，划分为4A（82分以上）、3A（70－81分）、2A（60－69分）、1A（59分以下）四个等级，分别对应为信用优秀、信用良好、信用较差、信用差。

第五条 信用评定总分和信用等级依据企业信用信息，由安徽省工程建设监管与信用管理系统按照本标准自动形成，并按勘察、设计分类和得分高低排名。

同时具有工程勘察和工程设计资质的企业，分别评定其勘察、设计的信用等级。

第六条 企业信用信息分为基本信用信息、良好行为信息和不良行为信息三类，其分类、采集、审核、记录、发布、综合评定、评定结果应用以及异议处理、监督管理等，按照《安徽省建筑市场信用信息管理办法》执行。

第七条 信用评定总分由基本信用分、良好行为信用分、不良行为信用分三部分相加得到。其中，基本信用分 80 分；良好行为采用加分制，最高加分 20 分；不良行为采用扣分制，直至总分扣完为止。信用评定总分不设负分。信用评定总分具体评定内容和计分标准见附表。

第八条 基本信用信息由企业按照《安徽省建筑市场信用信息管理办法》第八条规定，录入安徽省工程建设监管与信用管理系统平台（在全国建筑市场监管与诚信信息发布平台可查询到企业基本信息的，可不再录入）。企业工商注册所在地（外省企业进皖备案所在地）设区市、省直管县住房城乡建设行政主管部门对企业基本信用信息进行审核确认，予以评分。

第九条 良好行为信息是指企业在从事勘察设计活动中遵守有关工程建设的法律、法规、规章或强制性标准，行为规范，诚信经营，受到各级住房城乡建设行政主管部门和相关专业部门的奖励和表彰，所形成的良好行为记录。

良好行为信息由企业提供相关证书、证明材料，企业工商注册所在地（外省企业进皖备案所在地）设区市、省直管县住房城乡建设行政主管部门审核确认，记录并评分。

第十条 不良行为信息是指企业在从事勘察设计活动中违反有关工程建设的法律、法规、规章或强制性标准和执业行为规范，经县级以上建设行政主管部门或者其委托的执法监督机构，以及其他相关行政主管部门查实，给予行政处罚或者行政处理，形成的不良行为记录。

不良行为信息按照"谁监管，谁采集"、"谁处理（罚），谁采集"原则，由县级以上建设管理职能部门（包括市场监管、质量监管、安全监管、工程造价和招投标监管等机构）在履行职责过程中对形成的有关信用信息及时记录，并予以评分。

第十一条 发生《安徽省建筑市场信用信息管理办法》第十一条中规定的严重不良行为的，直接进入 1A（优良评分不抵充）。

第十二条 因同一项目、同一行为受到多个表彰、奖励或行政处罚、行政处理的，以分值最高的计算，不重复累加。

第十三条 本标准行为代码采用"ks—x—自然序号"表示，其中，ks 表示为勘察设计，x 表示不同行为类别，自然序号表示条款顺序号。

第十四条 本标准自发布之日起试行。

关于全面开展建设工程勘察设计企业建筑市场信用评定工作的通知

建标〔2016〕254号

各市住房城乡建设委（城乡建设委、城乡规划建设委）、招标投标（公共资源交易）监管局，广德、宿松县住房城乡建设委（局）、招标投标监管局：

2015年9月30日，我厅印发了《安徽省建设工程勘察设计企业建筑市场信用评定内容和计分标准（试行）》（建标〔2015〕232号，以下简称《信用评定标准》），并于11月1日起开始试行。试行1年来，各地相继审核录入勘察设计企业信用信息，马鞍山、铜陵、宣城3个试点市对辖区内勘察设计企业赋予信用分，建立了本地勘察设计企业信用库。为贯彻《中共安徽省委安徽省人民政府关于进一步加强社会信用体系建设的意见》（皖发〔2015〕16号），加快推进勘察设计行业信用体系建设，经研究，自2017年1月1日起在全省全面开展勘察设计企业建筑市场信用评定。现就信用评定有关工作通知如下：

一、提高认识

开展勘察设计企业信用评定是勘察设计行业信用体系建设的重要内容，是发挥市场在资源配置中起决定性作用、规范勘察设计市场秩序的有效措施，是加快转变政府职能、创新市场监管方式的内在要求。各地要高度重视，加强组织领导，加大工作力度，科学组织，周密部署，切实做好勘察设计企业信用评定工作。

二、落实责任

勘察设计企业信用评定实行统一管理，省、市、县联动，以市为主。各市、县建设管理职能部门要按照《信用评定标准》的规定，担负起对企业市场信用实施评价的主体责任，认真、及时、准确地做好对企业信用信息的采集、审核、记录和评分工作。对申报信用信息存在弄虚作假等不正当行为的企业，要依照《安徽省建筑市场信用信息管理办法》的规定，予以严肃处理。

三、全面实施

自2017年1月1日起在全省全面开展勘察设计企业建筑市场信用评定，各市（省直管县）住房城乡建设主管部门要督促辖区内勘察设计企业（包括外省进皖企业）在“安徽省工程建设监管和信用管理平台”录入企业基本信用信息，2016年年底前完成对所有企业的基本信用评定工作。届时，企业因省外建设主管部门需要有关证明的，可登陆信用管理平台查询并打印信用信息；未完成基本信用评定的，其基本信用分为零。对于未按规定提供基本信用信息的企业，市、县住房城乡建设主管部门可依据《建设工程勘察设计资质管理规定》（建设部令第160号）第三十三的规定，依法予以处罚。大力推进信用信息应用，马鞍山、铜陵、宣城3市要率先在资质管理、招标投标、市场准入、评优评先等方面应用信用评定结果，在此基础上总结经验，逐步将信用评定结果应用推向全省。

四、加强宣传

勘察设计企业信用评定关系到企业的切实利益。各地要加强社会信用体系建设的宣传，组织本部门相关工作人员和辖区内勘察设计企业负责人，开展《信用评定标准》和信用管理平台应用等相关内容的专题培训，为客观公正地实施信用评定提供政策和技术保障。各地要加强部门协调和配合，做好对企业的政策解释，对信用评定有异议的，要及时进行核实、更正、完善。

我厅将对各地信用评定工作开展情况进行检查和通报。各地在信用评定工作中积累的经验以及发现的问题请及时反馈我厅标准定额处。

联系人：张毅电话：0551－62871534（兼传真）

附件：安徽省建设工程勘察设计企业信用评定系统说明

2016年11月25日

附 件

安徽省建设工程勘察设计企业信用评定系统说明

一、企业基本信用

（一）信息录入和评分

1. 勘察设计企业（包括外省进皖企业）用安徽省工程建设监管和信用管理平台企业U－key锁网上登录工程建设监管和信用管理平台，录入企业基本信用信息。

2. 企业工商注册所在地的市（省直管县）住房城乡建设主管部门对勘察设计企业录入的基本信用信息进行审核确认，赋予基本信用分。

3. 外省进皖企业由其进皖信息登记的市（省直管县）建设主管部门审核录入基本信用分；尚未信息登记的外省进皖企业由其拟承接的项目所在地的市（省直管县）住房城乡建设主管部门审核录入基本信用分。

（二）企业填写“基本信用信息”内容

1. 企业工商注册信息、企业负责人信息、经营信息、联络方式。

2. 企业资质类别、等级、证书编号、发证日期、有效期。

3. 企业专业技术人员、注册人员姓名、身份证号、职称类别、专业、注册类别、注册号。

4. 企业及人员的工作业绩。

（三）主管部门填写“信用记录登记”说明

1. 行为发生地行政区划：本栏填写基本信用分的录入地（市、省直管县）。

2. 记录分值：本栏基本信用分值由系统自动生成，不得更改。

3. 信息来源：本栏填写“基本信用信息”。

4. 同时具有工程勘察和工程设计资质的企业，分别录入其勘察、设计基本信用分。

二、企业良好行为

（一）信息录入和评分

1. 勘察设计企业（包括外省进皖企业）提交良好行为加分申请（附相关获奖证书、表彰证明材料）。

2. 企业工商注册所在地的市（省直管县）住房城乡建设主管部门根据《信用评定标准》规定的良好行为类别和内容，审核确认后录入良好行为加分。

3. 外省进皖企业由其进皖信息登记的市（省直管县）建设主管部门审核录入良好行为加分；尚未信息登记的外省进皖企业由其拟承接的项目所在地的市（省直管县）住房城乡建设主管部门审核录入良好行为加分。

（二）主管部门填写“信用记录登记”说明

1. 行为发生地行政区划：本栏填写良好行为评分的录入地（市、省直管县）。

2. 记录分值：本栏根据具体表彰和奖励内容填写相应的分值。

3. 生效日期：本栏填写、表彰通报日期或获奖日期。

4. 有效期限：本栏根据生效日期和《信用评定标准》规定的有效期，填写有效期限（即失效日期）。

5. 信息来源：本栏填写表彰或奖励的具体信息，如“××项目获××奖项”。

6. 相关附件：本栏须上传表彰证明、获奖证书等扫描件。

7. 同一项目、同一行为受到多个表彰、奖励的，由原记录者录入最高加分记录，并删除其余加分记录。

三、企业不良行为

各市、县建设管理职能部门根据《信用评定标准》规定的类别和内容，以及行政处罚或行政处理决定书，及时录入勘察设计企业不良行为扣分项。

主管部门填写“信用记录登记”说明：

1. 行为发生地行政区划：本栏填写不良行为评分的录入地（市、省直管县）。

2. 生效日期：本栏填写行政处罚或行政处理的决定日期。

3. 有效期限：本栏根据生效日期和《信用评定标准》规定的有效期，填写有效期限（即失效日期）。

4. 信息来源：本栏填写行政处罚或行政处理的具体信息，如“××项目设计违反××工程建设强制性标准，经查实，由××部门作出××行政处罚决定”。

5. 相关附件：本栏须上传行政处罚或行政处理决定书扫描件。

6. 同一项目、同一行为受到多个行政处罚、行政处理的，由原记录者录入最高扣分记录，并删除其余扣分记录。

合肥市人民政府办公厅关于进一步加强防雷安全监管工作的通知

合政办秘〔2017〕19号

各县（市）、区人民政府，市政府各部门、各直属机构：

为进一步贯彻落实安徽省人民政府办公厅印发《关于进一步加强防雷安全监管的通知》（皖政办秘〔2016〕239号）和《国务院关于优化建设工程防雷许可的决定》（国发〔2016〕39号）精神。切实加强防雷安全监管，优化我市防雷行政许可。现通知如下：

一、切实做好建设工程防雷行政许可的调整工作

1. 气象部门不再实施防雷专业工程设计、施工单位资质许可。新（改、扩）建建设工程防雷设计和施工，由取得建设、公路、水路、铁路、民航、水利、电力、通信等专业工程设计、施工资质的单位承担。

2. 气象部门负责油库、气库、弹药库、化学品仓库、烟花爆竹、石化等易燃易爆建设工程和场所，雷电易发区的矿区、旅游景点或者投入使用的建（构）筑物、设施等需要单独安装雷电防护装置的场所，雷电风险高且没有防雷标准规范、需要进行特殊论证的大型项目的防雷装置设计审核和竣工验收许可。

3. 气象部门不再受理房屋建筑工程和市政基础设施工程防雷装置设计审核、竣工验收许可申请，房屋建筑工程和市政基础设施工程防雷装置设计审核、竣工验收纳入建筑工程施工图审查内容、竣工验收备案，统一由市城乡建委监管，气象、城乡建委自2017年3月1日完成交接。气象部门已完成防雷装置设计审核许可的房屋建筑工程和市政基础设施工程项目，其竣工验收一并纳入城乡建设部门建筑工程竣工验收备案。

4. 公路、水路、铁路、民航、水利、电力、通信等专业部门负责相应的专业建设工程防雷管理。

二、建立完善防雷安全监管责任体系

1. 建立防雷安全领导责任制。各级政府要依法落实雷电灾害防御责任，建立健全防雷安全责任体系，将防雷安全纳入政府考核评价指标体系和安全监管体系。要加强对有关部门防雷安全监管工作的监督考核，要组织落实防雷装置定期检测制度和防雷安全监管“双随机”抽查制度等工作措施，推动防雷安全责任落实。

2. 建立防雷安全监管责任制。各级安全生产监管部门要履行综合监管职责，加强防雷安全工作监督、指导和协调，将防雷安全工作纳入安全生产责任制考核体系。气象、城建、公路、水路、铁路、民航、水利、电力、通信等相关部门，要按照“谁审批、谁负责、谁监管”的原则和“管行业必须管安全、管业务必须管安全、管生产经营必须管安全”的要求，切实加强对本行业领域的防雷安全监管。

各级气象部门要依法履行雷电灾害防御工作组织管理和防雷安全公共服务职责，组织编制防雷安全基本公共服务清单和政府购买服务清单，划分雷电易发区域及雷电灾害防范等级，开展雷电监测预报预警、雷电灾害调查鉴定、公益性单位（场所）防雷安全检测和防雷科普宣传等防雷安全公共服务。

3. 建立防雷安全主体责任制。建立健全以企业（单位）法人代表为核心的防雷安全责任制，落实建设工程设计、施工、监理、检测单位及业主单位的防雷安全主体责任，严格防雷安全监管问责，督促企业（单位）建立安全风险防控机制、隐患排查治理机制和应急管理机制，提升防雷安全生产管理水平。

三、加大防雷安全监管工作保障

1. 落实防雷安全经费保障。各级政府要建立健全与我市经济社会发展相适应的防雷安全监管公共财政保障和投入机制，在国家明确防雷技术服务财政保障之前，由市、县（市）政府将防雷技术服务事项纳入政府购买服务指导目录，根据气象部门涉及公益性、公共安全防雷技术服务的具体业务量，给予适当经费补助，保障防雷安全监管和公共服务职责履行。

2. 强化防雷安全监督检查。各级政府、各有关部门要在规定的时限内全面落实防雷行政许可和防雷行政审批中介服务改革要求，市有关部门将适时组织督查，确保优化调整防雷行政许可任务全面完成。

3. 加强防雷安全协同管理。建立合肥市防雷安全监管联席会议制度，由市政府应急办、市发改委、市城乡建委、市教育局、市财政局、市规划局、市房产局、市安监局、市工商局、市质监局、市旅游局、市气象局等部门分管负责人组成，联席会议办公室设在市气象局。联席会议依据法律、法规和规定，研究全市防雷安全监管工作措施，协调解决防雷安全监管工作中的重大问题。

2017年3月7日

关于进一步加强人工挖孔桩技术限用管理的通知

合建设〔2006〕261号

各有关单位：

为进一步贯彻《建设部推广应用和限制禁止使用技术》（建设部第218号公告），加强对人工挖孔桩技术应用的监督管理，确保工程建设质量和施工安全，经市政府法制办审查同意（合规审字〔2006〕16号），现就进一步强化我市人工挖孔桩技术限用管理提出如下意见，请认真执行。

一、人工挖孔桩限制使用范围

根据建设部第218号公告和国家《建筑地基基础设计规范》（GB 50007—2002）、《建筑桩基技术规范》（JGJ 94—94）的相关规定，结合我市的工程和水文地质条件，我市将根据拟建场地的岩土性质和桩长来确定人工挖孔桩限制使用范围。

（一）人工挖孔桩不得用于软土或易发生流沙的场地（包括：软土（淤泥、淤泥质土）、地下水位以下的砂层、粉土夹砂层和粉土，富含承压水砂岩强风化带（或残积层）区域）；地下水位高的场地，应先降水后施工。

（二）对存在释放有害气体的岩土禁止使用人工挖孔桩。

（三）人工挖孔桩入土深度不宜超过25m。

因特殊情况必须采用人工挖孔桩的建设工程，建设单位应将人工挖孔桩设计、施工组织设计和安全生产措施报市建设行政主管部门并组织专家论证。

二、严把建设工程勘察、设计质量关

勘察、设计单位应高度重视人工挖孔桩的使用安全，对采用人工挖孔桩的建设工程应严格按照国家相关规范和技术标准进行勘察、设计。

（一）工程勘察　勘察设计单位在《岩土工程勘察报告》中若建议采用人工挖孔桩方案时，应对以下内容作出合理评述：

1. 地下水应分层提供各含水层的水位埋深与标高；地下水变化幅度或丰水期可能出现的最高水位标高；不得提供混合水位。

2. 应对粉土、砂土和强风化或残积层中地下水的富水情况作出评价，提供单位涌水量、渗透系数等水文地质参数。

3. 地下水位高的场地，要先降水后施工；应对人工挖孔桩的施工降水方案提出具体建议，并对施工降水可能出现的不良作用提出防治措施，如地面沉降、环境影响等。

（二）施工图设计　设计单位应当根据《岩土工程勘察报告》进行工程设计。在进行人工挖孔桩设计时，应包括以下内容：

1. 对桩基工程检测、单桩承载力和桩身完整性提出明确要求。

2. 桩底扩大头直径不宜大于 2d，且不宜大于 3m，扩高比不宜大于 2。

3. 扩大头需设置护壁，应进行设计，提供详图。

三、认真组织人工挖孔桩施工图设计文件审查工作

各施工图审查机构要严格按照有关国家规范、技术标准和本通知要求，对采用人工挖孔桩的工程勘察报告和桩基工程施工图设计文件进行审查。对不符合国家强制性标准及本通知要求的，施工图审查结论应定为不合格，不得颁发施工图审查合格书。

四、加强人工挖孔桩施工质量管理

（一）人工挖孔桩施工前，施工单位应根据建筑类型、土层性质、地下水位、施工周边环境条件等，确定合理的施工工艺及施工方案。

（二）成孔过程中，每次下挖进度不得超过 1 米；每节护壁施工必须一次性完成，上下节护壁的搭接长度不得小于 0.05 米；护壁模板应在 24 小时后拆除；护壁混凝土强度等级应与桩芯相同且不得低于 C25。

（三）当土层渗水量过大时，应采取有效措施确保混凝土的浇注质量。

（四）浇注桩芯混凝土时应使用低水化热的水泥，浇注过程中混凝土必须通过溜槽；当浇注混凝土进尺（高度）超过 3 米时，应使用串筒，串筒末端离孔底高度不宜大于 2 米，并保证振捣密实。

（五）人工挖孔桩施工完成后，其施工桩必须有具备国家相应资质的检测机构出具的“桩的承载力检测报告”。检测工作中若没有采用静载荷检验，建设单位在征得设计单位同意的前提下，必须提供拟建场地周边条件相近的对比验证资料、终孔的桩端持力层岩性报告、桩身质量检验报告和深层平板载荷试验报告等来确定现有已施工桩的桩端承载力特征值；若建筑物周边没有条件相近的对比验证资料时，建设单位应进行试桩，并作为验收的依据。

（六）建设单位应及时整理各工序的工程质量控制资料，通知相关部门对隐蔽工程进行验收。

五、加强人工挖孔桩施工安全管理

（一）建设单位应将人工挖孔桩工程发包给具备施工资质和安全生产许可证的施工

单位，严禁肢解、违法分包、以包代管人工挖孔桩工程。工程开工前应办理安全监督、质量监督等报建手续；总承包单位应对现场的安全生产实行统一管理，分包单位必须服从总包单位的管理。监理公司应加强对人工挖孔桩工程的安全监理，落实安全监理责任，认真开展安全巡查。

（二）人工挖孔桩施工单位应进一步提高安全意识，落实安全生产责任制，强化现场安全巡查，同时还应做到：

1. 科学编制人工挖孔桩安全施工方案、安全事故应急预案和施工安全技术保障措施，组织专家论证，经施工企业技术负责人、项目总监理工程师审批后实施。

2. 施工现场必须根据规定配备专职安全管理人员，履行安全巡查职责，认真填写安全管理有关资料。

3. 确保安全资金投入，配备安全保险装置齐全的施工设备。施工现场做到封闭管理，应符合《建筑施工现场环境与卫生标准》（JGJ146－2004）的规范要求，生活设施与施工现场应有有效隔离措施，严禁使用竹笆、塑料彩布等简易生活设施。

4. 施工单位应加强对施工人员的教育、培训。施工人员经考核合格并领取教育卡后方可上岗。

5. 施工单位要高度重视人工挖孔桩工程的安全生产管理工作，认真落实各项安全措施，制定人工挖孔桩事故应急救援预案。

（三）施工单位要严格贯彻执行《建筑桩基技术规范》（JGJ94－94）中6.2.13强制性条文，制定相应的安全防护措施。

（四）市建筑工程安全监督站应加强对人工挖孔桩工程的监督检查力度，发现人工挖孔桩工程施工中不符合法律法规和强制性标准要求的，责令有关单位改正，并记录有关人员安全不良行为记录，情节严重的，依法追究人工挖孔桩施工企业法人及直接责任人责任。

六、本通知自发布之日起施行

以前有关文件与本通知不一致的，以本通知为准。

合肥市建设委员会

2006年8月23日

关于加强勘察设计和施工图审查管理工作的若干意见

合建【2010】82号

各相关单位：

为进一步加强我市勘察设计和施工图审查管理工作，建立公开、公平、公正的市场秩序，保证勘察设计质量，根据《建设工程勘察设计管理条例》、《建设工程勘察设计资质管理规定》、《房屋建筑和市政基础设施工程施工图设计文件审查管理办法》等规定，结合我市实际，现提出如下意见，请遵照执行。

一、本市行政区域内的新建、改建、扩建工程以及在本市行政区域内从事勘察设计、施工图审查业务的企业和从业人员，适用本意见。

二、市城乡建委负责全市勘察设计和施工图审查管理工作。按照属地管理的原则，各县、区（开发区）建设（建管、建发）局负责工程质量监督范围内在建工程项目的施工图设计文件质量监督工作。

三、勘察设计单位和施工图审查机构及其从业人员应切实提高质量意识，建立健全质量管理体系，对勘察设计和施工图审查质量依法承担责任。

勘察单位应加强对现场踏勘、现场作业、土水试验和成果资料审核等关键环节的管理，及时整理、核对勘察过程中的各类原始记录，不得虚假勘察，不得离开现场进行追记、补记和修改记录，保证地质、测量、水文等勘察成果资料的真实性和准确性，确保勘察工作内容满足国家法律法规、工程建设标准和工程设计与施工的需要。

设计单位要严格按照法律法规、工程建设标准、规划许可条件和勘察成果文件进行设计，加强设计过程的质量控制，严格图纸校审程序，保证设计质量符合工程建设标准和设计深度的要求；对容易产生质量通病的部位和环节，严格执行《合肥市住宅工程质量通病防治导则》等有关规定，进行优化及细化设计。严禁设计单位顺从业主意愿，随意降低设计标准；严禁设计单位忽视内部质量管理、依赖施工图审查机构进行质量控制。

施工图审查机构应严格按照国家有关规定和认定范围进行审查，严格政策性审查，切实落实主副审制度。严禁施工图审查机构为了片面追求经济利益，减少审查内容，降低审查标准或虚假审查。

四、各级工程质量监督机构应加强对施工现场设计文件的日常监管，严格执行设计变更文件审查制度。进入施工现场的施工图设计文件必须加盖施工图审查机构审查合格专用章。对涉及工程建设标准强制性条文、基础和主体结构安全、建筑节能等设计变更文件必须经原施工图审查机构审查合格并加盖审图合格专用章后，方可使用，未经审查的设计变更文件，一律无效。对擅自变更设计文件，施工现场使用“阴阳”图纸等违法违规行为，一经发现，工程质量监督机构应责令改正并及时报告同级建设行政主管部门。

五、实行勘察设计企业和施工图审查机构动态监管。采取集中监督检查、抽查和巡查等形式，对企业满足相应资质标准条件情况、企业的市场行为及施工图勘察设计文件质量进行监督检查。原则上，集中检查每年1—2次，抽查和巡查每月1次。

各县、区（开发区）建设（建管、建发）局应根据工程质量监督范围内的项目情况采取图纸调审等形式加强施工图设计文件的质量监督。市城乡建委对各县、区（开发区）建设（建管、建发）局的施工图设计文件质量监督工作进行督查。

各县、区（开发区）建设（建管、建发）局在施工图设计文件监督检查中发现被检单位违法违规行为和重大质量安全问题的，应认真核实，依法进行处理，并在10个工作日内将处理结果报告市城乡建委。

六、建立差别化管理制度。对以下勘察设计单位和施工图审查机构实行差别化管理。

1. 近一来年内受到行政处罚、具有不良行为记录的；

2. 由于设计原因造成集体上访投诉的；

3. 图审发现勘察设计文件存在质量问题较多的；

4. 专业技术人员不满足资质标准要求、内部管理混乱，质保体系不健全的；

5. 不按时向上级行业主管部门报送各类统计信息的；

纳入差别化管理的企业定期通过“合肥建设网”向社会公布。企业纳入差别化管理期间，资质升级、增项等资质申报不予受理，并对其每季度进行1次监督检查。

七、对监督检查中发现被检单位专业技术人员达不到资质标准要求的勘察设计单位和施工图审查机构，下发整改通知，限期整改，整改期间不得承接新的工程项目。整改仍不合格的，上报原发证机关，建议降低或吊销其资质证书。

八、本意见自发布之日起执行。

合肥市城乡建设委员会

2010年5月27日

关于印发《合肥市小区室外排水施工图设计文件审查要点（试行）》的通知

合建［2010］220号

各施工图审查机构、相关设计院：

为进一步规范小区室外排水施工图设计文件审查工作，明确政策性审查和技术性审查要点，提高设计水平和审查质量，我委组织相关专家编制完成了《合肥市小区室外排水施工图设计文件审查要点》，现印发给你们，请遵照执行。

合肥市城乡建设委员会

2010年12月6日

合肥市小区室外排水施工图设计文件审查要点（试行）

为规范合肥市小区室外排水施工图设计文件审查工作，明确审查范围和审查内容，全面提高小区室外排水工程设计质量，保障排水设施安全可靠运行，依据《建设工程勘察设计管理条例》、《房屋建筑和市政基础设施工程设计文件审查管理办法》等有关规定，编制本审查要点。

一、小区室外排水是指住宅小区、工业小区、学校园区、

宾馆的自建雨污水排水管网。

二、建设单位申报小区室外排水施工图设计文件审查时应提供以下资料：

1. 环境影响评价报告书（表）的审批文件；

2. 接入市政排水管网设计条件（包括具体接入井点的位置、管径、标高）；

3. 满足设计深度要求的完整设计文件；

4. 分期分批开工的建设项目，除提供本次实施范围内的上述资料外，应同时提供符合排水设计条件要求的项目排水总体及分期规划方案；

5. 周边暂无市政排水管网、无法提供接入市政排水管网设计条件的建设项目，建设单位应提供通过专家论证的项目排水设计方案（包括专家论证意见）。

三、小区室外排水施工图设计文件审查应包括以下主要内容：

1. 设计执行的相关法规、规范、标准、技术措施、手册等，应为有效版本；

2. 设计说明应包括设计依据、工程概况、规划用地面积、污水量、雨污水系统设置；

3. 排水管网布置应符合《合肥市排水设计导则（试行）》的要求；应执行雨污分流、清污分流原则；

4. 小区地下室地面入口处应增设雨水收集管沟，并接入小区雨水管网；

5. 小区室外排水应反映住宅阳台排水内容，阳台排水必须间接排入污水管网；

6. 排水干管上的井点应编号，道路竖向标高要在图中标注，排水管线、排水构筑物应定位；

7. 排水管管材及接口选择应合理，排水管道的埋设深度、接口方式应符合管材性能要求，同时满足荷载要求；

8. 雨水口的位置设置应与道路标高及场地排水相适应，确保及时收集地面雨水；

9. 小区内设置自建污水处理站的排水系统，在接入市政排水管网之前应根据要求设置排水监测装置；

10. 雨污水管道应单独出图，并宜绘制在同一张图纸上，出图比例宜为 1：500；

11. 生产及生活污水量的计算标准应满足规范要求，并符合节能减排的原则；

12. 规划用地面积在 5 公顷以下的小区排水工程应提供小区雨、污水管道设计计算参数；

13. 规划用地面积在 5 公顷以上的小区排水工程应附雨水管网水力计算书及污水设计总量。雨水计算书中暴雨强度公式的相关参数（重现期、汇流时间、暴雨管中流经时间、径流系数、汇流面积等）的选取应符合规范和《合肥市排水专项规划》要求。

关于在市政道路工程建设中逐步淘汰砖砌式检查井的通知

合建设〔2011〕5号

各有关单位：

为提高我市市政道路工程建设的质量和水平，防止道路工程检查井的下沉、位移、破损、坠落等，根据安徽省《城镇检查井盖技术规范》（DB34/T1118—2010）、《合肥市城市窨井设施监督管理办法》、《合肥市城镇检查井盖技术导则》有关规定，结合我市实际，经研究，决定在全市道路工程建设中逐步淘汰砖砌式检查井，现将有关事项通知如下：

一、自2011年4月15日起，在全市新建市政道路工程中开展非砖砌式检查井示范工程建设；2012年1月1日起，全市新建、改建、扩建道路工程的新建检查井，原则上禁止使用砖砌式检查井。

二、在建的市政道路工程，2012年1月1日起，如果检查井尚未施工且不符合本通知规定的，应采取相应变更措施落实本通知的要求。

三、各建设、设计、施工单位应积极推广使用整体稳固性好、强度高、闭水性理想的砼模块式检查井、预制装配式钢筋砼检查井、现浇式钢筋砼检查井或其他质量可靠、工艺先进的检查井；检查井盖的设计与施工应严格执行安徽省《城镇检查井盖技术规范》（DB34/T1118—2010）、《合肥市城镇检查井盖技术导则》中的相关规定。

四、各建设、设计、施工、监理、施工图审查和质量监督部门应按国家规范、标准进行设计、审查、施工、监理和质量监督，加强对检查井工程质量的管理。

五、不按照本通知要求建设的市政道路工程，质监部门不得办理工程备案手续，管理部门可拒绝接管。

关于印发实施《合肥市地下建（构）筑物抗浮设防管理规定》的通知

合建〔2011〕18号

各有关单位：

为了规范合肥市地下建（构）筑物抗浮设计与施工，防止出现地下建（构）筑物上浮、开裂等工程质量事故，针对当前我市地下建（构）筑物抗浮设计与施工现状，合肥市重点工程建设管理局与安徽省建筑科学研究院开展了相关科研工作，并编制了《合肥市地下建（构）筑物抗浮设防管理规定》。我委对该规定进行了公开征求意见并组织专家审查，现予以公布实施。

合肥市城乡建设委员会

2011年1月30日

合肥市地下建（构）筑物抗浮设防管理规定

第一章　总　则

第一条　为了规范合肥市地下建（构）筑物设计与施工，防止出现地下建（构）筑物上浮、开裂等工程质量事故，根据国家和我省有关法律、法规，结合本市实际，制定本管理规定。

第二条　合肥市新建、改建和扩建的各类房屋建筑工程和市政基础设施工程的地下建（构）筑物的抗浮勘察设计及施工质量管理，必须遵守本规定。

第三条　本市新建、改建和扩建的地下建（构）筑物必须进行抗浮设计。抗浮设计施工图应由施工图审查机构进行审查，审查合格后方可实施。

第四条　本规定所指的抗浮包括隔水、降排水及各种平衡上浮力的措施。

第二章　勘察与设计

第五条　岩土工程勘察报告应提供地下水的类型、地下水位的埋藏深度与升降变化幅度，同时应考虑基坑开挖及回填所产生新的地下水汇集情况，提供抗浮设防水位及抗浮措施建议，为建设工程抗浮设计与施工质量管理提供依据。

第六条 建设场地地下水抗浮设防水位的综合确定，应符合有关规范的规定。如无可靠的长期观测资料，本市抗浮设防水位建议取值如下：

1. 当建设场地地势较低且较平坦时，可取室外设计地坪下0.50m作为抗浮设防水位；

2. 当建设场地地势较高且较平坦时，可取室外设计地坪下1.00m作为抗浮设防水位；

3. 当建设场地地势显著高于周边，地表水、地下水径流条件较好时，可结合场地情况确定抗浮设防水位；

4. 对于地质条件复杂的重要工程，应进行专项水文试验，并经专家论证。

第七条 地下建（构）筑物的抗浮设计主要是指依据岩土工程勘察报告提供的抗浮设防水位，按施工阶段、使用阶段及检修卸荷阶段等各种工况进行抗浮验算，合理选择抗浮措施。

第八条 地下建（构）筑物抗浮设计可采取以下一种或多种抗浮措施：

1. 增加压重；

2. 设置抗拔桩或抗浮锚杆；

3. 采用盲沟排水；

4. 其他有效措施。

抗浮锚杆及抗拔桩的抗拔力应通过试验确定。

第九条 地下建（构）筑物抗浮设计不宜采用素填土、灰土或混凝土等不透水材料作为防渗透的隔水方案，如采用上述方案，应有可靠的技术保障措施，设计及施工方案必须通过市建设行政主管部门组织的专项审查。

第十条 设计单位应依据岩土工程勘察报告，结合工程场地及周边环境进行抗浮设计。抗浮设计要兼顾整体与局部的抗浮稳定。

第十一条 设计单位应及时做好设计交底并参与验收工作，发现异常情况及时配合施工单位采取处理措施。

第三章 施工与监理

第十二条 施工单位应全面了解岩土工程勘察报告和设计要求，查明建设场地周围环境，认真做好施工组织设计，明确地下建（构）筑物抗浮设防施工技术要求与注意事项，确保地下建（构）筑物抗浮施工的质量。

第十三条 地下建（构）筑物工程应及时做好回填土施工，回填土应分层夯实，回填质量应满足设计及相关规范要求。

第十四条 地下建（构）筑物施工期间应做好排水、降水和基坑支护工作，在回填土施工之前，确保基坑内的地下水位低于底板底面标高以下0.50m，当降雨时，应确保基坑积水及时排出，防止地下建（构）筑物上浮。

第十五条　监理单位应负责审查施工单位的抗浮施工组织设计，并监督施工单位落实。

第十六条　监理单位应做好旁站，全过程监督地下建（构）筑物施工质量，确保施工质量达到设计及验收规范要求。

第十七条　当地下建（构）筑物抗浮设计仅采用素填土、灰土或混凝土等不透水材料作为防渗透的隔水措施，而不采取其他抗浮措施时，施工单位应按通过审查的专项施工方案进行施工，确保施工质量。

第四章　质量监督与管理

第十八条　建设单位应重视地下建（构）筑物抗浮设防的勘察、设计与施工工作，应全面承担整个工程项目的综合管理职能。在设计、施工图审查、施工图交底、施工抗浮专项方案制定等重要环节起到组织、协调及管理作用，不得破坏原有的抗浮措施，促使抗浮设防工作落到实处。

第十九条　地下建（构）筑物工程施工期间应及时进行变形（沉降）观测及地下水位监控，遇大气强降水时，应增加观测频次。一旦发现有上浮趋势，施工单位应及时通知建设、监理、设计等单位到现场核查，及时采取必要的应急措施，并立即上报质量监督等行业主管部门。

第二十条　地下建（构）筑物发生上浮后应委托有资质的检测单位进行损伤鉴定，重点查明地下建（构）筑物上浮量、结构裂缝及损伤情况，并委托原设计单位（或不低于原设计单位资质的设计单位）根据鉴定报告，提出加固处理方案。

第二十一条　市建设行政主管部门负责地下建（构）筑物抗浮的监督管理工作，对不按本规定要求，擅自降低抗浮设防标准的各方责任主体，一经发现，责令整改并依据有关规定给予处罚。

第二十二条　本管理规定由合肥市城乡建设委员会负责管理，由安徽省建筑科学研究院负责具体解释。

第二十三条　本管理规定自发布之日起施行。

第二十四条　肥东、肥西、长丰等三县地区参照本规定执行。

关于加强保障性住房太阳能建筑一体化应用管理工作的通知

合建〔2012〕39号

各保障性住房建设相关单位：

为全面贯彻落实《合肥市促进建筑节能发展若干规定》（第160号政府令，以下简称《规定》），促进太阳能在建筑中的规模化应用，现将保障性住房太阳能建筑一体化应用有关要求通知如下，请遵照执行。

一、自2012年2月1日起，本市行政区域内新建、改建、扩建保障性住房建设项目应将太阳能等可再生能源建筑一体化应用纳入建设工程基本建设程序，统一规划、同步设计、同步施工、同步验收，与建筑工程同时投入使用。

二、2012年2月1日前未经批准建筑（规划）设计方案的保障性住房（包括公租房、廉租房等），项目建设单位应按照《规定》要求委托规划设计单位进行补充设计，增设太阳能建筑一体化应用系统，所增加的费用计入工程项目建设成本。

三、18层以上建筑的逆向（从建筑顶层向下）12层以下楼层，若具备太阳能安装条件，也必须设计、安装太阳能建筑一体化应用系统，若不具备安装条件，应当委托专业评估机构进行评估后予以公示，并报建设行政主管部门核准。

四、推广使用平板式双回路太阳能热水系统。12层以上高层建筑采用分体式太阳能热水系统时，不得选用玻璃真空管类太阳能热水器产品。

保障性住房建设项目应选用经市建设行政主管部门登记备案的太阳能产品，实行政府统一采购，确保优质优价。

五、各建设、设计（施工图审查）、施工、监理单位及质量监督机构应进一步提高质量意识，加强对保障性住房太阳能建筑一体化应用监督管理，确保建筑立面整齐美观、协调一致，性能匹配、结构合理，使用安全可靠、安装维修方便。

施工图审查机构应当按照有关标准规范进行施工图设计文件审查，对未按要求进行太阳能建筑一体化设计的工程项目，不得发放《施工图审查合格书》。建设单位在组织工程竣工验收时，应包括太阳能热水系统施工质量和使用安全等内容，对擅自取消太阳能热水系统或不符合相关标准规范要求的建设项目，不得组织竣工验收。

六、建设单位应按照相关规定与物业服务企业做好太阳能热水系统涉及公共部位、公共设施设备的移交和承接验收工作。物业服务企业应当依照物业服务合同的约定，做好日常管理和维护，及时制止擅自改装、移动、损坏太阳能热水系统行为，保证正常运行使用。

七、对不符合《规定》和本《通知》要求的保障性住房建设项目，规划主管部门不予发放《建设工程规划许可证》，城乡建设行政主管部门不予办理竣工备案手续，房产部门不予办理房屋权属登记。

合肥市城乡建设委员会
合肥市发展和改革委员会
合肥市财政局合肥市规划局
合肥市房地产管理局
2012年3月21日

关于印发《合肥市外墙涂饰工程质量管理暂行办法》的通知

合建〔2012〕154号

各有关单位：

为进一步加强我市外墙涂饰工程的质量管理，解决外墙涂料起皮、开裂、褪色等质量问题，确保外墙涂料在长期使用过程中具有良好的装饰效果，根据国家、省市相关政策、标准，按照市委、市政府要求，我委组织相关专家制定了《合肥市外墙涂饰工程质量管理暂行办法》，现印发给你们，请遵照执行。

合肥市城乡建设委员会

2012年10月18日

合肥市外墙涂饰工程质量管理暂行办法

为进一步加强我市外墙涂饰工程的质量管理，解决外墙涂料起皮、开裂、褪色等质量问题，确保外墙涂料在长期使用过程中具有良好的装饰效果，提高城市建筑的品位，根据国家有关规定，结合我市工程实际，制定本暂行办法。

第一章 外墙涂料及配套产品质量

第一条 外墙涂料生产厂家应按照涂料系统（包括底漆、建筑外墙用腻子、弹性建筑涂料等）配套供应，应用中不得随意替换。外墙涂料系统必须与外墙外保温系统相容。

第二条 根据国家、省市相关政策，结合本市气候和资源情况，市城乡建委制定外墙涂料系统和产品的推广、限制和淘汰政策，市建筑质量安全监督站具体负责墙涂料系统和产品的推广应用日常管理工作，编制外墙涂料系统新技术、新工艺、新材料、新产品的推广目录，并定期向社会公布。

政府投资项目应当使用列入推广应用目录的外墙涂料系统和产品，非政府投资项目应优先采用列入推广应用目录的外墙涂料系统和产品，不得使用国家、省、市禁止使用的外墙涂料系统和产品。

第三条 外墙涂料系统性能除应符合现行国家、行业相关标准和地方相关技术规定外，尚应满足下列要求：

1. 底漆表干时间≤2h，抗泛碱性满足72h无异常，抗盐析性满足144h无异常；

2. 建筑外墙用腻子的腻子膜柔韧性满足直径50mm无裂纹，动态抗开裂性满足：0.3mm>基层裂缝≥0.08mm；

3. 弹性建筑涂料在标准状态下断裂伸长率≥200%，在-10℃时断裂伸长率≥40%。真石漆的耐水性和耐碱性须满足96h涂层无起鼓、开裂、剥落，粘结强度浸水后≥0.5MPa。

第二章　外墙涂料系统施工图设计与审查

第四条　施工图设计文件中应明确选用外墙涂料的种类和质量要求，以及外墙涂料对基层的要求，包括基层防水砂浆找平、pH值、含水率等指标。

第五条　施工图设计文件中应有外墙面和重要节点的防水、防潮、防污染等技术措施，并绘制重要节点详图。

第六条　大面积墙面应做分格处理，建筑立面图中应标注分格缝位置，分格缝内应进行防水处理。

第七条　施工图审查机构在审查图纸时，应将外墙涂料设计深度及合理性纳入审查范围，对不满足要求的不得通过审查，并督促设计单位修改完善。

第三章　外墙涂料施工、监理、检测和验收

第八条　建设单位应对施工单位选择、外墙涂料及配套产品质量等严格把关，单独委托具备相应法定资质的检测单位进行检测。建设、施工、监理等单位应严格外墙涂料进场验收，禁止使用限制或淘汰的外墙涂料和产品。对验收或施工过程中发现使用限制或淘汰的外墙涂料或使用列入推广目录的外墙涂料存在质量问题的，应立即停止使用和封存，并及时上报当地建筑工程质量监督机构。

第九条　施工单位应严格按有关标准、施工图设计文件和专项施工方案组织施工，确保外墙涂料施工质量。

外墙涂饰工程施工前应结合工程和使用的涂料特点编制专项施工方案，其方案应具有针对性、指导性，并经总监理工程师和建设单位项目负责人审批后实施。

外墙涂饰工程施工实行样板引路，样板墙经参建各方验收确认后，方可大面积施工。

第十条　外墙涂饰工程施工环境应符合以下要求：

(1) 施工室外环境温度不低于5℃或不高于35℃；

(2) 环境湿度不大于85%；

(3) 风力不大于5级和避免阳光直射下施工。

第十一条　监理单位应编制外墙涂饰工程专项监理实施细则，督促外墙涂饰工程

施工单位认真按施工图设计文件和专项施工方案施工，认真做好工序检查、隐蔽验收及外墙涂饰工程验收工作。

第十二条 施工、监理单位应建立健全外墙涂料质量检查、验收制度，做好涂料及其配套产品的进场检查验收工作，形成完整的进场验收记录。并对进入现场的底涂、柔性耐水腻子、涂料按批量进行见证取样检测（每一栋楼同类涂料，500m^2～1000m^{2}划分为一个检验批，不足500m^{2}也化为一个检验批）。

第十三条 外墙涂料工程施工前，监理单位应组织相关单位对基面进行验收，并形成验收记录。验收合格后方可进行外墙涂饰工程施工。

第十四条 检测单位要严格按照国家及行业相关标准进行建筑外墙涂料系统检测，并根据建设单位委托到工程施工现场抽样，并对检测报告的真实性负责。对检测不合格的产品应及时报告建设单位和工程质量监督机构。

第四章 监督管理

第十五条 各级建筑质量监督机构应认真履行监督职责，做好对各责任主体的质量行为和工程实体质量监督管理工作。涂料产品进入施工现场，必须经建筑质量监督机构监督检测合格后方可使用。加大对未列入推广应用目录涂料产品的巡查频次，采取定期巡查、不定期现场抽检等方式对外墙涂料施工过程中的原材料、基层质量、施工工艺等进行监督检查，确保外墙涂饰工程质量。

第十六条 对外墙涂饰分部工程质量优良的工程项目在全市给予通报表扬，同时在各级质量安全双示范工地、琥珀杯及其以上质量奖项评比中同等条件下优先；对存在质量问题工程项目的相关责任主体和人员在全市给予通报批评，同时记入不良行为记录。

第十七条 检测单位伪造检测数据，出具虚假检测报告或者鉴定结论的，按照建设部令第141号等相关规定给予处罚。

第十八条 建设单位、设计单位、施工图审查机构、施工单位、监理单位违反本办法，国家、省法律、法规已有处罚规定的，从其规定。

第十九条 城乡建设行政主管部门及建筑质量监督机构工作人员违反本办法，滥用职权，徇私舞弊、玩忽职守的，依法处理。

第五章 附 则

第二十条 本规定自2012年12月1日起施行，有效期2年。四县一市参照执行。

关于印发《合肥市外墙保温工程质量管理暂行规定》的通知

合建〔2013〕27号

各有关单位：

为加强本市民用建筑工程外墙保温系统质量管理工作，进一步规范民用建筑外墙保温系统设计、施工、验收以及外墙保温系统材料供应管理，提高民用建筑外墙保温工程质量与安全，根据国家、省及本市现行相关建筑节能政策法规、技术标准，结合本市实际，制定了《合肥市外墙保温工程质量管理暂行规定》，现印发给你们，请遵照执行。

合肥市城乡建设委员会

2013年3月28日

合肥市外墙保温工程质量管理暂行规定

第一章 总 则

第一条 为加强本市民用建筑外墙保温工程质量管理工作，进一步规范民用建筑外墙保温系统设计、施工、验收以及外墙保温系统材料供应管理，提高民用建筑外墙保温工程质量与安全，根据《民用建筑节能条例》（国务院令第530号）、《建设工程质量管理条例》（国务院令第279号）、《安徽省民用建筑节能办法》（省政府令第243号）、《合肥市促进建筑节能发展若干规定》（市政府令第160号）、《建筑节能工程施工质量验收规范》（GB50411－2007）和住房和城乡建设部、国家工商行政管理总局、国家质量监督检验检疫总局《关于加强建筑节能材料和产品质量监督管理的通知》（建科[2008] 147号），以及国家、省及本市现行相关建筑节能政策法规、技术标准，结合本市实际，制定本暂行规定（以下简称规定）。

第二条 凡在本市行政区域内进行民用建筑外墙保温工程建设活动以及监督管理，均应遵守本规定。

第三条 建设、设计、图审、施工、监理、检测、墙体保温系统生产企业和系统供应商等单位，应当严格执行国家、省及本市有关建筑节能政策法规、技术标准的规定，履行合同约定义务，并依法对民用建筑外墙保温工程质量负责。

第二章 基本规定

第四条 根据国家、省及本市有关建筑节能政策法规，结合本市气候和资源情况，市城乡建委制定建筑节能技术和产品的推广、限制和淘汰政策，市城乡建委建筑节能与科技处具体负责建筑节能技术和产品的性能认定以及推广应用的日常管理工作。各级建筑质量监督机构负责各责任主体的质量行为和工程实体质量监督管理工作。

第五条 民用建筑外墙保温工程中使用的新技术、新工艺、新材料、新设备尚无国家、省及本市相关应用技术标准依据的，应经市级以上建设行政主管部门组织专家进行应用可行性论证，确定设计、施工、检测和验收的技术依据或方法，论证通过后方可在工程中使用。

第六条 积极鼓励保温材料生产企业发展高效节能和防火安全的保温隔热板材，推动建筑保温隔热材料向板材化、工厂化和成品化方向发展。提倡保温装饰、结构保温一体系统和产品，逐步限制和淘汰湿作业法（浆料类）墙体保温系统和产品。

第七条 外墙保温系统和产品应有完整、有效的系统及其组成材料型式检验报告，通过性能认定，且在市城乡建委网上登记备案。工程应用必须使用登记备案时确定的系统构造及其组成材料，不得擅自改变系统构造和组成材料。

第八条 从事民用建筑外墙保温工程的施工单位必须具有房屋建筑工程施工总承包或装饰装修工程专业承包资质，具有建筑施工企业安全生产许可证。从事外墙保温工程的施工管理人员应经相应培训考核，并持证上岗，现场施工人员经培训合格后方可上岗作业。

第九条 总承包企业可将外墙保温工程项目分包给具备相应资质的专业施工单位，并应纳入施工总承包单位管理，严禁将其分包给无资质的单位和个人。

既有建筑外墙保温节能改造工程，建设单位不得发包给不具备相应资质的施工单位。

第十条 参与工程建设各方责任主体不得擅自修改经过施工图审查机构审查通过的建筑节能工程设计文件。涉及改变节能效果的变更，必须按相关规定程序报原施工图审查机构进行变更审查，并重新进行节能设计审查备案。

第三章 材料生产与供应

第十一条 民用建筑外墙保温工程使用的建筑节能材料和产品，其系统构造及保温材料的性能应符合现行国家、地方有关建筑节能政策法规和标准规定以及设计要求。

第十二条 无机类保温砂浆外墙保温系统生产企业应采用自动化生产线生产单组份无机类干粉保温砂浆，各类板材外墙保温系统产品生产企业应具备系统配套砂浆生产能力，满足规模化生产和质量控制要求。

第十三条 民用建筑外墙保温工程使用无机类保温砂浆外墙保温系统时，必须严格执行《合肥市无机保温砂浆墙体保温系统应用技术导则》（DBHJ/T001—2011）；

民用建筑外墙保温工程（含幕墙工程）使用岩棉板墙体保温系统时，必须严格执行《合肥市岩棉板外墙外保温系统应用技术导则》（DBHJ/T002—2011），不应采用玻璃棉板、矿棉板、岩棉毡。

第十四条 从事无机类轻骨料、各类保温板材、可再分散乳胶粉、耐碱玻璃纤维网布、热镀锌电焊网和锚栓等主要产品的生产企业应申请合肥市“建设科技四新产品”推广性能认定、备案，未经备案的产品不得作为系统配套组成材料使用。

第十五条 外墙保温系统生产企业应向施工单位或建设单位提供安徽省建设新技术新产品推广证书、系统及组成材料型式检验报告、网上备案证明、产品出厂合格证、中文说明书、性能检测报告及相关技术文件。技术文件应包括系统构造，各组成材料的产品名称、性能指标、产品使用说明书，主要施工工具，施工条件，施工方法，各工序施工质量要求等。

第十六条 保温系统和产品必须在产品或包装袋上注明产品名称、商标、型号、重量、批次、生产企业名称、地址和联系电话、生产日期；对界面砂浆、保温砂浆、抗裂砂浆、胶粘剂、抹面胶浆等干混料还应注明使用有效期、使用说明以及现场搅拌的加水比例，出厂包装应采用内衬防潮塑料袋或防潮纸袋等专用包装袋包装，包装应符合《水泥包装袋》GB9774的要求，严禁使用三无产品。

第十七条 用于外墙保温工程的各种材料、成品、半成品的性能及其配合比应与产品型式检验时所采用的相一致，其组成材料必须由外墙保温系统生产企业统一供应，严禁更换组成材料。外墙保温系统生产企业或系统供应商应与施工单位签订供货合同，合同中应明确质量要求、技术指标、双方质量责任、权利和义务，合同中应要求供方提供现场技术指导。外墙保温工程最低保修期为五年。

第十八条 提倡外墙保温系统和产品生产企业或系统供应商建立专业化施工队伍；外墙保温系统供应和施工宜由同一单位承担。

第十九条 市外建筑节能材料和产品生产企业应在合肥市设立分公司，其相关建筑节能材料和产品应由该企业工商注册地整套供应。积极鼓励市外建筑节能材料和产品生产企业落户合肥，严禁在合肥设立非法加工车间（生产基地）或擅自推广不在认定范围内的技术和产品。

第四章 外墙保温材料防火

第二十条 外墙保温工程施工时，参建各方应建立防火责任制度，强化防火意识，施工现场必须采取可靠的防火保护措施。

第二十一条 非幕墙式建筑应符合下列规定：

（一）住宅建筑

1. 建筑高度大于等于 60m 时，其保温材料的燃烧性能应为 A 级；

2. 建筑高度不大于 60m 时，其保温材料的燃烧性能不得低于 B1 级。

（二）其他民用建筑

1. 设置人员密集场所的建筑，应采用 A 级保温材料；

2. 不设置人员密集场所的建筑，当建筑高度大于等于 50m 时，其保温材料的燃烧性能应为 A 级；当建筑高度不大于 50m 时，其保温材料的燃烧性能不得低于 B1 级。

（三）当采用 B1 级保温材料时，应采用不燃材料做防护层，且建筑首层的防护层厚度不应小于 6mm，其他楼层不应小于 4～6mm；应在每层采用高度不小于 300mm 的不燃材料设置水平防火隔离带。

第二十二条 幕墙式建筑应符合下列规定：

（一）建筑高度大于等于 24m 时，保温材料的燃烧性能应为 A 级。

（二）建筑高度不大于 24m 时，其保温材料的燃烧性能不得低于 B1 级，当采用 B1 级保温材料时，应在每层采用高度不小于 300mm 的不燃材料设置水平防火隔离带。

（三）保温材料应采用不燃材料作防护层。防护层应将保温材料完全覆盖。防护层厚度不应小于 4～6mm。

（四）保温系统与基层墙体、装饰层之间的空腔，应在每层楼板处采用防火封堵材料封堵。应在每层楼板处采用防火封堵材料封堵。

第二十三条 建筑的屋面外保温材料的燃烧性能不应低于 B1 级。当采用 B1 级保温材料时，应采用不小于 10mm 的不燃材料作防护层，并采用宽度不小于 500mm 的不燃材料设置防火隔离带将屋面和外墙分隔。屋顶防水层应采用厚度不小于 10mm 的不燃材料进行覆盖。

第二十四条 防火隔离带应采用 A 级无机保温材料，并沿楼板位置设置。防火隔离带与基层墙面应进行全面积粘贴，且应与外墙保温同步施工。

第五章 施工图设计与审查

第二十五条 外墙保温薄抹灰系统应优先选用弹性腻子、弹性涂料和饰面砂浆等饰面材料。

第二十六条 设计单位必须选用经市城乡建委登记备案的建筑节能材料和产品，不得指定生产企业和产品，不得更改系统构造和组成材料，在施工图等设计文件中明确系统构造、干密度、导热系数等主要性能指标，确保建筑节能设计符合现行建筑节能政策法规和标准规定。

第二十七条 设计单位设计选用外墙保温系统时，应做好保温和防水构造设计，应有大样图，选用标准图集时应在图纸上注明标准图集号、详图所在页号、详图编号，主要包括外门窗洞口、女儿墙、阳台、雨篷、挑板、架空楼板、系统变形缝、勒脚、防火隔离带等部位。

第二十八条　施工图审查机构在审查选用外墙保温系统的施工图时，应重点审查系统构造、性能指标是否符合相关政策法规和标准要求。对不满足要求的不得通过审查，并督促设计单位修改完善。

第六章　施工与验收

第二十九条　外墙保温工程施工前，建设单位应组织设计、施工、系统供应商、监理单位对外墙保温工程设计图纸进行会审，做好图纸会审记录，明确细部构造，必要时进行二次深化设计，提供相应构造详图。

第三十条　施工单位应按审查通过的设计文件、图纸会审记录、节能计算书、系统供应商提供的技术文件以及国家、地方相关标准要求，编制外墙保温工程专项施工方案并经总包单位、监理（建设）单位审查批准。

施工单位应严格按照审批通过的外墙保温工程专项施工方案进行施工。施工现场应对从事外墙保温工程施工作业的专业人员进行技术交底和必要的实际操作培训。施工现场应有相应的施工图设计文件、节能计算书、施工技术标准等文件。

第三十一条　监理单位应严格按照审查合格的设计文件和建筑节能标准的要求，以及经审查批准的外墙保温工程专项施工方案实施监理，针对外墙保温工程的特点制定外墙保温工程监理实施细则。认真做好工序检查、隐蔽验收及分项分部工程验收工作。

外墙保温工程施工时，监理工程师应当按照工程监理规范的要求，采取旁站、巡视和平行检验等形式实施监理并填写检查记录。

第三十二条　材料进场时，施工、监理单位应认真核对墙体保温系统各组成材料的生产厂家、品牌、性能与市城乡建委网上备案登记内容相一致，形成相应的质量验收记录。对主要材料性能的复验，应由建设单位委托检测机构抽样，监理单位进行见证。监理单位应建立进场材料见证取样管理台帐，施工单位应建立原材料管理台帐。与备案登记内容不一致或技术指标不符合设计文件和相关标准要求的材料、成品、半成品，不得进场使用。见证取样复验的材料种类、抽样比例、取样数量、检验内容等应严格按照《建筑节能工程施工质量验收规范》GB50411－2007及相关标准执行。

第三十三条　外墙保温工程施工前，基层墙体应采用防水砂浆进行防水找平。外门窗洞口尺寸、位置应符合设计文件和相关标准要求，门窗框应安装完毕，伸出墙面的落水管、各种进户管线和空调器等预埋件、连接件应安装，防水措施处理完毕，并按外保温系统厚度留出间隙。

第三十四条　外墙保温工程施工前，应在现场采用相同材料和工艺制作样板墙（间），样板墙面应包含外墙保温系统起端、终端处、门窗洞口以及外墙挑出构件等部位。应做现场系统构造钻芯检验、拉伸粘结强度、抗冲击强度及锚栓抗拉拔承载力等试验。

进场材料送检以及现场试验合格后，由建设单位组织设计、施工、系统供应商、监理单位对样板墙（间）进行确认并报所在地工程质量监督机构，样板墙（间）经各方确认后方可进行施工。

第三十五条 监理单位发现施工单位不按经施工图审查机构审查合格的施工图设计文件、产品使用说明书、外墙保温节能工程专项施工方案和相关标准、规定施工的，应当要求施工单位改正，施工单位拒不改正的，监理单位应当及时报告建设单位和工程质量监督机构。

第三十六条 检测机构应要严格按照国家及行业相关标准，客观公正地开展建筑节能保温的检测工作，并根据建设单位委托到工程施工现场抽样，并对出具的检验报告负责。出具的报告应真实、可靠、完整，并提供查询真伪的服务。对检测不合格的产品应及时报告建设单位和工程质量监督机构。

第三十七条 当施工中出现本规定条文未列出的内容时，应严格按照《建筑节能工程施工质量验收规范》GB50411—2007及相关标准执行。

第七章 监督与管理

第三十八条 外墙保温系统、产品的生产企业和系统供应商，实行市场动态管理。在登记备案有效期内，出现下列情况之一，由市城乡建委撤销其登记备案，并予以公布。凡撤销登记备案的生产企业，自撤销之日起，两年内不得重新申报。

（一）因生产企业产品质量责任造成工程质量事故的；

（二）1年内有2次抽样检测或飞行检测不合格的；

（三）非法设立加工车间（生产基地），伪造、涂改、倒卖、租借、转让登记备案、推广应用证明文件的；

（四）擅自改变系统产品主要原材料、生产工艺、原料配比等与备案登记内容不符的；

（五）生产工艺、装备等已不符合国家、省、市产业政策要求，或产品列入国家、省、市淘汰目录的；

（六）拒不接受各级管理部门监督管理的；

（七）经举报查实，有其他严重违规、违法行为的。

第三十九条 各级建筑质量监督机构应认真履行监督职责，加大巡查频次，采取定期巡查、不定期现场抽检等方式对墙体保温系统施工过程中的原材料、基层质量、施工工艺等进行监督检查，确保墙体保温系统工程质量安全。对违反国家、省、市有关工程质量和安全生产管理规定的行为，应责令改正。

第四十条 对建筑节能分部工程质量优良的工程项目在全市给予通报表扬，同时在各级质量安全双示范工地、琥珀杯及其以上质量奖项评比中同等条件下优先；对存在质量问题工程项目的相关责任主体和人员在全市给予通报批评，同时记入不良行为记录。

第四十一条　违反本规定，施工单位在施工中偷工减料的，使用未经检测或者检测不合格的建筑节能材料和产品的，或者有不按照工程设计图纸或者施工技术标准施工的其他行为的，责令改正，依照《建设工程质量管理条例》第六十四条之规定，处工程合同价款百分之二以上百分之四以下的罚款；造成建设工程质量不符合规定的质量标准的，负责返工、修理，并赔偿因此造成的损失；情节严重的，列入黑名单，1年内不得在肥承接业务，并报请发证机关，责令停业整顿、降低资质等级或者吊销资质证书。

第四十二条　检测单位伪造检测数据，出具虚假检测报告或者鉴定结论的，按照建设部令第141号等相关规定给予处罚。

第四十三条　对在外墙保温工程质量管理中违反本规定以及弄虚作假等违法行为的建设、设计、施工、监理单位、建筑节能技术和产品生产企业或系统供应商，建设行政主管部门将依法对责任单位进行相应的行政处罚。

第四十四条　城乡建设行政主管部门及建筑质量监督机构工作人员违反本办法，滥用职权，徇私舞弊、玩忽职守的，依法处理。

第四十五条　本规定自公布之日起施行，此前我委发布的相关文件，凡与本规定相冲突的，以本规定为准。

关于印发《合肥市施工图设计文件调审管理规定（试行）》的通知

合建设〔2014〕38号

各有关单位：

为加强对我市施工图设计文件调审的管理，根据国家有关法律、法规，结合我市实际制定了《合肥市施工图设计文件调审管理规定（试行）》，现予以印发。

合肥市城乡建设委员会

2014年8月13日

合肥市施工图设计文件调审管理规定（试行）

为进一步规范施工图设计文件调审行为，提高勘察设计单位、施工图审查机构设计和审查质量，根据《房屋建筑和市政基础设施工程施工图设计文件审查管理办法》（住房城乡建设部令第13号）、《关于加强勘察设计和施工图审查管理工作的若干意见》（合建【2010】82号）等文件规定，结合我市实际，制定本办法。

一、调审范围

通过施工图审查机构审查并完成施工图审查合格书备案的房屋建筑和市政基础设施工程。

（一）投诉、举报反映问题较多的勘察设计单位承接的勘察设计项目。

（二）施工图审查中发现违反工程建设强制性标准条文较多的或质量控制较差的勘察设计单位承接的勘察设计项目。

（三）《安徽省房屋建筑工程勘察设计质量专项治理工作方案》中明确的专项治理范围内项目。

（四）列入年度专项检查计划范围内的项目

（五）保障性住房、大型公共建筑和超限高程项目。

二、调审内容

（一）勘察设计单位是否超越本单位资质等级承揽勘察设计业务；施工图审查机构

是否超越资质范围进行审查。

（二）勘察设计单位、注册执业人员以及相关设计人员是否按规定在施工图上加盖相应的图章和签字。

（三）超限高程项目是否在初步设计阶段进行抗震设防专项审查，施工图设计文件是否符合超限高层抗震设防专项审查意见要求。

（四）施工图设计文件是否满足国家工程建设强制性标准、规范和合肥市行业、技术管理规定要求，重点是地基基础和主体结构的安全性、抗震设防以及建筑节能（绿色建筑）等方面内容。

（五）审查机构对设计单位的回复意见、设计修改文件以及建筑节能等施工图设计文件重大变更复审情况。

三、调审方式

（一）每月调审和集中调审相结合，原则上，每月调审1次（每次2～3个项目），每年集中调审1～2次（每次8～10个项目）

（二）项目从施工图审查合格书备案项目库中随机抽取，经委分管领导同意后，下发调审通知书。

（三）调审专家从建设行业专家库中抽取，抽取的专家不得与所调审项目的勘察设计单位和施工图审查机构存在利害关系。

四、资料提供

勘察设计单位、施工图审查机构在收到调审通知单5个工作日内，应一次性提供以下资料：

（一）全套施工图。

（二）建筑节能设计计算书、结构设计计算书以及其他专业的相关计算书（含补充、修改计算书）。

（三）各专业审查意见、建筑节能施工图审查意见书、设计单位的回复意见及设计修改文件（设计修改单、修改图、补充图、补充或重新核算的计算书等），审查合格书及外地来肥勘察设计单位备案证明（复印件）。

（四）岩土工程勘察报告。

（五）调审通知单要求提供的其他材料。

五、结果处理

（一）情节较轻、责任单位能及时整改、未产生严重后果和质量安全隐患的，责令整改，约谈责任单位主要负责人，并予以相应处罚。

（二）情节严重、责任单位未能积极整改、可能造成严重后果和质量安全隐患的，报请委分管领导同意，移交监察大队依法查处。

（三）建立差别化管理制度。按照《关于加强勘察设计和施工图审查管理工作的若干意见》有关规定，将调审中发现施工图设计文件存在质量问题较多、市场行为不规范的勘察设计单位和施工图审查机构纳入重点监管对象，实行差别化管理。

六、其 他

各县、区（开发区）建设行政主管部门按照属地管理的原则，应加强施工图设计文件质量监督，负责监管范围内的施工图设计文件调审工作，并接受市城乡建委的指导和监督。

关于在我市
房屋建筑工程中推广应用抗震新技术
（减震隔震技术）的通知

合建〔2014〕88号

各有关单位：

近年来，我国采用了抗震新技术—减震隔震技术的工程经受了汶川、芦山等地震考验，保障了人民生命财产安全。实践证明，减震隔震等抗震新技术不仅能有效减轻地震作用、提升工程抗震能力，还能有效地减小房屋建筑的层间变形，保护建筑装饰装修和室内仪器设备。该项新技术在国内部分城市已经成功应用，取得了较好的经济效益和社会效益。

我市地处著名的郯（山东郯城）庐（安徽庐江）断裂带南段，为全国地震重点监视防御城市。为积极推广抗震新技术、提升工程的抗震水平和防灾救灾能力、推动建筑业技术进步、保障人民生命财产安全，根据国家住建部《住房城乡建设部关于房屋建筑工程推广应用减隔震技术的若干意见（暂行）》（建质［2014］25号）和省住建厅建质函［2014］287号文要求，现就抗震新技术的推广应用提出如下意见：

一、新建医疗建筑中，承担特别重要医疗任务的三级医院的门诊、医技、住院用房，设计时应采用减震隔震技术进行抗震设计；二、三级医院的门诊、医技、住院用房，县级及以上的独立采供血机构的建筑，设计时应优先采用减震隔震技术进行抗震设计。

二、新建学校、幼儿园建筑中，面积超过500平方米的学生食堂和3层（含3层）以上且面积超过2000平方米的教学用房、学生宿舍等人员密集公共建筑，设计时应优先采用减震隔震技术进行抗震设计。

三、抗震设防安全性或使用功能有较高要求的建筑，设计时提倡采用减震隔震技术进行抗震设计。

四、市城乡建委、地震局等有关部门按照相关管理要求，加强技术指导和政策支持；采用减震隔震的工程将列为合肥市“抗震新技术试点示范工程”，优先参加各类工程评优评奖。

附件：《住房城乡建设部关于房屋建筑工程推广应用减隔震技术的若干意见（暂行）》（建质［2014］25号）

合肥市城乡建设委员会
合肥市发展改革委员会
合肥市地震局
合肥市卫生局
合肥市教育局
2014年8月11日

关于加强新建民用建筑设计方案建筑节能和绿色建筑管理工作的通知

合规〔2014〕129号

各相关单位：

根据《民用建筑节能条例》（国务院令第530号）、《安徽省民用建筑节能办法》（安徽省人民政府令第243号）、《合肥市促进建筑节能发展若干规定》（市政府令第160号）、《合肥市控制性详细规划通则（试行）》（市政府令第167号）的有关规定，为进一步加强新建民用建筑规划设计方案建筑节能与绿色建筑管理，明确建筑规划设计方案的建筑节能与绿色建筑技术要求，现对《关于加强新建民用建筑设计方案节能管理工作的通知》（合规［2012］104号）进行修订，并将修订后的《关于加强新建民用建筑设计方案节能和绿色建筑管理工作的通知》印发给你们，请遵照执行。

一、本通知所称的新建民用建筑，是指居住建筑、政府机关办公建筑和商业、服务业、教育、卫生、交通等其他公共建筑以及工业建设项目中具有民用建筑功能的建筑。

二、规划管理部门在确定建设工程项目规划设计条件时，应当明确提出符合我市建筑节能和绿色建筑规定的有关要求。

三、符合下列条件的新建民用建筑，应执行以下建筑节能标准要求：

（一）设有集中中央空调系统且建筑面积大于等于1万m^2，或建筑面积大于等于2万m^2，或建筑高度超过50m的公共建筑；建筑面积大于等于1万m^2的政府机关办公建筑，或政府参与投融资且建筑面积大于等于1万m^2的公共建筑，应按甲类公共建筑设计，执行《合肥市公共建筑节能65%设计标准实施细则》。

（二）新建建筑面积在1万m^2以上的公共建筑应当至少利用一种可再生能源（可再生能源建筑应用主要形式是指太阳能光热、太阳能光伏和地源热泵等技术与建筑一体化应用）。

（三）可再生能源建筑一体化应用要求

1. 规划总平面的布局和建筑的朝向、间距应有利于太阳能、地源热泵等可再生能源建筑一体化应用；

2. 满足春分或秋分日照时间累计达到4个小时的新建居住建筑楼层必须安装太阳能热水系统。不满足部分应经专业评估机构进行评估论证，报市城乡建委备案公示，可采用空气源热泵替代太阳能热水系统；

3. 新建、改建、扩建宾馆、酒店、医院等有生活热水需求的公共建筑，应当安装太阳能热水系统；

4. 屋顶可利用面积达到 1000m² 及以上的新建非居住类民用建筑，应当安装分布式太阳能光伏系统。

（四）居住建筑的体型应简洁，不宜过于复杂，体型系数应符合居住建筑节能标准要求。

（五）采用太阳能热水系统和外遮阳技术措施的，应当与建筑一体化设计，确保建筑立面整齐美观、协调一致、安全可靠、安装维修方便。

（六）新建民用建筑设计方案除执行上述建筑节能规定外，还应符合国家、行业、地方现行有关建筑节能标准和政策。

四、符合下列条件的新建民用建筑，应执行以下绿色建筑标准要求：

（一）单体（联体）建筑面积达到 1 万 m² 及以上的公共建筑，应满足一星级及以上的评价标准；单体（联体）建筑面积达到 3 万 m² 以上的公共建筑，应满足二星级及以上的评价标准；

（二）总建筑面积（地上）达到 10 万 m² 及以上的居住建筑项目，50%以上的建筑面积应满足一星级及以上的评价标准；

（三）医疗卫生、体育场馆、剧院等公共服务设施，汽车站、火车站等交通设施，单体建筑面积达到 1 万 m² 及以上的公共建筑，应满足二星级及以上的评价标准；

（四）幼儿园（托儿所）、中小学、大专院校等教育设施，应满足一星级及以上的评价标准；校区总建筑面积达到 5 万 m² 以上的，其主要建筑应满足二星级及以上的评价标准；

（五）政府机关办公楼、社区服务中心等公共服务设施，应满足一星级及以上的评价标准；单体（联体）建筑面积达到 1 万 m² 及以上的，应满足二星级及以上的评价标准；

（六）滨湖新区所有新建民用建筑均应满足一星级及以上的评价标准，其中政府机关办公建筑或政府投资项目的公共建筑均应满足二星级及以上的评价标准，单体建筑面积达到 10 万 m² 及以上的公共建筑应满足三星级评价标准；

（七）所有新建保障性住房项目（包括公租房、廉租房等）均应满足一星级及以上的评价标准，鼓励以政府投资为主的保障性住房项目按照二星级以上评价标准设计建造。

五、规划管理部门在提供规划设计条件和进行规划方案审查时，将新建民用建筑节能和绿色建筑审查内容纳入并联审批。建设单位在申报规划方案时同步向市城乡建委申报民用建筑设计方案节能和绿色建筑专项审查。

六、市行政服务中心市城乡建委窗口负责新建民用建筑设计方案建筑节能和绿色建筑审查的申报受理工作，建设单位应提供加盖建设单位和设计单位公章的以下材料：

（一）民用建筑设计方案建筑节能与绿色建筑审查报审表 1 份；

（二）规划管理部门下达的规划设计条件（复印件）1 份；

（三）民用建筑设计方案建筑节能与绿色建筑概况表 2 份；

（四）建筑节能和绿色建筑规划设计方案2份；

（五）光盘一套，含方案、总平面图、平面图、立面图、剖面图。

市城乡建委负责对民用建筑设计方案是否符合民用建筑节能强制性标准和绿色建筑相关要求提出意见，在4个工作日内完成技术审查，并出具正式审查意见书。

七、建设单位、设计单位应当严格遵守国家、行业、地方现行有关建筑节能标准和政策，并结合下达的建筑节能和绿色建筑规划设计条件编制民用建筑设计方案。建设单位和设计单位应对项目建筑节能和绿色建筑规划设计情况的真实性、完整性负责。

八、对不能满足建筑节能和绿色建筑规划设计要求的建设项目，建设单位应组织相关单位按照规划设计条件和审查意见要求进行方案完善并重新报审。对不符合建筑节能和绿色建筑设计标准要求的建设项目，规划管理部门不予核发建设工程规划许可证。

九、建设单位委托施工图设计和施工图审查时，应同时提供规划管理部门批准的规划方案和市城乡建委审查通过的建筑节能和绿色建筑方案审查意见书。

设计单位应严格遵守国家、行业、地方现行有关建筑节能标准和政策，按照规划管理部门批准的规划方案和建筑节能和绿色建筑方案审查意见书进行施工图设计。

施工图审查机构应核验规划管理部门批准的规划方案和建筑节能和绿色建筑方案审查意见书，并依据建筑节能强制性标准和相关政策要求对施工图设计文件进行建筑节能和绿色建筑专项审查。

十、建筑工程质量监督机构应严格按照加盖施工图审查合格专用章的施工图设计文件进行质量监督。对不符合建筑节能强制性标准和相关政策要求的建设项目，一律不得办理竣工验收备案手续。

十一、规划管理部门组织规划核实时，应当对民用建筑是否符合建筑节能和绿色建筑规划设计条件进行专项查验，不符合建筑节能强制性标准和绿色建筑相关要求的，不得办理规划核实证明，建设单位不得组织建设项目竣工验收。

十二、长丰县、肥西县、肥东县、庐江县和巢湖市规划管理权限内的新建民用建筑设计方案建筑节能和绿色建筑管理工作，参照本通知执行。

十三、本通知自发布之日起施行，有效期为三年。原《关于加强新建民用建筑设计方案节能管理工作的通知》（合规［2012］104号）同时废止。

附件：1. 民用建筑设计方案建筑节能与绿色建筑审查报审表

2. 民用建筑设计方案建筑节能与绿色建筑概况表

3. 合肥市新建民用建筑节能规划设计方案编制要点

合肥市规划局

合肥城乡建设委员会

2014年10月16日

关于印发《合肥市建筑节能技术与产品推广应用管理暂行办法》的通知

合建设〔2015〕7号

各有关单位：

为加强建筑节能新技术、新工艺、新产品和新材料（以下统称“建筑节能技术与产品”）的推广应用和监督管理，保障建筑节能工程质量，积极推进绿色建筑和生态城市建设，根据《民用建筑节能条例》（国务院令第530号）、《建设领域推广应用新技术管理规定》（建设部令第109号）、《安徽省民用建筑节能办法》（省政府令第243号）、《合肥市促进建筑节能发展若干规定》（市政府令第160号）、住房城乡建设部等三部委《关于加强建筑节能材料和产品质量监督管理的通知》（建科［2008］147号）等有关规定，结合本市实际，制定《合肥市建筑节能技术与产品推广应用管理暂行办法》。现印发给你们，请认真贯彻执行。

合肥市城乡建设委员会

2015年3月30日

合肥市建筑节能技术与产品推广应用管理暂行办法

第一章 总 则

第一条 为加强建筑节能新技术、新工艺、新产品和新材料（以下统称“建筑节能技术与产品”）的推广应用和监督管理，保障建筑节能工程质量，根据《民用建筑节能条例》（国务院令530号）、《建设领域推广应用新技术管理规定》（建设部令第109号）、《安徽省民用建筑节能办法》（省政府令第243号）、《合肥市促进建筑节能发展若干规定》（市政府令第160号）、住房城乡建设部等三部委《关于加强建筑节能材料和产品质量监督管理的通知》（建科〔2008〕147号）等有关规定，结合本市实际，制定本办法。

第二条 本办法所称的建筑节能技术与产品，是指符合国家、省和本市发布的产业政策，符合有关国家标准、行业标准、地方标准或经技术监督行政主管部门备案的企业标准，有利于建筑全寿命期内节地、节水、节能、节材、保护环境，有利于提高建筑物使用功能，促进可再生能源建筑一体化应用，且满足国家、省和本市有关建筑节能、绿色建筑设计标准和相关政策要求，并通过技术鉴定、评审或评估的先进、成熟、适用的新技术、新工艺、新产品和新材料。

本办法所称“限制”使用是指已有性能指标更优的替代技术和产品；“禁止”使用是指已无法满足建设领域的使用要求，阻碍技术进步与行业发展的技术和产品。

第三条 本办法适用于本市行政区域内新建、扩建、改建的建筑工程中使用的建筑节能技术与产品推广应用及其相关监督管理活动。

第四条 本市对行政区域内新建、扩建、改建的建筑工程中使用的建筑节能技术与产品实行推广应用、认定和目录管理制度。

第五条 鼓励生产企业和科研机构积极研制、开发生产建筑节能技术和产品。生产企业和科研机构本着自愿原则，参加建筑节能技术与产品认定。

第六条 市城乡建委负责本市建筑节能技术与产品推广应用和备案认定工作的监督管理，市城乡建委建筑节能与科技处负责组织实施，合肥市建筑节能科技协会具体负责建筑节能与产品的认定工作。

第七条 合肥市建设节能科技协会应充分发挥行业自律和服务职责，积极组织开展建筑节能技术与产品的培训和宣传，维护建筑节能技术与产品推广应用的良好市场环境。

第二章 备案认定

第八条 建筑节能技术与产品认定的范围包括：

（一）墙体、屋面和楼板的保温隔热技术与产品；

（二）绿色节能门窗、幕墙保温隔热技术与产品；

（三）建筑遮阳技术与产品；

（四）集中空调、制冷节能技术与产品；

（五）建筑绿色照明节能技术与产品

（六）太阳能、地热能等可再生能源建筑应用的成套技术与设备；

（七）建筑物屋顶绿化、雨水收集系统的技术与产品；

（八）其他建筑节能、绿色建筑的技术与产品。

第九条 市城乡建委根据建筑节能技术与产品的不同类型和技术发展状况，对企业规模、生产能力、技术创新能力、设备配套和自动化程度、从业技术人员要求、实验室建设等，不定期发布相应的认定条件。

第十条 申请建筑节能技术与产品备案认定应具备以下基本条件：

（一）申请单位已取得企业独立法人营业执照；

（二）申请的建筑节能技术与产品应符合国家、省和本市相关技术产业政策规定；

生产与应用应满足有关现行国家、行业、地方标准或经技术监督行政主管部门备案的企业标准规定的技术要求。

（三）企业有健全的质量保证体系或质量管理制度；

（四）申报项目无成果、权属争议或纠纷；

（五）企业应具备本办法第九条规定的备案认定条件。

第十一条 建筑节能技术与产品备案认定应提供的主要资料：

（一）备案认定申请表；

（二）企业营业执照及法人代表证明材料。进口产品应提供代理销售授权证明及海关报关单；

（三）企业基本情况（企业简介，规模、场地、技术人员组成，生产设备及产品工艺流程等）；

（四）产品生产、工程应用执行的技术标准；

（五）质量保证体系或质量管理文件；

（六）相关报告材料：

(1) 技术研发报告

(2) 科技成果鉴定或评估的报告（包括相关技术专利）；

(3) 生产总结报告；

(4) 经济效益分析报告（含市场预测）；

(5) 用户使用意见证明文件；

(6) 型式检验报告、产品出厂检验报告；

（七）环评验收报告；

（八）实行生产许可的产品（技术）应提供生产许可证。

第十二条 认定程序：

（一）申请。申请单位向合肥市建设节能科技协会提出认定申请，按照《合肥市建筑节能技术与产品备案认定办事指南》的要求准备相关申请资料，并对资料真实性负责。

（二）审查。对申请单位提交的申请材料进行形式审查。申请材料不齐全或者不符合条件的，一次性告知申报人需要补正的全部内容。

（三）考察。符合要求的，组织不少于2名专家对企业装备及生产情况进行现场考察，考察合格后随机抽样，并委托具备法定资格的检测机构进行产品检测。

（四）评审。组织相关专家对申请项目进行评审。

（五）公示。合肥市建筑节能科技协会将评审结果书面报送市城乡建委审定。通过评审的建筑节能技术与产品，评审结果在合肥建设网 www.hfjs.gov.cn 上进行公示，公示期为7个工作日。任何单位或个人对评审结果存在异议的，应在公示期内以书面形式进行反馈。

（六）公告。经公示无异议的，市城乡建设委员会应于公示结束之日起5个工作日内，列入合肥市建筑节能技术与产品推广应用目录，并在合肥建设网www.hfjs.gov.cn－“建筑节能技术与产品备案公告”平台中予以公告，在全市推广应用。

第十三条　经认定的建筑节能技术与产品的名称、执行标准和备案认定持有单位的名称、法人代表、地址等内容发生变更时，应于变更之日起10个工作日内提出变更申请。

第十四条　认定有效期限为1年，有效期限截止前1个月内，其持有单位应申请备案认定延续。逾期不申请备案认定延续的，视为自动放弃，须重新办理。认定延续应提供以下主要资料：

（一）备案认定延续申请表；

（二）具备相应资质的检测机构出具的有效型式检验报告；

（三）主要组成材料的使用清单；

（四）应用工程项目清单。

第十五条　经认定的建筑节能技术与产品的生产工艺流程或设备有重大改变影响材料性能时，须重新申请备案认定。

第十六条　经认定的建筑节能技术与产品持有单位应将当年应用工程项目清单及应用情况报送市建筑质量安全监督站。

第十七条　经认定的建筑节能技术与产品被国家、省或本市列为落后技术禁止使用的，或备案认定有效期限截止前未通过延续的，或持有单位因破产、歇业或其他原因终止营业的，其认定资格自动失效，取消认定公告内容。

第十八条　市城乡建委应组织建立认定的建筑节能技术与产品持有单位的诚信行为档案，通过“建筑节能技术与产品备案公告”平台公布诚信行为记录。

第十九条　经认定的建筑节能技术与产品持有单位有以下情形之一者，记优良诚信行为记录1次，并予以通报：

（一）开展技术创新获得国家、省或本市相关表彰的；

（二）参与地方相关建筑节能或绿色建筑标准规范编制的；

（三）应用工程获得鲁班奖、黄山杯、琥珀杯等奖项的。

第二十条　经认定的建筑节能技术与产品持有单位有以下情形之一者，记不良诚信行为记录1次，并予以通报：

（一）提供假冒伪劣技术和产品，恶意扰乱市场秩序的；

（二）虚假宣传或误导使用单位的；

（三）被投诉举报并经主管部门查实的。

第二十一条　经认定的建筑节能技术与产品持有单位有以下情形之一者，撤销认定，并予以通报：

（一）1年内不良诚信行为记录达2次的；

（二）因生产企业产品质量或技术缺陷造成工程质量事故的；

（三）1年内有2次抽样检测或飞行检测不合格的；

（四）违反工程建设强制性标准的；

（五）伪造、涂改、倒卖、租借、转让备案认定证明文件的；

（六）涂改、伪造以及采取不正当手段获取检验报告的；

（七）拒不接受各级管理部门监督管理的。

第三章 监督管理

第二十二条 各级城乡建设主管部门应加强对建筑节能技术与产品工程应用情况的动态监管。市城乡建设主管部门每年应组织不少于1次的动态监管抽查，各区、县（市）城乡建设主管部门每年应组织不少于2次的动态监管抽查。

第二十三条 各级工程质量安全监督机构应加大监管力度，根据有关法律、法规，对使用“限用”（超过限用范围）、“禁用”技术与产品的责任主体进行严肃查处。

第二十四条 建筑节能技术与产品进入建筑工程使用时，均应按照工程建设有关规定进行检验，不合格的，不得使用。凡发现建筑工程使用不合格建筑节能技术与产品的，建设或者施工单位应当立即停止使用，各级城乡建设主管部门按管理权限负责查实，督促限期整改，依法追究责任。

第二十五条 建设各方责任主体未按有关规定使用建筑节能技术与产品，出现工程质量问题的，应承担相应责任；触犯法律的，依法追究法律责任。

第二十六条 建筑节能技术与产品持有单位发生第二十条、二十一条所述行为和情况的，应承担相应责任；触犯法律的，依法追究法律责任。

第二十七条 检测机构应对检测报告的真实性负责，对未按规定进行检测或弄虚作假的，予以通报，并依法追究相应责任。

第二十八条 认定评审专家应严格遵守《合肥市建设行业专家库管理办法》的有关规定，凡泄露评审资料信息或与申报单位串通舞弊或有其他不正当行为的，应承担相应责任，取消再次担任评审专家的资格，并予以通报。

第二十九条 市城乡建设主管部门有关工作人员未按要求履行职责的，按照有关规定进行处理。触犯法律的，依法追究法律责任。

第四章 附 则

第三十条 本办法由市城乡建设委员会负责解释。

第三十一条 本办法自2015年4月1日起施行，有效期3年。

关于发布《合肥市建筑节能技术与产品推广、限制、禁止使用目录（第一批）》的公告

合建设〔2015〕15号

各有关单位：

为积极培育和引导建筑节能技术与产品市场的发展，加强对限制、禁止使用技术的管理，加快推进我市建设领域科技进步，依据《民用建筑节能条例》（国务院令530号）、《建设领域推广应用新技术管理规定》（建设部令第109号）、《合肥市促进建筑节能发展若干规定》（市政府令第160号）、《合肥市建筑节能技术与产品推广应用管理暂行办法》（合建设［2015］7号）的规定，我委组织编制了《合肥市建筑节能技术与产品推广、限制、禁止使用目录》（第一批）（以下简称《目录》），经公开征求意见、专家论证和网上公示，现予公告，就有关事宜通知如下：

一、建设、设计、施工等单位应优先选用《目录》中推广类建筑节能技术与产品，不得违反规定使用《目录》中限制、禁止类技术和产品，施工图审查机构、工程监理单位等应将其列为审查内容和监理范围。

二、对无机保温浆料系统，自《目录》发布之日起民用建筑节能工程选用无机保温砂浆时，应执行导热系数≤0.085W/（m·K）；2015年7月1日起不得设计选用；2015年12月31日起合肥市城市规划区内禁止使用（含巢湖市）；2016年6月30日起合肥市行政区内全面禁止使用。

三、对非节能门窗、透明幕墙，2015年7月1日起不得设计选用；2015年12月31日起城市规划区内禁止使用（含巢湖市、四县城关镇和开发区）。

四、各级建筑质量安全监督机构，应加强施工现场监管，有效落实建筑节能技术与产品推广应用、认定和目录管理制度的实施，确保工程质量。

各有关单位在执行《目录》过程中遇到的问题，由我委建筑节能与科技处负责解释和咨询。

关于进一步完善建筑节能和绿色建筑管理工作的通知

合建设〔2015〕18号

各有关单位：

为进一步加强建筑节能和绿色建筑管理工作，落实、细化《关于加强新建民用建筑设计方案建筑节能和绿色建筑管理工作的通知》（合规［2014］129号）相关规定，现将有关事宜通知如下，请遵照执行。

一、建设、设计等相关单位应严格按照《项目建筑节能和绿色建筑规划设计意见书》（以下简称《设计意见书》）或合规［2014］129号文件第三、第四条对建筑节能和绿色建筑执行标准的要求，依据国家、行业、地方现行相关技术标准和政策，进行建筑节能和绿色建筑规划设计方案编制和施工图设计。

二、设计单位在进行施工图设计时，应认真落实《项目建筑节能和绿色建筑方案审查意见书》（以下简称《审查意见书》）和审查通过的《建筑节能和绿色建筑规划设计方案》（以下简称《方案》）内容，编制建筑节能和绿色建筑专篇，建筑专业总述，并分专业说明。

三、建设单位在施工图设计文件报送审查机构审查时，应提供《审查意见书》原件以及审查通过的《方案》文本。不能出具的，建设单位应说明原因并提供相关证明资料。

四、执行绿色建筑设计标准的项目，必须通过绿色建筑施工图专项审查。施工图审查机构应严格按照《审查意见书》以及审查通过的《方案》文本，依据国家、行业、地方现行相关技术标准和政策，对施工图设计文件进行审查，并在审查合格书中注明。未通过绿色建筑施工图专项审查的，施工图审查机构不得出具施工图审查合格书。

五、建设单位申请办理施工许可证时，应依据审查通过的施工图设计文件，在《合肥市建设工程质量安全监督报监表》（附表一）中如实填报建筑节能执行标准、绿色建筑和可再生能源建筑应用等信息。

六、建设单位应组织设计、施工、监理等单位对建筑节能和绿色建筑等内容进行技术交底；施工单位应编制建筑节能和绿色建筑专项施工方案；监理单位应根据建筑节能和绿色建筑的有关要求编制监理实施细则。质量监督机构应按照施工图设计文件、专项施工方案、相关标准规范和政策规定，加强建筑节能和绿色建筑施工现场监督管理。

七、实施建筑节能和绿色建筑统计月报制度。质量监督机构填写报表（附表二），施工图审查机构填写报表（附表三），每月5日前将报表报送市城乡建委建筑节能与科技处。

八、鼓励和支持通过绿色建筑施工图审查的项目申报绿色建筑设计标识和运营标识。

九、本通知自二〇一五年七月一日起执行，有效期三年。

附件：1.《合肥市建设工程质量安全监督报监表》

2. 合肥市建筑节能与绿色建筑重点工作报表（质量监督机构）

3. 合肥市建筑节能与绿色建筑重点工作报表（审图机构）

合肥市城乡建设委员会

2015年7月1日

关于加强合肥市建设工程勘察质量管理的规定（试行）

合建设〔2015〕46号

各有关单位：

为加强我市建设工程勘察质量的管理，保证建设工程质量，根据《中华人民共和国建筑法》（主席令第46号）、《建设工程质量管理条例》（国务院令第279号）、《建设工程勘察设计管理条例》（国务院令第662号）、《建设工程勘察质量管理办法》（建设部令第163号）等法律、法规，现制定本规定。

本规定所称建设工程勘察，是指根据建设工程的要求，查明、分析、评价建设场地的地质地理环境特征和岩土工程条件，编制建设工程勘察文件的活动。

一、规范工程勘察市场

（一）建设单位不得迫使工程勘察企业以低于成本的价格承揽任务，不得与承包单位签订“阴阳合同”，不得任意压缩合理工期。

（二）工程勘察单位应严格遵守国家法律、法规和建设标准、规范，必须在工程勘察资质证书规定的等级和业务范围内承接业务，不得允许其他单位或个人以本单位名义承接业务，不得转包和违法分包勘察业务。

（三）外地进肥建设工程勘察单位，在进肥承揽工程业务前，应按照要求，完成网上基本信息登记工作。外地进肥的建设工程勘察单位应对登记和报送企业基本信息的真实性负责。如企业基本信息发生变更，应及时办理变更手续。凡在企业基本信息登记中弄虚作假的，一经查实，将列入我市建筑市场“黑名单”，向社会公布，并采取市场禁入等措施。

二、落实工程勘察各方主体质量责任

（一）建设单位应为工程勘察单位提供必要的现场工作条件，保证合理的勘察周期，提供真实、可靠的原始资料，加强对勘察单位的勘察行为监督，确保工程勘察质量。

为确保勘察原始记录和试验数据的真实、可靠，加强现场作业管理，建设单位可以委托行业协会或具备相应资质的单位对勘察作业进行监管。

（二）建设单位提供的原始资料包括：建设工程概况、地形图、批准的建筑总平面图、设计要求、已有的水准点和坐标控制点等。

建设单位不得明示或者暗示工程勘察单位违反工程建设强制性标准，降低工程勘察质量。

（三）工程勘察单位要强化现场作业质量和试验工作管理，保证原始记录和试验数据的可靠性、真实性和完整性，严禁离开现场进行追记、补记或修改记录。

工程勘察单位在进行岩样、土样、水样和波速测试、地下水参数测定、物探等试验时，试验成果应由试验人员签章并加盖单位公章。

（四）《工程勘察纲要》是工程勘察的指导性文件。工程勘察单位应在充分了解拟建工程和场地特点，在调查工程地质、水文地质条件和周边环境的基础上，按照相关规定编写工程勘察纲要。

《工程勘察纲要》应包括如下内容：工程概况；拟建场地环境、工程地质和水文地质条件；勘察任务要求；执行的技术标准、规范；选用的勘探方法；孔口高程（坐标）引测的依据；勘探孔孔号、类别、深度；取原状土（扰动土）或水样及原位测试的部位、数量与要求；室内（岩）土与水试验内容、方法、数量；人员与设备的配置与工作周期安排；质量控制、安全保障和对环境保护措施等。

（五）严格执行工程勘察从业人员执业上岗制度。严格执行住房和城乡建设部《关于印发〈注册土木工程师（岩土）执业及管理工作暂行规定〉的通知》（建市〔2009〕105号），切实落实个人质量责任。在规定的执业范围内，甲、乙级岩土工程的项目负责人须由本单位聘用并授权的注册土木工程师（岩土）承担，项目负责人应撰写勘察纲要文件、熟悉本项目情况、组织做好勘察现场作业工作并加强质量与安全管理，对勘察工作的各项作业资料（包括：勘察纲要、现场原始记录和测试、试验记录等）进行验收和签字，参与报告编写、报告审查回复及现场验槽处理，并对项目的勘察文件负主要质量责任。

（六）工程勘察项目需要劳务分包时，应将劳务工作分包给具有相应工程勘察劳务资质的单位，并签订劳务分包合同。严禁将工程勘察劳务工作分包给没有工程勘察劳务资质的单位。

（七）需要对外委托进行的试验，勘察单位应将该试验工作委托给符合法律法规规定的试验条件的单位，并签订试验委托合同。试验成果应由试验人、检查人或审核人签章，并加盖试验单位公章及计量认证印章。

（八）要建立健全质量管理体系和各项质量管理制度。

建立健全勘察技术文件质量审查制度。严格落实自查、审核、审定的三级内部审核制度，勘察单位负责工程勘察成果审查的人员对其审查合格的工程勘察成果的合理性、安全性、可行性承担审查责任。勘察单位不得以施工图审查机构审查代替本单位的内部审核。

勘察报告应有完成单位公章，法定代表人、单位技术负责人签章，项目负责人、审核人、审定人等相关责任人姓名（打印）及签章，并根据注册执业规定加盖注册章。

三、强化工程勘察质量监管

（一）实行建设工程勘察质量报监制度。

建设单位应在选择工程勘察单位后一周内到工程质量监督机构登记报监（见附件一）。

1. 工程勘察单位必须在现场作业的前两日向项目所在地工程质量监督机构申报现场作业的时间、地点，现场作业结束后填报《合肥市工程勘察现场作业情况表》（见附件二）。

2. 工程质量监督机构应对《工程勘察纲要》及现场作业情况进行检查监督，指派专业技术人员对现场的设施设备、作业情况及实验室进行监督检查，主要内容包括：勘察现场作业单位资质、设施设备和外业管理情况；作业人员资格检查；根据勘察纲要对勘探点、钻探、取样、原位测试、原始记录等外业工作进行检查；对作业的施工安全和环境保护进行督察等。

3. 工程质量监督机构在进行监督检查时，可随机检查受检单位实验室是否满足国家的相关规定、是否按照相关规范、规程的规定对样品进行室内试验。

工程质量监督机构进行检查时，勘察项目的项目负责人及作业队伍应在现场做好配合工作。

（二）实行工程勘察文件前置审查制度。

1. 工程勘察文件应提前送审，原则上由承担该项目施工图审查的审查机构（以下简称审查机构）进行审查。工程勘察文件送审时，建设单位必须同时附上工程勘察合同、《合肥市建筑工程勘察项目监督注册表》和《合肥市工程勘察现场作业情况表》。

2. 设计单位不得以未经审查或审查不合格的工程勘察文件作为设计依据。审查机构的审查意见、经审查单位认可的回复意见一并提交设计单位，作为设计依据。

3. 审查机构应对勘察文件中涉及工程建设标准强制性条文的内容严格把关。必要时可对现场作业原始记录、测试、试验记录等进行核查。审查不合格的勘察文件应及时退回建设单位并书面说明不合格原因，发现有关违反法律、法规和工程建设强制性标准的问题，应及时上报市城乡建设委员会。

（三）实行工程勘察第三方复核认证制度。

对涉嫌弄虚作假的工程勘察文件，各级建设行政主管部门或其委托的工程质量监督机构可委托本市具有工程勘察甲级资质并具有良好信誉的第三方工程勘察单位进行实地原位检验核实。

（四）建立分类监管制度。对勘察文件审查和监督检查中发现存在严重违反工程建设标准、勘察成果质量低下、弄虚作假和规避监管等行为的勘察企业作为重点监管对象，并向社会公示。

（五）加强诚信体系建设，认真贯彻执行《安徽省建筑市场信用信息管理办法》和《安徽省建设工程勘察设计企业建筑市场信用评定内容和计分标准（试行）》，对违规企业和个人的不良记录向社会公示。

（六）有关单位和个人对依法进行的监督检查应当协助配合，不得拒绝或者阻挠。

（七）任何单位和个人有权向各级建设行政管理部门检举、投诉工程勘察质量问题、市场违规行为等。

合肥市勘察与岩土工程专业工作委员会应认真做好工程勘察质量、市场行为的自律工作。

（八）各级建设行政主管部门应强化工程勘察质量动态监管力度，采取工程勘察报告调审、实地原位检验核实等方式对工程勘察质量进行监督，对发现的违法违规行为，应及时督促整改并依据相关法律、法规予以处罚。

四、附则

（一）本规定由合肥市城乡建设委员会负责解释。

（二）本规定自发布之日起施行，有效期三年。原《关于加强工程勘察质量管理的规定（试行）》（合建设〔2014〕19号）废止。

（三）凡在合肥市行政区域内从事建设工程勘察活动的，必须遵守本规定。

本规定所称建设工程勘察，是指根据建设工程的要求，查明、分析、评价建设场地的地质地理环境特征和岩土工程条件，编制建设工程勘察文件的活动。

附件：1. 合肥市建筑工程勘察项目监督注册表

2. 合肥市工程勘察现场作业情况表

合肥市城乡建设委员会

2015年12月24日

关于印发《合肥市深基坑工程管理规定》的通知

合建设〔2016〕7号

各相关单位：

为加强合肥市深基坑工程管理，确保深基坑和相邻建（构）筑物、道路、地下管线等的安全，根据国家有关法律、法规，结合本市实际，现将《合肥市深基坑工程管理规定》印发给你们，请遵照执行。

合肥市城乡建设委员会

2016年2月2日

合肥市深基坑工程管理规定

第一章 总 则

第一条 为了加强本市深基坑工程管理，确保深基坑和相邻建（构）筑物、道路、地下管线等的安全，根据国家有关法律、法规，结合本市实际，制定本规定。

第二条 本规定所称深基坑，是指开挖深度超过5米（含5米）的基坑或深度虽未超过5米，但地质条件、周围环境复杂、或影响毗邻建（构）筑物安全的基坑。

本规定所称深基坑工程，包括基坑支护结构、地下水控制、土方开挖等内容，安全等级按其风险程度分为一、二、三级。

第三条 本规定适用于本市行政区域内深基坑工程勘察、设计、施工、监理、检测、监测等相关管理工作。轨道交通工程深基坑另行规定。

第四条 市、县（区）、开发区建设行政主管部门负责深基坑工程监督管理工作。

各级建设工程质量安全监督机构具体负责深基坑工程的日常监督管理工作。

第二章 一般规定

第五条 建设单位是深基坑工程管理的第一责任人。建设单位应将深基坑工程的勘察、设计、施工、监理、监测、检测依法发包给具有相应资质的单位承担。

第六条 建设单位在工程前期阶段，应组织开展地下工程建设对周边环境影响的安全性评估，合理确定地下工程建设规模、开挖深度，有效降低建设风险。

第七条 建设单位应对周边环境进行专项调查。调查报告应及时提供给勘察、设计、施工、监理、检测、监测等单位，并承担因提供资料不全或不准确而造成事故的相应责任。相邻建（构）筑物、管线产权单位应积极配合项目建设单位的调查工作。

对可能受影响的相邻建（构）筑物、道路、地下管线等，建设单位应作好调查、记录、拍照、摄像，并布设记号；必要时，应在深基坑工程设计前委托有资质的工程质量检测单位对影响范围内的建（构）筑物的倾斜、差异沉降和结构开裂等进行检测，为设计单位确定基坑变形控制标准提供依据。

第八条 建设单位应对深基坑工程的设计方案、施工方案及第三方监测方案组织专项评审。

1. 评审专家应从市城乡建委的深基坑专家库中选取，不少于5人。评审前3个工作日将专家名单报工程质量安全监督机构。评审方案应在评审前3天提交给专家预审，专家在评审前应踏勘现场。

2. 评审专家应当对方案认真论证，出具由专家签名的书面评审意见，对评审结果负责。评审结论应明确为“通过”、“基本通过”或“不通过”。评审结论为“基本通过”的，建设单位应组织有关单位按评审意见要求修改后送专家组长签字确认；结论为“不通过”的，评审意见中应明确存在的问题和修改建议，建设单位应组织有关单位将方案修改完善后重新评审。

3. 深基坑方案作重大调整时，必须重新组织评审。

4. 工程质量安全监督机构应对评审过程进行监督，通过评审并经修改完善的方案需报送工程质量安全监督机构。

第九条 深基坑工程实行施工图设计文件审查制度。施工图审查人员应具备注册土木工程师（岩土）或一级注册结构工程师资格，并依据有关规范标准、设计方案的专家评审意见和相关管理要求进行严格审查。

第十条 深基坑工程开工前须办理施工许可手续。

第十一条 深基坑施工或使用跨越多雨季节（7∽9月）的，必须充分考虑雨季的不利因素，采取加强措施。

第十二条 当深基坑工程对周边环境造成影响时，由建设单位委托有资质的单位进行检测、鉴定并组织有关单位修复。

对因深基坑工程造成基坑周围建（构）筑物、设施损坏和人员、财产损失的，建设单位必须依法承担相应责任。勘察、设计、施工、监理、检测、监测等单位按照各自职责和合同约定承担相应责任。

第三章 勘察、设计

第十三条 深基坑工程设计必须由具有工程勘察综合资质、岩土工程专业资质或岩土工程设计（分项）专业资质的单位承担，安全等级为一、二级的深基坑必须具有甲级资质。深基坑工程设计项目负责人应具有注册土木工程师（岩土）执业资格，并在设计文件上加盖执业印章，支护形式采用内支撑的应加盖一级注册结构工程师执业印章。

深基坑工程采用逆作法时，设计文件可由具有建筑工程设计甲级资质的设计单位与地下室结构一并设计。设计文件上应加盖一级注册结构工程师执业印章及注册土木工程师（岩土）执业印章。

安全等级为一级的深基坑工程需要专项勘察时，勘察单位必须具有工程勘察综合资质、岩土工程专业甲级资质或岩土工程勘察（分项）专业甲级资质。

第十四条 勘察报告应当对支护结构的选型、地下水控制方法、基坑施工对相邻设施的影响、开挖过程中应当注意的问题及防治措施提出意见和建议。当勘察报告不能满足深基坑工程设计要求时，应进行补充完善，必要时进行补勘或深基坑专项勘察。

第十五条 当施工过程中发现局部地质条件和地下水异常时，勘察单位应进行现场调查判断，必要时进行补勘。

第十六条 勘察单位应对所提交的勘察成果准确性负责，并承担因勘察数据不准确而造成深基坑工程险情、事故的相应勘察责任。

第十七条 深基坑工程设计文件应对基坑安全等级、使用期限、基坑周边允许荷载以及监测预警值作出明确限定，并对基坑施工、监测、检测提出设计要求。

第十八条 深基坑工程采用土钉、桩锚等支护形式时，其土钉、锚索等支护结构不得超越用地红线。

第十九条 深基坑工程设计单位应对设计方案的安全可靠性负责。基坑工程关键环节、危险性较大的工序施工或遇可能对基坑造成危害的恶劣天气时，设计人员应驻现场工作。

第二十条 当基坑出现险情时，设计项目负责人须驻现场，参与抢险及加固处理，提出设计处理意见，直至险情排除。

第四章 施工、监理

第二十一条 深基坑工程施工必须由具有施工总承包资质或地基与基础工程专业承包资质的企业承担。对安全等级一级的深基坑工程，必须由具有施工总承包一级及以上资质或地基与基础工程专业承包一级资质的企业承担。

第二十二条 深基坑工程的施工单位应依据勘察设计文件、周边环境专项调查报告及相关标准规范，编制专项施工方案。

深基坑工程专项施工方案应具有针对性和可操作性，应包含施工组织设计（含施工方监测方案）、安全文明组织设计及应急预案三部分内容。

施工方案由施工单位的技术负责人签字，总包方技术负责人签字，总监理工程师审查，建设单位项目负责人批准后方可实施。

第二十三条 深基坑工程施工必须严格按照审查通过的设计文件和施工方案实施。施工过程中，出现与设计文件和施工方案不相符的情况时，施工单位必须及时反馈相关单位研究解决，不得擅自修改、变更。

第二十四条 基坑土方正式开挖前，建设单位应组织有关单位并邀请不少于2名原评审专家进行基坑工程开挖前条件验收，对已完成的分项工程的施工质量、施工及监测方案执行情况等进行检查，具备开挖条件的，由总监理工程师签署基坑开挖令。

第二十五条 深基坑工程施工应遵循“开槽支撑、先撑后挖、分层开挖、严禁超挖、及时支护”的原则。基坑周边堆载、车辆荷载严禁超过设计允许值。

第二十六条 施工单位应当保护好所有的监测点，做好施工方监测工作，并积极配合第三方监测单位的监测。施工方监测人员应具备一定的专业技能；使用的监测设备应合格有效，满足监测工作要求。

施工单位应当配备专人24小时值班，对相邻设施和基坑变化情况进行巡查，并做好巡查记录。当发现异常情况，或基坑变形达到预警值，应当及时报告各有关单位，并采取必要的应急措施。

第二十七条 基坑发生险情时，建设单位和施工单位必须及时启动应急预案，积极组织抢险。险情排除后，建设单位必须召集参建各方分析原因，提出针对性有效措施后方可开展后续的施工作业。

发生基坑质量事故的，应按有关规定进行事故上报、事故抢险、事故原因分析等，同时，建设行政主管部门应按有关规定启动事故调查处理程序。

第二十八条 当基坑开挖到底，主体结构施工单位应当尽快进行地下结构工程施工，及时进行土方回填，严禁基坑长时间暴露。

第二十九条 当深基坑工程达到设计安全使用期限，建设单位应要求设计单位提出处理意见，组织专家进行安全评估，并按照评估意见组织实施。评估结论形成后应及时上报工程质量安全监督机构。每次延期不超过半年。

第三十条 监理单位应根据工程特点编制有针对性的监理实施细则，监理人员应严格执行监理报告制度，对基坑工程的关键部位进行旁站监理。

第三十一条 监理单位在施工过程中发现质量、安全事故隐患时，应立即下达书面指令，要求施工单位整改或暂停施工，同时报建设单位；如相关单位拒不执行监理指令，监理单位必须立即报告工程质量安全监督机构。基坑工程关键环节、危险性较大的工序施工或遇可能对基坑造成危害的恶劣天气时，总监理工程师应驻现场工作。

第三十二条 监理单位应对监测方案的实施进行监督，及时对施工方监测和第三方监测数据进行比对和复核。

第五章　第三方监测

第三十三条 深基坑工程第三方监测应由具备工程勘察综合类或同时具备相应岩

土工程物探测试检测监测和工程测量资质的单位承担。

第三十四条 监测单位应按审查通过的监测方案及相关监测规范开展工作，及时提交监测成果并负有报警责任。监测数据的采集必须从基坑围护结构施工前开始，强降雨期间应加密监测频次。

第三十五条 当监测数据达到设计预警值的80%时，监测单位必须及时通报监理、建设、施工、设计等相关单位，并立即加密观察频次，以便及时采取必要的加固措施。

当监测数据达到预警值时，建设单位应当立即组织相关单位并邀请不少于2名原评审专家对监测数据进行分析，查明原因，提出解决措施，必要时停止施工，消除安全隐患后方可继续施工。

第三十六条 监测单位应当确保监测数据真实准确可靠，并对监测结果负责，并及时将监测数据反馈给设计单位进行动态设计。

第三十七条 建设单位和监测单位应当积极推广信息化监控系统，运用远程监控及报警系统，进行自动监测、动态分析、分级报警，提高预警预控能力。

第六章 检测、验收

第三十八条 深基坑工程质量检测应由具有相应资质的单位承担，未经检测或检测不合格，不得组织验收。

第三十九条 深基坑工程的每个子分项工程验收合格后方可进入下一道工序，未经验收擅自进行下道工序施工的，监理应予以制止并报建设单位；监理单位制止无效的，应立即向工程质量安全监督机构报告，工程质量安全监督机构责令相关单位整改，并按有关规定处理。

第四十条 深基坑开挖到底时，建设单位应组织勘察、设计、施工、监测、检测、监理等单位进行深基坑工程验收。

第七章 监督管理

第四十一条 市城乡建委负责对深基坑工程评审专家的管理，定期更新并公布评审专家名录。

第四十二条 工程质量安全监督机构应当加强深基坑工程质量安全监督，建立监督档案，掌握深基坑和周边环境安全动态。发现基坑有危险因素时，应当责令相关单位及时采取措施消除安全隐患。

第四十三条 各级建设行政主管部门应加大执法检查力度，对违反本规定要求的相关单位，依法进行查处，造成安全事故的，将依法追究相关单位和人员的法律责任。

第四十四条 各级建设行政主管部门、工程质量安全监督机构工作人员在深基坑工程监督管理工作中玩忽职守、滥用职权、徇私舞弊构成犯罪的依法追究刑事责任，尚不构成犯罪的，依法给予行政处分。

第八章　附　则

第四十五条　本规定由合肥市城乡建设委员会负责解释。

第四十六条　本规定自发布之日起施行，有效期三年。原本委印发的《合肥市深基坑工程管理暂行规定》（合建〔2010〕5号）、《合肥市深基坑支护工程监督管理实施细则》（合建质安〔2010〕36号）、《合肥市深基坑工程勘察设计及监测质量监督管理规定（暂行）》（合建质安〔2011〕115号）等有关深基坑管理文件同时废止。

附件：《合肥市深基坑工程技术管理导则》

合肥市深基坑工程技术管理导则

第一条　基坑安全等级应根据基坑开挖对周边环境的影响程度和工程具体情况确定，符合下列条件之一的深基坑其安全等级应定为一级。

1. 基坑坡底与既有邻近建（构）筑物、重要设施的基底水平距离为相邻基底高差1.5倍（软土场地为3倍）以内的深基坑；

2. 距基坑坡顶1倍（软土场地为2倍）开挖深度范围内有需要严格保护及控制变形的建（构）筑物、地面环境和设施、地下管线的深基坑；

3. 最大开挖深度大于等于12米（软土场地为8米）的深基坑。

第二条　同时符合下列条件的深基坑，其安全等级可定为三级。

1. 土质较好的场地开挖深度小于7.0m；

2. 距基坑坡顶2倍（软土场地为3倍）开挖深度范围无建（构）筑物、重要设施和地下管线。

第三条　不符合第一条和第二条的深基坑可定为二级。

第四条　在老城区、老旧小区、人员密集闹市区域、轨道交通安全保护区范围内的深基坑，应提高一个安全等级。

建设单位不能提供相邻建（构）筑物、重要设施和地下管线的结构情况及基础埋深等资料，或提供资料不完整时，深基坑设计时按最不利考虑，应提高一个安全等级。

第五条　对开挖深度虽未超过5m，但大于3m，且符合下列情况之一的，可判定为地质条件、周边环境复杂的基坑，应判定为深基坑，深度小于3m的基坑可参照执行，具体由建设单位会同勘察、设计等单位根据勘察报告和周边环境情况确定，必要时可邀请危险性较大分部分项工程专家库中的岩土专家共同确定。

1. 坡顶面以下2倍基坑深度范围内存在软土层或厚度超过3m的松散填土层；

2. 符合第一条1、2款的任意一条。

第六条　工程前期周边环境专项调查范围从基坑边线起，向外延展不小于基坑开挖深度3倍，调查对象包括建（构）筑物（距离、基础形式及埋深）、道路、地下管线（位置、材质、管径）、地下设施等，当有同期施工的相邻建设工程，应对其支护及基础情况进行调查。

第七条 勘察报告中应明确以下与深基坑工程有关的内容：

1. 提供土体的抗剪强度指标、压缩模量、渗透系数、承压水水位等基坑支护设计参数。

2. 查明填土特性、粘土的膨胀性、软土的状态。

3. 对地下水埋藏条件、地下水位变化特征、承压性、产生管涌、流砂、流土的可能性等应作出具体评价。当基坑场地水文地质条件复杂，需要对地下水进行控制（降水、截水等），已有资料不能满足要求时，应进行专门的水文地质勘察。

第八条 基坑支护设计计算参数选取时，土的粘聚力（c）取值，应根据土的特性、基坑深度和基坑使用期限长短，在勘察确定的标准值的基础上，乘以小于1的折减系数。当勘察报告提供的膨胀土层的粘聚力（c）为直剪试验指标时，安全等级为一级的基坑应乘以不大于0.7的折减系数，且原状粘性土的c值设计值不宜大于60kPa。

第九条 基坑支护设计计算时，基坑坡顶附加均布荷载值不得小于20KN/m2。

第十条 安全等级为一级或开挖深度大于等于10米，或土质为软土、松散填土、强风化泥质砂岩的深基坑严禁采用单一土钉墙支护。一级基坑应当优先采用内支撑支护形式。

第十一条 安全等级为一级的深基坑工程，其施工或使用跨越多雨季节（7∽9月）的，必须满足下列要求：

1. 支护形式必须采用内支撑；

2. 围护桩桩间土防护应采用砖砌拱墙等可靠挡土措施；

3. 应对基坑周边雨污水管道进行全面排查，对堵塞、渗漏处进行修复或对管网进行改造，确保排水畅通；

4. 对基坑支护的排水、泄水系统进行检查，确保畅通；

5. 应组织专家对基坑雨季安全性进行评估，必要时采取加固措施。

第十二条 基坑深度应从坡顶标高计算，距坡顶2倍坑深范围内地面高于坡顶的，应折算成土层厚度后计入基坑深度。如采取坡顶清表减小坑深，清表范围应从坡顶向外大于2倍坑深，并应经专家组认可。

第十三条 邻近同一建（构）筑物、地下管线、道路等有两个或两个以上基坑同时或先后施工时，确定基坑安全等级及基坑支护设计计算时应考虑叠加效应的影响。

第十四条 基坑支护设计、施工应考虑围护结构施工对周边环境的不利影响，并采取安全保护措施。

第十五条 如果对基坑周边土体进行注浆加固，应在深基坑开挖前完成。

如果基坑加固需要采用注浆的方法，应采取可靠措施避免注浆对基坑支护结构产生不利影响。

第十六条 坑内斜撑必须严格按设计文件要求留土刻槽开挖。斜撑安装完毕且验收合格后方可开挖其下方土体。斜撑下支座应布设变形监测点。斜撑必须采取顶紧措施，当基坑紧邻老旧住宅、人员密集区域等需要严格控制变形时应施加预应力。

第十七条 钢围檩与围护桩（墙）之间出现空隙时，必须用细石混凝土填实。钢支撑与围檩节点处，型钢构件的翼缘和腹板应加焊加劲板，且支撑应垂直接触处的承载面。钢围檩接头应全断面焊接或采取加焊缀板等措施，确保满足接头等强度要求，并进行相应检测。

第十八条 内支撑结构拆换撑应编制相应的施工方案并经设计认可，利用主体结构拆换撑时需考虑主体结构的承载能力。拆换撑方案中应包含支撑杆件的拆除工艺、拆除时间和顺序以及对围护结构、周边环境和施工作业人员的安全保护措施。

第十九条 锚杆必须分层进行抗拔试验，合格方可开挖下一层土。普通锚杆施工必须采取二次高压注浆工艺。

第二十条 围护桩桩间土为填土且厚度大于2m时，宜采用桩间拱墙挡土。

第二十一条 施工现场应严格按设计文件及施工方案明确的区域及荷载值堆载或行车。如需在设计明确的范围以外堆载或行驶重型车辆，应由施工总包单位验算后制定专项方案，明确荷载值和范围，并经基坑设计单位同意，报监理审核后方可实施。

场地平整或基坑开挖的弃土应及时外运。如在场地内堆土，弃土应置于距基坑坡顶两倍坑深以外，弃土堆高不得大于2米。

第二十二条 当基坑开挖深度达到或超过总深度的2/3时，进入安全使用期，如采取盆式开挖，周边留土平台顶宽度应大于一倍基坑深度。

超大面积的深基坑宜分区围护和施工，以降低工程风险和环境风险。

第二十三条 对深基坑影响范围内的建（构）筑物，应进行变形监测，且建筑物四周均应布设监测点。

第二十四条 基坑监测预警值应由监测项目的累计变化量和变化速率值共同控制。

关于加强施工图设计文件审查管理的通知

合建设〔2016〕11号

各有关单位：

根据《房屋建筑和市政基础设施工程施工图设计文件审查管理办法》（住建部令第13号）和《安徽省住房城乡建设厅转发住房城乡建设部关于实施＜房屋建筑和市政基础设施工程施工图设计文件审查管理办法＞有关问题的通知》（建质［2013］190号）文件精神，为了加强对我市房屋建筑工程、市政基础设施工程施工图设计文件审查工作的管理，提高工程勘察设计质量，现将有关意见通知如下：

一、施工图审查应当坚持先勘察、后设计的原则，施工图未经审查合格不得使用。从事房屋建筑工程、市政基础设施工程施工、监理、质量安全监理等活动，应当以审查合格的施工图为依据。

二、建设单位应将施工图委托施工图审查机构（以下简称审查机构）审查，并应与审查机构签定审查合同，合同中应载明双方的职责、权利和义务，载明国家规定的审查内容、审查时限。建设单位不得委托其他单位与审查机构签订委托审查合同。

三、勘察、设计单位不得接受建设单位委托与审查机构签定审查合同。对于审查不合格的施工图，审查机构将施工图退还建设单位，建设单位应要求原勘察设计单位进行修改，并将修改后的施工图送原审查机构复审。

四、审查机构不得接受非建设单位的审图委托，审查机构不得与其签定审查合同。

五、对于违反以上规定的责任主体，将依照有关法律、法规对相关责任单位和人员进行处罚，并计入信用档案。

合肥市城乡建设委员会

2016年3月16日

关于加强居住建筑相邻户门设计质量管理的通知

合建设〔2016〕33号

各有关单位：

为加强勘察设计质量管理，解决居住建筑向外开启的户门妨碍公共交通和相邻户门开启等质量问题，现将有关要求通知如下：

一、建设单位应严格依据规划设计条件和相关标准规范委托具备相应资质的规划设计单位进行方案设计和施工图文件设计。严禁建设单位明示或暗示设计单位违反工程建设强制性标准，降低建设工程质量。

二、设计单位在进行方案设计和施工图设计时，必须充分考虑户型平面布局和相邻户门的开启方向、开启角度等方面内容，采用加大楼梯平台、控制相邻户门的距离、设大小门扇、入口处设凹口等措施，确保相邻户门设计严格按照《住宅设计规范》（GB50096－2011）等标准规范要求执行。

三、施工图审查机构在施工图设计文件审查时，应将《住宅设计规范》规定的“向外开启的户门不应妨碍公共交通和相邻户门开启”作为审查重要内容，严格把关。对不符合要求的施工图设计文件，一律不得发放施工图审查合格文件。

各相关单位应严格按照本《通知》要求，做好贯彻落实工作，并组织技术人员对已完成施工图审查的项目进行自查自纠，发现问题认真及时整改。对本《通知》下发后，施工图设计文件依然存在上述问题的责任单位，一经发现，我委将依法从重处罚。

合肥市城乡建设委员会

2016年7月25日

关于印发《合肥市太阳能热水系统与建筑一体化设计施工图文件编制深度规定》和《合肥市太阳能热水系统与建筑一体化施工图设计文件审查要点》的通知

合建〔2016〕89 号

各相关单位：

为进一步规范我市太阳能热水系统设计施工图文件的编制深度及施工图审查工作，确保太阳能热水系统的安全可靠、性能稳定、与建筑和周围环境协调统一，我委组织相关单位编制完成了《合肥市太阳能热水系统与建筑一体化设计施工图设计文件编制深度规定》（以下简称《深度规定》）和《合肥市太阳能热水系统与建筑一体化施工图设计文件审查要点》（以下简称《审查要点》），经广泛征求意见，并通过专家论证，现印发给大家，请严格遵照执行。

本《深度规定》和《审查要点》自 2016 年 8 月 1 日起施行。

附件：《合肥市太阳能热水系统与建筑一体化设计施工图设计文件编制深度规定》和《合肥市太阳能热水系统与建筑- 体化施工图设计文件审查要点》

合肥市城乡建设委员会

2016 年 6 月 30 日

合肥市太阳能热水系统与建筑一体化设计施工图文件编制深度规定

（2016 年版）

1 总 则

1.1 为加强对太阳能热水系统与建筑一体化设计施工图文件编制工作的管理，保证施工图设计文件的质量和完整性，制定本规定。

1.2 本《规定》适用于新建、改建、扩建的居住建筑及公共建筑的太阳能热水系统的设计施工图文件编制。

1.3　施工图设计应满足太阳能热水系统与建筑一体化的要求。

1.4　太阳能热水系统设计一般包括集热系统、热水供应系统、循环系统、辅助加热系统、控制系统的设计，系统运行应符合节能要求。

1.5　太阳能热水系统专项设计应由原施工图设计单位及施工图审查机构审核、审查确认后方可实施。

1.6　太阳能热水系统设计文件中相关专业应有太阳能热水系统与建筑一体化设计的说明，并应符合现行国家标准《民用建筑太阳能热水系统应用技术规范》GB 50364、《民用建筑太阳能热水系统评价标准》GB/T 50604 及安徽省《太阳能热水系统与建筑一体化技术规程》DB34/1801、合肥市《太阳能热水系统与建筑一体化技术导则》DBHJ/T005 的规定。

1.7　太阳能热水系统与建筑一体化施工图设计文件的编制，除执行本《规定》外，尚应符合国家现行有关标准、规范及合肥市相关政策的规定。

2　建筑设计

2.1　太阳能热水系统与建筑一体化设计说明应包括下列内容：

2.1.1　工程概述

建筑规模和性质（单幢建筑功能、总建筑面积、层数、户数）、屋面形式等。

2.1.2　应用概况

太阳能热水应用范围、使用要求及使用人数或单位，系统形式（集中、分散、集中一分散）、循环方式、集热器形式、倾角、色彩、规格、辅助加热方式、防光污染和防泄漏措施等。

2.1.3　安装概况

太阳能集热器、水箱、辅助设备、管线等的安装部位、布置形式、与建筑连接方式和安装要求。

2.2　平面图设计应包括以下内容：

2.2.1　给排水、电气管井，设备用房的平面位置；

2.2.2　太阳能集热器、水箱、辅助设备、基座平台定位，安装与检修通道的平台定位；

2.3　立、剖面图设计应包括以下内容：

2.3.1　太阳能集热器、水箱及辅助设备立面布置图；

2.3.2　太阳能集热器、水箱及辅助设备剖面投影图。

2.4　详图设计应包括以下内容：

2.4.1　太阳能集热器、水箱及辅助设备与屋面、阳台、墙面等安装部位及预埋件的节点大样；

2.4.2　太阳能热水系统与建筑结合部位的防水、排水、冷（热）桥处理的构造措施；

2.4.3 防止太阳能集热器部件坠落伤人的安全措施（阳台和外墙设置太阳能集热器时，应设置支承集热器的钢筋混凝土挑板）。

3 结构设计

3.1 应计算太阳能热水系统产生的荷载效应，并提供结构计算书。

3.2 应有太阳能集热器、水箱、辅助设备与结构构件连接的预埋件或其他连接件的节点详图。

4 给排水设计

4.1 太阳能热水系统与建筑一体化设计说明应包括下列内容：

4.1.1 设计依据（相关设计规范规程、合肥市有关政策规定、建设单位提供的工程设计资料等）；

4.1.2 工程概况：

1 设计气象参数；

2 建筑类别及规模：居住建筑（或公共建筑）、建筑面积、建筑高度、太阳能热水应用范围、用水人数或单位；

4.1.3 设计参数：

1 热水用水定额、水温及用水时间、水质及水压要求；

2 太阳能保证率的确定；

3 使用热水的计算人数；

4 最大日热水量、最大时热水量及耗热量。

4.1.4 太阳能热水系统类型（按热水供水范围分类：集中供热水系统、集中一分散供热水系统和分散供热水系统）；

4.1.5 集热器类型和集热器总面积、太阳能热水箱（热水罐）有效容积（分散供热水系统应注明每户热水箱容积和集热器面积）；

4.1.6 辅助热源：根据建筑节能要求及工程的具体情况确定的辅助热源类型；

4.1.7 采用的管材及接口形式、试压要求、保温、系统防冻及防过热措施；

4.2 设计图纸应包括以下内容：

4.2.1 太阳能热水系统相关层设备、管路平面布置图；

4.2.2 热水供应系统原理图（包括热水供回水管路、热水循环泵和热水系统控制要求等）；

4.2.3 太阳能集热系统及辅助加热系统图（包括热水箱（罐）、辅助加热设备及相应管路系统等）；

4.2.4 主要设备安装详图（包括设备、管路、附件布置及定位）、管井大样图；

4.2.5 主要设备材料表（包括材质、规格、型号及数量等）。

4.3 热水供应系统及太阳能集热系统设备选型计算。

4.4 太阳能热水系统专项设计除满足上述深度要求外，还应满足下列要求：

4.4.1 太阳能集热系统设计，包括以下内容：

1 太阳能热水系统运行方式（自然循环系统、强制循环系统、直流式系统）；

2 太阳集热器选型及总面积；

3 热水箱（罐）有效容积；

4 集热循环流量、扬程计算和集热循环水泵选型；

4.4.2 太阳能集热系统控制要求；

4.4.3 集热系统的平面布置定位图、集热器安装详图；

4.4.4 集热系统计算和集热系统中主要设备选型的优化设计；

4.4.5 集热系统计算。

5 电气设计

5.1 太阳能热水系统与建筑一体化设计说明应包括以下内容：

5.1.1 太阳能热水系统形式；

5.1.2 供电形式、控制方式、安全保护措施等。

5.2 土建设计应包括以下内容：

5.2.1 应预留太阳能热水系统供电电源、配电装置及控制装置的位置，应预留、预埋配电管线、控制管线；

5.2.2 应进行防雷（含浪涌保护说明）、接地及漏电保护的设计。

5.3 太阳能电辅助加热、热水循环控制原理详细说明。

5.4 配电系统图、水泵电机主回路及电辅助加热器主回路图。

5.5 自动控制原理图。

5.6 电气、自控平面图；配电箱、控制箱的安装位置，线路敷设方式，测量元件安装位置及要求。

5.7 户外箱体应注明箱体材料和防护等级。

5.8 防雷（含浪涌保护）、接地及漏电保护的专项设计。

5.9 主要设备材料表。

合肥市太阳能热水系统与建筑一体化施工图设计文件审查要点

1 总 则

1.1 为规范合肥市太阳能热水系统与建筑一体化施工图设计文件的审查工作，明确审查内容，保证施工图设计文件的质量和完整性，制定本要点。

1.2 本《要点》适用于有建筑设计资质的设计单位提供的新建、改建、扩建的居住建筑及公共建筑的太阳能热水系统的施工图设计文件的审查。

1.3 《要点》所列审查内容是保证太阳能热水系统设计质量的基本要求，还应根据相关工程建设标准、法律、法规和政府文件的规定进行审查。

2 建筑设计审查

2.1 太阳能热水系统的设计规模是否符合使用要求，系统形式及安装部位是否合理，是否影响消防及使用安全，是否便于安装、检修。

2.2 太阳能热水系统的设计是否实现与建筑一体化，是否影响建筑立面及规划要求。

2.3 是否有太阳能热水系统防坠落的安全措施（阳台和外墙设置太阳能集热器时，是否有支承集热器的钢筋混凝土挑板）。

2.4 太阳能热水系统与建筑一体化设计深度是否符合《合肥市太阳能热水系统与建筑一体化施工图设计文件编制深度规定》的要求。

3 结构设计审查

3.1 结构设计是否按现行国家相关规范计算太阳能热水系统产生的荷载效应。

3.2 结构设计是否有安装太阳能热水系统的预埋件。

3.3 太阳能热水系统设备的支承结构构件是否设置在填充墙上。

4 给排水设计审查

4.1 设计依据：设计采用的标准、规范是否正确，是否符合合肥市关于太阳能利用的有关规定。

4.2 太阳能热水系统设计深度是否符合《合肥市太阳能热水系统与建筑一体化施工图设计文件编制深度规定》的要求。

4.3 设计采用的气象、水温、用水量定额等参数是否正确。

4.4 系统原理图、平面图、大样图是否正确、完整，控制要求是否明确、合理。

4.5 管材、保温、试压是否符合规范要求，系统是否采取泄压和防止热膨胀措施。

4.6 设备材料表内容是否齐全。

5 电气设计审查

5.1 设计依据：设计采用的标准、规范是否正确，是否符合合肥市关于太阳能利用的有关规定。

5.2　太阳能热水系统设计深度及内容是否符合《合肥市太阳能热水系统与建筑一体化施工图设计文件编制深度规定》要求。

5.3　电气设计是否与给排水专业设计一致。

5.4　配电系统图、控制系统主回路图、控制原理图、框图和电气平面图是否安全、可靠、合理、完善。

5.5　配电箱、控制箱和防护等级是否符合规范要求。

5.6　防雷、接地、漏电设计是否符合规范要求。

关于进一步加强
房屋建筑和市政基础设施工程施工图变更管理的通知

合建〔2017〕24号

各有关单位：

为确保建设工程质量，加强本市房屋建筑和市政基础设施工程施工图变更管理，根据《建设工程质量管理条例》、《建设工程勘察设计管理条例》、《房屋建筑和市政基础设施工程施工图设计文件审查管理办法》等有关规定，结合实际，就我市设计变更管理工作提出如下意见，请认真贯彻执行。

一、本通知所称设计变更是指对审查合格后的施工图设计文件进行的变更。主要包括：建设单位认为施工图设计文件需要调整的；勘察设计单位对原设计内容进行完善、优化；勘察设计单位因设计依据、现场施工环境、条件变化等改变而进行的设计修改。

二、涉及规划、消防、人防、建筑节能、绿色建筑等项目批准文件内容的变更，建设单位必须报经原审批机关批准同意后，勘察设计单位方可出具设计变更文件。

三、任何单位或个人不得擅自修改审查合格的施工图设计文件；确需修改的，凡涉及以下规定内容的，建设单位应当将修改后的施工图设计文件送原审查机构审查。

（1）工程建设强制性标准；

（2）地基基础和主体结构的安全性；

（3）民用建筑节能标准及绿色建筑标准；

（4）法律、法规、规章制度必须审查的其他内容。

四、建设单位不得明示或者暗示勘察设计单位和审查机构违反工程建设强制性标准，降低建设工程质量。

建设单位应将审查合格的设计变更文件及时报送各级建设工程质量安全监督机构。施工单位未按审查合格的设计变更文件进行施工的，各级建设工程质量安全监督机构应责令其进行整改。

建设单位应建立设计变更台账，并现场留存，随时备查。设计变更台账应包含设计变更登记一览表（详见附件）、设计变更通知单、设计变更图纸、审查意见等内容。

建设单位应依据完整、有效的施工图和设计变更文件，组织工程竣工验收。

已签定销售合同的建筑工程项目，未经受买方同意，建设单位不得降低原质量标准。

五、勘察设计单位应建立健全设计变更管理程序，在进行设计变更时不得违反国家法律、法规、规范、规定的要求。

设计变更文件必须以图纸或设计变更通知单的形式发出，设计变更文件至少应有工程主持人（项目负责人）、设计人员、校（审）人员分别签字，并加盖相应的图章。勘察设计单位应制定设计变更编号规则，并严格按照时间顺序分专业连续编号。

六、施工单位应按符合规定要求的设计变更文件进行施工，设计变更文件未按本《通知》第三条规定进行施工图审查的，一律不得作为施工依据。施工单位在施工过程中发现设计变更文件和图纸有差错的，应当及时提出意见和建议。

施工单位应根据原始设计文件和设计变更提供完整准确的竣工图。

七、监理单位应按符合规定要求的设计变更文件进行监理，对工程施工过程中擅自进行的变更行为应及时予以制止。

八、施工图审查机构应按工程建设相关法律、法规、规章规定和现行技术标准、规范的要求进行勘察设计变更文件审查，并对审查质量负责。

施工图审查机构应在审查合格的设计变更文件上加盖审查专用章。审查合格的设计变更文件应当归档保存。

九、对未根据相关规定和要求进行设计变更的，我委将依法对相关责任主体予以处罚。

十、本通知适用于合肥市行政区域内新建、改建、扩建的房屋建筑和市政基础设施工程。

十一、本通知自下发之日起施行，有效期三年。

附件：设计变更登记一览表

合肥市城乡建设委员会

2017年2月28日

第三部分 配套标准

住房和城乡建设部关于印发《超限高层建筑工程抗震设防专项审查技术要点》的通知

建质〔2015〕67号

各省、自治区住房城乡建设厅，直辖市建委，新疆生产建设兵团建设局：

为进一步做好超限高层建筑工程抗震设防审查工作，我部组织修订了《超限高层建筑工程抗震设防专项审查技术要点》，现印发你们，请严格按照要求开展审查。2010年10月印发的《超限高层建筑工程抗震设防专项审查技术要点》（建质〔2010〕109号）同时废止。

中华人民共和国住房和城乡建设部

2015年5月21日

住房和城乡建设部关于印发绿色建筑减隔震建筑施工图设计文件技术审查要点的通知

建质函〔2015〕153号

各省、自治区住房城乡建设厅，直辖市建委（规委），新疆生产建设兵团建设局：

为贯彻《房屋建筑和市政基础设施工程施工图设计文件审查管理办法》（住房城乡建设部令第13号），进一步做好绿色建筑、减隔震建筑施工图设计文件技术审查工作，我部组织编制了《绿色建筑施工图设计文件技术审查要点》、《减隔震建筑施工图设计文件技术审查要点》。现印发给你们，请参照执行。

中华人民共和国住房和城乡建设部

2015年6月16日

住房和城乡建设部关于印发
装配式混凝土结构建筑工程施工图设计
文件技术审查要点的通知

建质函〔2016〕287 号

各省、自治区住房城乡建设厅，直辖市建委（规划国土委），新疆生产建设兵团建设局：

为贯彻落实中央城市工作会议精神和国务院办公厅《关于大力发展装配式建筑的指导意见》，指导和规范装配式混凝土结构建筑工程施工图设计文件审查工作，我部组织相关单位依据《装配式混凝土结构技术规程》等技术标准，编制了《装配式混凝土结构建筑工程施工图设计文件技术审查要点》。现印发给你们，请参照执行。

中华人民共和国住房和城乡建设部

2016 年 12 月 15 日

合肥市人民政府办公厅关于印发《合肥市普通中小学规划建设管理导则（试行）》的通知

合政办〔2017〕27号

各县（市）、区人民政府，市政府各部门、各直属机构：

《合肥市普通中小学规划建设管理导则（试行）》已经市政府第86次常务会议审议通过，现印发给你们，请遵照执行。

2017年5月3日

关于印发《合肥市二次供水工程技术导则（试行）》的通知

合建〔2007〕17号

各有关单位：

为认真贯彻市政府《关于印发＜合肥市二次供水管理办法＞的通知》（合政[2007] 31号）精神，规范我市二次供水设施的设计、施工、监理、验收及管理工作，根据国家相关规范、规程，结合我市实际，我们编制完成了《合肥市二次供水工程技术导则（试行）》（以下简称《导则》）。现就实施《导则》提出如下意见：

一、凡新建、改建、扩建的住宅小区、居住建筑和公共建筑必须全面贯彻执行《导则》的相关规定。

二、设计单位应严格执行《导则》，并将具体措施落实到设计文件中。

三、施工单位和监理单位应严格按照《导则》的相关规定进行施工、监理。

四、建设单位应按照《导则》的相关规定组织工程项目的二次供水设施竣工验收。

合肥市建设委员会

2007年6月20日

关于印发《合肥市城镇检查井盖技术导则》的通知

合建〔2010〕94号

各相关单位：

为加强城镇道路各类检查井盖的建设、维护和管理，保障检查井盖设施完好，指导检查井盖的设计、生产、施工、竣工验收和检修养护，现将《合肥市城镇检查井盖技术导则》印发给你们，并提出以下意见，请认真贯彻落实。

一、设计单位应严格执行《导则》及相关技术规定，设计文件中应详细注明检查井盖技术要求和施工技术规定。施工图审查机构在图纸审查时，应按照《导则》规定，对检查井进行专项审查，提出明确审查意见。

二、各建设、施工、监理和质量监督部门应按照《导则》有关技术规定，各司其责，加强过程管理，严把质量关。

三、若《导则》执行中存在问题，请及时与我委设计科技处联系。

合肥市城乡建设委员会

2010年6月12日

关于印发《合肥市排水设计导则（试行）》的通知

合建［2010］170号

各有关单位：

为全面提高我市排水工程建设质量，加强排水设施建设与运行管理，保障排水设施安全可靠运行，现将《合肥市排水设计导则（试行）》印发给你们，并提出以下意见，请认真贯彻落实。

一、自《导则》发布之日起，凡本市规划区范围内新建、改建、扩建涉及排水设施的建设项目必须严格执行本《导则》的有关规定。

二、设计单位应严格执行《导则》及相关技术规定，施工图审查机构在图纸审查时，应按照《导则》规定，对排水设计进行专项审查，提出明确审查意见。

三、各建设、施工、监理和质量监督部门应按照《导则》有关技术规定，加强监管，确保质量安全。

合肥市城乡建设委员会

2010年9月15日

关于发布实施《合肥市岩棉板外墙外保温系统应用技术导则》的通知

合建〔2011〕184 号

各相关单位

为了贯彻落实国家《民用建筑节能条例》，规范岩棉板外墙外保温系统在我市的工程应用，为设计、施工、监理和工程验收提供依据，确保工程质量和提高应用技术水平，由安徽省建筑设计研究院、合肥市建筑质量安全监督站和合肥市建筑业协会建筑节能与勘察设计分会会同有关单位编制的《合肥市岩棉板外墙外保温系统应用技术导则》，已通过专家评审，现予以发布，请严格遵照执行。该导则自 2011 年 12 月 1 日起施行。

本导则由合肥市城乡建设委员会负责管理，安徽省建筑设计研究院负责解释。

合肥市城乡建设委员会
合肥市质量技术监督局
2011 年 11 月 28 日

关于发布实施《合肥市地源热泵系统工程技术实施细则》的通知

合建〔2012〕68号

各相关单位：

为了指导地源热泵系统在我市工程中的应用，由合肥工业大学建筑设计研究院、合肥市建筑质量安全监督站、合肥市建筑业协会建筑节能与勘察设计分会共同编制的《合肥市地源热泵系统工程技术实施细则》，已通过专家评审，现予以发布，编号为DBHJ/T003—2012，请严格遵照执行。该实施细则自2012年7月1日起施行。

本实施细则由合肥市城乡建设委员会负责管理，合肥工业大学建筑设计研究院负责解释。

合肥市城乡建设委员会

合肥市质量技术监督局

2012年5月28日

关于发布实施《可再生能源建筑应用能效测评技术导则》的通知

合建〔2012〕122号

各相关单位：

为加强和规范可再生能源建筑应用示范项目的监督管理，做好民用建筑能效测评标识试点工作，由安徽省建筑科学研究设计院、合肥市建筑业协会建筑节能与勘察设计分会共同编制的《可再生能源建筑应用能效测评技术导则》，已通过专家评审，现予以发布，编号为DBHJ/T004—2012，请严格遵照执行。该实施细则自2012年10月1日起施行。

本实施细则由合肥市城乡建设委员会负责管理，安徽省建筑科学研究设计院负责解释。

合肥市城乡建设委员会
合肥市质量技术监督局
2012年8月16日

关于发布实施《合肥市太阳能热水系统与建筑一体化应用技术导则》的通知

合建〔2012〕183号

各相关单位：

为促进我市合肥市太阳能热水系统与建筑一体化的推广应用，规范太阳能热水系统工程的设计、施工、验收和运行管理。由安徽省建筑设计研究院、合肥市建筑工程质量安全监督站、合肥市建筑业协会建筑节能科技与勘察设计分会共同编制的《合肥市太阳能热水系统与建筑一体化应用技术导则》，已通过专家评审，现予以发布，编号为DBHJ/T005—2012，请严格遵照执行。该实施细则自2013年1月1日起施行。

本实施细则由合肥市城乡建设委员会负责管理，安徽省建筑设计研究院负责解释。

合肥市城乡建设委员会

合肥市质量技术监督局

2012年12月6日

关于发布实施合肥市《既有居住建筑节能改造技术导则》《既有公共建筑节能改造技术导则》的通知

合建〔2013〕87号

各相关单位：

为贯彻国家节约能源、保护环境的法律、法规和政策，完善既有居住建筑节能改造技术标准体系建设，提高既有居住建筑的室内的热舒适性和能源利用效率，全面推动合肥市的建筑节能工作，由安徽省建筑科学研究设计院、合肥市建筑业协会建筑节能与勘察设计分会共同编制的合肥市《既有居住建筑节能改造技术导则》、《既有公共建筑节能改造技术导则》，已通过专家评审，现予以发布，编号为DBHJ/T006—2013、DBHJ/T007—2013，请严格遵照执行。该实施细则自2013年8月1日起施行。

本实施细则由合肥市城乡建设委员会负责管理，安徽省建筑科学研究设计院负责解释。

合肥市城乡建设委员会

合肥市质量技术监督局

2013年7月16日

关于发布实施合肥市《太阳能光伏与建筑一体化技术导则》的通知

合建〔2013〕149号

各相关单位：

为促进合肥市太阳能光伏与建筑一体化的推广应用，规范光伏发电系统工程的设计、施工、验收和运行管理，由安徽省建筑设计研究院有限责任公司、合肥市建筑业协会建筑节能与勘察设计分会、教育部光伏系统工程研究中心共同编制的合肥市《太阳能光伏与建筑一体化技术导则》，已通过专家评审，现予以发布，编号为DBHJ/T008—2013，请严格遵照执行。该实施细则自2014年1月1日起施行。

本导则由合肥市城乡建设委员会负责管理，安徽省建筑设计研究院有限责任公司、教育部光伏系统工程研究中心负责解释。

合肥市城乡建设委员会

合肥市质量技术监督局

2013年12月10日

关于发布实施合肥市《难燃型膨胀聚苯板建筑外保温系统应用技术导则》的通知

合建〔2014〕96号

各相关单位：

为规范合肥市难燃型膨胀聚苯板建筑外保温系统在建筑工程中的应用，提供设计、施工、监理和工程验收依据，确保工程质量和提高应用技术水平。由合肥市建筑节能科技协会、合肥市建筑质量安全监督站共同编制的合肥市《难燃型膨胀聚苯板建筑外保温系统应用技术导则》，已通过专家评审，现予以发布，编号为DBHJ/T009—2014，请严格遵照执行。该实施细则自2014年10月1日起施行。

本实施细则由合肥市城乡建设委员会负责管理，合肥市建筑节能科技协会、合肥市建筑质量安全监督站负责解释。

合肥市城乡建设委员会
合肥市质量技术监督局
2014年8月22日

关于发布实施合肥市《绿色建筑设计导则》的通知

合建〔2014〕106号

各相关单位：

为完善绿色建筑标准体系，规范绿色建筑设计、促进绿色建筑发展，由合肥市建筑节能科技协会、安徽省建筑设计研究院有限公司共同编制的合肥市《绿色建筑设计导则》，已通过专家评审，现予以发布，编号为DBHJ/T010—2014，请严格遵照执行。该导则自2014年12月1日起施行。

本导则由合肥市城乡建设委员会负责管理，合肥市建筑节能科技协会、安徽省建筑设计研究院有限公司负责解释。

合肥市城乡建设委员会

合肥市质量技术监督局

2014年9月15日

关于发布实施合肥市《装配式混凝土结构施工及验收导则》的通知

合建〔2014〕129号

各相关单位：

为完善装配式混凝土结构标准体系，规范装配式混凝土结构的施工及验收，促进我市建筑工业化的发展，由合肥市城乡建设委员会、合肥经济技术开发区住宅产业化促进中心、湖南远大建工股份有限公司安徽分公司、安徽宝业住宅产业化有限公司共同编制的合肥市《装配式混凝土结构施工及验收导则》，已通过专家评审，现予以发布，编号为DBHJ/T014—2014，请严格遵照执行。该导则自2014年11月1日起施行。

本导则由合肥市城乡建设委员会负责管理，合肥经济技术开发区住宅产业化促进中心负责解释。

合肥市城乡建设委员会

合肥市质量技术监督局

2014年10月30日

关于发布实施合肥市《装配整体式建筑预制混凝土构件制作与验收导则》的通知

合建〔2014〕130号

各相关单位：

为完善装配整体式建筑标准体系，规范装配整体式建筑预制混凝土构件制作与验收，促进我市建筑工业化的发展，由合肥市城乡建设委员会、合肥经济技术开发区住宅产业化促进中心、中建国际投资（中国）有限公司、长沙远大住宅工业安徽有限公司共同编制的合肥市《装配整体式建筑预制混凝土构件制作与验收导则》，已通过专家评审，现予以发布，编号为DBHJ/T013—2014，请严格遵照执行。该导则自2014年11月1日起施行。

本导则由合肥市城乡建设委员会负责管理，合肥经济技术开发区住宅产业化促进中心负责解释。

合肥市城乡建设委员会

合肥市质量技术监督局

2014年10月30日

关于发布实施合肥市《匀质改性复合防火保温板建筑外保温系统应用技术导则》的通知

合建〔2014〕159 号

各相关单位：

为规范合肥市匀质改性防火保温板外墙外保温系统在建筑工程中的应用，提供设计、施工、监理和工程验收依据，确保工程质量和提高应用技术水平，由合肥市建筑节能科技协会、合肥市建筑质量安全监督站共同编制的合肥市《匀质改性复合防火保温板建筑外保温系统应用技术导则》，已通过专家评审，现予以发布，编号为 DBHJ/T015—2014，请严格遵照执行。该导则自 2015 年 1 月 1 日起施行。

本导则由合肥市城乡建设委员会负责管理，合肥市建筑节能科技协会、合肥市建筑质量安全监督站负责解释。

合肥市城乡建设委员会
合肥市质量技术监督局
2014 年 12 月 18 日

关于发布实施合肥市《膨胀珍珠岩保温板建筑保温系统应用技术导则》的通知

合建〔2015〕81号

各相关单位：

为规范合肥市膨胀珍珠岩保温板建筑保温系统在建筑工程中的应用，提供设计、施工、监理和工程验收依据，确保工程质量和提高应用技术水平，由合肥市建筑节能科技与勘察设计协会、合肥市建筑质量安全监督站共同编制的合肥市《膨胀珍珠岩保温板建筑保温系统应用技术导则》，已通过专家评审，现予以发布，编号为DBHJ/T016—2015，请严格遵照执行。该导则自2015年10月1日起施行。

本导则由合肥市城乡建设委员会负责管理，合肥市建筑节能科技与勘察设计协会、合肥市建筑质量安全监督站负责解释。

合肥市城乡建设委员会

合肥市质量技术监督局

2015年8月10日

关于贯彻执行《合肥市居住建筑节能设计标准》和《合肥市公共建筑节能设计标准》的通知

合建设〔2016〕49号

各区、县（市）住建局（建管局），开发区建发局（建管中心），有关单位：

为深入推动我市城乡建设领域建筑节能和绿色建筑发展，实施建筑能效提升工程，根据《合肥市促进建筑节能发展若干规定》（市政府令160号）的要求，结合我市实际，由安徽省住房和城乡建设厅、安徽省质量技术监督局联合发布了《合肥市居住建筑节能设计标准》（DB34/T5059—2016）和《合肥市公共建筑节能设计标准》（DB34/T5060—2016）（以下简称《标准》），现就《标准》执行有关要求通知如下：

一、本《标准》自2017年1月1日起施行，原《合肥市居住建筑节能设计标准实施细则》、《合肥市公共住建筑节能设计标准实施细则》、《合肥市居住建筑节能65%设计标准实施细则》、《合肥市公共建筑节能65%设计标准实施细则》同时废止。

二、自2017年1月1日起本市行政区域内尚未通过施工图设计文件审查的民用建筑，以及因设计重大变更等原因在2017年1月1日之后重新报审的民用建筑，应执行本《标准》。

三、各级城乡建设主管部门和建设、设计、施工、监理、检测等相关单位要进一步提高思想认识，积极开展《标准》宣贯培训工作，确保全面落实《标准》相关内容。

附件：1.《安徽省住房和城乡建设厅、安徽省质量技术监督局关于发布安徽省工程建设地方标准〈合肥市居住建筑节能设计标准〉的公告》（第52号）；

2.《安徽省住房和城乡建设厅、安徽省质量技术监督局关于发布安徽省工程建设地方标准〈合肥市公共建筑节能设计标准〉的公告》（第53号）。

合肥市城乡建设委员会

2016年11月22日